MATHÉMATIQ
&
APPLICATIONS

Directeurs de la collection:
G. Allaire et M. Benaïm

56

Jean Cousteix
Jacques Mauss

Analyse asymptotique
et couche limite

 Springer

Jean Cousteix

Office National d'Etudes et de Recherches Aérospatiales (ONERA)
Ecole Nationale Supérieure de l'Aéronautique et de l'Espace (SUPAERO)
2, avenue Edouard Belin
31055 Toulouse
France
e-mail : Jean.Cousteix@onera.fr

Jacques Mauss

Professeur émérite
Institut de Mécanique des Fluides de Toulouse (IMFT)
Université Paul Sabatier (Toulouse III)
118, route de Narbonne
31062 Toulouse
France
e-mail : mauss@cict.fr

Library of Congress Control Number: 2005938506

Mathematics Subject Classification (2000): 41A60, 76D09, 34E15, 76D10, 34E10, 34E05

ISSN 1154-483X
ISBN- 10 3-540-31002-9 Springer Berlin Heidelberg New York
ISBN- 13 978-3-540-31002-0 Springer Berlin Heidelberg New York

Springer est membre du Springer Science+Business Media
© Springer-Verlag Berlin Heidelberg 2006
springer.com
Imprimé aux Pays-Bas
Imprimé sur papier non acide 3141/SPI Publisher Services - 5 4 3 2 1 0 -

Préface

Deux spécialistes éminents, l'un des méthodes asymptotiques, l'autre de la simulation des écoulements avec couche limite, ont fait un effort manifeste, d'une part pour comprendre leurs methodes respectives, d'autre part pour progresser en commun. Cela donne ce livre, très original, qui apporte une contribution importante au problème du calcul des écoulements laminaires, à grand nombre de Reynolds, avec couche limite modérément séparée.

Les outils de base sur lesquels se construit le livre ne sont pas nouveaux. Méthodes asymptotiques, équations différentielles ordinaires, mécanique des fluides, équations d'Euler et de Prandtl, telles sont les briques dont l'assemblage original conduit à l'édifice présenté. Quelques exemples, menés jusqu'à l'application numérique, rendent les résultats convaincants. Par ailleurs, des exemples classiques : couche limite au second ordre, modèle en triple pont, pour un décollement localisé, sont retrouvés comme conséquence de cette nouvelle construction.

Où est donc la nouveauté ? Elle réside dans l'effort de réflexion effectué pour repenser complètement l'application des méthodes asymptotiques à la résolution de problèmes comportant une couche limite. Le lecteur est guidé dans ce cheminement à travers dix chapitres. Les chapitres 2 ã 6 sont consacrés aux méthodes asymptotiques, en général, et à leur utilisation pour résoudre des problèmes d'équations différentielles ordinaires comportant un petit paramètre. Là apparaît la première occasion de découvrir le caractère nouveau du procédé recommandé par les auteurs. En général, on utilise des développements asymptotiques appropriés à des régions différentes et le raccord entre les développements joue un rôle essentiel. On peut, au bout du compte, construire un développement composite que les auteurs appellent approximation uniformément valable. Cette nouvelle terminologie marque le changement de stratégie. Le développement composite est l'aboutissement d'une procédure d'aller et retour entre les régions avec application d'une règle de raccord à chaque étape. L'approximation uniformément valable, plus exactement sa forme a priori, est ici le point de départ des auteurs. Ils en mènent la construction de front, c'est-à-dire sans aller et retour, en substituant dans les équations et les conditions aux limites, et en minimisant progressivement l'erreur en un sens asymptotique. Les auteurs montrent que l'on arrive au même résultat qu'en appliquant la méthode des allers et retours avec conditions de raccord.

Il faut aller juqu'au traitement des couches limites, en mécanique des fluides, à partir du chapitre sept, pour voir que ce que l'on a gagné est décisif. En effet, la méthode des développements asymptotiques raccordés bute, dans ce cas, sur l'impossibilité de résoudre les équations de Prandtl au-delà du point où le frottement pariétal s'annule. De nombreux chercheurs ont essayé de surmonter la difficulté en introduisant une interaction entre écoulement non visqueux et couche limite, mais il fallait renoncer à tout développement asymptotique alors que l'on en gardait l'esprit. Le procédé des auteurs, qui s'inspire de ce qu'ils ont présenté sur des équations différentielles, consiste à subodorer une approximation uniformément valable procédant en puissances de $Re^{-1/2}$, où Re désigne le nombre de Reynolds. On substitue dans les équations de Navier-Stokes, ainsi que dans les conditions aux limites, et l'on cherche à rendre les restes aussi petits que possible, asymptotiquement. On traite simultanément écoulement non visqueux et couche limite en imposant aux deux simulations d'être aussi proches que possible dans une région qui est commune aux deux domaines de validité. Il n'y a plus d'aller et retour avec conditions de raccord, car ces dernières sont implicitement contenues dans le processus de construction, par minimisation asymptotique de l'erreur, de l'approximation uniformément valable. Les auteurs s'assurent que l'on retrouve le même résultat qu'avec la méthode des développements asymptotiques raccordés, lorsque celle-ci fonctionne, y compris le cas du triple pont pour un décollement dont l'extension longitudinale est de l'ordre de $Re^{-3/8}$. Ici, le décollement n'a plus à être localisé, mais il ne peut être massif, ce qui n'est pas étonnant.

J'ai été, personnellement, très séduit par ce livre et je viens d'essayer d'expliquer pourquoi. Je suis persuadé que des chercheurs chevronnés partageront cette opinion et que de jeunes chercheurs verront des perspectives de recherche s'ouvrir devant eux.

Meudon,
9 février 2004

Jean-Pierre Guiraud
Professeur honoraire
Université Pierre et Marie Curie
Paris

Table des matières

Abréviations

AUV : Approximation uniformément valable
CLI : Couche limite interactive
DA : Développement asymptotique
MASC : Méthode des approximations successives complémentaires
MDAR : Méthode des développements asymptotiques raccordés
PMVD : Principe modifié de Van Dyke
PVD : Principe de Van Dyke
TEP : Terme exponentiellement petit

1

Introduction

L'histoire des rapports entre la science et la technique est surprenante et tumultueuse comme celle d'un couple alliant l'amour, la haine et la nécessité. On peut bien sûr s'extasier, à juste titre, devant les merveilles obtenues par la pensée dans l'étude du mouvement depuis Aristote jusqu'à Einstein en passant par Galilée, Newton et Laplace. On peut aussi être séduit par les réussites de la technique depuis la roue jusqu'à l'ordinateur en passant par la lunette astronomique et l'avion. Bref, au-delà de l'interrogation séculaire sur la prééminence de l'une sur l'autre, la science et la technique ne sont-elles pas les deux visages de l'intelligence et de la raison ?

La physique moderne peut-elle se contenter des modèles mathématiques qui l'ont amenée aux confins de la connaissance de notre monde macroscopique ? Non, à l'évidence, les hommes ont besoin de réaliser des objets, de vérifier leurs théories, d'expérimenter, de simuler, d'explorer. En somme, les hommes ont besoin de chercher, de créer et de comprendre.

Actuellement, la science du mouvement, la mécanique, repose sur trois appuis qui assurent son équilibre : la modélisation mathématique, la simulation numérique et l'expérience. Or, le coût de l'expérimentation, la difficulté de la modélisation et la puissance sans cesse accrue du calcul numérique ont déséquilibré ce bel édifice au détriment de la réflexion. Le lien étroit entre le modèle mathématique construit par le physicien et les mathématiques nécessaires à sa résolution, mathématiques parfois très difficiles, conduit trop souvent à renoncer à l'analyse du modèle au profit de sa résolution numérique. Bien sûr, les mécaniciens ne peuvent attendre les mathématiciens pour avancer dans l'analyse de leurs modèles. Ils doivent cependant préparer la voie des mathématiques par une grande rigueur dans les raisonnements heuristiques qu'ils mènent. De nombreux outils mathématiques ont été mis en œuvre depuis Leibniz et l'avènement de l'analyse dans le monde trop limité de la géométrie. La puissance des mathématiques dans l'écriture des modèles et la recherche des solutions des problèmes a permis des progrès considérables en physique. Des résultats parfois surprenants ont été obtenus dans ce que les physiciens pourraient appeler d'un terme générique « la théorie de l'approximation ».

Ainsi, parmi les différents outils d'analyse et d'approximation, il y a déjà longtemps que les séries divergentes étaient utilisées. Elles ont donc intéressé les mathématiciens, non sans raisons. Calculés à partir de fonctions bien définies, les termes de ces séries devaient nécessairement contenir une information sur les fonctions développées. En général, ces séries divergentes ne sont autres que des séries asymptotiques. À la différence d'une série convergente, une série asymptotique est telle qu'une somme partielle représente la fonction développée d'autant mieux qu'un certain paramètre est petit. Quand le paramètre est nul, ce cas limite donne exactement la fonction avec le premier terme de la série. Lorsque le paramètre n'est pas nul mais simplement petit, toute somme partielle est donc une approximation de la fonction. On note de façon générique ε un petit paramètre. Ce petit paramètre est déterminant en physique pour réduire le modèle mathématique considéré à un modèle plus simple dont la solution est une approximation de la solution du modèle plus général.

Bien plus que la notion de série asymptotique, c'est celle de *développement asymptotique* (DA) qui va être au centre de notre réflexion et, peut-être plus généralement, la notion d'approximation. Comme le mot « théorie » qui peut avoir plusieurs degrés dans sa signification, le mot « approximation » peut être connoté de façons très différentes. Même si on se limite à la physique mathématique, l'ambiguïté existe. Contrairement aux recommandations nécessaires à tout raisonnement rigoureux formulées par Euclide, le mot approximation a deux sens différents. Une approximation asymptotique est obtenue, au sens mathématique, pour des valeurs de ε aussi petites que l'exige le formalisme, la précision de l'approximation étant ici parfaitement définie. En revanche, au sens physique, l'approximation est recherchée pour une valeur donnée du paramètre et sa précision n'est pas connue à l'avance.

Le but de cet ouvrage est aussi de concilier les deux définitions en proposant une méthode, la *méthode des approximations successives complémentaires* (MASC) qui, tout en suivant un formalisme rigoureux, tient compte du fait essentiel que l'on doit résoudre des problèmes concrets. La MASC s'adresse aux problèmes qualifiés de *perturbation singulière* qui sont l'objet de l'étude tout au long de cet ouvrage. Ce sont les problèmes pour lesquels, quand $\varepsilon \to 0$, la solution ne tend pas uniformément vers la solution du problème réduit correspondant, obtenu quand $\varepsilon = 0$. Il convient de préciser que cette non-uniformité se présente dans un domaine de dimension inférieure au domaine initial ; c'est pourquoi il est usuel de qualifier le problème posé de problème de couche limite.

La non-uniformité d'une approximation de la solution quand un paramètre est petit est un problème mathématique. Or, nous avons la chance, en tant que physiciens, de pouvoir identifier les grandeurs connues et inconnues à des grandeurs physiques. Ces informations capitales sur la nature du problème physique que l'on souhaite traiter permettent ainsi une meilleure compréhension du modèle mathématique. C'est d'abord le cas de l'adimensionnalisation à l'aide d'échelles caractéristiques qui permet de reconnaître que des paramètres sont petits. D'ailleurs, c'est à travers les choix multiples offerts par la description physique pour adimensionnaliser que l'on peut soupçonner des perturbations singulières.

Ainsi, l'écoulement d'un fluide autour d'un profil d'aile d'avion, si l'on se place loin du profil, est-il pratiquement non visqueux. Pourtant, pour un écoulement stationnaire incompressible, les équations qui régissent cet écoulement sont les équations de Navier-Stokes dans lesquelles, sous forme adimensionnée, le seul paramètre physique est le nombre de Reynolds. Or, loin du profil, l'échelle de longueur caractéristique est telle que le nombre de Reynolds est très grand devant l'unité et l'on peut négliger son inverse. On obtient les équations d'Euler, comme si l'on avait négligé la viscosité. Ce n'est pas que la viscosité du fluide prend une valeur différente, c'est que loin du profil, son influence est négligeable parce que le gradient de vitesse est suffisamment faible. A contrario, près du profil, elle doit jouer un rôle. Ceci veut dire que la longueur caractéristique change, et qu'elle doit permettre de prendre en compte la paroi du profil où les phénomènes visqueux sont essentiels. Alors, le nombre de Reynolds n'est plus grand. Près du profil, les équations de Navier-Stokes se réduisent, si l'on s'y prend bien, à celles de couche limite, problème plus simple qui permet de vérifier les conditions à la paroi.

Comment construire une approximation uniformément valable (AUV) de la solution des équations de Navier-Stokes en utilisant des solutions des équations d'Euler, valables seulement loin du profil, et des solutions des équations de couche limite, valables seulement près du profil ? Voilà la question clé à laquelle on souhaite répondre pour ce problème physique particulier. Naturellement, d'autres problèmes seront envisagés, mais l'idée centrale est là. Comment trouver les problèmes réduits caractéristiques et leurs domaines de validité, comment les lier entre eux et, finalement, comment construire une approximation du problème initial, telles sont les démarches qui vont animer cet ouvrage. Bien sûr, le domaine central d'application est celui de la mécanique des fluides mais les chapitres 2 à 6 ont une portée générale et peuvent se révéler très utiles pour les physiciens et plus généralement pour les modélisateurs confrontés à des paramètres grands ou petits conduisant à des problèmes de perturbation singulière.

Le chapitre 2 est une introduction à ces questions. L'exemple de l'oscillateur linéaire, pourtant simple, montre bien que l'adimensionnalisation est la première clé qui permet de préciser la nature du modèle mathématique traité. Dans ce cadre, l'habileté du physicien à comprendre son sujet et à le modéliser reste évidemment l'arme essentielle pour le traiter. Le problème modèle de Friedrichs, d'une simplicité telle que la solution exacte est immédiate, est le modèle pédagogique par excellence d'un problème singulier, au point que les grandes méthodes de résolution sont esquissées sur cet exemple. En fait, la suite se focalise sur deux méthodes. L'une, la plus connue et la plus célèbre, est la méthode des développements asymptotiques raccordés (MDAR), l'autre, moins connue et l'on verra pourquoi, est la méthode des approximations successives complémentaires (MASC) qui sera au cœur de la suite de l'ouvrage.

Le chapitre 3 concerne la structure de la couche limite. En général, les considérations physiques donnent les indications nécessaires pour localiser les couches limites. Toutefois, sur un problème très simple, une équation différentielle linéaire du second ordre dont la solution exacte n'est pas connue, la localisation de la couche limite sera étudiée comme un problème de stabilité. Quelques cas seront abordés à travers la recherche d'une approximation de la solution et les structures correspondantes de couches limites nécessaires seront étudiées. Il s'agit toujours d'un problème aux limites, problème qui peut ne pas bénéficier d'un théorème d'existence comme cela est possible localement pour un problème aux valeurs initiales.

Dans le chapitre 4, les définitions mathématiques essentielles sont énoncées. Un choix délibéré a été fait : allier la rigueur et la simplicité. Après avoir défini un ordre total dans un ensemble de fonctions d'ordre, on définit l'ordre d'une fonction ; ceci explique pourquoi deux notations différentes existent dans la littérature, les notations de Hardy étant réservées aux fonctions d'ordre alors que les notations de Landau sont utilisées pour les fonctions. On accordera une importance particulière aux fonctions de jauge qui, soigneusement choisies en fonction du problème traité dans les classes d'équivalence, permettent d'introduire de « l'unicité » dans les développements asymptotiques. C'est dans ce texte que la notion de DA est rappelée. Pour beaucoup un DA est régulier, c'est un développement au sens de Poincaré. Or, un DA est plus général que cela et l'on verra pourquoi ce point est capital. Plutôt que de l'appeler non régulier, ce qui pourrait introduire une fausse idée, on a choisi de le nommer DA *généralisé*.

Le chapitre 5 est le cœur de l'ouvrage. Son titre, *Méthodes des approximations successives complémentaires*, est lié au fait que le but central est la recherche d'approximations de la solution d'un problème et que cette simple idée revient à reprendre les méthodes plus classiques d'un autre point de vue. Dans le cadre de la MDAR, après avoir rappelé les notions classiques de développement extérieur et intérieur sur un exemple simple, quelques définitions essentielles telles que la notion d'opérateur d'expansion et d'approximation significative apportent le minimum de formalisme nécessaire. On explore ensuite le raccord asymptotique en comparant les mérites respectifs du raccord dit intermédiaire érigé en règle et ceux du principe de Van Dyke (PVD) d'utilisation plus systématique. On montre comment, à partir de la construction d'une AUV appelée composite, un principe modifié de raccord (PMVD) permet d'éliminer quelques contre-exemples connus. Cette réflexion sur le raccordement, qu'il soit formel ou qu'il soit basé sur la notion de recouvrement, notion parfois illusoire en pratique, conduit à renverser le propos et à considérer que c'est la forme supposée d'une AUV qui doit conduire à la méthode permettant de la construire. C'est dans cette optique qu'est proposée la MASC, méthode qui montre que la MDAR, particulièrement adaptée lorsque des DA réguliers suffisent, est contenue dans la MASC. Cette méthode nécessite une réflexion plus approfondie que la MDAR, particulièrement dans son initialisation. Elle devient très intéressante dans sa mise en œuvre quand, pour des raisons diverses, la MDAR n'est pas adaptée ou quand une AUV est nécessaire à l'analyse du problème.

Les équations différentielles du second ordre sont traitées à l'aide de la MASC dans le Chap. 6. En fait, les deux méthodes, la MDAR et la MASC sont systématiquement comparées dans plusieurs cas. L'étude d'une équation dont les coefficients sont suffisamment réguliers est traitée en détail, montrant, même sur cet exemple, l'intérêt de la MASC. Quelques cas singuliers sont évoqués, en particulier, quand un logarithme apparaît avec la MDAR alors que la MASC montre que cette singularité n'est liée qu'à la méthode. En fait, le comportement logarithmique ne se dégage que comme le comportement asymptotique de la solution quand ε tend formellement vers zéro, ce qui, en pratique, n'est jamais le cas. Tous les exemples traités conduisent finalement à la conclusion que l'utilisation des DA généralisés nécessite une réflexion plus approfondie, réflexion qui se révèle superflue dans les cas les plus simples, indisponsable dans des cas que la MDAR ne saurait régler seule.

Le chapitre 7, consacré à l'étude d'écoulements à grand nombre de Reynolds, est le passage de la théorie abstraite à un problème physique de première importance en mécanique des fluides, la couche limite. D'ailleurs, tous les chapitres suivants concernent la couche limite en mécanique des fluides. Il est intéressant de noter que le terme *couche limite* est devenu à l'usage un terme mathématique. La MDAR à travers le PMVD donne un éclairage précis à la théorie de la couche limite de Prandtl et à la théorie du triple pont qui la complète utilement. Cette dernière théorie fournit notamment une analyse détaillée de certains types d'écoulements décollés. À l'aide d'une méthode intégrale, une analyse simplifiée des problèmes posés par le décollement est donnée. Cette analyse permet de comprendre pourquoi les modes inverse et simultané sont mieux adaptés au traitement de certains écoulements décollés que le mode direct. Cette connaissance est évidemment capitale pour passer à l'étape du calcul numérique.

C'est dans le chapitre 8 que les diverses dégénérescences des équations de Navier-Stokes sont étudiées à l'aide de la MASC. On amorce l'approximation avec les équations d'Euler. Comme ce modèle n'est pas valable partout, en particulier au voisinage des parois où aucune condition n'est écrite, on complète l'approximation grâce aux DA généralisés en ajoutant un terme de couche limite pour rechercher une AUV. Cette analyse permet de construire des modèles de *couche limite interactive* (CLI) au premier ordre et au second ordre. Ces modèles sont analysés en fonction de leur précision. En particulier, pour un écoulement extérieur irrotationnel, la précision est suffisante pour écrire des modèles réduits de CLI. Ces couches limites interactives réalisent, grâce aux DA généralisés, le couplage fort entre les zones visqueuses et celles dites non visqueuses. La hiérarchie de l'analyse entre ces zones ainsi que le raccord asymptotique n'existent plus. Les DA généralisés et la MASC qui en découle sont donc la justification rationnelle des CLI.

Le chapitre 9 donne quelques résultats de calcul. D'abord, l'écoulement autour d'une bosse standard déformant une plaque plane est calculé en présence de décollement. Ensuite, le cas de plusieurs écoulements amont rotationnels est abordé. Ceci est particulièrement intéressant parce que la réduction de la CLI ne se fait pas aussi simplement que pour un écoulement irrotationnel. Les résultats de la MASC sont comparés aux calculs faits pour le modèle de Van Dyke et aux solutions numériques des équations de Navier-Stokes. On peut ainsi vérifier que, plus le caractère rotationnel de l'écoulement amont est faible, plus les résultats sont conformes à ceux donnés par le modèle Navier-Stokes.

Le chapitre 10 est consacré à la recherche des théories maintenant classiques que sont les théories de Prandtl, de Van Dyke et du triple pont à partir de la CLI et non à partir des équations de Navier-Stokes. On voit bien comment les diverses dégénérescences des équations de Navier-Stokes, obtenues pour de grands nombres de Reynolds, s'emboîtent les unes dans les autres. On distingue d'abord, grâce à la MASC généralisée, les CLI au premier ordre et au second ordre puis, en utilisant la MASC régulière, équivalente à la MDAR, les modèles de Prandtl et de Van Dyke au second ordre et le modèle du triple pont.

Grâce à la MASC, la couche limite turbulente est reprise dans le Chap. 11. Il est d'abord rappelé que, sous des hypothèses liées à des résultats expérimentaux, le PVD, ou mieux le PMVD, montre l'existence d'une zone de recouvrement logarithmique sans aucune hypothèse apparente de fermeture. La MASC appliquée à ce problème montre sa capacité à mieux modéliser le problème physique. Adaptée à des valeurs de ε certes petites mais loin d'être nulles, la MASC montre que, pour pouvoir construire une AUV, il est nécessaire d'écrire une loi de fermeture. De plus, l'AUV permet de mettre en évidence le caractère asymptotique de la loi logarithmique obtenue formellement quand $\varepsilon \to 0$.

Les annexes apportent quelques compléments tout en allégeant le texte. Après chaque chapitre, des énoncés de problèmes assez détaillés donnent la possibilité au lecteur d'exploiter pleinement les résultats du chapitre correspondant. Les solutions, très complètes, sont données à la fin du livre. Certains problèmes sont de véritables sujets de recherche et sont issus de résultats souvent non publiés.

Nous espérons que cet ouvrage donnera au lecteur les éléments essentiels, à la fois mathématiques et pratiques, pour comprendre et appliquer les méthodes asymptotiques classiques d'étude des couches limites. Dans de nombreux problèmes de physique mathématique, ces méthodes sont à la base d'une compréhension fine de la structure de la solution, ce qui en conditionne souvent une résolution numérique appropriée. En outre, nous pensons que la MASC apporte un éclairage nouveau sur la recherche d'une AUV de la solution de problèmes comportant une couche limite. Sous sa forme régulière, équivalente à la MDAR, elle offre ainsi une vision complémentaire de cette technique très efficace. Avec la mise en œuvre de développements généralisés, la MASC a permis aussi de proposer une justification rationnelle de la CLI qui n'existait pas jusqu'alors. Enfin, le but de ce travail sera atteint, nous le pensons, si la MASC généralisée est appliquée à des domaines non abordés ici. Par exemple, en mécanique des fluides, les couches limites tridimensionnelles, instationnaires, les instabilités et leur contrôle sont des sujets importants pour le futur.

2

Introduction aux problèmes de perturbation singulière

Les modèles mathématiques utilisés en physique conduisent le plus souvent à des problèmes pour lesquels il n'est pas possible de donner une solution explicite. Les solutions numériques sont même parfois difficiles à mettre en œuvre, particulièrement quand de petits paramètres sont présents ou quand les domaines de calcul sont très grands. Dans de telles situations, on peut tenter d'élaborer des modèles plus simples, soit en annulant un paramètre, soit en se limitant à l'étude d'un domaine plus petit ; les deux simplifications pouvant être combinées. Lorsque l'on annule un petit paramètre, noté de façon symbolique ε, il se peut que la solution du problème initial ne tende pas uniformément vers la solution du problème réduit quand $\varepsilon \to 0$. On est alors confronté à un problème dit de *perturbation singulière* pour lesquels de grandes difficultés mathématiques peuvent se poser.

D'une façon générale, les problèmes se présentent de la façon suivante : soit L_ε un opérateur intégro-différentiel tel que l'on cherche la solution $\Phi_\varepsilon(\vec{x}, \varepsilon)$ des équations $L_\varepsilon[\Phi_\varepsilon(\vec{x}, \varepsilon)] = 0$ où $\vec{x}$ est une variable appartenant à un domaine D et où $0 < \varepsilon \le \varepsilon_0$, ε_0 étant un nombre positif fixé aussi petit que souhaité. De ce fait, ε est sans dimension, ce qui implique que le problème a été, au préalable, rendu sans dimension. Si $L_0[\Phi_0(\vec{x})] = 0$ est, ce que l'on peut qualifier de problème réduit, supposé plus simple, il est impératif, en physique mathématique, que l'on puisse écrire que $\|\Phi_\varepsilon - \Phi_0\|$ est petit dans le domaine D considéré. Le plus souvent, on utilise la norme de la convergence uniforme :

$$\text{Max}_{\text{D}} |\Phi_\varepsilon - \Phi_0| < K\delta(\varepsilon),$$

où K est un nombre positif indépendant de ε et où $\delta(\varepsilon)$ est une fonction positive telle que

$$\lim_{\varepsilon \to 0} \delta(\varepsilon) = 0.$$

Si cette propriété est vérifiée, les problèmes sont dits réguliers ; on a affaire à des problèmes de *perturbation régulière* (cf. problème 2.4).

Tel n'est pas toujours le cas, au moins dans le domaine D tout entier. S'il y a singularité, celle-ci apparaît en général dans un domaine de dimension inférieure à celle de D. On parle alors de problèmes de *perturbation singulière*.

Les modèles qui sont traités dans ce chapitre sont tels que Φ_ε est connu. En ce sens, ils peuvent être qualifiés de modèles pédagogiques. Ils montrent clairement les difficultés conceptuelles que l'on doit affronter et, en même temps, ils suggèrent les grandes méthodes qui permettent de les résoudre.

2.1 Problèmes réguliers et singuliers

2.1.1 Oscillateur linéaire

Le modèle type du problème régulier est celui de l'oscillateur linéaire. On considère l'équation et les conditions initiales :

$$\mathrm{L}_\varepsilon\, y = \frac{\mathrm{d}^2 y}{\mathrm{d}x^2} + 2\varepsilon \frac{\mathrm{d}y}{\mathrm{d}x} + y = 0 \quad \text{avec} \quad y|_{x=0} = 0, \quad \left.\frac{\mathrm{d}y}{\mathrm{d}x}\right|_{x=0} = 1. \qquad (2.1)$$

La fonction $y(x,\varepsilon)$ est définie pour $x > 0$ et ε est un paramètre positif petit, du point de vue mathématique, aussi petit que souhaité. Toutes les quantités indiquées sont naturellement sans dimension sinon, on ne pourrait affirmer que ε est petit.

Comment a-t-on pu trouver cette formulation mathématique à partir du problème physique ? La réponse est liée au problème que l'on souhaite étudier. Ici, on veut modéliser le mouvement d'une masse suspendue à un système de ressort-amortisseur quand l'amortissement est « faible ». Que signifie « faible » est un point important pour la suite. Il y a naturellement d'autres possibilités, par exemple, l'étude de l'oscillation lorsque la masse est faible.

Si l'on note $y^*(t, m, \beta, k, I_0)$ la position, au cours du temps t, mesurée à partir de l'équilibre, d'une masse m suspendue à un ressort de rigidité k et à un amortisseur de coefficient d'amortissement β et si cette masse est mise en mouvement à partir de la position d'équilibre par une impulsion I_0, le modèle dimensionnel s'écrit :

$$m \frac{\mathrm{d}^2 y^*}{\mathrm{d}t^2} + \beta \frac{\mathrm{d}y^*}{\mathrm{d}t} + k y^* = 0 \quad \text{avec} \quad y^*|_{t=0} = 0, \quad m\left.\frac{\mathrm{d}y^*}{\mathrm{d}t}\right|_{t=0} = I_0.$$

Si L et T sont respectivement une longueur et un temps, pour l'instant arbitraires, on peut poser :

$$y = \frac{y^*}{L} \quad \text{et} \quad x = \frac{t}{T}.$$

Dans ces conditions, il apparaît le problème sans dimension :

$$\frac{m}{kT^2} \frac{\mathrm{d}^2 y}{\mathrm{d}x^2} + \frac{\beta}{kT} \frac{\mathrm{d}y}{\mathrm{d}x} + y = 0 \quad \text{avec} \quad y|_{x=0} = 0, \quad \left.\frac{\mathrm{d}y}{\mathrm{d}x}\right|_{x=0} = \frac{I_0 T}{mL}.$$

Comme la cause du mouvement est l'impulsion, il est naturel de poser :

$$T = \frac{mL}{I_0},$$

de sorte que le problème s'écrit maintenant :

$$\frac{I_0^2}{mL^2 k}\frac{\mathrm{d}^2 y}{\mathrm{d}x^2} + \frac{\beta I_0}{mLk}\frac{\mathrm{d}y}{\mathrm{d}x} + y = 0 \quad \text{avec} \quad y|_{x=0} = 0, \quad \left.\frac{\mathrm{d}y}{\mathrm{d}x}\right|_{x=0} = 1.$$

Le problème comporte deux nombres sans dimension dans lesquels figure la longueur L arbitraire. Ceci signifie qu'il y a, à une constante multiplicative près, deux manières de fixer cette longueur :

$$L = \frac{I_0}{\sqrt{mk}} \quad \text{ou} \quad L = \frac{\beta I_0}{mk}.$$

Si dans le cadre du problème physique étudié, les deux nombres sans dimension ne sont pas du même ordre, une *analyse asymptotique* est possible. Deux cas se présentent :

1. Si le premier nombre $\dfrac{I_0^2}{mL^2 k}$ peut être considéré comme plus grand que le second $\dfrac{\beta I_0}{mLk}$, ce qui physiquement se traduit par le fait que l'action du ressort est prépondérante sur celle de l'amortisseur, on a :

$$L = \frac{I_0}{\sqrt{mk}} \quad \text{et} \quad T = \sqrt{\frac{m}{k}},$$

et l'on peut poser :

$$\varepsilon = \frac{\beta}{2\sqrt{mk}}.$$

Dans ce cas, ε peut être considéré comme un petit paramètre. On verra un peu plus bas que tant que x reste borné, on est en face d'un problème type de *perturbation régulière*. C'est le cas d'un faible amortissement.

2. Dans l'autre cas, qui se traduit physiquement par le fait que la masse est faible, on doit prendre :

$$L = \frac{\beta I_0}{mk} \quad \text{et} \quad T = \frac{\beta}{k}.$$

Alors, on peut poser :

$$\varepsilon = \frac{mk}{\beta^2},$$

où ε est le petit paramètre. Le problème est alors :

$$\varepsilon\frac{\mathrm{d}^2 y}{\mathrm{d}x^2} + \frac{\mathrm{d}y}{\mathrm{d}x} + y = 0 \quad \text{avec} \quad y|_{x=0} = 0, \quad \left.\frac{\mathrm{d}y}{\mathrm{d}x}\right|_{x=0} = 1.$$

Ce problème est caractéristique d'une *perturbation singulière*. Ce type de problème sera étudié de façon approfondie dans la suite.

Toutefois, le premier problème appelle une remarque. On peut envisager un comportement asymptotique en ε sous la forme d'un *développement*, d'ailleurs justifié par POINCARÉ pour ce type d'équation linéaire. On pose donc :

$$y(x, \varepsilon) = y_0(x) + \varepsilon y_1(x) + \varepsilon^2 y_2(x) + \cdots.$$

De façon analogue au développement de Taylor, les petits points $\cdots$ signifient simplement que les termes négligés sont plus petits que ε^2, approximation d'autant plus valable que ε est petit. Substituant ce développement dans l'équation et identifiant les puissances successives de ε, on obtient, pour les deux premiers termes, les problèmes :

1. $\dfrac{\mathrm{d}^2 y_0}{\mathrm{d}x^2} + y_0 = 0$ avec $y_0|_{x=0} = 0, \quad \left.\dfrac{\mathrm{d}y_0}{\mathrm{d}x}\right|_{x=0} = 1,$

2. $\dfrac{\mathrm{d}^2 y_1}{\mathrm{d}x^2} + y_1 = -2\dfrac{\mathrm{d}y_0}{\mathrm{d}x}$ avec $y_1|_{x=0} = 0, \quad \left.\dfrac{\mathrm{d}y_1}{\mathrm{d}x}\right|_{x=0} = 0.$

Le premier problème, *le problème réduit* obtenu avec $\varepsilon = 0$, donne la solution sans amortissement :

$$y_0 = \sin x.$$

Le second problème apporte une correction :

$$y_1 = -x \sin x.$$

Ainsi, une *approximation* de la solution peut s'écrire :

$$y = (1 - \varepsilon x) \sin x + \cdots. \tag{2.2}$$

On voit que, sur tout intervalle de temps fini, $0 < x < \tau$, où τ est indépendant de ε, l'approximation obtenue est uniformément valable ; la correction est petite. Ceci n'est plus vrai si l'intervalle de définition devient grand ; il suffit de prendre $\varepsilon\tau = 1$ pour s'en rendre compte. Ce problème est qualifié de *séculaire* parce qu'il introduit une perturbation singulière dans le développement du fait que l'intervalle considéré est trop grand. La terminologie provient de l'étude des trajectoires des planètes dans le temps ; des solutions obtenues par des méthodes de perturbation sont valables sur des intervalles de temps courts mais la valeur des termes séculaires est irréaliste sur des périodes de l'ordre du siècle.

La comparaison de ces approximations avec la solution exacte est éclairante ; on a :

$$y(x, \varepsilon) = \frac{\mathrm{e}^{-\varepsilon x}}{\sqrt{1 - \varepsilon^2}} \sin \sqrt{1 - \varepsilon^2}\, x.$$

L'approximation (2.2) se confond avec les premiers termes du développement en série de Taylor de la solution exacte.

2.1.2 Problème séculaire

On considère le problème très simple :

$$L_\varepsilon y = \frac{dy}{dx} + \varepsilon y = 0 \quad \text{avec} \quad y|_{x=0} = 1, \tag{2.3}$$

dont on cherche la solution pour $x \geq 0$. Appliquant la même idée que précédemment, on cherche une approximation de y sous la forme :

$$y(x, \varepsilon) = y_0(x) + \varepsilon y_1(x) + \varepsilon^2 y_2(x) + \cdots + \varepsilon^n y_n(x) + \cdots .$$

Le report dans l'équation et l'identification des puissances successives de ε conduit aux problèmes :

1. $\dfrac{dy_0}{dx} = 0$ avec la condition initiale $y_0|_{x=0} = 1$,

2. $\dfrac{dy_1}{dx} = -y_0$ avec la condition initiale $y_1|_{x=0} = 0$,

3. $\dfrac{dy_n}{dx} = -y_{n-1}$ avec la condition initiale $y_n|_{x=0} = 0$.

Le résultat est évidemment bien connu :

$$y(x, \varepsilon) = 1 - \varepsilon x + \varepsilon^2 \frac{x^2}{2} + \cdots + (-1)^n \varepsilon^n \frac{x^n}{n!} + \cdots . \tag{2.4}$$

Sur la solution exacte :

$$y(x, \varepsilon) = e^{-\varepsilon x}, \tag{2.5}$$

on voit clairement le problème. Dès que x est grand, le développement limité ci-dessus n'est pas une approximation uniformément valable de la solution, quel que soit le nombre fini de termes pris en compte (Fig. 2.1). Ce qu'il y a de curieux, c'est que la série infinie converge bien vers la solution et ceci, quel

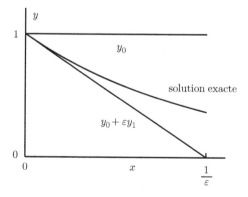

Fig. 2.1. Approximations de la solution du problème (2.3) données par (2.4) ; la solution exacte y est donnée par (2.5)

que soit ε, alors qu'un développement limité n'est une approximation de la solution que si ε est petit et que si x reste borné. Le développement considéré est une série convergente alors que le développement limité est la forme la plus simple d'un *développement asymptotique*.

Une remarque intéressante est liée au changement de variable :

$$t = \frac{1}{x+1}$$

qui transfère la singularité pour x grand au voisinage de l'origine. En posant :

$$Y(t, \varepsilon) \equiv y(x, \varepsilon),$$

il vient :

$$L_\varepsilon Y = t^2 \frac{dY}{dt} - \varepsilon Y = 0 \quad \text{avec} \quad Y|_{t=1} = 1. \tag{2.6}$$

Un développement direct du type :

$$Y(t, \varepsilon) = Y_0(t) + \varepsilon Y_1(t) + \varepsilon^2 Y_2(t) + \cdots$$

conduit à l'approximation :

$$Y(t, \varepsilon) = 1 + \varepsilon \left(1 - \frac{1}{t}\right) + \varepsilon^2 \left(\frac{1}{2} - \frac{1}{t} + \frac{1}{2t^2}\right) + \cdots. \tag{2.7}$$

Les approximations successives sont de plus en plus singulières au voisinage de l'origine (Fig. 2.2). Ceci est très clair si l'on développe la solution exacte :

$$Y(t, \varepsilon) = \exp\left[-\varepsilon\left(\frac{1}{t} - 1\right)\right]. \tag{2.8}$$

Cette caractéristique est aussi présente dans des problèmes analogues susceptibles d'un traitement particulier. On considère l'équation :

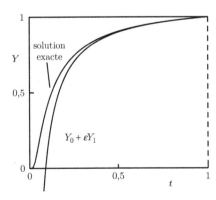

Fig. 2.2. Approximations de la solution du problème (2.6) données par (2.7) ; la solution exacte Y est donnée par (2.8)

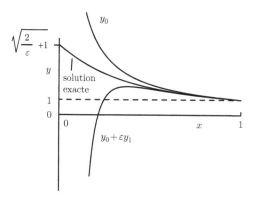

Fig. 2.3. Approximations de la solution du problème (2.9) données par (2.10) ; la solution exacte y est donnée par (2.11)

$$\mathrm{L}_\varepsilon\, y = (x + \varepsilon y)\frac{\mathrm{d}y}{\mathrm{d}x} + y = 0 \quad \text{avec} \quad y\big|_{x=1} = 1 \tag{2.9}$$

La solution est recherchée sur l'intervalle $0 \le x \le 1$.

Le développement direct :

$$y(x, \varepsilon) = y_0(x) + \varepsilon y_1(x) + \cdots$$

conduit aux problèmes :

1. $x\dfrac{\mathrm{d}y_0}{\mathrm{d}x} + y_0 = 0$ avec $y_0\big|_{x=1} = 1$,

2. $x\dfrac{\mathrm{d}y_1}{\mathrm{d}x} + y_1 = -y_0\dfrac{\mathrm{d}y_0}{\mathrm{d}x}$ avec $y_1\big|_{x=1} = 0$.

Le résultat :

$$y(x, \varepsilon) = \frac{1}{x} + \varepsilon\frac{1}{2x}\left(1 - \frac{1}{x^2}\right) + \cdots \tag{2.10}$$

montre bien que la seconde approximation est plus singulière que la première au voisinage de l'origine (Fig. 2.3). La solution exacte :

$$y(x, \varepsilon) = -\frac{x}{\varepsilon} + \sqrt{\frac{x^2}{\varepsilon^2} + \frac{2}{\varepsilon} + 1} \tag{2.11}$$

est bornée à l'origine :

$$y(0, \varepsilon) = \sqrt{\frac{2}{\varepsilon} + 1}$$

quel que soit $\varepsilon > 0$. Ceci est typique des *problèmes séculaires*.

2.1.3 Problème singulier

Un *problème singulier* typique est celui introduit par FRIEDRICHS [32] pour justifier le raccordement entre la couche limite et l'écoulement non visqueux tel que proposé par PRANDTL [71]. On considère l'équation :

$$L_\varepsilon\, y = \varepsilon \frac{\mathrm{d}^2 y}{\mathrm{d}x^2} + \frac{\mathrm{d}y}{\mathrm{d}x} - a = 0 \quad \text{où} \quad 0 < a < 1, \tag{2.12a}$$

avec les conditions aux limites :

$$y\big|_{x=0} = 0\,; \quad y\big|_{x=1} = 1. \tag{2.12b}$$

On recherche la solution sur l'intervalle $0 \le x \le 1$ ce qui est toujours plus délicat que de considérer un problème aux valeurs initiales. Naturellement, la solution exacte est connue mais c'est le propre des modèles étudiés dans ce chapitre. Le problème réduit obtenu pour $\varepsilon = 0$ s'écrit :

$$L_0\, y_0 = \frac{\mathrm{d}y_0}{\mathrm{d}x} - a = 0.$$

La solution est donnée par :

$$y_0 = ax + A,$$

où A est une constante qu'il faut déterminer avec deux conditions aux limites ce qui n'est, en général, pas possible. Cette situation est caractéristique de certains problèmes singuliers ; lorsque l'on fait $\varepsilon = 0$, l'équation réduite obtenue est d'un ordre moins élevé que l'équation initiale.

Si l'on veut vérifier la condition en $x = 0$, on obtient :

$$y_0 = ax.$$

Cette approximation ne peut être uniformément valable puisque $y_0(1) = a$. De même, en vérifiant la condition en $x = 1$, on obtient :

$$y_0 = ax + 1 - a \tag{2.13}$$

qui est telle que $y_0(0) = 1 - a$; la condition à l'origine n'est pas vérifiée ce qui indique nécessairement une zone de non-uniformité.

La solution exacte s'écrit :

$$y(x, \varepsilon) = ax + (1 - a)\frac{1 - \mathrm{e}^{-x/\varepsilon}}{1 - \mathrm{e}^{-1/\varepsilon}}. \tag{2.14}$$

Dès que $x > 0$, lorsque $\varepsilon \to 0$, on voit qu'une bonne approximation de la solution exacte est donnée par (Fig. 2.4) :

$$y = ax + 1 - a + \cdots.$$

Ceci montre qu'il fallait se placer dans le second cas et vérifier, pour le problème réduit, la condition en $x = 1$. La zone de non-uniformité se trouve donc dans un voisinage de l'origine. Comment répondre à ces questions sans connaître la solution exacte, c'est ce que l'on va commencer à évoquer dans les paragraphes suivants.

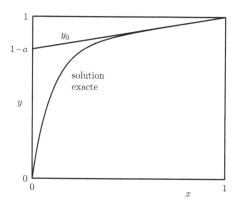

Fig. 2.4. Approximation de la solution du problème (2.12a, 2.12b) donnée par (2.13) ; la solution exacte y est donnée par (2.14)

2.2 Méthodes d'approximations pour les problèmes de perturbation singulière

De nombreuses méthodes ont été développées pour tenter de résoudre les problèmes de perturbation singulière [31, 34, 38, 66, 94]. Ci-dessous, quelques-unes sont brièvement décrites.

2.2.1 Méthode des développements asymptotiques raccordés

La méthode la plus célèbre et la plus importante, tant pour son approfondissement mathématique, tant pour le nombre de ses applications, est la *méthode des développements asymptotiques raccordés* (MDAR). Les idées sous-jacentes se sont développées après l'année 1950, année où FRIEDRICHS a mis en œuvre le modèle précédent. Elles ont été ensuite approfondies et appliquées aux équations régissant les écoulements de fluides visqueux. Parmi les noms les plus importants attachés au développement de la MDAR, on peut citer KAPLUN [39], LAGERSTROM [41, 42], COLE [15] et VAN DYKE [93]. ECKHAUS [28, 29] a tenté l'analyse la plus précise sur les fondements de la méthode, avec une importante publication en 1979. Néanmoins, les résultats obtenus à ce jour ne permettent pas de formuler une théorie mathématique de la méthode. En revanche, un certain nombre de règles heuristiques ont été mises en place dont l'application à des problèmes de la physique mathématique et particulièrement en mécanique des fluides a été remarquablement féconde.

Si l'on reprend le modèle de Friedrichs (2.12a) évoqué précédemment, l'examen de la solution exacte montre que :

$$\lim_{\varepsilon \to 0} y(x, \varepsilon) = y_0(x) = ax + 1 - a,$$

sauf au voisinage de l'origine où la condition limite impose $y|_{x=0} = 0$, alors que $y_0|_{x=0} = 1 - a$.

Deux remarques vont jouer un rôle essentiel dans la suite.

1. Si l'on reprend le processus limite en utilisant la variable $X = x/\varepsilon$ à la place de x, il vient :

$$\lim_{\varepsilon \to 0} y(x, \varepsilon) = Y_0(X) = (1 - a)\left(1 - \mathrm{e}^{-X}\right).$$

Cette procédure est suggérée par la volonté de prise en compte de l'exponentielle. On note que, la variable X étant « plus proche » de l'origine que x, on y espère une meilleure approximation. De fait, on vérifie que $Y_0|_{x=0} = 0$. Malheureusement, la condition en $x = 1$ n'est plus vérifiée :

$$Y_0|_{x=1} = (1 - a)\left(1 - \mathrm{e}^{-1/\varepsilon}\right).$$

On peut s'étonner de ce résultat mais il faut remarquer que X varie dans un domaine très grand :

$$0 \le X \le \frac{1}{\varepsilon},$$

et que des termes négligés tant que X reste borné, peuvent ne plus être négligeables sur le domaine entier.

2. La deuxième remarque est la base de l'idée conduisant au *raccord asymptotique*. On en comprendra mieux la portée plus loin. Pour l'instant, contentons nous de noter ce fait remarquable :

$$\lim_{X \to \infty} Y_0(X) = \lim_{x \to 0} y_0(x) = 1 - a.$$

Ces deux remarques ont été faites en observant le comportement de la solution exacte. On va maintenant supposer que l'on ne connaît pas la solution exacte. Comment peut-on imaginer une méthode heuristique conduisant à la construction d'une approximation de la solution ?

Première étape. On résout brutalement le problème réduit. On obtient :

$$y_0 = ax + A,$$

et il faut déterminer la constante A. Il faut donc d'abord trouver la condition qu'il faut prendre et même, se poser la question s'il faut prendre l'une des conditions aux limites. La réponse à cette question existe pour des équations différentielles telles que celles que l'on étudiera dans les Chaps. 3 et 6. Lorsqu'il s'agira d'équations modélisant un problème physique, la réponse à cette question sera physique. Ainsi, on sait que dans l'étude de l'écoulement d'un fluide visqueux autour d'une plaque plane pour de grands nombres de Reynolds, le problème réduit obtenu à partir des équations de Navier-Stokes donne les équations d'Euler pour lesquelles la condition d'adhérence ne peut être vérifiée.

On admettra donc que ce problème est résolu *a priori* et que l'on connaît la zone de non-uniformité. Dans le cas du modèle de Friedrichs, cela veut dire que la solution réduite est :

$$y_0(x) = ax + 1 - a.$$

Deuxième étape. La condition à l'origine n'étant pas vérifiée, il semble naturel d'agrandir le voisinage de l'origine pour mieux appréhender le problème. Le « microscope » que l'on utilise est le changement de variable :

$$X_\alpha = \frac{x}{\varepsilon^\alpha},$$

où α est un nombre strictement positif. Ainsi, lorsque x sera petit, X_α devra rester borné.

Posant :

$$Y_\alpha(X, \varepsilon) \equiv y(x, \varepsilon),$$

l'équation du problème s'écrit :

$$\varepsilon^{1-2\alpha} \frac{\mathrm{d}^2 Y_\alpha}{\mathrm{d}X_\alpha^2} + \varepsilon^{-\alpha} \frac{\mathrm{d}Y_\alpha}{\mathrm{d}X_\alpha} = a.$$

Reste à ajuster notre « microscope », c'est-à-dire trouver la valeur de α qui convient le mieux. On note que si $\alpha < 1$ ou si $\alpha > 1$, le problème réduit résultant conduit à une solution qui ne peut rendre compte d'une forte variation au voisinage de l'origine. Une autre idée est que, comme on doit retenir nécessairement la dérivée seconde, le terme dominant restant est la dérivée première. Bref, sur ce problème, il est clair que le choix optimal est $\alpha = 1$. Posant

$$X_1 = X \quad \text{et} \quad Y_1 = Y,$$

l'équation s'écrit :

$$\frac{\mathrm{d}^2 Y}{\mathrm{d}X^2} + \frac{\mathrm{d}Y}{\mathrm{d}X} = \varepsilon a.$$

Troisième étape. Le problème réduit pour cette équation s'écrit :

$$\frac{\mathrm{d}^2 Y_0}{\mathrm{d}X^2} + \frac{\mathrm{d}Y_0}{\mathrm{d}X} = 0.$$

La solution générale est immédiate, on a :

$$Y_0(X) = A + B\mathrm{e}^{-X},$$

où A et B sont deux constantes à déterminer. On vérifie naturellement la condition à l'origine, ce qui donne :

$$Y_0(X) = A\left(1 - \mathrm{e}^{-X}\right).$$

Ce qu'il y a de nouveau, c'est que l'on peut vérifier l'autre condition en $x = 1$. Le résultat obtenu est faux parce que le domaine de variation de X est très grand. Cet aspect a été, aux débuts de cette méthode, la source de nombreuses erreurs. En réalité, de même que $y_0(x)$ n'est pas une approximation valable au voisinage de l'origine, $Y_0(X)$ ne peut être valable dès que X n'est plus borné, en particulier au voisinage de $x = 1$.

Quatrième étape. Pour trouver la condition manquante, une première idée est d'affirmer que l'on doit trouver une *zone de recouvrement* où le comportement de y_0 pour x petit s'identifie à celui de $Y_0(X)$ pour X grand. C'est en somme la recherche d'une *zone intermédiaire* que l'on peut formaliser avec la variable $X_\beta = x/\varepsilon^\beta$. On obtient, pour $0 < \beta < 1$:

$$y_0(x) = 1 - a + a\varepsilon^\beta X_\beta = 1 - a + \cdots,$$
$$Y_0(X) = A\left(1 - e^{-X_\beta/\varepsilon^{1-\beta}}\right) = A + \cdots.$$

On voit bien que si X_β est fixé, et que $\varepsilon \to 0$, on obtient $A = 1 - a$. On trouve ainsi l'approximation valable au voisinage de l'origine par une technique de raccord qui sera qualifiée plus loin de *raccord intermédiaire* :

$$Y_0(X) = (1 - a)\left(1 - e^{-X}\right).$$

Une façon plus rapide consiste à écrire tout de suite la limite, on parle alors de principe de *raccord asymptotique* :

$$\lim_{X \to \infty} Y_0(X) = \lim_{x \to 0} y_0(x),$$

ce qui redonne la même valeur de A parce que les limites existent. On verra plus loin que si un tel principe est plus facile à mettre en œuvre que le raccord en variable intermédiaire, tel qu'il est formulé, il est beaucoup trop brutal.

Cinquième étape. On est alors tenté de construire une approximation uniformément valable (AUV) en ajoutant les deux approximations obtenues dans leur zone respective et en retranchant la partie commune. On a :

$$y_{\mathrm{app}} = y_0(x) + Y_0(X) - (1 - a),$$

d'où :

$$y_{\mathrm{app}} = ax + (1 - a)\left(1 - e^{-X}\right). \tag{2.15}$$

La figure 2.5 montre la comparaison de la solution exacte et de la solution composite (2.15) pour $a = 0,2$ et $\varepsilon = 0,25$. On constate que l'approximation est très bonne même si la valeur de ε n'est pas très petite ; pour des valeurs plus petites de ε, l'approximation est meilleure. En fait, la petitesse de ε est toujours très difficile à apprécier.

Les réflexions précédentes constituent les idées de base qui vont permettre de construire la *méthode des développements asymptotiques raccordés* (MDAR).

2.2.2 Méthode des approximations successives complémentaires

Une méthode assez ancienne consiste à rechercher d'emblée une AUV de la solution du problème en admettant que l'on connaisse $y_0(x)$ [24, 69]. Elle consiste à chercher cette approximation sous la forme :

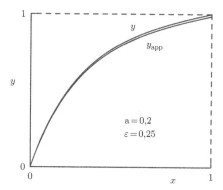

Fig. 2.5. Étude du problème (2.12a, 2.12b). La solution composite y_{app} est donnée par (2.15) ; la solution exacte y est donnée par (2.14)

$$y_{\text{a1}} = y_0(x) + Y_0^*(X).$$

Pour l'équation de Friedrichs (2.12a), il vient :

$$L_\varepsilon \, y_{\text{a1}} = \varepsilon \frac{\mathrm{d}^2 y_0}{\mathrm{d}x^2} + \frac{\mathrm{d}y_0}{\mathrm{d}x} - a + \frac{1}{\varepsilon}\left[\frac{\mathrm{d}^2 Y_0^*}{\mathrm{d}X^2} + \frac{\mathrm{d}Y_0^*}{\mathrm{d}X}\right] = \frac{1}{\varepsilon}\left[\frac{\mathrm{d}^2 Y_0^*}{\mathrm{d}X^2} + \frac{\mathrm{d}Y_0^*}{\mathrm{d}X}\right].$$

Ce cas est très particulier car $\dfrac{\mathrm{d}^2 y_0}{\mathrm{d}x^2}$ étant nul, si l'on annule le second membre et que l'on vérifie exactement les conditions aux limites, on doit nécessairement trouver la solution exacte. Ce fait est dû à la simplicité de l'équation. En effet, on obtient :

$$Y_0^*(X) = A + Be^{-X} \quad \text{avec} \quad Y_0^*(0) = a - 1 \quad \text{et} \quad Y_0^*\left(\frac{1}{\varepsilon}\right) = 0,$$

ce qui donne :

$$Y_0^*(X) = (1 - a)\frac{e^{-1/\varepsilon} - e^{-X}}{1 - e^{-1/\varepsilon}}$$

qui, ajouté à $y_0(x)$, redonne bien la solution exacte. En fait, l'approche utilisée ci-dessus n'est pas traditionnelle dans la mesure où Y_0^* dépend de X *mais aussi de ε*. Dans la formalisation asymptotique qui sera développée dans les chapitres suivants, on distinguera clairement les fonctions indépendantes de ε des fonctions qui en dépendent. Le fait d'accepter cette dépendance en ε est *nouveau* et conduit, comme on le verra à la mise en place d'une nouvelle approche appelée *méthode des approximations successives complémentaires* (MASC).

La méthode plus ancienne exige une indépendance de Y_0^* par rapport à ε. Ceci peut être écrit en négligeant un terme effectivement très petit. On a :

$$Y_0^*(X) = (a - 1)e^{-X}$$

ce qui, ajouté à y_0, donne l'approximation y_{app} obtenue avec la MDAR :

$$y_{\mathrm{app}} = ax + (1 - a)\left(1 - \mathrm{e}^{-X}\right).$$

En fait, on démontrera plus loin que, si l'on exige cette indépendance des fonctions par rapport à ε, la MASC est *équivalente* à la MDAR. Comme la MDAR est relativement plus facile à mettre en œuvre, cette méthode, sous son ancienne forme, ne s'est pas développée. Il faut toutefois noter que le principe du raccord asymptotique est une hypothèse équivalente à la forme supposée d'une AUV.

2.2.3 Méthode des échelles multiples

L'idée de la méthode, proposée par Mahony [56], repose comme dans le cas précédent sur la recherche d'une AUV. On sait, par exemple dans le cas du modèle de Friedrichs, que cette approximation ne peut être décrite par la seule variable x et qu'une variable X supplémentaire est nécessaire. À la différence du cas précédent, on ne suppose pas connue la structure de l'approximation. On pose donc :

$$y(x, \varepsilon) \equiv Y(x, X, \varepsilon) \quad \text{avec} \quad X = \frac{x}{\varepsilon}, \tag{2.16}$$

où les deux variables x et X sont considérées comme *indépendantes*. L'équation initiale devient une équation aux dérivées partielles :

$$\frac{\partial^2 Y}{\partial X^2} + \frac{\partial Y}{\partial X} + \varepsilon \left(2\frac{\partial^2 Y}{\partial x \partial X} + \frac{\partial Y}{\partial x}\right) + \varepsilon^2 \frac{\partial^2 Y}{\partial x^2} = \varepsilon a.$$

La fonction Y étant définie sur le rectangle $\left[0 \leq x \leq 1,\, 0 \leq X \leq \frac{1}{\varepsilon}\right]$, les conditions aux limites dont on dispose sont évidemment insuffisantes pour déterminer complètement la solution. Toutefois, le but recherché n'est pas de trouver la solution, mais une approximation de la solution. Pour cela, on recherche un développement du type :

$$Y(x, X, \varepsilon) = Y_0(x, X) + \varepsilon Y_1(x, X) + \mathrm{O}(\varepsilon^2).$$

On obtient ainsi formellement deux problèmes réduits :

1. $\dfrac{\partial^2 Y_0}{\partial X^2} + \dfrac{\partial Y_0}{\partial X} = 0$ avec les conditions $Y_0(0,0) = 0$ et $Y_0(1, \infty) = 1$,

2. $\dfrac{\partial^2 Y_1}{\partial X^2} + \dfrac{\partial Y_1}{\partial X} = a - \left(2\dfrac{\partial^2 Y_0}{\partial x \partial X} + \dfrac{\partial Y_0}{\partial x}\right).$

La solution générale du premier problème s'écrit :

$$Y_0(x, X) = A(x) + B(x)\mathrm{e}^{-X}.$$

Naturellement, les fonctions A et B ne peuvent être déterminées uniquement par les conditions aux limites :

$$A(0) + B(0) = 0,$$
$$A(1) = 1.$$

Toutefois, l'équation pour le second problème s'écrit :

$$\frac{\partial^2 Y_1}{\partial X^2} + \frac{\partial Y_1}{\partial X} = a - \frac{\mathrm{d}A}{\mathrm{d}x} + \frac{\mathrm{d}B}{\mathrm{d}x}\mathrm{e}^{-X}.$$

Ceci permet d'écrire la solution générale sous la forme :

$$Y_1(x,X) = C(x) + D(x)\mathrm{e}^{-X} + X\left(a - \frac{\mathrm{d}A}{\mathrm{d}x}\right) - \frac{\mathrm{d}B}{\mathrm{d}x}X\mathrm{e}^{-X}.$$

L'argument qui permet de déterminer les fonctions inconnues A et B est analogue à celui de Lighthill dans la méthode des coordonnées forcées : *chaque approximation ne doit pas être plus singulière que la précédente.* Ici, cela signifie que le rapport $\dfrac{Y_1}{Y_0}$ doit rester borné, indépendamment de ε, dans tout le domaine considéré. On pose donc :

$$a - \frac{\mathrm{d}A}{\mathrm{d}x} = 0,$$
$$\frac{\mathrm{d}B}{\mathrm{d}x} = 0.$$

Ces équations différentielles sont résolues grâce aux conditions aux limites. On obtient :

$$A(x) = ax + 1 - a,$$
$$B(x) = a - 1.$$

La première approximation s'écrit :

$$Y_0(x,X) = ax + (1-a)\left(1 - \mathrm{e}^{-X}\right)$$

qui n'est autre que l'approximation donnée par la MDAR ou par la MASC.

2.2.4 Méthode de Poincaré-Lighthill

Une autre méthode a des racines plus anciennes mais des applications plus limitées, c'est la méthode de Poincaré-Lighthill. Cette méthode a vu le jour en 1892 grâce à POINCARÉ. Néanmoins, le premier mémoire important est dû à LIGHTHILL en 1949. En 1953 et en 1956, KUO publia deux articles où la méthode était appliquée à des écoulements de fluides visqueux. C'est pourquoi TSIEN, dans un article de synthèse, publié en 1956, l'appela méthode PLK. Des auteurs anglo-saxons préfèrent l'appeler méthode de Lighthill ou aussi méthode des coordonnées forcées (Strained coordinates method). En hommage à un grand mathématicien et à un grand mécanicien des fluides, on l'appelle ici, méthode PL.

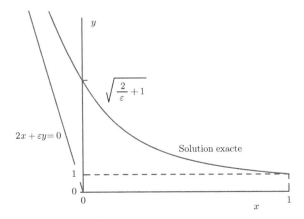

Fig. 2.6. Étude du problème (2.17) ; la solution exacte y est donnée par (2.11)

On reprend le problème (2.9) :

$$L_\varepsilon\, y = (x + \varepsilon y)\frac{\mathrm{d}y}{\mathrm{d}x} + y = 0 \quad \text{avec} \quad y|_{x=1} = 1 \tag{2.17}$$

dont on recherche la solution sur l'intervalle $0 \le x \le 1$.

La figure 2.6 montre la structure de la solution exacte. Celle-ci est singulière sur la droite $2x = -\varepsilon y$. La recherche d'approximations pour ε petit revient à transférer cette singularité en $x = 0$. Au lieu d'améliorer cette situation, les approximations d'ordre supérieur ne font que l'aggraver. L'idée centrale de la méthode est d'affirmer que les approximations données par le développement direct doivent avoir la bonne forme, mais pas au bon endroit. On développe alors y et x par rapport à ε et par rapport à un nouveau paramètre s qui doit remplacer x. On force, en quelque sorte, le paramètre x, mais on le force légèrement de sorte que l'on écrit :

$$y(x,\varepsilon) = y_0(s) + \varepsilon y_1(s) + \varepsilon^2 y_2(s) + \cdots, \tag{2.18a}$$

$$x(s,\varepsilon) = s + \varepsilon x_1(s) + \varepsilon^2 x_2(s) + \cdots. \tag{2.18b}$$

En remplaçant dans l'équation initiale et en égalant les puissances de ε, on obtient facilement les deux premières équations :

$$s\frac{\mathrm{d}y_0}{\mathrm{d}s} + y_0 = 0 \quad \text{avec} \quad y_0|_{s=1} = 1,$$

$$s\frac{\mathrm{d}y_1}{\mathrm{d}s} + y_1 = -\frac{\mathrm{d}y_0}{\mathrm{d}s}\left(x_1 + y_0 - s\frac{\mathrm{d}x_1}{\mathrm{d}s}\right).$$

La solution de la première équation est simple :

$$y_0(s) = \frac{1}{s}.$$

Elle a la même forme qu'avec le développement direct, mais x est remplacé par s.

La seconde équation prend la forme :

$$\frac{\mathrm{d}}{\mathrm{d}s}(sy_1) = \frac{1}{s^2}\left(x_1 + \frac{1}{s} - s\frac{\mathrm{d}x_1}{\mathrm{d}s}\right)$$

dont la solution générale est évidente :

$$y_1(s) = \frac{A}{s} - \frac{1}{s^2}\left[x_1(s) + \frac{1}{2s}\right],$$

où A est une constante arbitraire.

Le principe fondamental formulé par LIGHTHILL est le suivant : *les approximations d'ordre supérieur ne doivent pas être plus singulières que la première approximation.*

La fonction inconnue $x_1(s)$ est donc déterminée en imposant :

$$\frac{x_1(s)}{s} + \frac{1}{2s^2} = B(s),$$

où $B(s)$ est une fonction bornée de s. Ainsi, la solution au second ordre s'écrit :

$$y_1(s) = \frac{A}{s} - \frac{B(s)}{s}.$$

C'est l'une des caractéristiques de la méthode que la fonction $x_1(s)$ ne soit pas complètement déterminée. En particulier, on peut prendre pour B n'importe quelle fonction régulière de s. Néanmoins, pour des raisons évidentes, il est utile d'imposer que $x_1(s)$ s'annule en $x = 1$. Par ailleurs, la simplicité étant bonne conseillère, on prend B constant. D'où, le résultat :

$$y(x,\varepsilon) = \frac{1}{s} + \cdots,$$

$$x(s,\varepsilon) = s + \frac{\varepsilon}{2}\left(s - \frac{1}{s}\right) + \cdots.$$

Dans ce problème modèle, il apparaît que s peut être éliminé pour donner la solution exacte.

Remarque 1. La méthode PL ne s'applique pas au modèle de Friedrichs alors que la MDAR s'applique.

2.2.5 Méthode du groupe de renormalisation

Cette méthode [13] s'applique essentiellement à des problèmes oscillatoires. Néanmoins, quelques applications intéressantes existent pour les problèmes de couche limite et les problèmes séculaires. L'idée générale est de se donner une certaine liberté sur les constantes d'intégration pour éliminer les singularités ultérieures ou pour accélérer la convergence du développement asymptotique. Le contenu de la méthode du *« groupe de renormalisation »* est certainement fondamental, mais sa mise en œuvre est assez délicate pour que nous ne la développions pas dans la suite.

On se contente ici, à titre d'exemple, du problème séculaire le plus simple :

$$\mathrm{L}_\varepsilon\, y = \frac{\mathrm{d}y}{\mathrm{d}t} + \varepsilon y = 0. \tag{2.19}$$

La solution directe contient une singularité au second ordre dès que t est grand. On a, à cet ordre, le développement asymptotique qualifié de « naïf » :

$$y(t,\varepsilon) = A_0\left[1 - \varepsilon(t - t_0)\right] + \cdots,$$

où A_0 et t_0 sont deux constantes d'intégration définies par la condition initiale non précisée. Naturellement, ce développement n'est pas uniformément valable pour t grand. Compte tenu de l'ordre où l'on s'arrête, on pose :

$$A_0 = \left[1 + \varepsilon a_1(t_0, \mu)\right] A(\mu). \tag{2.20}$$

Dans cette expression, μ est un temps arbitraire, A est la partie renormalisée de A_0 et a_1 est une fonction inconnue. Toujours à l'ordre considéré, on obtient :

$$y = A(\mu)\left[1 + \varepsilon a_1(t_0, \mu) - \varepsilon(t - \mu) - \varepsilon(\mu - t_0)\right] + \cdots.$$

En posant :

$$a_1 = \mu - t_0,$$

on élimine la partie divergente due à t_0 pour obtenir :

$$y = A(\mu)\left[1 - \varepsilon(t - \mu)\right] + \cdots.$$

Cette forme est identique à la forme « naïve » mais μ est arbitraire. Le critère de renormalisation est donné par :

$$\frac{\partial y}{\partial \mu} = 0,$$

quel que soit t. On obtient ainsi l'équation différentielle pour A :

$$\frac{\mathrm{d}A}{\mathrm{d}\mu} + \varepsilon A = 0.$$

On obtient la solution :

$$y = A_1 \mathrm{e}^{-\varepsilon\mu}\left[1 - \varepsilon(t - \mu)\right] + \cdots,$$

où A_1 est une constante.

Posant $\mu = t$, on obtient une AUV à l'ordre indiqué :

$$y(t,\varepsilon) = A_1 \mathrm{e}^{-\varepsilon t} + \cdots.$$

Cette approximation n'est autre que la solution exacte, mais le modèle est très simple.

2.3 Conclusion

Les problèmes de perturbations singulières se rencontrent très souvent en Physique et de nombreuses méthodes ont été imaginées pour les traiter. Une idée commune à toutes les méthodes est naturellement de corriger ou d'éviter le caractère non uniformément valable d'une première approximation. La méthode des développements asymptotiques raccordés suit aussi cette logique. Elle consiste à rechercher d'abord des approximations dans différentes régions significatives où est définie la solution et ensuite à les raccorder pour rendre précisément la solution composite uniformément valable.

Les chapitres suivants sont consacrés à la mise en place et à l'application de la méthode des approximation successives complémentaires. On verra que, sous sa forme régulière, cette méthode conduit aux mêmes résultats que la méthode des développemnts asymptotiques raccordés mais sans faire appel à la délicate notion de principe de raccordement. On verra aussi que, sous sa forme non régulière, cette méthode offre des avantages marqués.

Problèmes

2.1. On considère l'équation :

$$x^2 + \varepsilon x - 1 = 0.$$

On cherche les solutions lorsque ε est un petit paramètre.

1. Donner les solutions exactes et les développer en série de Taylor au voisinage de $\varepsilon = 0$ jusqu'à l'ordre ε^2.

2. On envisage une méthode itérative en réarrageant l'équation sous la forme :

$$x = \pm\sqrt{1 - \varepsilon x}.$$

Le processus itératif s'écrit :

$$x_n = \pm\sqrt{1 - \varepsilon x_{n-1}}.$$

La valeur de départ x_0 est solution de l'équation réduite obtenue en faisant $\varepsilon = 0$. En utilisant des développements limités, donner les développements des solutions obtenues en améliorant l'approximation à chaque étape.

3. On pose a priori que la solution est de la forme :

$$x = x_0 + \varepsilon x_1 + \varepsilon^2 x_2 + \cdots.$$

Donner les valeurs de x_0, x_1, x_2.

4. On pose :

$$x = x_0 + \delta_1(\varepsilon)x_1 + \delta_2(\varepsilon)x_2 + \cdots,$$

où la suite δ_1, δ_2 est telle que $\delta_2/\delta_1 \to 0$ et $\delta_1 \to 0$ quand $\varepsilon \to 0$. Essayer de choisir δ_1, δ_2 aussi simplement que possible.

2.2. On considère l'équation :

$$\varepsilon x^2 + x - 1 = 0$$

dont on cherche les racines quand ε est un petit paramètre.

1. Donner les solutions exactes et leur développement quand $\varepsilon \to 0$.

2. On envisage un processus itératif pour déterminer les racines. L'équation réduite, obtenue en faisant $\varepsilon = 0$ possède une seule racine $x = 1$. L'autre racine est perdue ; on a un problème singulier. Montrer qu'il y a deux processus itératifs, l'un donné par :

$$x_n = 1 - \varepsilon x_{n-1}^2,$$

et l'autre par :

$$x_n = -\frac{1}{\varepsilon} + \frac{1}{\varepsilon x_{n-1}},$$

qui permettent de retrouver les résultats de la question précédente.

3. On suppose que les racines se développent sous la forme :

$$x^{(1)} = x_0^{(1)} + \varepsilon x_1^{(1)} + \varepsilon^2 x_2^{(1)} + \cdots,$$
$$x^{(2)} = \frac{x_{-1}^{(2)}}{\varepsilon} + x_0^{(2)} + \varepsilon x_1^{(2)} + \cdots.$$

Donner les coefficients de ces développements.

2.3. Soit le problème aux valeurs propres suivant :

$$\frac{\mathrm{d}^2 f}{\mathrm{d}x^2} + \lambda^2 f(x) = 0; \quad \lambda > 0; \quad \varepsilon \leq x \leq \pi,$$

avec les conditions aux limites :

$$f(\varepsilon) = 0; \quad f(\pi) = 0.$$

1. Déterminer la solution exacte du problème. En particulier, donner l'ensemble des valeurs propres λ ; on effectuera un développement à l'ordre ε de λ.

2. Pour illustrer l'utilisation d'une méthode de perturbation, on pose :

$$f = \varphi_0 + \varepsilon \varphi_1 + \cdots; \quad \lambda = \lambda_0 + \varepsilon \lambda_1 + \cdots.$$

Exprimer les conditions aux limites. Pour la condition en $x = \varepsilon$, on effectuera un développement limité de φ_0 et φ_1 au voisinage de $x = 0$; de cette façon la condition en $x = \varepsilon$ sera transférée en $x = 0$.

Déterminer φ_0, φ_1, λ_0, λ_1. Comparer à la solution exacte.

2.4. Cet exercice a été proposé par Van Dyke [94]. On considère un écoulement bidimensionnel, incompressible, non visqueux. L'équation de continuité :

$$\frac{\partial u}{\partial x} + \frac{\partial v}{\partial y} = 0$$

conduit à introduire la fonction de courant ψ telle que :

$$u = \frac{\partial \psi}{\partial y}; \quad v = -\frac{\partial \psi}{\partial x},$$

et qui permet de satisfaire l'équation de continuité automatiquement. En outre, si l'écoulement est stationnaire et non visqueux, le rotationnel de la vitesse est constant sur une ligne de courant. Ainsi, si l'écoulement à l'infini amont est irrotationnel, il est irrotationnel partout. Dans ces conditions, la fonction de courant satisfait l'équation :

$$\triangle \psi = 0.$$

Les lignes de courant sont définies par $\psi = $ Cte puisque les variations de ψ sont telles que :

$$\mathrm{d}\psi = u\mathrm{d}y - v\mathrm{d}x.$$

Un écoulement non visqueux, uniforme attaquant un cylindre circulaire satisfait les hypothèses énoncées plus haut. En coordonnées polaires, la fonction de courant est donnée par :

$$\psi = U_\infty(r - \frac{a^2}{r})\sin\theta,$$

où $r = 0$ est le centre du cercle et a est son rayon. La vitesse à l'infini amont a pour module U_∞ et sa direction est $\theta = 0$.

On souhaite étudier l'écoulement autour d'un cercle légèrement déformé, d'équation :

$$r = a(1 - \varepsilon\sin^2\theta).$$

Ce problème se traite à l'aide d'un développement régulier qui est simplement :

$$\psi(r, \theta, \varepsilon) = \psi_0(r, \theta) + \varepsilon\psi_1(r, \theta) + \cdots.$$

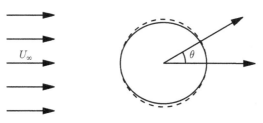

Fig. 2.7. Écoulement uniforme attaquant un cylindre circulaire légèrement déformé

1. Écrire les équations pour ψ_0 et ψ_1. Préciser les conditions aux limites. On rappelle qu'en écoulement non visqueux, la vitesse est tangente à la paroi de l'obstacle ; la paroi est une ligne de courant pour laquelle on prendra $\psi = 0$.

2. Donner l'expression de ψ_1 en sachant que la solution générale de l'équation $\triangle \psi = 0$ qui possède les conditions de symétrie convenables est $\sum b_n r^n \sin n\theta$ avec n entier, positif ou négatif. On rappelle que :

$$\sin^3 \alpha = \frac{1}{4}(3\sin\alpha - \sin 3\alpha).$$

3. Donner l'expression de la vitesse à la paroi en se limitant à l'ordre ε.

2.5. Cet exercice a été proposé par Van Dyke [94]. L'écoulement considéré est bidimensionnel, incompressible, stationnaire, non visqueux.

On étudie l'écoulement autour d'un cylindre circulaire de rayon a alimenté à l'infini amont par un écoulement cisaillé :

$$U^* = U_\infty \left(1 + \varepsilon \frac{y^{*2}}{a^2}\right).$$

Le rotationnel de vitesse $\omega^* = -\dfrac{\partial u^*}{\partial y^*} + \dfrac{\partial v^*}{\partial x^*}$ est constant le long d'une ligne de courant donc ω^* est fonction de la fonction de courant ψ^* seulement. L'équation pour ψ^* est :

$$\triangle \psi^* = -\omega^*,$$

avec $\psi^* = 0$ en $r^* = a$ et $\psi^* \to U_\infty \left(y^* + \frac{1}{3}\varepsilon\frac{y^{*3}}{a^2}\right)$ quand $r^* \to \infty$.

1. Rendre le problème sans dimension à l'aide de U_∞ et a. Les quantités sans dimension seront notées sans l'exposant « * ».

On cherche d'abord à exprimer ω en fonction de ψ. Par une méthode de perturbation, montrer que :

$$\omega = -2\varepsilon\psi + \frac{2}{3}\varepsilon^2\psi^3 + \cdots .$$

Pour cela, on cherchera, à l'infini amont, la relation $y(\psi)$ par une méthode itérative en écrivant :

$$y_n = \psi - \frac{1}{3}\varepsilon y_{n-1}^3.$$

2. On cherche la solution sous forme du développement suivant :

$$\psi = \psi_0 + \varepsilon\psi_1 + \cdots .$$

Donner les équations pour ψ_0 et ψ_1 ainsi que leurs conditions aux limites.

Donner la solution pour ψ_0 et ψ_1. On montrera que la solution pour ψ_1 est :

$$\psi_1 = \frac{1}{3}r^3 \sin^3 \theta - r(\ln r)(\sin \theta) - \frac{1}{4}\frac{1}{r}\sin \theta + \frac{1}{12}\frac{1}{r^3}\sin 3\theta.$$

On rappelle que l'expression du laplacien en coordonnées polaires est :

$$\triangle f = \frac{\partial^2 f}{\partial r^2} + \frac{1}{r}\frac{\partial f}{\partial r} + \frac{1}{r^2}\frac{\partial^2 f}{\partial \theta^2}.$$

Commenter le résultat notamment quand $r \to \infty$.

3

Structure de couche limite

On se propose d'étudier les solutions de problèmes de perturbations singulières formés par des équations différentielles linéaires du second ordre à coefficients variables. On s'intéresse à des problèmes aux limites parce qu'ils ne bénéficient pas de théorèmes d'existence locaux mais, surtout, parce qu'ils sont toujours plus difficiles à traiter que les problèmes aux valeurs initiales. Par ailleurs, la solution n'est pas connue analytiquement ; ce ne sont plus des modèles pédagogiques. Enfin, si pour un problème physique bien posé, il est relativement aisé de localiser la zone de non-uniformité, tel ne sera plus le cas. Le problème formulé de façon abstraite ne permet pas de connaître a priori la couche limite. La méthode indiquée ici pour pouvoir le faire, bien que classique, est extrêmement instructive pour des problèmes plus compliqués.

3.1 Modèle proposé

Le modèle type de l'équation étudiée est donné par :

$$L_\varepsilon \, y = \varepsilon \frac{d^2 y}{dx^2} + a\,(x)\,\frac{dy}{dx} + b\,(x)\,y = 0. \tag{3.1a}$$

La fonction $y\,(x,\varepsilon)$ est définie sur l'intervalle $x \in [0,1]$ et l'on rappelle que ε est un paramètre positif petit (du point de vue mathématique, aussi petit que souhaité) et que toutes les quantités indiquées sont sans dimension sinon, on ne pourrait affirmer que ε est petit. On se propose de rechercher une approximation de la solution soumise aux conditions aux limites :

$$y|_{x=0} = \alpha, \ \ y|_{x=1} = \beta. \tag{3.1b}$$

Les fonctions $a(x)$ et $b(x)$ sont définies et continues sur l'intervalle de définition. Les hypothèses complémentaires seront faites au fur et à mesure, en tant que de besoin. Naturellement, il n'est pas possible d'être exhaustif dans l'étude de cette équation. Néanmoins, les cas examinés seront suffisamment instructifs pour donner les idées nécessaires à l'étude d'autres cas.

3.2 Recherche d'une approximation

Si l'on cherche une approximation de la solution sous la forme d'un développement direct, limité ici au premier ordre, on a :

$$y\left(x, \varepsilon\right) = y_0\left(x\right) + \cdots,$$

et la substitution dans (3.1a) donne le problème réduit :

$$a\left(x\right) \frac{\mathrm{d}y_0}{\mathrm{d}x} + b\left(x\right) y_0 = 0. \tag{3.2}$$

L'intégration est immédiate et l'on obtient :

$$y_0\left(x\right) = C \exp\left[-\int_0^x \frac{b\left(\xi\right)}{a\left(\xi\right)} \,\mathrm{d}\xi\right], \tag{3.3}$$

où C est une constante à déterminer. La première hypothèse additionnelle est liée à l'existence de cette intégrale. Elle peut être divergente en certains points du domaine, révélant peut-être la présence de singularités locales. Nous faisons l'hypothèse que l'intégrale existe pour toute valeur de x. En particulier :

$$\lambda = \exp\left[-\int_0^1 \frac{b\left(\xi\right)}{a\left(\xi\right)} \,\mathrm{d}\xi\right] \tag{3.4}$$

est une constante bornée.

Les deux conditions aux limites ne peuvent être simultanément satisfaites sauf si $\beta = \lambda\alpha$, ce que nous ne supposerons pas. Ce cas étant exclu, il est prévisible qu'une zone de variation rapide de la fonction y existe. Ce domaine qualifié de *zone intérieure* est noté D_ε ; sa localisation n'est pas connue. Supposons qu'un tel domaine se situe au voisinage d'un point x_0 tel que $0 \le x_0 \le 1$. Conformément à la Fig. 3.1, trois régions sont formellement délimitées :

Région 1 : $x \in [0, x_0[$. La solution dans ce domaine, qualifié de *domaine extérieur*, est donnée par :

$$y_0^{(1)}\left(x\right) = \alpha \exp\left[-\int_0^x \frac{b\left(\xi\right)}{a\left(\xi\right)} \,\mathrm{d}\xi\right].$$

Région 3 : $x \in \,]x_0, 1]$. La solution dans ce domaine, qualifié aussi de *domaine extérieur*, est donnée par :

$$y_0^{(3)}\left(x\right) = \beta \exp\left[-\int_1^x \frac{b\left(\xi\right)}{a\left(\xi\right)} \,\mathrm{d}\xi\right].$$

Région 2 : $x \in \mathrm{D}_\varepsilon$. Cette zone, très petite avec ε, est telle que la solution peut y subir de fortes variations. Il se forme une *couche limite*.

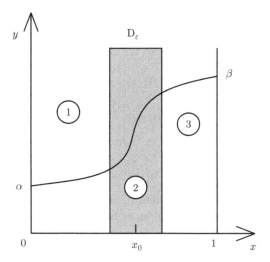

Fig. 3.1. Structure possible de la solution

La première étape consiste à définir la variable adaptée, dite *variable intérieure*, pour étudier la région D_ε. On pose :

$$X = \frac{x - x_0}{\delta(\varepsilon)}, \tag{3.5}$$

où $\delta(\varepsilon)$ est une fonction strictement positive, encore indéterminée, qui tend vers zéro quand $\varepsilon \to 0$. Cette fonction est une *échelle de longueur* de la zone intérieure. Elle appartient à une classe de fonctions appelées *fonctions d'ordre* dont les propriétés seront précisées au Chap. 4. On cherche alors la solution sous la forme :

$$y(x, \varepsilon) \equiv Y(X, \varepsilon).$$

L'équation (3.1a) s'écrit :

$$\frac{\varepsilon}{\delta^2} \frac{d^2 Y}{dX^2} + \frac{1}{\delta} a(x_0 + \delta X) \frac{dY}{dX} + b(x_0 + \delta X) Y = 0.$$

On suppose maintenant que a et b sont des fonctions continûment différentiables et que $a(x_0) \neq 0$. On obtient alors :

$$\varepsilon \frac{d^2 Y}{dX^2} + \delta a(x_0) \frac{dY}{dX} + O(\delta^2) = 0. \tag{3.6}$$

La signification du symbole $O(\delta^2)$ sera précisée au Chap. 4 ; brièvement, on veut dire que les termes correspondants sont, dans D_ε, petits comme δ^2. Les termes dominants ne pouvant être que les deux premiers, on est conduit à ajuster le « microscope » en prenant $\delta = \varepsilon$.

En posant :

$$X = \frac{x - x_0}{\varepsilon} \quad \text{et} \quad y(x, \varepsilon) = Y_0(X) + \cdots,$$

il vient l'équation, dite *équation intérieure* :

$$\frac{\mathrm{d}^2 Y_0}{\mathrm{d}X^2} + a(x_0) \frac{\mathrm{d}Y_0}{\mathrm{d}X} = 0$$

dont la solution est donnée par :

$$Y_0(X) = C \exp[-a(x_0) X] + D,$$

où C et D sont deux constantes à déterminer. C'est le raccord asymptotique tel que formulé Sect. 2.2.1 qui doit donner la réponse. On doit avoir :
- pour $x > x_0$:

$$\lim_{X \to \infty} Y_0 = \lim_{x \to x_0} y_0^{(3)} = \beta \exp\left[-\int_1^{x_0} \frac{b(\xi)}{a(\xi)} \,\mathrm{d}\xi\right], \tag{3.7}$$

- pour $x < x_0$:

$$\lim_{X \to -\infty} Y_0 = \lim_{x \to x_0} y_0^{(1)} = \alpha \exp\left[-\int_0^{x_0} \frac{b(\xi)}{a(\xi)} \,\mathrm{d}\xi\right]. \tag{3.8}$$

Ces conditions montrent que Y_0 doit avoir deux limites finies quand $X \to \pm\infty$ ce qui est évidemment impossible. Tout dépend du signe de $a(x_0)$:
- Si $a(x_0) > 0$, alors, seule la limite $X \to +\infty$ peut être envisagée car Y_0 n'est pas bornée quand $X \to -\infty$; on a donc $x > x_0$.
- Si $a(x_0) < 0$, alors de même, seule la limite $X \to -\infty$ est valide ; on a donc $x < x_0$.

Plusieurs cas résumés Fig. 3.2 se présentent :

Cas 1. Si $a(x) > 0$, la couche limite est nécessairement au voisinage de $x = 0$.

Cas 2. Si $a(x) < 0$, la couche limite est nécessairement au voisinage de $x = 1$.

Cas 3. Si $a(x) > 0$ pour $x < x_0$ et $a(x) < 0$ pour $x > x_0$, il y a deux couches limites, l'une en $x = 0$, l'autre en $x = 1$.

Cas 4. Si $a(x) < 0$ pour $x < x_0$ et $a(x) > 0$ pour $x > x_0$, la couche limite est au voisinage de $x = x_0$; il y a une *couche limite interne* et la solution extérieure est discontinue en x_0.

Dans le cas 4, il faudra revoir l'analyse car on a supposé $a(x_0) \neq 0$. Par ailleurs, cette limitation sur a est suffisante et une étude où a s'annulerait plusieurs fois n'est pas nécessaire. En effet, l'aspect qualitatif ainsi défini donne les informations nécessaires sur la position des couches limites dans un cas plus général. On peut aisément s'en convaincre avec la Fig. 3.3 où apparaissent deux couches limites aux frontières et deux couches limites internes.

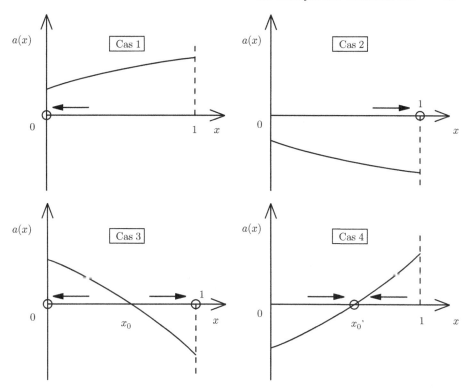

Fig. 3.2. Localisation de la couche limite suivant le signe de $a(x)$. Les cercles indiquent les points autour desquels se développe une couche limite

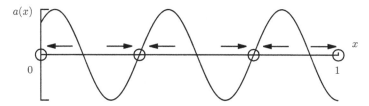

Fig. 3.3. Localisation de la couche limite lorsque $a(x)$ s'annule plusieurs fois. Les cercles indiquent la position de la couche limite

3.3 Analyse des différents cas

Cas 1 : $a(x) > 0$.

La couche limite est en $x = 0$, la zone 1 disparaît, seules subsistent les zones 2 et 3. On a donc :
 – pour la zone extérieure :

$$y_0^{(3)}(x) = y_0(x) = \beta \exp\left[-\int_1^x \frac{b(\xi)}{a(\xi)}\, d\xi\right], \tag{3.9}$$

– pour la zone intérieure :

$$Y_0(X) = (\alpha - D) \exp[-a(0)X] + D \quad \text{avec} \quad X = \frac{x}{\varepsilon}. \qquad (3.10)$$

L'approximation extérieure $y_0(x)$ vérifie $y_0(1) = \beta$ tandis que l'approximation intérieure $Y_0(X)$ vérifie la condition à l'origine $Y_0(0) = \alpha$. La constante inconnue D est déterminée par la condition de raccord asymptotique :

$$\lim_{X \to \infty} Y_0(X) = D = \lim_{x \to 0} y_0(x) = \frac{\beta}{\lambda}.$$

On en déduit :

$$Y_0(X) = \left(\alpha - \frac{\beta}{\lambda}\right) \exp[-a(0)X] + \frac{\beta}{\lambda}.$$

On peut ainsi construire une approximation uniformément valable sous la forme :

$$y_a(x, X) = y_0(x) + Y_0(X) - \frac{\beta}{\lambda},$$

conduisant à :

$$y_a(x, X) = \left(\alpha - \frac{\beta}{\lambda}\right) \exp[-a(0)X] + \beta \exp\left[-\int_1^x \frac{b(\xi)}{a(\xi)} \, d\xi\right].$$

Cas 1bis : $a(x) > 0$ avec $a(0) = 0$

Il est intéressant d'étudier le cas simple où $a(x) = x^p$, p étant un réel positif. À partir de la transformation (3.5), (3.6) s'écrit :

$$\varepsilon \frac{d^2 Y}{dX^2} + \delta^{1+p} X^p \frac{dY}{dX} + O(\delta^2) = 0,$$

avec :

$$X = \frac{x}{\delta(\varepsilon)}.$$

On suppose ici que $0 \leq p < 1$. Il est clair que l'épaisseur de la couche limite est telle que $\delta(\varepsilon) = \varepsilon^{1/(1+p)}$ de sorte que la variable de couche limite est :

$$X = \frac{x}{\varepsilon^{1/(1+p)}}.$$

L'équation intérieure s'écrit :

$$\frac{d^2 Y_0}{dX^2} + X^p \frac{dY_0}{dX} = 0.$$

La solution vérifiant la condition à l'origine est donnée par :

$$Y_0(X) = CG(X) + \alpha,$$

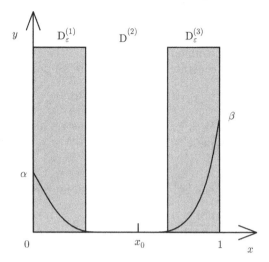

Fig. 3.4. Forme de la solution dans le cas 3

avec :

$$G(X) = \int\limits_0^X \exp\left(-\frac{\xi^{1+p}}{1+p}\right)\,\mathrm{d}\xi,$$

de sorte que le raccord asymptotique :

$$\lim_{X\to\infty} Y_0(X) = CG(\infty) + \alpha = \lim_{x\to 0} y_0(x) = \frac{\beta}{\lambda}$$

conduit à l'approximation :

$$Y_0(X) = \left(\frac{\beta}{\lambda} - \alpha\right)\frac{G(X)}{G(\infty)} + \alpha,$$

et à l'approximation uniformément valable :

$$y_a(x,X) = \left(\alpha - \frac{\beta}{\lambda}\right)\left[1 - \frac{G(X)}{G(\infty)}\right] + \beta\exp\left[-\int_1^x \frac{b(\xi)}{a(\xi)}\,\mathrm{d}\xi\right].$$

Cas 3 : $a(x) > 0$ pour $x < x_0$ et $a(x) < 0$ pour $x > x_0$.

La figure 3.4 donne l'allure de la solution : il y a deux zones intérieures $D_\varepsilon^{(1)}$ et $D_\varepsilon^{(3)}$ et une zone extérieure $D^{(2)}$ (cf. problèmes 3.2 et 3.3). Les deux couches limites sont caractérisées par les deux variables intérieures :

$$X = \frac{x}{\varepsilon} \quad \text{et} \quad X^* = \frac{x-1}{\varepsilon}.$$

Dans la zone extérieure $D^{(2)}$, conformément à (3.2) et (3.3), la solution s'écrit :

$$y_0(x) = C \exp\left[-\int_0^x \frac{b(\xi)}{a(\xi)} \, \mathrm{d}\xi\right],$$

où C est une constante inconnue.

Il est remarquable de constater que (3.2) écrite au point x_0 :

$$a(x_0) \frac{\mathrm{d}y_0}{\mathrm{d}x} + b(x_0) y_0 = 0$$

indique que si la dérivée de y_0 est bornée au point x_0, alors, si $b(x_0) \neq 0$ on a $y_0(x_0) = 0$ ce qui implique $C = 0$ et donc :

$$y_0(x) = 0.$$

Pour le domaine intérieur $\mathrm{D}_\varepsilon^{(1)}$, on a l'équation intérieure :

$$\frac{\mathrm{d}^2 Y_0^{(1)}}{\mathrm{d}X^2} + a(0) \frac{\mathrm{d}Y_0^{(1)}}{\mathrm{d}X} = 0,$$

avec la solution :

$$Y_0^{(1)} = C_1 \exp\left[-a(0) X\right] + D_1.$$

Les deux constantes C_1 et D_1 sont déterminées par la condition à l'origine et par la condition de raccord asymptotique :

$$C_1 + D_1 = \alpha,$$

et :

$$D_1 = \lim_{X \to \infty} Y_0^{(1)} = \lim_{x \to 0} y_0 = 0.$$

On en déduit évidemment :

$$Y_0^{(1)} = \alpha \exp\left[-a(0) X\right].$$

Pour le domaine intérieur $\mathrm{D}_\varepsilon^{(3)}$, on a l'équation intérieure :

$$\frac{\mathrm{d}^2 Y_0^{(3)}}{\mathrm{d}X^{*2}} + a(1) \frac{\mathrm{d}Y_0^{(3)}}{\mathrm{d}X^*} = 0,$$

avec la solution :

$$Y_0^{(3)} = C_3 \exp\left[-a(1) X^*\right] + D_3.$$

Les deux constantes C_3 et D_3 sont déterminées par la condition en $x = 1$ et par la condition de raccord asymptotique :

$$C_3 + D_3 = \beta,$$

et :

$$D_3 = \lim_{X^* \to -\infty} Y_0^{(3)} = \lim_{x \to 1} y_0 = 0.$$

On en déduit évidemment :

$$Y_0^{(3)} = \beta \exp\left[-a(1) X^*\right].$$

Finalement, on obtient l'approximation uniformément valable sous la forme :

$$y_a(x, X) = \alpha \exp\left[-a(0) X\right] + \beta \exp\left[-a(1) X^*\right].$$

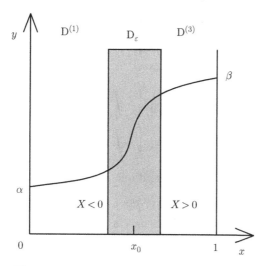

Fig 3 5 Forme de la solution dans le cas 4

Cas 4 : $a(x) < 0$ pour $x < x_0$ et $a(x) > 0$ pour $x > x_0$.

La figure 3.5 donne l'allure de la solution : il y a une zone intérieure D_ε et deux zones extérieures $D^{(1)}$ et $D^{(3)}$ (cf. problème 3.1).

La couche limite est caractérisée par la variable intérieure :

$$X = \frac{x - x_0}{\delta(\varepsilon)},$$

où $\delta(\varepsilon)$ est une fonction d'ordre non encore déterminée. Pour ce faire, on va supposer que la structure de $a(x)$ au voisinage de $x = x_0$ est donnée par :

$$a(x)_{x \to x_0} \cong K^2 \operatorname{sgn}(x - x_0) |x - x_0|^p \quad \text{avec} \quad 0 < p < 1.$$

On est alors dans le cadre du cas 1bis. L'épaisseur de la couche limite est telle que :

$$\delta(\varepsilon) = \varepsilon^{1/(1+p)}.$$

L'équation intérieure s'écrit :

$$\frac{\mathrm{d}^2 Y_0}{\mathrm{d}X^2} + K^2 |X|^p \operatorname{sgn}(X) \frac{\mathrm{d}Y_0}{\mathrm{d}X} = 0.$$

L'intégration donne :

$$Y_0 = C_1 \operatorname{sgn} X \int_0^{|X|} \exp\left(-K^2 \frac{\xi^{1+p}}{1+p}\right) \mathrm{d}\xi + C_2,$$

où C_1 et C_2 sont deux constantes déterminées par les conditions de raccord asymptotique avec les approximations extérieures.

Dans les zones extérieures $D^{(1)}$ et $D^{(3)}$, les approximations extérieures s'écrivent respectivement :

$$y_0^{(1)}(x) = \alpha \exp\left[-\int_0^x \frac{b(\xi)}{a(\xi)}\, d\xi\right],$$

$$y_0^{(3)}(x) = \beta \exp\left[-\int_1^x \frac{b(\xi)}{a(\xi)}\, d\xi\right].$$

Le raccord asymptotique fournit, d'une part :

$$\lim_{x \to x_0} y_0^{(1)}(x) = \alpha \exp\left[-\int_0^{x_0} \frac{b(\xi)}{a(\xi)}\, d\xi\right]$$

$$= \lim_{X \to -\infty} Y_0(X)$$

$$= -C_1 \int_0^\infty \exp\left(-K^2 \frac{\xi^{1+p}}{1+p}\right) d\xi + C_2.$$

et, d'autre part :

$$\lim_{x \to x_0} y_0^{(3)}(x) = \beta \exp\left[-\int_1^{x_0} \frac{b(\xi)}{a(\xi)}\, d\xi\right]$$

$$= \lim_{X \to +\infty} Y_0(X)$$

$$= C_1 \int_0^\infty \exp\left(-K^2 \frac{\xi^{1+p}}{1+p}\right) d\xi + C_2.$$

Ces deux équations permettent le calcul des deux constantes inconnues C_1 et C_2.

3.4 Conclusion

Les quelques exemples traités ici ne sont évidemment pas exhaustifs compte tenu des diverses hypothèses faites. Par ailleurs, le raccord asymptotique a été appliqué de façon « brutale » et ne permet pas d'aller beaucoup plus loin sans un formalisme plus poussé. Ainsi, toutes les limites utilisées doivent avoir un sens ce qui est loin d'être toujours le cas. Le formalisme nécessaire sera développé dans les chapitres suivants et nous reviendrons sur les équations différentielles pour étudier des cas qui ne peuvent faire l'objet d'une analyse aussi simple et pour améliorer les approximations obtenues.

L'objet de ce chapitre a été essentiellement de localiser la couche limite par une étude analogue à une étude de stabilité [98]. Ceci peut se révéler très utile pour des problèmes plus difficiles, y compris pour des équations aux dérivées partielles.

Problèmes

3.1. On se propose d'étudier une approximation asymptotique de $y(x, \varepsilon)$ telle que :

$$L_\varepsilon \, y \equiv \varepsilon \frac{\mathrm{d}^2 y}{\mathrm{d}x^2} + 2(x-1)\frac{\mathrm{d}y}{\mathrm{d}x} - 2(x-1)\, y = 0,$$

où :

$$0 \leq x \leq 2,$$

avec :

$$y(0, \varepsilon) = 1, \quad y(2, \varepsilon) = 0.$$

1. Déterminer le domaine extérieur et l'approximation $y_0(x)$ correspondante.

2. Trouver l'épaisseur $\delta(\varepsilon)$ du domaine intérieur et déterminer la forme générale de l'approximation correspondante $Y_0(X)$ où $X = \dfrac{x - x_0}{\delta}$, x_0 étant à préciser.

3. Comment s'applique le principe du raccordement. Tracer l'allure de la solution.

On donne :

$$\int_0^\infty \mathrm{e}^{-s^2}\, \mathrm{d}s = \frac{\sqrt{\pi}}{2}.$$

4. Peut-on donner une approximation uniformément valable de $y(x, \varepsilon)$ sur le domaine $0 \leq x \leq 2$?

3.2. On considère le problème suivant :

$$\varepsilon \frac{\mathrm{d}^2 y}{\mathrm{d}x^2} + (1 + \alpha x)\frac{\mathrm{d}y}{\mathrm{d}x} + \alpha y = 0,$$

avec :

$$y(0, \varepsilon) = 1, \quad y(1, \varepsilon) = 1.$$

1. Donner la solution générale $y_0(x)$ en dehors de toute couche limite.

2. On suppose $\alpha > -1$. Trouver $y_0(x)$, $Y_0(X)$ la solution de couche limite et y_{app} une approximation uniformément valable ; montrer que $X = \dfrac{x}{\varepsilon}$.

3. On suppose $\alpha < -1$. Trouver $y_0(x)$, $Y_0(X)$, $Y_0(X^*)$ et y_{app} avec $X^* = \dfrac{1 - x}{\varepsilon}$.

3.3. On considère le problème suivant :

$$\varepsilon \frac{\mathrm{d}^2 y}{\mathrm{d}x^2} + (1 - x)\frac{\mathrm{d}y}{\mathrm{d}x} - y = 0, \quad 0 \leq x \leq 1,$$

avec :

$$y(0, \varepsilon) = 1, \quad y(1, \varepsilon) = 1.$$

Vérifier que la solution exacte a la forme :

$$y = e^{X^2} \left[A + B \int_0^X e^{-t^2} \, dt \right],$$

avec :

$$X = \frac{1 - x}{\sqrt{2\varepsilon}}.$$

Déterminer A et B.

Montrer qu'il existe une couche limite en $x = 0$ et une autre en $x = 1$.
Donner la variable appropriée à chaque couche limite.

On sait que pour $z \to \infty$:

$$\frac{2}{\sqrt{\pi}} \int_0^{z/\sqrt{2}} e^{-t^2} \, dt = 1 + \frac{2}{\sqrt{\pi}} e^{-z^2/2} \left[-\frac{1}{z} + \frac{1}{z^3} + \cdots \right].$$

4

Développements asymptotiques

On se propose, dans ce chapitre, de définir les outils essentiels pour aboutir à la notion de développement asymptotique. Plusieurs approches sont possibles mais, comme l'esprit de cette analyse est de conduire à des méthodes utilitaires, on utilise un système de fonctions d'ordre sur lequel existe un ordre total. Une analyse beaucoup plus approfondie peut être trouvée dans Eckhaus [28].

4.1 Fonction d'ordre. Ordre d'une fonction

4.1.1 Définition d'une fonction d'ordre

Définition 1. *Soit* E *l'ensemble des fonctions réelles* $\delta(\varepsilon)$ *de la variable* ε, *strictement positives et continues sur l'intervalle semi-ouvert* $0 < \varepsilon \leq \varepsilon_0$ *telles que :*

1. $\lim\limits_{\varepsilon \to 0} \delta(\varepsilon)$ *existe au sens large (on peut avoir* $\delta(\varepsilon) \xrightarrow[\varepsilon \to 0]{} \infty$*),*

2. $\forall \delta_1 \in$ E, $\forall \delta_2 \in$ E, $\quad \delta_1 \delta_2 \in$ E.

Une fonction $\delta(\varepsilon) \in$ E *est appelée une fonction d'ordre. Suivant la condition (2), le produit de fonctions d'ordre définit une loi interne sur* E.

Remarque 1. Si $\delta(\varepsilon)$ est une fonction d'ordre, alors $1/\delta(\varepsilon)$ est aussi une fonction d'ordre.

Exemple 1.
- $-1/\varepsilon, \varepsilon, \varepsilon^3, \dfrac{\varepsilon}{1+\varepsilon}, \dfrac{1}{\ln(1/\varepsilon)}, 1 + \varepsilon$ sont des fonctions d'ordre.
- La première exigence exclut les fonctions rapidement oscillantes au voisinage de $\varepsilon = 0$ comme $1 + \sin^2(1/\varepsilon)$ mais accepte $1/\varepsilon$; la seconde exigence exclut toute fonction obtenue avec ces fonctions telle que $\varepsilon \left[1 + \sin^2(1/\varepsilon)\right]$.

4.1.2 Comparaison de fonctions d'ordre

La comparaison de deux fonctions d'ordre, δ_1 et δ_2, exige des notations particulières. L'une d'entre elles s'appelle la *notation de Hardy* ; elle est définie ci-dessous.

1. $\delta_1 \preceq \delta_2$, on dit que δ_1 est *asymptotiquement plus petit ou égal à* δ_2 :

$$\delta_1 \preceq \delta_2 \text{ si } \frac{\delta_1}{\delta_2} \text{ est borné quand } \varepsilon \to 0,$$

2. $\delta_1 \prec \delta_2$, on dit que δ_1 est *asymptotiquement plus petit* que δ_2 :

$$\delta_1 \prec \delta_2 \text{ si } \frac{\delta_1}{\delta_2} \to 0 \text{ quand } \varepsilon \to 0,$$

3. $\delta_1 \approx \delta_2$, on dit que δ_1 est *asymptotiquement égal* à δ_2 :

$$\delta_1 \approx \delta_2 \text{ si } \lim_{\varepsilon \to 0} \frac{\delta_1}{\delta_2} = \lambda \quad (\lambda > 0),$$

où λ est une constante finie non nulle. On peut même parler *d'identité asymptotique* quand $\lambda = 1$; on note parfois :

$$\delta_1 \cong \delta_2 \text{ si } \lim_{\varepsilon \to 0} \frac{\delta_1}{\delta_2} = 1.$$

Exemple 2. En utilisant les notations définies ci-dessus, on compare différentes fonctions d'ordre :

$- \varepsilon^2 \preceq \varepsilon, \, 2\varepsilon \preceq \dfrac{\varepsilon}{1+\varepsilon}, \, e^{-1/\varepsilon} \preceq \varepsilon^2, \, \varepsilon^3 \preceq \dfrac{1}{\ln(1/\varepsilon)}.$

$- \varepsilon^2 \prec \varepsilon, \, e^{-1/\varepsilon} \prec \varepsilon^2, \, \varepsilon^3 \prec \dfrac{1}{\ln(1/\varepsilon)}.$

$- 2\varepsilon \approx \dfrac{\varepsilon}{1+\varepsilon}.$

$- \varepsilon \cong \dfrac{\varepsilon}{1+\varepsilon}.$

4.1.3 Ordre total

Définition 2. *Dans l'ensemble* E, *soit la relation* R *définie par :*

$$R(\delta_1, \delta_2) : \delta_1 \approx \delta_2 \ ou \ \delta_1 \prec \delta_2.$$

Cette relation permet de comparer deux éléments quelconques de E : la relation est totale. Elle est réflexive vu que $R(\delta, \delta)$ est toujours vraie. Elle est transitive car, si $R(\delta_1, \delta_2)$ est vraie et si $R(\delta_2, \delta_3)$ est vraie, alors $R(\delta_1, \delta_3)$ est vraie. Enfin, elle est antisymétrique car si les deux relations $R(\delta_1, \delta_2)$ et $R(\delta_2, \delta_1)$ sont vraies simultanément, alors $\delta_1 \approx \delta_2$. La relation R est donc une *relation d'ordre total* sur E.

Si E n'était pas muni de la loi interne (2) de la Sect. 4.1.1, l'ordre ne serait que semi-total. Ainsi, dans un tel ensemble, deux fonctions δ_1 et δ_2 pourraient ne vérifier aucune des relations R(δ_1, δ_2) ou R(δ_2, δ_1). Par exemple, $\delta_1 = \varepsilon$ et $\delta_2 = \varepsilon \left(1 + \sin^2(1/\varepsilon)\right)$ sont telles que $\delta_1 \preceq \delta_2$ et δ_2/δ_1 n'a pas de limite quand $\varepsilon \to 0$.

Parfois, dans l'ensemble plus général des fonctions d'ordre ne vérifiant pas cette loi interne, on réserve aux éléments du sous-ensemble E le terme de fonctions de jauge. Nous n'adopterons pas ce point de vue. Nous verrons que le terme « fonction de jauge » est utilisé d'une autre façon.

4.1.4 Ordre d'une fonction

Soit $\varphi(x, \varepsilon)$ une fonction réelle des variables réelles $x = (x_1, x_2, \ldots, x_m)$ et du paramètre ε, définie dans un domaine D des variables $(x_1, x_2, ..., x_m)$ et sur $0 < \varepsilon \leq \varepsilon_0$. On note $\|\varphi\|$ une norme de φ dans D.

En utilisant la *notation dite de Landau*, on a :

1. $\varphi(x, \varepsilon) = O\left[\delta(\varepsilon)\right]$ dans D s'il existe une constante K, indépendante de ε, telle que $\|\varphi\| \leq K\delta$. Le symbole O signifie « *de l'ordre de* ».

2. $\varphi(x, \varepsilon) = o\left[\delta(\varepsilon)\right]$ dans D si $\lim\limits_{\varepsilon \to 0} \dfrac{\|\varphi\|}{\delta} = 0$. Le symbole o signifie « *beaucoup plus petit que* ».

3. $\varphi(x, \varepsilon) = O_S\left[\delta(\varepsilon)\right]$ dans D si $\lim\limits_{\varepsilon \to 0} \dfrac{\|\varphi\|}{\delta} = K$ où K est une constante finie non nulle. Le symbole O_S signifie « *de l'ordre strict de* ».

Si $\|\varphi\|$ est une fonction d'ordre, il y a équivalence entre les notations de Hardy et celles de Landau :

1. $\varphi(x, \varepsilon) = O\left[\delta(\varepsilon)\right]$ équivaut à $\|\varphi\| \preceq \delta$,
2. $\varphi(x, \varepsilon) = o\left[\delta(\varepsilon)\right]$ équivaut à $\|\varphi\| \prec \delta$,
3. $\varphi(x, \varepsilon) = O_S\left[\delta(\varepsilon)\right]$ équivaut à $\|\varphi\| \approx \delta$.

Dans la suite, on utilise la *norme de la convergence uniforme*. Si l'on suppose que φ est une fonction continue et bornée sur son domaine de définition, on a :

$$\|\varphi\| = \text{Max}_D |\varphi|. \tag{4.1}$$

D'autres normes, par exemple dans L_2, peuvent être utilisées en fonction du problème que l'on s'est posé. Néanmoins, les ordres de grandeur peuvent être complètement différents.

Ainsi, considérant $\varphi(x, \varepsilon) = e^{-x/\varepsilon}$ et $D = [0, 1]$, on a, pour la norme de la convergence uniforme :

$$\|\varphi\| = O_S(1),$$

alors que pour la norme de L_2 :

$$\|\varphi\| = \left(\int_D \varphi^2 \, dx\right)^{\frac{1}{2}},$$

on a :

$$\|\varphi\| = \mathrm{O}_\mathrm{S}\left(\sqrt{\varepsilon}\right).$$

La norme de la convergence uniforme a une propriété essentielle pour les physiciens et les mécaniciens :

Caractéristique 1. Si $\varphi(x, \varepsilon) = \mathrm{O}_\mathrm{S}\left[\delta\left(\varepsilon\right)\right]$, alors il existe K tel que :

$$\forall x \in \mathrm{D}, \ \forall \varepsilon \in]0, \varepsilon_0], \ |\varphi| \le K\delta,$$

où K est une constante finie non nulle indépendante de ε. Cette propriété n'est pas nécessairement vérifiée lorsque l'on utilise d'autres normes. En particulier, l'hypothèse $\varphi = \mathrm{O}_\mathrm{S}(1)$ implique que φ est bornée dans son domaine de définition.

Remarque 2. La notation de Landau est plus générale que celle de Hardy car la notation de Hardy n'est applicable qu'à des fonctions d'ordre ; par exemple, des fonctions rapidement oscillantes peuvent être jaugées avec la notation de Landau, ainsi :

$$\sin\left(\frac{1}{\varepsilon}\right) = \mathrm{O}\left(1\right).$$

4.2 Suite asymptotique

4.2.1 Définition d'une suite asymptotique

Définition 3. *Une suite de fonctions d'ordre δ_n est dite suite asymptotique ou séquence asymptotique si :*

$$\forall n, \ \delta_{n+1} \prec \delta_n.$$

Dans cette définition, n est un entier positif ou nul de sorte que, si ε^n est une suite asymptotique, ε^{α_n} ne l'est pas sauf si :

$$\forall n, \ \alpha_{n+1} > \alpha_n.$$

4.2.2 Classe d'équivalence

Dans l'ensemble E, la relation $\delta_1 \approx \delta_2$ est une relation d'équivalence $\mathbf{r}$; on a, en effet, les trois propriétés nécessaires :

a. Réflexivité, $\delta \approx \delta$,

b. Symétrie, $\delta_1 \approx \delta_2$ entraîne $\delta_2 \approx \delta_1$,

c. Transitivité, $\delta_1 \approx \delta_2$ et $\delta_2 \approx \delta_3$ entraînent $\delta_1 \approx \delta_3$.

On peut alors définir l'ensemble quotient $\overline{\mathrm{E}} = \mathrm{E} \, / \, \mathbf{r}$, ensemble des classes d'équivalence. Quand il faudra évaluer l'ordre d'une fonction, le choix du représentant de la classe sera une affaire de logique mais aussi d'intuition voire de simplicité.

En pratique, on considérera souvent des sous-ensembles de E engendrés par des fonctions élémentaires et sur lesquels on peut naturellement définir un ordre total.

Exemple 3.
- E_0, l'ensemble engendré par ε^n où n est entier,
- E_1, l'ensemble engendré par ε^α où α est rationnel,
- E_2, l'ensemble engendré par $\varepsilon^\alpha \left(\ln \dfrac{1}{\varepsilon} \right)^\beta$ avec $\beta \neq 0$.

4.2.3 Fonction de jauge

Définition 4. *On appelle fonction de jauge la fonction d'ordre choisie comme représentante de la classe d'équivalence correspondante.*

Si δ_n et Δ_n sont deux suites asymptotiques telles que :

$$\forall n, \ \delta_n \approx \Delta_n,$$

les deux suites sont dites *asymptotiquement équivalentes.*

Dans cette dernière définition intervient la notion de représentant de la classe d'équivalence ; ainsi :

$$\varepsilon^n, \ \left(\frac{\varepsilon}{1+\varepsilon} \right)^n, \ (\sin \varepsilon)^n$$

représentent trois suites asymptotiquement équivalentes. Le fait de choisir le représentant de la classe, par exemple dans E_0, a des implications sur l'unicité d'un développement asymptotique.

Cette unicité aura son importance dans l'écriture formelle d'un principe de raccord asymptotique. Citons à ce propos le théorème de Du Bois-Reymond mentionné par Hardy :

Théorème 1. *Étant donnée une suite asymptotique, il existe une infinité de fonctions d'ordre δ^* telles que :*

$$\forall n, \ \delta^* \prec \delta_n.$$

Toute fonction d'ordre $\delta^* (\varepsilon)$ possédant la propriété du théorème est dite asymptotiquement équivalente à zéro par rapport à la suite δ_n.

Ainsi, avec la suite $\delta_n = \varepsilon^n$, toutes les fonctions d'ordre du type $\delta^* (\varepsilon) = e^{-\frac{\alpha}{\varepsilon}}$ avec $\alpha > 0$ sont asymptotiquement équivalentes à zéro. Il en est de même avec la suite $\delta_n (\varepsilon) = \left(\ln \frac{1}{\varepsilon} \right)^{-n}$ par rapport aux fonctions d'ordre du type $\delta^* (\varepsilon) = \varepsilon^\alpha$ avec $\alpha > 0$.

Dans les développements asymptotiques, une fonction d'ordre asymptotiquement équivalente à zéro est souvent notée TST qui signifie en anglais « Transcendentally Small Terms ». La notation française TEP, « termes exponentiellement petits », est bien adaptée aux sous-ensembles E_0, E_1 et E_2.

4.3 Développement asymptotique

4.3.1 Approximation asymptotique

Deux fonctions $\varphi\left(x, \varepsilon\right)$ et $\overline{\varphi}_1\left(x, \varepsilon\right)$ définies dans D sont dites *asymptotiquement identiques* si elles sont du même ordre de grandeur tandis que leur différence est négligeable :

$$\varphi = \mathrm{O_S}\left(\delta_1\right), \; \overline{\varphi}_1 = \mathrm{O_S}\left(\delta_1\right), \; \varphi - \overline{\varphi}_1 = \mathrm{O_S}\left(\delta_2\right) \; \text{avec } \delta_2 \prec \delta_1.$$

La fonction $\overline{\varphi}_1$ peut donc être considérée comme une *approximation asymptotique* de la fonction φ. La réciproque étant vraie, il convient de remarquer que le but d'une approximation asymptotique n'est pas de remplacer la fonction φ par une fonction $\overline{\varphi}_1$ plus, ou aussi « compliquée » que φ, mais plutôt par une fonction plus « simple ». Ainsi, on peut prendre $\overline{\varphi}_1 = \varphi$ et, non seulement $\overline{\varphi}_1$ est une approximation asymptotique de φ, mais la précision de cette approximation est indépendante du choix de δ_2 pourvu que $\lim_{\varepsilon \to 0} \delta_2 = 0$. Il est clair que ce résultat est sans intérêt. La notion de fonction plus « simple » est donc la clef qui permet de comprendre pourquoi il faut remplacer la fonction φ par la fonction $\overline{\varphi}_1$.

Néanmoins, la simplicité, comme la complexité, étant difficiles à définir, il n'est pas utile de poursuivre dans cette voie. Il faut simplement noter que cette simplicité proviendra des différentes méthodes mises en œuvre pour construire des approximations asymptotiques.

On a ainsi obtenu une approximation $\overline{\varphi}_1$ non triviale de φ à l'ordre δ_1. Cette notation est importante pour la suite ; elle provient du fait que :

$$\varphi - \delta_1 \varphi_1 = \mathrm{o}(\delta_1),$$

et l'on a posé :

$$\overline{\varphi}_1 = \delta_1 \varphi_1,$$

avec :

$$\varphi_1 = \mathrm{O_S}(1).$$

On peut vouloir une approximation plus performante. Il suffit pour cela de continuer le processus indiqué plus haut. On sait que :

$$\varphi - \delta_1 \varphi_1 = \mathrm{O_S}\left(\delta_2\right).$$

S'il existe une fonction $\varphi_2 = \mathrm{O_S}(1)$ telle que :

$$\varphi - \delta_1 \varphi_1 = \delta_2 \varphi_2 + \mathrm{O_S}\left(\delta_3\right) \; \text{avec } \delta_3 \prec \delta_2,$$

on peut écrire :

$$\varphi = \delta_1 \varphi_1 + \delta_2 \varphi_2 + \mathrm{O_S}\left(\delta_3\right).$$

On peut souhaiter arrêter la procédure sans se soucier de l'ordre de grandeur négligé ; on note alors :

$$\varphi = \delta_1 \varphi_1 + \delta_2 \varphi_2 + \mathrm{o}\,(\delta_2)\,.$$

On peut aussi poursuivre la procédure jusqu'à l'ordre de grandeur choisi, on a alors :

$$\varphi\,(x,\varepsilon) = \sum_{n=1}^{m} \delta_n\,(\varepsilon)\,\varphi_n\,(x,\varepsilon) + \mathrm{o}\,[\delta_m\,(\varepsilon)]\,. \tag{4.2}$$

On a ainsi construit un *développement asymptotique* à m termes dans D. Compte tenu de la non-unicité d'un développement asymptotique, le nombre de termes n'est pas un élément significatif. Il vaut mieux dire que l'on a construit un développement asymptotique à l'ordre δ_m. On peut l'écrire avec plus de précision sous la forme :

$$\varphi\,(x,\varepsilon) = \sum_{n=1}^{m} \delta_n\,(\varepsilon)\,\varphi_n\,(x,\varepsilon) + \mathrm{O_S}\,[\delta_{m+1}\,(\varepsilon)]\,. \tag{4.3}$$

Ces développements sont tels que :

$$\forall n : \varphi_n\,(x,\varepsilon) = \mathrm{O_S}\,(1)\ \text{et}\ \delta_{n+1} \prec \delta_n.$$

Comme on utilise la norme de la convergence uniforme, la définition de l'ordre strict implique que les fonctions φ_n sont *bornées* dans leur intervalle de définition.

Conformément au théorème de Du Bois-Reymond, toute fonction $\varphi^*\,(x,\varepsilon)$ a le même développement asymptotique que $\varphi\,(x,\varepsilon)$, à l'ordre considéré, si :

$$\varphi - \varphi^* = \mathrm{O}\,(\delta^*)\,,$$

où δ^* est asymptotiquement identique à zéro par rapport à la suite asymptotique δ_n des fonctions d'ordre considérées. C'est l'une des raisons de la non-unicité des développements asymptotiques.

4.3.2 Fonctions régulières

Si $\varphi\,(x,\varepsilon)$ et $\varphi_1\,(x,\varepsilon)$ sont deux fonctions continues dans un domaine D, fermé et borné et sur $0 < \varepsilon \leq \varepsilon_0$ telles que :

$$\varphi = \mathrm{O_S}\,(\delta_1)\,,\ \varphi_1 = \mathrm{O_S}\,(1)\,,\ \varphi = \delta_1 \varphi_1 + \mathrm{o}\,(\delta_1)\,,$$

alors, nécessairement, dans D, on a uniformément :

$$\lim_{\varepsilon \to 0} \left| \frac{\varphi\,(x,\varepsilon)}{\delta_1\,(\varepsilon)} - \varphi_1\,(x,\varepsilon) \right| = 0.$$

C'est de cette façon que l'on vérifie que les fonctions φ et $\delta_1 \varphi_1$ sont asymptotiquement équivalentes. Un cas particulièrement intéressant de ce théorème [28] est obtenu lorsque, uniformément dans D, on a :

$$\lim_{\varepsilon \to 0} \frac{\varphi\left(x, \varepsilon\right)}{\delta_1\left(\varepsilon\right)} = \varphi_1\left(x\right).$$

Ceci permet d'écrire une approximation asymptotique de φ sous la forme :

$$\varphi\left(x, \varepsilon\right) = \delta_1\left(\varepsilon\right) \varphi_1\left(x\right) + o\left(\delta_1\right).$$

Une fonction φ ayant une telle propriété est dite *régulière*. Il faut bien noter que rien n'indique que cette propriété est conservée aux ordres suivants.

Remarque 3. On a supposé que $\varphi = O_S(\delta_1)$ et $\varphi_1 = O_S(1)$. D'après la définition de l'ordre strict, cette hypothèse implique que les fonctions φ et φ_1 sont *bornées* dans le domaine de définition.

4.3.3 Développements asymptotiques réguliers et généralisés

Lorsqu'une fonction est régulière, l'approximation asymptotique que l'on peut définir comme ci-dessus est objectivement plus simple que la fonction φ elle-même puisque φ_1 ne dépend que de x. Plus précisément, si dans la construction d'un développement asymptotique chaque étape revient à construire une approximation asymptotique régulière, le développement asymptotique correspondant est dit *régulier*.

Cette terminologie particulière sera poussée jusqu'à son terme : bien que ce ne soit pas nécessaire, un développement asymptotique sera dit *non régulier* lorsqu'il n'est pas régulier ; pour éviter des confusions avec d'autres notions, on parlera plutôt de *développement asymptotique généralisé* (cf. problème 4.4). Strictement, il ne serait pas nécessaire d'ajouter le qualificatif « généralisé » mais, trop souvent, on pense qu'un développement asymptotique est nécessairement régulier. Comme, dans les chapitres suivants, on utilisera le développement asymptotique dans son cadre général, la redondance n'est pas superflue. Un exemple de *développement asymptotique non régulier* ou *généralisé* est la forme (4.3) :

$$\varphi\left(x, \varepsilon\right) = \sum_{n=1}^{m} \delta_n\left(\varepsilon\right) \varphi_n\left(x, \varepsilon\right) + O_s\left[\delta_{m+1}\left(\varepsilon\right)\right]. \tag{4.4}$$

Exemple 4. La fonction $\varphi = \dfrac{1}{1 - \varepsilon x}$ admet le développement asymptotique généralisé suivant :

$$\varphi = 1 + \sum_{n=0}^{m} \varepsilon^{2n+1} x^{2n+1}(1 + \varepsilon x) + O(\varepsilon^{2m+3}).$$

Pour un développement asymptotique régulier à m termes, on a la propriété :

$$\forall h < m, \ \lim_{\varepsilon \to 0} \frac{\varphi\left(x, \varepsilon\right) - \sum_{i=1}^{h} \delta_i\left(\varepsilon\right) \varphi_i\left(x\right)}{\delta_{h+1}\left(\varepsilon\right)} = \varphi_{h+1}\left(x\right).$$

Un *développement asymptotique régulier*, appelé aussi développement de Poincaré, à m termes prend alors la forme :

$$\varphi(x,\varepsilon) = \sum_{n=1}^{m} \delta_n(\varepsilon)\,\varphi_n(x) + \mathrm{o}\left[\delta_m(\varepsilon)\right]. \tag{4.5}$$

Exemple 5. La fonction $\varphi = \dfrac{1}{1-\varepsilon x}$ admet le développement asymptotique régulier suivant :

$$\varphi = \sum_{n=0}^{m} \varepsilon^n x^n + \mathrm{O}(\varepsilon^{m+1}).$$

Une propriété intéressante des approximations régulières est la suivante : si, pour deux approximations de la même fonction, on a :

$$\varphi(x,\varepsilon) = \delta_1(\varepsilon)\,\varphi_1(x) + \mathrm{o}(\delta_1) \text{ et } \varphi(x,\varepsilon) = \overline{\delta}_1(\varepsilon)\,\overline{\varphi}_1(x) + \mathrm{o}\left(\overline{\delta}_1\right).$$

On en déduit :

$$\lim_{\varepsilon \to 0} \frac{\overline{\delta}_1(\varepsilon)}{\delta_1(\varepsilon)} = c \text{ et } \varphi_1(x) = c\overline{\varphi}_1(x),$$

où c est une constante finie non nulle. La non-unicité des développements asymptotiques est aussi liée à de telles remarques.

Naturellement, si la suite asymptotique est choisie dans un ensemble de fonctions de jauge et non dans un ensemble de fonctions d'ordre, il faudra faire un choix. Ceci assure l'unicité du développement asymptotique dans ce cadre.

Exemple 6. Si l'on considère la fonction :

$$\varphi(x,\varepsilon) = \left(1 - \frac{\varepsilon}{1+\varepsilon}x\right)^{-1},$$

on peut construire aisément deux développements asymptotiques réguliers sous la forme :

$$\varphi(x,\varepsilon) = 1 + \sum_{n=1}^{m} \delta_n(\varepsilon)\,x^n + \mathrm{o}\left[\delta_m(\varepsilon)\right] \text{ avec } \delta_n(\varepsilon) = \left(\frac{\varepsilon}{1+\varepsilon}\right)^n,$$

$$\varphi(x,\varepsilon) = 1 + \sum_{n=1}^{m} \varepsilon^n x\,(x-1)^{n-1} + \mathrm{o}\left[\varepsilon^m\right].$$

4.3.4 Convergence et précision

L'exemple le plus connu d'un développement asymptotique pour une fonction $\varphi(\varepsilon)$ est son développement de Taylor pour ε petit. Pour une fonction m fois continûment dérivable au voisinage de $\varepsilon = 0$, on obtient un développement asymptotique à $m+1$ termes :

$$\varphi(\varepsilon) = \varphi(0) + \varepsilon\varphi'(0) + \cdots + \varepsilon^m \frac{\varphi^{(m)}(0)}{m!} + \mathrm{O_S}(\varepsilon^{m+1}).$$

Si m devient infini, on obtient une série, série qui peut être convergente ou divergente ; si elle est convergente, elle peut ne pas converger vers la fonction développée. En fait, un développement asymptotique n'a rien à voir avec une série. Une série a un nombre infini de termes alors qu'un développement asymptotique est un développement limité avec un nombre fini de termes. Il se peut que l'on puisse construire un développement asymptotique avec un nombre de termes infini (série asymptotique) mais, *le problème de la convergence de la série est sans rapport avec le comportement de la fonction au voisinage de $\varepsilon = 0$.*

Exemple 7. Le développement en série de Taylor de la fonction exponentielle est :

$$\mathrm{e}^\varepsilon = 1 + \varepsilon + \frac{\varepsilon^2}{2} + \cdots + \frac{\varepsilon^m}{m!} + \cdots.$$

Cette série asymptotique converge quel que soit ε. Le développement asymptotique :

$$f = 1 + \varepsilon + \frac{\varepsilon^2}{2} + \cdots + \frac{\varepsilon^m}{m!} + \mathrm{O_S}(\varepsilon^{m+1})$$

est valable *au voisinage de $\varepsilon = 0$ et pas ailleurs.*

Exemple 8. On considère la fonction $f(x, \varepsilon)$ définie par :

$$f(x,\varepsilon) = \mathrm{e}^{-x/\varepsilon} + \mathrm{e}^{-\varepsilon x} \quad \text{pour } 2 \le x \le 3. \tag{4.6}$$

Une approximation asymptotique de cette fonction est :

$$f_{\mathrm{app}} = 1 - \varepsilon x + \varepsilon^2 \frac{x^2}{2}, \tag{4.7}$$

obtenue en prenant les trois premiers termes de la série :

$$g(x,\varepsilon) = 1 - \varepsilon x + \varepsilon^2 \frac{x^2}{2} + \cdots + (-1)^m \varepsilon^m \frac{x^m}{m!} + \cdots.$$

La figure 4.1 montre la fonction $\log \dfrac{|f_{\mathrm{app}} - f|}{f}$ pour différentes valeurs de ε. L'erreur relative commise avec l'approximation f_{app} tend vers zéro quand $\varepsilon \to 0$.

On remarque que la série $g(x,\varepsilon)$ est convergente pour toutes valeurs de x et ε, mais ne converge pas vers $f(x,\varepsilon)$. En effet, on a :

$$g = \mathrm{e}^{-\varepsilon x}.$$

Cependant, la série g est une approximation asymptotique de f lorsque $\varepsilon \to 0$. La raison est que le terme $\mathrm{e}^{-x/\varepsilon}$ de la fonction f est un terme exponentiellement petit pour $\varepsilon \to 0$ et pour x fixé, strictement positif.

Plus généralement, il se peut, pour une série asymptotique, que les limites $\varepsilon \to 0$ et $m \to \infty$ ne soient pas commutatives (cf. problème 4.5). On touche

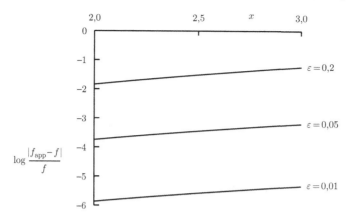

Fig. 4.1. Exemple d'une approximation asymptotique. Les courbes donnent la fonction $\log \dfrac{|f_{\mathrm{app}} - f|}{f}$ pour différentes valeurs de ε ; les fonctions f et f_{app} sont données par (4.6) et (4.7)

là une propriété importante des séries divergentes. En effet, si la série est divergente, elle peut toujours être considérée, du point de vue asymptotique, comme convergente ; il suffit de choisir ε assez petit.

Ainsi, si une série diverge, plus on prend de termes, plus il faut prendre ε petit. D'une certaine façon, on aboutit à une remarque heuristique paradoxale : plus une série asymptotique diverge, plus l'information sur la fonction développée est contenue dans les premiers termes. En poussant encore un peu plus le paradoxe, on arrive à dire que les séries divergentes sont en général beaucoup plus rapidement convergentes que les séries convergentes [3].

Exemple 9. Hinch [38] considère l'équation différentielle :

$$f = \frac{1}{x} - \frac{\mathrm{d}f}{\mathrm{d}x}, \qquad (4.8)$$

dont la solution, avec $x_0 > 0$, est :

$$f = \mathrm{e}^{-1/\varepsilon} \int_{x_0}^{1/\varepsilon} \frac{\mathrm{e}^t}{t}\,\mathrm{d}t. \qquad (4.9)$$

Une approximation asymptotique, pour $\varepsilon \to 0$, est :

$$f_{\mathrm{app}} = \varepsilon + \varepsilon^2 + 2\varepsilon^3 + \cdots + (m-1)!\,\varepsilon^m. \qquad (4.10)$$

Cette approximation asymptotique est valable pour une valeur quelconque de x_0. Elle correspond aux m premiers termes de la série :

$$g = \varepsilon + \varepsilon^2 + 2\varepsilon^3 + \cdots + (m-1)!\,\varepsilon^m + \cdots.$$

En fait, cette série est *divergente* pour toute valeur de ε : pour une valeur fixée de ε, $g \to \infty$ lorsque $m \to \infty$.

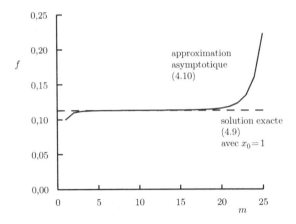

Fig. 4.2. Exemple d'une approximation asymptotique associée à une série divergente

La figure 4.2 montre la comparaison de la solution exacte, avec $x_0 = 1$ et $\varepsilon = 0.1$, et de l'approximation asymptotique pour différentes valeurs de m. L'approximation est excellente lorsque le nombre de termes retenu est faible ; évidemmment, elle devient très mauvaise lorsque le nombre de termes est trop élevé puisque la série est divergente. Le nombre de termes à ne pas dépasser pour conserver une bonne approximation dépend de la valeur de ε ; il augmente quand ε diminue. On peut dire aussi que, pour un nombre de termes fixé, l'approximation est d'autant meilleure que ε est petit.

Il n'y a pas de contradiction entre les observations faites. La série est divergente car on considère la limite de g lorsque $m \to \infty$ pour une valeur fixée de ε alors que l'approximation asymptotique est valable pour une valeur fixée de m lorsque $\varepsilon \to 0$.

Pour les problèmes physiques que l'on se pose, la qualité d'un développement asymptotique est imprévisible. Une bonne intuition peut parfois améliorer le résultat. Si l'on écrit :

$$\sin \varepsilon = \varepsilon - \frac{\varepsilon^3}{6} + \mathrm{O}\left(\varepsilon^5\right)$$

et

$$\sin \varepsilon = \frac{\varepsilon}{1 + \frac{\varepsilon^2}{6}} + \mathrm{O}\left(\varepsilon^5\right),$$

on voit immédiatement que dans le deuxième cas, avec un seul terme, on la même précision que dans le premier avec deux termes. Ceci est dû au choix judicieux du représentant dans la classe des fonctions d'ordre. Ces accélérations de convergence sont fort utiles en pratique et dépendent beaucoup de la perception du problème par le chercheur.

4.3.5 Opérations sur les développements asymptotiques

Quand une solution approchée d'un système d'équations aux dérivées partielles est recherchée, on porte le développement asymptotique des fonctions inconnues dans les équations et l'on admet que les opérations élémentaires sont licites [24, 94, 99]. Grâce aux propriétés de l'ensemble E des fonctions d'ordre et à l'existence d'un ordre total sur E, on montre que l'addition, la soustraction, la multiplication ou la division de développements asymptotiques sont justifiées à condition d'exprimer le résultat à l'aide d'une séquence asymptotique éventuellement élargie. L'intégration d'un développement asymptotique terme à terme par rapport aux variables du problème ne pose pas de problème non plus. Il n'en va pas de même quand l'on souhaite dériver un développement asymptotique. Par exemple, considérons la fonction modèle :

$$f(x, \varepsilon) = \sqrt{x + \varepsilon},$$

où ε apparaît comme un paramètre aussi petit que souhaité. Un développement asymptotique de cette fonction est :

$$f(x, \varepsilon) = \sqrt{x} + o(1).$$

Ce développement constitue une approximation uniformément valable dans le domaine $0 \le x \le 1$. La dérivée de f donne :

$$\frac{\mathrm{d}f}{\mathrm{d}x} = \frac{1}{2\sqrt{x + \varepsilon}},$$

alors que la dérivée de $\sqrt{x}$ est :

$$\frac{\mathrm{d}\sqrt{x}}{\mathrm{d}x} = \frac{1}{2\sqrt{x}}.$$

Dans le domaine $0 \le x \le 1$, on ne peut pas écrire que $\dfrac{1}{2\sqrt{x}}$ est un développement asymptotique de $\dfrac{\mathrm{d}f}{\mathrm{d}x}$, car $\dfrac{1}{2\sqrt{x}} \to \infty$ quand $x \to 0$. En revanche, l'intégration terme à terme est possible, à partir de $x = 0$ par exemple :

$$\frac{2}{3}(x + \varepsilon)^{3/2} - \frac{2}{3}\varepsilon^{3/2} = \frac{2}{3}x^{3/2} + o(1).$$

La difficulté rencontrée avec la dérivation est liée à une singularité au voisinage de $x = 0$ qui apparaît si l'on cherche une meilleure approximation de la fonction f. Les exemples traités dans les Sects. 6.2.2 et 6.3.2 montrent également que des approximations uniformément valables pour une fonction ne le sont pas forcément pour sa dérivée.

En outre, le problème 4.7 montre qu'il faut être prudent lorsque l'on substitue un développement asymptotique dans un autre.

4.4 Conclusion

La recherche d'un développement asymptotique est liée à la détermination d'une suite asymptotique de fonctions d'ordre. Dans cet ouvrage, on travaille avec un ensemble E de fonctions d'ordre sur lequel un ordre total a été défini. Souvent, pour un problème donné, le choix des fonctions d'ordre peut être restreint à un sous-ensemble de E qui reste muni de l'ordre total. En outre, il peut être commode de faire appel à des fonctions de jauge qui sont des représentants particuliers de classes d'équivalence de fonctions d'ordre.

La construction d'une suite asymptotique n'est pas toujours simple ; elle dépend du problème considéré. Si, dans certains cas, elle apparaît de façon naturelle, dans d'autres elle ne peut être réalisée que terme à terme, au fur et à mesure de l'établissement du développement asymptotique. Cette difficulté sera discutée plus tard à l'aide de différents exemples.

La méthode des approximations successives complémentaires (MASC) étudiée dans la suite pour l'analyse de problèmes de perturbations singulières repose sur la notion de développement asymptotique. Contrairement à ce qui est souvent envisagé, un développement asymptotique n'est pas nécessairement régulier. De fait, la MASC fait largement appel à des développements asymptotiques non réguliers ou généralisés.

Problèmes

4.1. On considère les fonctions d'ordre suivantes :

$$1, \quad -\varepsilon \ln \varepsilon, \quad -\frac{1}{\ln \varepsilon}, \quad \varepsilon^\nu \text{ avec } 0 < \nu < 1, \quad \varepsilon.$$

Classer ces fonctions à l'aide de la notation de Hardy quand $\varepsilon \to 0$.

4.2. On considère la suite asymptotique ε^n avec n entier, $n \geq 0$. Soit φ la fonction $\varphi(x, \varepsilon) = \varepsilon \ln \frac{x}{\varepsilon}$ avec $x > 0$. Classer aussi précisément que possible cette fonction dans la suite asymptotique à l'aide de la notation de Landau en utilisant la norme en convergence uniforme ; on prendra les trois cas suivants : 1°) $0 < A_1 \leq x \leq A_2$, 2°) $0 < A_1 \varepsilon \leq x \leq A_2 \varepsilon$, 3°) $0 < A_1 \varepsilon^2 \leq x \leq A_2 \varepsilon^2$; dans chacun des cas, A_1 et A_2 sont des constantes strictement positives indépendantes de ε.

4.3. Indiquer si les approximations suivantes sont uniformément valables :

1. $e^{\varepsilon x} = 1 + O(\varepsilon)$; $0 \leq x \leq 1$, $\varepsilon \to 0$.

2. $\dfrac{1}{x + \varepsilon} = O(1)$; $0 \leq x \leq 1$, $\varepsilon \to 0$.

3. $e^{-x/\varepsilon} = o(\varepsilon^n)$ pour tout $n > 0$; $0 \leq x \leq 1$, $\varepsilon \to 0$.

4.4. Développer la fonction φ en série pour $\varepsilon \to 0$:

$$\varphi = \frac{1}{1 + \varepsilon^{\frac{2x-1}{1-x}}}.$$

Est-ce que le développement est valable dans tout le domaine $0 \leq x \leq 1$, dans le sens où les termes successifs sont d'ordre de plus en plus petit en ε ?

Utiliser la forme suivante de φ :

$$\varphi = \frac{1}{1 + \frac{\varepsilon}{1-x} - 2\varepsilon}$$

pour déduire un autre développement de φ valable dans tout le domaine $0 \leq x \leq 1$.

4.5. À l'aide d'intégrations par parties successives, montrer que la fonction :

$$E_1(x) = \int_x^\infty \frac{e^{-t}}{t}\, dt \quad \text{avec} \quad x > 0$$

admet, pour les grandes valeurs de x, le développement suivant :

$$E_1(x) \cong \frac{e^{-x}}{x}\left[1 - \frac{1}{x} + \frac{2}{x^2} + (-1)^n \frac{n\,!}{x^n} + \cdots\right].$$

En proposant un majorant du terme négligé, montrer que l'on a défini un développement asymptotique.

Soit $R_n(x)$ le terme négligé. Déterminer les limites suivantes :

$$\lim_{n \to \infty,\, x \text{ fixé}} |R_n(x)|$$

et :

$$\lim_{x \to \infty,\, n \text{ fixé}} |R_n(x)|.$$

Montrer que la série est divergente.

En prenant $x = 3$, montrer que le développement asymptotique représente la fonction $x\, e^x\, E_1$ avec une erreur qui possède un minimum en fonction du nombre de termes retenus.

On donne : $x\, e^x\, E_1(x) = 0,7862$ pour $x = 3$.

4.6. On considère l'équation :

$$\varepsilon x^2 + x - 1 = 0$$

dont on cherche les racines quand ε est un petit paramètre.

L'équation réduite, obtenue en faisant $\varepsilon = 0$, a une seule racine. Pour récupérer l'autre, on fait un changement de variable de la forme :

$$X = \frac{x}{\delta(\varepsilon)}.$$

On suppose que $0 < A_1 \leq |X| \leq A_2$ où A_1 et A_2 sont des constantes indépendantes de ε. En examinant les diverses possibilités qui s'offrent pour choisir $\delta(\varepsilon)$, montrer que la deuxième racine est retrouvée en prenant $\delta = \varepsilon^{-1}$. On considérera les cas : $\delta \prec 1$, $\delta = 1$, $1 \prec \delta \prec \varepsilon^{-1}$, $\delta \succ \varepsilon^{-1}$, $\delta = \varepsilon^{-1}$.

On cherche le développement de la solution sous la forme :

$$x = \frac{x_0}{\varepsilon} + x_1 + x_2\varepsilon + \cdots.$$

On déterminera successivement x_0, x_1, x_2.

4.7. Soit $f(x)$ la fonction :

$$f(x) = e^{x^2},$$

où x est donné par :

$$x = \frac{1}{\varepsilon} + \varepsilon.$$

Donner un développement asymptotique de la fonction $f\left[x(\varepsilon)\right]$. Examiner ce qui se passe si l'on retient seulement le terme dominant de x soit $x = \frac{1}{\varepsilon}$.

5

Méthode des approximations successives complémentaires

Dans ce chapitre, on aborde l'analyse asymptotique des fonctions singulières et l'on rappelle quelles sont les deux versions essentielles de la méthode des développements asymptotiques raccordés (MDAR), leurs qualités et leurs défauts respectifs. La première, la méthode du raccord intermédiaire, est la plus utilisée parce qu'apparemment la plus naturelle ; la seconde, la méthode de Van Dyke, est plus mystérieuse mais d'application plus commode grâce à l'utilisation d'un principe.

Dans les deux méthodes, il s'agit de relier des développements asymptotiques réguliers définis dans des domaines contigus. Le principe de Van Dyke (PVD) permet de comprendre comment on peut construire une approximation composite, approximation uniformément valable (AUV).

Cette analyse mène à un principe modifié (PMVD) qui semble lever les contre-exemples connus, dus en particulier à la présence de logarithmes. Cette dernière méthode suggère une nouvelle approche, la méthode des approximations successives complémentaires. La MASC, dont la forme régulière, équivalente au principe modifié, libère du raccord asymptotique. De plus, sa forme générale, avec l'utilisation de développements asymptotiques généralisés, laisse envisager le traitement de problèmes que l'utilisation de développements réguliers ne peut résoudre de façon simple.

5.1 Méthode des développements asymptotiques raccordés

5.1.1 Opérateur d'expansion

On considère une fonction $\Phi(x, \varepsilon)$ définie dans un domaine D, par exemple l'intervalle $[0, 1]$, et pour laquelle on peut construire un *développement asymptotique régulier* :

$$\Phi(x, \varepsilon) = \sum_{i=1}^{n} \delta_0^{(i)}(\varepsilon) \, \Phi_0^{(i)}(x) + \mathrm{o}\left(\delta_0^{(n)}\right), \tag{5.1}$$

et où naturellement, $\delta_0^{(i)}(\varepsilon)$ est une suite asymptotique de fonctions d'ordre. Ces développements sont souvent appelés *développements de Poincaré*. Pour le signifier de façon précise, ECKHAUS a défini une notation particulière [28].

Définition 1. *On appelle* opérateur d'expansion $\mathrm{E}_0^{(n)}$, *l'opérateur qui permet d'écrire l'approximation asymptotique de Φ à l'ordre $\delta_0^{(n)}$. On a donc :*

$$\Phi - \mathrm{E}_0^{(n)}\,\Phi = \mathrm{o}\left(\delta_0^{(n)}\right), \tag{5.2}$$

ce que l'on note parfois de façon imprécise :

$$\Phi\left(x,\varepsilon\right) \cong \mathrm{E}_0^{(n)}\,\Phi, \tag{5.3}$$

avec :

$$\mathrm{E}_0^{(n)}\,\Phi = \sum_{i=1}^{n} \delta_0^{(i)}\left(\varepsilon\right)\Phi_0^{(i)}\left(x\right).$$

Il s'agit ici d'un développement asymptotique à n termes, mais ceci est purement formel car le point essentiel est l'ordre *auquel on s'arrête.*

Si l'on souhaite obtenir le développement asymptotique régulier de Φ pour $m \leq n$, il suffit de connaître $\mathrm{E}_0^{(n)}\,\Phi$. Si l'on utilise des fonctions d'ordre, on a :

$$\mathrm{E}_0^{(m)}\,\mathrm{E}_0^{(n)}\,\Phi = \mathrm{E}_0^{(m)}\,\Phi + \mathrm{o}\left(\delta_0^{(m)}\right). \tag{5.4}$$

Il est avantageux d'utiliser des *fonctions de jauge* $\delta_0^{(i)}(\varepsilon)$ car elles lèvent pour une grande part la non-unicité des développements asymptotiques. En effet, l'égalité asymptotique (5.4) est remplacée par une égalité stricte :

$$\mathrm{E}_0^{(m)}\,\mathrm{E}_0^{(n)}\,\Phi = \mathrm{E}_0^{(m)}\,\Phi.$$

Ceci se révélera très utile pour appliquer les principes de raccord.

5.1.2 Développement extérieur – Développement intérieur

Un cas particulièrement intéressant est celui où la fonction Φ n'est pas régulière dans D. Le développement asymptotique de Φ n'est valable que dans un domaine plus restreint $\mathrm{D}_0 : 0 < A_0 \leq x \leq 1$, où A_0 est une constante indépendante de ε. Le développement asymptotique correspondant est appelé, le plus souvent, *développement extérieur*; la variable x associée est dite *variable extérieure.*

Pour faciliter la présentation, on se limite au cas unidimensionnel et à une singularité au voisinage de $x = 0$. On suppose donc qu'au voisinage de $x = 0$, il existe au moins un développement asymptotique susceptible de représenter une approximation asymptotique de Φ obtenue par un autre processus limite que le « *processus limite extérieure* » donné par $\varepsilon \to 0$ et x fixé strictement positif.

Avant de préciser le formalisme utilisé, considérons l'exemple modèle suivant :

$$\Phi\left(x, \varepsilon\right) = \frac{2}{\sqrt{1 - 4\varepsilon}} \exp\left(-\frac{x}{2\varepsilon}\right) \mathrm{sh}\left(\frac{\sqrt{1 - 4\varepsilon}}{2\varepsilon} x\right). \tag{5.5}$$

En supposant $x > 0$, il n'est pas difficile de construire le développement asymptotique extérieur à deux termes :

$$\Phi\left(x, \varepsilon\right) = \mathrm{e}^{-x} + \varepsilon\mathrm{e}^{-x}\left(2 - x\right) + \mathrm{o}\left(\varepsilon\right).$$

On peut aussi poser :

$$\mathrm{E}_0^{(2)}\,\Phi = \mathrm{e}^{-x} + \varepsilon\mathrm{e}^{-x}\left(2 - x\right).$$

Ceci signifie que l'on a construit 2 termes d'un développement asymptotique extérieur tel que :

$$\Phi - \mathrm{E}_0^{(2)}\,\Phi = \mathrm{o}\left(\varepsilon\right).$$

Lorsque l'on a calculé ce développement, on a été amené à faire l'hypothèse que x était *strictement* positif, justifiant les termes « limite extérieure » ou « développement extérieur ». Ceci peut faire soupçonner la présence d'une singularité à l'origine confirmée par le fait que $\Phi\left(0, \varepsilon\right) = 0$ alors que $\mathrm{E}_0^{(1)}\,\Phi = \mathrm{e}^{-x}$ prend la valeur 1 à l'origine. Par définition, cette singularité ne peut pas être levée par la seconde approximation $\mathrm{E}_0^{(2)}\,\Phi$ qui prend la valeur $1 + 2\,\varepsilon$ à l'origine. Ainsi, $\mathrm{E}_0^{(1)}\,\Phi$ et $\mathrm{E}_0^{(2)}\,\Phi$ ne sont pas des approximations asymptotiques de Φ au voisinage de l'origine. Il y a *perturbation singulière* ; il faut introduire un autre processus limite au voisinage de celle-ci. On parle classiquement de comportement de *couche limite*.

L'hypothèse $x > 0$ s'est révélée nécessaire pour négliger un terme du type $\mathrm{e}^{-\frac{x}{\varepsilon}}$, ce qui est naturellement faux si x est très petit ou égal à zéro. Le « *processus limite intérieure* » est donc indiqué en posant :

$$X = \frac{x}{\varepsilon}.$$

Cette nouvelle variable X dite *variable intérieure*, permet de construire un développement asymptotique régulier dans un voisinage de l'origine. Ce développement, dit *développement intérieur*, est obtenu en utilisant le processus limite, X fixé, $\varepsilon \to 0$, sur la fonction :

$$\Phi^*\left(X, \varepsilon\right) \equiv \Phi\left(\varepsilon X, \varepsilon\right).$$

On obtient sans difficulté :

$$\Phi\left(x, \varepsilon\right) = \left(1 - \mathrm{e}^{-X}\right) + \varepsilon\left[\left(2 - X\right) - \left(2 + X\right)\mathrm{e}^{-X}\right] + \mathrm{o}\left(\varepsilon\right).$$

On peut aussi poser :

$$\mathrm{E}_1^{(2)}\, \Phi = \left(1 - \mathrm{e}^{-X}\right) + \varepsilon \left[(2 - X) - (2 + X)\, \mathrm{e}^{-X}\right].$$

Ceci signifie que l'on a construit 2 termes d'un développement asymptotique intérieur tel que :

$$\Phi - \mathrm{E}_1^{(2)}\, \Phi = \mathrm{o}\left(\varepsilon\right).$$

5.1.3 Raccord asymptotique

L'idée du *raccord asymptotique* provient du fait que $\mathrm{E}_0^{(2)}\, \Phi$ est une approximation de Φ tant que $0 < A_1 \leq x \leq 1$ où A_1 est une constante indépendante de ε, alors que $\mathrm{E}_1^{(2)}\, \Phi$ est une approximation de la même fonction si l'on a $0 < B_1 \leq X \leq B_2$ (soit $0 < B_1\varepsilon \leq x \leq B_2\varepsilon$) où B_1 et B_2 sont des constantes indépendantes de ε. Bien que $\mathrm{E}_0^{(2)}\, \Phi$ et $\mathrm{E}_1^{(2)}\, \Phi$ n'aient pas la même structure, il doit exister un lien entre ces deux approximations. On peut par exemple imaginer que, d'une certaine façon, $\mathrm{E}_0^{(2)}\, \Phi$ doit rester une approximation asymptotique de Φ si l'on se rapproche de l'origine ; de même, $\mathrm{E}_1^{(2)}\, \Phi$ doit aussi être une approximation de Φ si l'on s'éloigne de l'origine. Ceci amène à la notion de *recouvrement*.

Le recouvrement de $\mathrm{E}_0^{(2)}\, \Phi$ et $\mathrm{E}_1^{(2)}\, \Phi$ exprime que ces deux fonctions ont un domaine commun de validité. Ceci signifie que l'on s'attend à ce que $\mathrm{E}_0^{(2)}\, \Phi$ et $\mathrm{E}_1^{(2)}\, \Phi$ soient simultanément des approximations de Φ lorsque x est dans un domaine compris entre les domaines extérieur et intérieur. Cette idée sera reprise plus loin.

Toutefois, on est sûr que si l'on se rapproche trop de l'origine, $\mathrm{E}_0^{(2)}\, \Phi$ ne reste pas une approximation de Φ sinon il n'y aurait pas perturbation singulière. De la même façon, $\mathrm{E}_1^{(2)}\, \Phi$ n'est pas une approximation de Φ si l'on s'éloigne trop de l'origine. Néanmoins, comme suggéré par le modèle de Friedrichs (Sect. 2.2.1), les deux limites correspondantes pourraient s'identifier. Cette conception très brutale du raccord asymptotique revient à écrire :

$$\lim_{x \to 0} \mathrm{E}_0^{(2)}\, \Phi = \lim_{X \to \infty} \mathrm{E}_1^{(2)}\, \Phi.$$

Avec l'exemple (5.5), on voit que :

$$\lim_{x \to 0} \mathrm{E}_0^{(2)}\, \Phi = 1 + 2\varepsilon,$$

alors que $\lim_{X \to \infty} \mathrm{E}_1^{(2)}\, \Phi$ n'est pas bornée, ce qui d'ailleurs n'aurait pas été le cas si l'on s'était limité au premier ordre.

Pour améliorer cette idée, on peut raisonner sur les *comportements* plutôt que sur les limites, donc en s'appuyant sur les développements asymptotiques. Ainsi, $\mathrm{E}_0^{(2)}\, \Phi$ est une fonction de x et de ε dont on peut évaluer le comportement à l'aide du développement asymptotique obtenu par le processus limite intérieure. En se situant au même ordre $O(\varepsilon)$, on obtient facilement :

$$\mathrm{E}_1^{(2)}\,\mathrm{E}_0^{(2)}\,\varPhi = 1 + \varepsilon\,(2 - X)\,,$$

et la limite précédente revient sur cette expression à prendre $X = 0$.

De même, on obtient :

$$\mathrm{E}_0^{(2)}\,\mathrm{E}_1^{(2)}\,\varPhi = 1 - x + 2\varepsilon.$$

La limite n'existe pas car cela revient à écrire $x \to \infty$. En revanche, on observe que les deux développements donnent le même résultat :

$$\mathrm{E}_1^{(2)}\,\mathrm{E}_0^{(2)}\,\varPhi \equiv \mathrm{E}_0^{(2)}\,\mathrm{E}_1^{(2)}\,\varPhi.$$

Sous une forme qui sera précisée plus loin, cette façon d'opérer est initialement due à VAN DYKE [93] ; elle est extrêmement commode pour trouver les relations entre les développements extérieur et intérieur. Il faut noter que les deux développements utilisent des fonctions de jauge ; dans le cas contraire, il faudrait remplacer le signe de l'identité $\equiv$ par le signe de l'identité asymptotique $\cong$. On verra que, tel qu'il est formulé par VAN DYKE, le principe n'est pas toujours applicable. C'est pourquoi une autre école, initiée par les travaux de KAPLUN [39], poursuivis par LAGERSTROM [42] utilise la notion du *raccord intermédiaire* [9, 15, 38] avec l'hypothèse sous-jacente qu'il existe des zones de recouvrement pour les deux développements asymptotiques considérés. L'idée peut paraître séduisante, mais nous verrons que la méthode est très complexe à mettre en œuvre et que, par ailleurs, elle fonctionne beaucoup moins bien que le principe de Van Dyke aménagé.

Voyons sur l'exemple (5.5) comment s'applique la règle du raccord intermédiaire. Pour ce faire, on introduit le *« processus limite intermédiaire »*, x_δ fixé, $\varepsilon \to 0$, où x_δ est la *variable intermédiaire* définie par :

$$x_\delta = \frac{x}{\delta(\varepsilon)},$$

avec :

$$\varepsilon \prec \delta(\varepsilon) \prec 1.$$

Rappelons que $\varepsilon \prec \delta$ se lit « ε est asymptotiquement plus petit que δ » ; cette notion a été définie Sect. 4.1.2.

On obtient les résultats suivants :

$$\mathrm{E}_\delta\,\varPhi = 1 - \delta x_\delta + 2\varepsilon + O\left(\delta^2\right) + o\left(\varepsilon\right),$$

$$\mathrm{E}_\delta\,\mathrm{E}_0^{(2)}\,\varPhi = 1 - \delta x_\delta + 2\varepsilon + O\left(\delta^2\right) + o\left(\varepsilon\right),$$

$$\mathrm{E}_\delta\,\mathrm{E}_1^{(2)}\,\varPhi = 1 - \delta x_\delta + 2\varepsilon + O\left(\varepsilon^n\right) \quad \text{pour tout } n \in R,$$

où E_δ est l'opérateur d'expansion qui permet de développer $\varPhi$ dans le domaine où x_δ est tel que $0 < C_1 \le x_\delta \le C_2$ où C_1 et C_2 sont deux constantes indépendantes de ε.

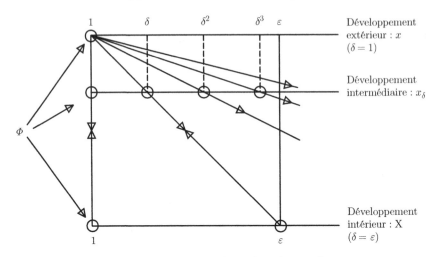

Fig. 5.1. Diagramme des ordres de grandeurs

En se limitant à l'ordre ε, le seul possible par construction des développements extérieur et intérieur, on voit clairement les résultats suivants :
- Si $\sqrt{\varepsilon} \preceq \delta\,(\varepsilon)$, alors $\mathrm{E}_\delta\,\Phi = \mathrm{E}_\delta\,\mathrm{E}_0^{(2)}\,\Phi$ mais $\mathrm{E}_\delta\,\mathrm{E}_0^{(2)}\,\Phi \neq \mathrm{E}_\delta\,\mathrm{E}_1^{(2)}\,\Phi$,
- Si $\delta\,(\varepsilon) \prec \sqrt{\varepsilon}$, alors $\mathrm{E}_\delta\,\Phi = \mathrm{E}_\delta\,\mathrm{E}_0^{(2)}\,\Phi = \mathrm{E}_\delta\,\mathrm{E}_1^{(2)}\,\Phi = 1 - \delta x_\delta + 2\varepsilon$.

Dans le premier cas, le raccord intermédiaire n'est pas possible et ceci n'est généralement pas prévisible.

On peut se rendre compte des problèmes posés à l'aide d'une visualisation proposée par le schéma Fig. 5.1. Pour simplifier, on examine la fonction :

$$\Phi = \mathrm{e}^{-x}$$

qui est le premier terme du développement extérieur de la fonction (5.5).

Sur cette figure, chaque ligne horizontale est associée à une valeur de δ. La première ligne horizontale correspond à $\delta = 1$, c'est-à-dire au développement extérieur ; la deuxième correspond à une valeur de δ telle que $\varepsilon \prec \delta \prec 1$, c'est-à-dire à un développement intermédiaire. La dernière correspond à $\delta = \varepsilon$, c'est-à-dire au développement intérieur. La verticale indique donc du haut vers le bas la variation de δ depuis $\delta = 1$ jusque $\delta = \varepsilon$. Les ordres de grandeur des termes des développements asymptotiques sont indiqués le long des lignes horizontales ; l'ordre est limité à ε sur la figure. Les lignes inclinées évoquent le comportement de $\mathrm{E}_0^{(1)}\,\Phi$, ici confondu avec la fonction elle-même, quand $x = \delta x_\delta$:

$$\mathrm{e}^{-x} = 1 - \delta x_\delta + \delta^2 x_\delta^2 - \delta^3 x_\delta^3 + \cdots.$$

Les petits cercles symbolisent la présence d'un terme dans le développement considéré. Ainsi, sur la figure, le développement intermédiaire contient 4 termes dont l'ordre de grandeur est asymptotiquement plus grand que ε ; la valeur de δ est telle que $\delta^3 \succ \varepsilon \succ \delta^4$. Le développement extérieur ne contient qu'un seul terme ; ici, dans cet exemple simple, c'est la fonction e^{-x} elle-même. Le développement intérieur contient deux termes jusqu'à l'ordre ε puisque :

$$e^{-x} = e^{-\varepsilon X} = 1 - \varepsilon X + \cdots.$$

Enfin, les doubles flèches indiquent le sens des raccords possibles à cet ordre. Par exemple, le terme $-\delta x_\delta$ du développement intermédiaire se raccorde avec le terme $-\varepsilon X$ du développement intérieur, mais le raccordement du terme $\delta^2 x_\delta^2$ nécessite de considérer le terme en ε^2 du développement intérieur qui est en dehors de la figure.

Plus δ est proche de 1, c'est-à-dire du développement asymptotique extérieur, plus le nombre de termes à considérer est important si l'on veut avoir la précision requise $O(\varepsilon)$. Pour avoir un raccord intermédiaire dans cette zone, il faut donc un nombre de termes de plus en plus grand dans le développement intérieur. Cette remarque montre bien les difficultés pratiques dans l'application de la technique du raccord intermédiaire. Nous verrons plus loin qu'il y a même des exemples plus complexes où il n'est pas possible de raccorder avec cette méthode.

5.2 Couche limite

5.2.1 Opérateur d'expansion à un ordre donné

En préliminaire, précisons la notion d'opérateur d'expansion. On pourra trouver dans Eckhaus [28] une analyse beaucoup plus complète.

Si $\Phi(x, \varepsilon)$ est définie dans le domaine D tel que, $0 \leq x \leq B_0$ et $0 < \varepsilon \leq \varepsilon_0$ où B_0 et ε_0 sont des constantes positives indépendantes de ε, admettons que l'on puisse écrire le développement asymptotique régulier (5.1) :

$$\Phi(x, \varepsilon) = \sum_{i=1}^{n} \delta_0^{(i)}(\varepsilon) \Phi_0^{(i)}(x) + o\left(\delta_0^{(n)}\right). \tag{5.6}$$

Ce développement sera appelé *développement extérieur*.

Si la fonction est singulière à l'origine, ce développement n'est *a priori* une approximation de Φ à l'ordre indiqué que dans le domaine D_0 tel que $A_0 \leq x \leq B_0$ où A_0 est une constante indépendante de ε aussi petite que souhaité. Néanmoins, on verra plus loin avec le théorème d'extension de Kaplun que cette approximation peut être prolongée dans le voisinage de $x = 0$ si l'on accepte une précision plus faible.

Pour étudier le voisinage de l'origine, on introduit les *variables locales* :

$$x_\nu = \frac{x}{\delta_\nu(\varepsilon)},$$

avec :

$$\delta_\nu(\varepsilon) = o(1),$$

sauf pour $\nu = 0$ où l'on a :

$$\delta_0(\varepsilon) = 1.$$

On utilise la notation $x_0 = x$.

On définit alors les *domaines asymptotiques* D_ν tels que, $A_\nu \leq x_\nu \leq B_\nu$ où A_ν et B_ν sont des constantes positives indépendantes de ε.

La suite δ_ν est une suite asymptotique, où :

$$\nu_1 < \nu_2$$

entraîne :

$$\delta_{\nu_2} \prec \delta_{\nu_1}.$$

Ainsi, plus ν est grand, plus on se rapproche de l'origine.

On admet aussi qu'à chaque étape, on peut construire un développement asymptotique régulier de $\Phi(x, \varepsilon)$:

$$\Phi(x, \varepsilon) = \sum_{i=1}^{n} \delta_\nu^{(i)}(\varepsilon)\, \Phi_\nu^{(i)}(x_\nu) + o\left(\delta_\nu^{(n)}\right).$$

Le nombre de termes considérés dépend évidemment de ν et, de fait, il faudrait noter n_ν à la place de n.

On adopte maintenant la notation suivante :

$$\mathrm{E}_\nu^{(n)}\Phi = \sum_{i=1}^{n} \delta_\nu^{(i)}(\varepsilon)\, \Phi_\nu^{(i)}(x_\nu), \tag{5.7}$$

de sorte que l'on a :

$$\Phi - \mathrm{E}_\nu^{(n)}\Phi = o\left(\delta_\nu^{(n)}\right).$$

L'opérateur $\mathrm{E}_\nu^{(n)}$ est appelé *opérateur d'expansion*. Précisons cette notion à l'ordre δ. Si pour δ donné, on a :

$$\Phi - \mathrm{E}_\nu^{(n)}\Phi = o(\delta), \tag{5.8}$$

on dit que $\mathrm{E}_\nu^{(n)}$ est un *opérateur d'expansion à l'ordre δ*. Comme le nombre de termes n'a plus d'importance, on peut maintenant enlever l'exposant (n). C'est d'autant plus commode qu'en toute logique n dépend de ν.

Donc, étant donnée une approximation $\mathrm{E}_\nu\Phi$ de Φ *à l'ordre δ* dans le domaine D_ν, on note :

$$\Phi - \mathrm{E}_\nu\Phi = o(\delta).$$

Dans la suite, quand une approximation est indiquée de cette façon, il est sous-entendu, sans autre indication, que l'ordre de l'approximation est fixé.

5.2.2 Approximations significatives

On définit d'abord la notion suivant laquelle *une approximation est contenue dans une autre*.

Définition 2. *Étant données deux approximations asymptotiques définies dans des domaines différents D_μ et D_ν, on dit que $E_\nu \, \Phi$ contient $E_\mu \, \Phi$ si :*

$$E_\mu \, E_\nu \, \Phi = E_\mu \, \Phi. \tag{5.9}$$

Pour une *fonction régulière*, il paraît naturel de penser que le développement extérieur contient tout développement intermédiaire. Autrement dit, toujours en utilisant des fonctions de jauge, pour tout $\delta_\mu \prec 1$, on a :

$$E_\mu \, E_0 \, \Phi = E_\mu \, \Phi.$$

Pour une *fonction singulière*, il existe une valeur de ν, par exemple $\nu = 1$, telle que :

$$E_1 \, E_0 \, \Phi \neq E_1 \, \Phi.$$

Le développement intérieur $E_1 \, \Phi$, défini à l'ordre δ, n'est pas contenu dans le développement extérieur. De même que pour le développement extérieur, on dit que l'approximation donnée par le développement intérieur est *significative*. La variable correspondante x_1 que l'on notera très souvent X est appelée *variable de couche limite.*

Une condition nécessaire, mais non suffisante, pour qu'une approximation régulière $E_\nu \, \Phi$ soit significative est qu'elle ne soit contenue dans aucune autre approximation régulière au même ordre. On verra dans la suite que la présence de logarithmes peut mettre en cause la partie « condition suffisante » de cette proposition.

Les liens qui doivent exister entre ces divers développements, $E_0 \, \Phi$, $E_1 \, \Phi$ et $E_\nu \, \Phi$ pour $0 < \nu < 1$ sont les règles ou principes heuristiques qui définissent le *raccord asymptotique.* Le raccord a une importance capitale lorsque la fonction Φ est solution d'un problème intégro-différentiel avec des conditions initiales et aux limites. C'est grâce à lui que l'on pourra trouver les conditions nécessaires à la résolution des problèmes réduits relatifs aux approximations extérieure et intérieure. Par ailleurs, comment construire *une approximation uniformément valable* (AUV) de la solution inconnue Φ, et à quel ordre, sont des questions qui prendront toute leur signification plus loin.

5.3 Raccord intermédiaire

5.3.1 Théorème d'extension de Kaplun

Quand on a une fonction singulière Φ et une approximation extérieure $E_0 \, \Phi$ valable à l'ordre 1 dans le domaine $A_0 \leq x \leq B_0$, $(B_0 = 1)$, le théorème d'extension de Kaplun [39, 40] indique que, dans un certain sens, la validité de l'approximation peut être étendue.

Théorème 1. *Plus précisément, on a :*

$$\lim_{\varepsilon \to 0} [\Phi - E_0 \, \Phi] = 0$$

dans l'intervalle $\delta(\varepsilon) \leq x \leq 1$, où $\delta(\varepsilon)$ est une fonction d'ordre telle que $\delta(\varepsilon) \prec 1$.

Il faut noter que la précision de l'approximation n'est pas indiquée et qu'elle s'affaiblit nécessairement quand on se raproche de l'origine.

Le théorème d'extension est généralisé de la façon suivante :

Théorème 2. *Étant donnée une approximation* $E_\nu \, \Phi$ *de* Φ, *définie dans un domaine* D_ν, *le domaine de convergence uniforme de* $E_\nu \, \Phi$ *peut, en un certain sens, être étendu.*

Plus précisément, il existe une fonction d'ordre $\delta_\mu \neq \delta_\nu$, *donc un domaine* D_μ, *telle que* $E_\nu \, \Phi$ *contient* $E_\mu \, \Phi$:

$$E_\mu \, E_\nu \, \Phi = E_\mu \, \Phi.$$

5.3.2 Étude d'exemples

Il faut être très prudent dans l'application du résultat précédent. Examinons deux exemples.

Exemple 1. Considérons la fonction :

$$\Phi(x, \varepsilon) = 1 + x + e^{-x/\varepsilon}. \tag{5.10}$$

Comme il est classique de choisir les échelles intérieures en posant :

$$\delta_\nu(\varepsilon) = \varepsilon^\nu,$$

on obtient à l'ordre 1 :

$$E_0 \, \Phi = 1 + x \quad \text{pour} \quad \nu = 0,$$
$$E_\nu \, \Phi = 1 \quad \text{pour} \quad 0 < \nu < 1,$$
$$E_1 \, \Phi = 1 + e^{-x_1} \quad \text{pour} \quad \nu = 1.$$

Que dit le théorème d'extension sur l'intervalle $0 < \mu < 1$?

1. Si $\nu = 0$, il existe $\mu > 0$ tel que :

$$1 = E_\mu \, E_0 \, \Phi = E_\mu \, \Phi = 1.$$

Ainsi, $E_0 \, \Phi$ contient $E_\mu \, \Phi$ et le domaine de validité de $E_\mu \, \Phi$ étend celui de $E_0 \, \Phi$.

2. Si $\nu = 1$, il existe $\mu < 1$ tel que :

$$1 = E_\mu \, E_1 \, \Phi = E_\mu \, \Phi = 1.$$

Ici, $E_1 \, \Phi$ contient $E_\mu \, \Phi$ et le domaine de validité de $E_\mu \, \Phi$ étend celui de $E_1 \, \Phi$. Il en est de même pour $\mu > 1$ car alors :

$$2 = E_\mu \, E_1 \, \Phi = E_\mu \, \Phi = 2.$$

Le théorème s'applique donc sans difficulté, ce qui peut sembler un bon point pour le raccord intermédiaire.

Exemple 2. Cet exemple va donner les limites d'utilisation du théorème d'extension et, en même temps, montrer que la présence de logarithmes pose des problèmes. Considérons la fonction :

$$\Phi(x, \varepsilon) = \frac{1}{\ln x} + \frac{e^{-x/\varepsilon}}{\ln \varepsilon}. \tag{5.11}$$

On obtient facilement, à l'ordre $-\dfrac{1}{\ln \varepsilon}$:

$$\mathrm{E}_0\, \Phi = \frac{1}{\ln x} \quad \text{pour} \quad \nu = 0,$$

$$\mathrm{E}_\nu\, \Phi = \frac{1}{\nu \ln \varepsilon} \quad \text{pour} \quad 0 < \nu < 1,$$

$$\mathrm{E}_1\, \Phi = \frac{1 + 0^{-x_1}}{\ln \varepsilon} \quad \text{pour} \quad \nu = 1.$$

Le théorème affirme :

1. Si $\nu = 0$, il existe $\mu > 0$ tel que :

$$\frac{1}{\mu \ln \varepsilon} = \mathrm{E}_\mu\, \mathrm{E}_0\, \Phi = \mathrm{E}_\mu\, \Phi = \frac{1}{\mu \ln \varepsilon}.$$

On en conclut que $\mathrm{E}_0\, \Phi$ contient $\mathrm{E}_\mu\, \Phi$ et le domaine de validité de $\mathrm{E}_\mu\, \Phi$ étend celui de $\mathrm{E}_0\, \Phi$.

2. Si $\nu = 1$, il existe $\mu < 1$ tel que :

$$\mathrm{E}_\mu\, \mathrm{E}_1\, \Phi = \mathrm{E}_\mu\, \Phi,$$

or :

$$\mathrm{E}_\mu\, \mathrm{E}_1\, \Phi = \frac{1}{\ln \varepsilon} \quad \text{et} \quad \mathrm{E}_\mu\, \Phi = \frac{1}{\mu \ln \varepsilon}.$$

Avec les échelles ε^μ, $\mathrm{E}_1\, \Phi$ *ne contient pas* $\mathrm{E}_\mu\, \Phi$.

Il n'existe donc aucune possibilité dans ce dernier cas de vérifier le théorème d'extension, et par voie de conséquence, d'obtenir un raccord intermédiaire.

Ce n'est pas un contre-exemple car le choix des échelles ε^μ n'est pas assez dense pour toutes les éventualités possibles. Autrement dit, l'extension du cas $\nu = 1$ est trop faible pour être mesurée par l'échelle ε^μ. Avec $\delta_\mu = -\varepsilon \ln \varepsilon$ par exemple, le théorème d'extension est bien vérifié.

On note que $-\varepsilon \ln \varepsilon \prec \varepsilon^\nu$ pour $\nu < 1$ et, à l'ordre $-\dfrac{1}{\ln \varepsilon}$, on a :

$$\frac{1}{\ln \delta_\mu} = \frac{1}{\ln \varepsilon}.$$

On obtient :

$$\mathrm{E}_\mu\, \Phi = \mathrm{E}_\mu\, \mathrm{E}_1\, \Phi = \frac{1}{\ln \varepsilon}.$$

Avec l'échelle $\delta_\mu = -\varepsilon \ln \varepsilon$, $\mathrm{E}_1\, \Phi$ contient donc $\mathrm{E}_\mu\, \Phi$ et le domaine de validité de $\mathrm{E}_\mu\, \Phi$ étend celui de $\mathrm{E}_1\, \Phi$ (cf. problème 5.2).

Néanmoins, on voit à quel point, dans le cas en particulier où des logarithmes sont présents, la méthode du raccord intermédiaire peut être mise en défaut.

Si, dans une telle situation, le théorème d'extension n'a aucune utilité pratique, on observe que l'on a, toujours à l'ordre considéré :

$$\mathrm{E}_1\, \mathrm{E}_0\, \Phi = \mathrm{E}_0\, \mathrm{E}_1\, \Phi.$$

Cette remarque sera reprise plus loin.

5.3.3 Règle du raccord intermédiaire

Hypothèse de recouvrement

En préalable au raccord intermédiaire, l'hypothèse d'une *zone de recouvrement* paraît naturelle ; elle est formulée simplement comme ci-après. Le développement extérieur régulier de Φ est donné dans le domaine $0 < A_0 \leq x \leq 1$ par $\mathrm{E}_0^{(n)}\, \Phi$, soit :

$$\Phi - \mathrm{E}_0^{(n)}\, \Phi = \mathrm{o}\left(\delta_0^{(n)}(\varepsilon)\right).$$

Ce domaine peut être étendu au domaine $x \in (\tilde{\delta}, 1)$ avec $\tilde{\delta} = \mathrm{o}(1)$ de sorte que :

$$\Phi - \mathrm{E}_0^{(n)}\, \Phi = \mathrm{o}(\delta^*) \text{ avec } \delta_0^{(n)} = \mathrm{O}(\delta^*), \tag{5.12}$$

ce qui exprime que l'extension du domaine de validité s'accompagne d'une perte de précision de l'approximation.

De la même façon, la validité du développement intérieur $\mathrm{E}_1^{(m)}\, \Phi$ tel que, pour $0 \leq x_1 \leq B_1$ où $x_1 = x/\delta_1(\varepsilon)$ est la variable intérieure :

$$\Phi - \mathrm{E}_1^{(m)}\, \Phi = \mathrm{o}\left(\delta_1^{(m)}(\varepsilon)\right)$$

peut être étendue au domaine $x \in (0, \bar{\delta})$ de sorte que :

$$\Phi - \mathrm{E}_1^{(m)}\, \Phi = \mathrm{o}(\delta^*) \text{ avec } \delta_1^{(m)} = \mathrm{O}(\delta^*). \tag{5.13}$$

Remarque 1. Dans les expressions (5.12) et (5.13), δ^* est bien le même ; en fait, le choix de δ^* a été fait pour qu'il en soit ainsi et il se peut bien sûr que la précision de l'une des deux extensions soit meilleure.

Définition 3. *Il y a recouvrement si :*

$$\tilde{\delta} = \mathrm{o}(\bar{\delta}).$$

Cette définition du recouvrement peut être traduite à l'aide des opérateurs d'expansion.

Les extensions des domaines de validité de $E_0^{(n)}$ et $E_1^{(m)}$ ayant été déterminées comme ci-dessus, le recouvrement de ces domaines exprime que, quel que soit δ_ν tel que :

$$\bar{\delta} \succeq \delta_\nu \succeq \tilde{\delta},$$

on a, à l'ordre δ^* :

$$E_\nu \, \Phi = E_\nu \, E_0^{(n)} \, \Phi = E_\nu \, E_1^{(m)} \, \Phi. \tag{5.14}$$

Dans cette définition, E_ν est l'opérateur d'expansion intermédiaire à l'ordre δ^* défini avec la variable intermédiaire $x_\nu = x/\delta_\nu$.

Règle d'Eckhaus

Dans ce cas, la règle heuristique proposée par Eckhaus qu'il convient d'écrire est la suivante :
Si l'on suppose que les domaines de validité étendus de $E_0^{(n)} \, \Phi$ et de $E_1^{(m)} \, \Phi$ se recouvrent et que ces fonctions continues donc bornées possèdent un développement intermédiaire, alors, pour tout k, il existe δ_ν, n et m tels que :

$$E_\nu^{(k)} \, \Phi = E_\nu^{(k)} \, E_0^{(n)} \, \Phi = E_\nu^{(k)} \, E_1^{(m)} \, \Phi. \tag{5.15}$$

En pratique, il y a quelques difficultés à mettre en œuvre une telle règle. En effet, la situation est logiquement inverse à ce que l'on pouvait espérer. En général, n et m sont donnés et l'on cherche k pour que l'on puisse écrire l'égalité dans un certain domaine D_ν.

La fonction (5.11) montre les limites d'applicabilité du raccord intermédiaire. Pour $k = 1$ et n quelconque, avec $\delta_\nu = \varepsilon^\nu$, on a bien l'égalité :

$$E_\nu^{(1)} \, E_0^{(n)} \, \Phi = E_\nu^{(1)} \, \Phi = \frac{1}{\nu \ln \varepsilon} \text{ pour } 0 < \nu < 1,$$

mais il n'existe aucun m pour lequel on peut avoir l'égalité $E_\nu^{(1)} \, E_1^{(m)} \, \Phi = E_\nu^{(1)} \, \Phi$. On montre en effet que pour $\delta_\nu = \varepsilon^\nu$:

$$E_\nu^{(1)} \, E_1^{(m)} \, \Phi = \frac{1}{\ln \varepsilon} \left[1 + \sum_{p=1}^{m-1} (1 - \nu)^p \right].$$

Dans ce cas particulier, il n'y a pas de zone de recouvrement aux échelles ε^ν envisagées. Il aurait fallu prendre par exemple l'échelle $\delta_\nu = -\varepsilon \ln \varepsilon$ pour assurer le recouvrement des extensions de $E_0^{(n)} \, \Phi$ et $E_1^{(m)} \, \Phi$ et vérifier la règle d'Eckhaus.

5.4 Le principe du raccord asymptotique

5.4.1 Le principe de Van Dyke

Le principe dit de Van Dyke (PVD) a été énoncé en 1964 [93]. Ce principe assez mystérieux traduisait selon Van Dyke lui-même la pensée de Kaplun. Quand il fonctionne, son application ne présente aucune difficulté. Il s'énonce de la façon suivante :

Étant donnés n termes du développement extérieur et m termes du développement intérieur, on a :

$$E_1^{(m)} E_0^{(n)} \Phi = E_0^{(n)} E_1^{(m)} \Phi. \tag{5.16}$$

Admettant de plus que l'un des buts de l'analyse asymptotique singulière est de construire un développement asymptotique de la solution à un ordre donné, une approximation composite se présente sous la forme [94] :

$$\Phi_{\mathrm{app}} = E_0^{(n)} \Phi + E_1^{(m)} \Phi - E_0^{(n)} E_1^{(m)} \Phi. \tag{5.17}$$

Bien sûr, cette forme n'est valable qu'en présence d'une seule couche limite dans le domaine d'étude, mais le résultat peut être généralisé lorsqu'il y a plus de deux domaines significatifs.

5.4.2 Principe modifié de Van Dyke

Avec l'expression (5.17), l'AUV ne peut avoir la précision que du terme le moins précis. Or, il serait préférable que chaque terme, à l'image d'une chaîne haute fidélité, ait la même précision. Il paraît donc souhaitable d'utiliser des *développements définis au même ordre*, d'où le principe modifié :
Si $E_0 \Phi$ et $E_1 \Phi$ sont les développements extérieur et intérieur de Φ, à un ordre donné δ, définis selon une suite asymptotique de fonctions de jauge, on a :

$$E_0 E_1 \Phi \equiv E_1 E_0 \Phi. \tag{5.18}$$

Par ailleurs, dans le cas d'une seule couche limite, une AUV Φ_{app} dans D doit être obtenue, au même ordre, par le développement composite :

$$\Phi_{\mathrm{app}} = E_0 \Phi + E_1 \Phi - E_0 E_1 \Phi. \tag{5.19}$$

Ce principe, avancé par Mauss [58], sera appelé « principe modifié de Van Dyke » et sera noté dans la suite PMVD. La raison pour laquelle il n'a pas été énoncé par Van Dyke est que, dans les applications, les développements extérieur et intérieur sont généralement hiérarchisés. Par exemple, connaissant le premier terme de $E_0 \Phi$, on l'utilise pour trouver l'ordre de grandeur du premier terme de $E_1 \Phi$ qui n'est pas nécessairement du même ordre.

Il faut signaler que l'utilisation des fonctions de jauge permet d'écrire la relation (5.18) avec une égalité. Pour éviter l'ambigüité de la notation, certains l'écrivent sous la forme :

$$E_1\,E_0\,E_1\,\varPhi = E_1\,E_0\,\varPhi, \tag{5.20}$$

pour signifier l'utilisation de la variable X ou bien :

$$E_0\,E_1\,\varPhi = E_0\,E_1\,E_0\,\varPhi, \tag{5.21}$$

pour indiquer celle de la variable x. Que ce soit dans les exemples qui suivent, ou mieux, dans la méthode des approximations successives complémentaires (MASC) plus loin, la distinction dans l'écriture entre variable intérieure et variable extérieure n'a pas lieu d'être un problème.

5.5 Quelques exemples et contre-exemples

On va voir sur les exemples précédents et quelques autres comment fonctionnent ces divers principes et règles.

5.5.1 Exemple 1

Si l'on considère d'abord l'exemple (5.5), à l'ordre ε, on a :

$$E_0\,\varPhi = \mathrm{e}^{-x} + \varepsilon\mathrm{e}^{-x}\,(2-x)\,,$$
$$E_\nu^*\,\varPhi = 1 + 2\varepsilon - \varepsilon^\nu x_\nu + \mathrm{O}\left(\varepsilon^{2\nu}\right) + \mathrm{o}\left(\varepsilon\right)\,,$$
$$E_1\,\varPhi = \left(1 - \mathrm{e}^{-X}\right) + \varepsilon\left[(2-X) - (2+X)\,\mathrm{e}^{-X}\right].$$

où E^* désigne le développement asymptotique non écrit à l'ordre considéré pour la raison évidente que le nombre de termes dépend de la valeur de ν. On a :

$$1 + \varepsilon(2 - X) = E_1\,E_0\,\varPhi \equiv E_0\,E_1\,\varPhi = 1 - x + 2\varepsilon.$$

Remarque 2. La présence d'un terme de type εx est impossible ; en effet, avec la variable X, il deviendrait $\varepsilon^2 X$ et, avec l'utilisation de fonctions de jauge, ce terme ne doit pas apparaître à l'ordre ε ici considéré.

On peut voir sans difficulté que, quel que soit $0 \le \nu \le 1$, on a :

$$E_\nu\,\varPhi_{\mathrm{app}} = E_\nu\,\varPhi,$$

avec :

$$\varPhi_{\mathrm{app}} = \mathrm{e}^{-x} - \mathrm{e}^{-X} + \varepsilon\left[(2-x)\,\mathrm{e}^{-x} - (2+X)\,\mathrm{e}^{-X}\right].$$

5.5.2 Exemple 2

Si, dans l'exemple précédent, il y a tout de même une possibilité de raccord intermédiaire dont l'application nécessite une certaine prudence, voyons de façon plus précise l'exemple (5.11) :

$$\Phi(x, \varepsilon) = \frac{1}{\ln x} + \frac{e^{-x/\varepsilon}}{\ln \varepsilon}.$$

Si l'on s'arrête à l'ordre $O\left(\dfrac{1}{(\ln \varepsilon)^2}\right)$, on obtient les divers développements asymptotiques :

$$E_0\,\Phi = \frac{1}{\ln x} \quad \text{pour} \quad \nu = 0,$$

$$E_\nu\,\Phi = \frac{1}{\nu \ln \varepsilon} - \frac{\ln x_\nu}{\nu^2 (\ln \varepsilon)^2} \quad \text{pour} \quad 0 < \nu < 1,$$

$$E_1\,\Phi = \frac{1 + e^{-x_1}}{\ln \varepsilon} - \frac{\ln x_1}{(\ln \varepsilon)^2} \quad \text{pour} \quad \nu = 1.$$

Ici, le développement extérieur contient le développement intermédiaire :

$$E_\nu\,\Phi = E_\nu\,E_0\,\Phi = \frac{1}{\nu \ln \varepsilon} - \frac{\ln x_\nu}{\nu^2 (\ln \varepsilon)^2}.$$

Par contre, le développement intérieur ne contient pas le développement intermédiaire car :

$$E_\nu\,E_1\,\Phi = \frac{2 - \nu}{\ln \varepsilon} - \frac{\ln x_\nu}{(\ln \varepsilon)^2},$$

et donc $E_\nu\,\Phi \neq E_\nu\,E_1\,\Phi$.

Avec les échelles choisies ε^ν, il n'y a pas possibilité de recouvrement et donc de raccord intermédiaire. Même la règle de Van Dyke est en défaut dans certains cas. Par exemple, on a :

$$E_1^{(2)}\,E_0^{(1)}\,\Phi = \frac{1}{\ln \varepsilon} - \frac{\ln x_1}{(\ln \varepsilon)^2},$$

mais :

$$E_0^{(1)}\,E_1^{(2)}\,\Phi = \frac{2}{\ln \varepsilon}.$$

Pourtant le PMVD, précédemment énoncé, s'applique sans difficulté :

$$\frac{1}{\ln \varepsilon} - \frac{\ln x_1}{(\ln \varepsilon)^2} = E_1\,E_0\,\Phi = E_0\,E_1\,\Phi = \frac{2}{\ln \varepsilon} - \frac{\ln x}{(\ln \varepsilon)^2}.$$

Dans ces conditions, en utilisant l'AUV, on peut vérifier que pour tout ν :

$$E_\nu \, \Phi_{\mathrm{app}} = E_\nu \, \Phi.$$

Ceci montre qu'à l'ordre considéré, $\mathrm{O}\left(\dfrac{1}{(\ln \varepsilon)^2}\right)$, on obtient les mêmes développements asymptotiques pour toutes les valeurs de ν en prenant Φ ou Φ_{app}.

Sur cet exemple, on constate donc que le raccord de Van Dyke ne fonctionne que pour certaines valeurs du nombre de termes considérés (cf. problème 5.3). En revanche, le principe proposé (PMVD) fixe précisément les termes que l'on doit prendre en compte pour assurer non seulement le raccord, mais aussi, pour assurer la possibilité de construire une AUV.

5.5.3 Exemple 3

Considérons la fonction :

$$\Phi(x, \varepsilon) = \frac{1}{\ln x - \ln \varepsilon + 1}. \tag{5.22}$$

Si l'on s'arrête à l'ordre $\mathrm{O}\left(\dfrac{1}{(\ln \varepsilon)^2}\right)$, on obtient les divers développements asymptotiques :

$$E_0 \, \Phi = -\frac{1}{\ln \varepsilon} - \frac{1 + \ln x}{(\ln \varepsilon)^2} \quad \text{pour} \quad \nu = 0,$$

$$E_\nu \, \Phi = \frac{1}{(\nu - 1)\ln \varepsilon} - \frac{1 + \ln x_\nu}{(\nu - 1)^2 (\ln \varepsilon)^2} \quad \text{pour} \quad 0 < \nu < 1,$$

$$E_1 \, \Phi = \frac{1}{\ln x_1 + 1} \quad \text{pour} \quad \nu = 1.$$

Ici, on calcule facilement :

$$E_\nu \, E_0 \, \Phi = -\frac{1 + \nu}{\ln \varepsilon} - \frac{1 + \ln x_\nu}{(\ln \varepsilon)^2},$$

$$E_\nu \, E_1 \, \Phi = \frac{1}{(\nu - 1)\ln \varepsilon} - \frac{1 + \ln x_\nu}{(\nu - 1)^2 (\ln \varepsilon)^2}.$$

Contrairement au cas précédent, le développement intérieur contient le développement intermédiaire. On a :

$$E_\nu \, E_1 \, \Phi = E_\nu \, \Phi,$$

alors qu'il n'en est plus de même pour le développement extérieur :

$$E_\nu \, E_0 \, \Phi \neq E_\nu \, \Phi.$$

Il n'y a donc pas de raccord intermédiaire car il n'y a pas de zone de recouvrement à cet ordre avec les échelles choisies ε^ν. En fait, l'extension du domaine de validité de $\mathrm{E}_0\,\Phi$ est trop faible pour ête mesurée avec l'échelle ε^ν.

En revanche, le PMVD s'applique toujours sans plus de difficulté :

$$\mathrm{E}_1\,\mathrm{E}_0\,\Phi = \mathrm{E}_0\,\mathrm{E}_1\,\Phi = -\frac{1}{\ln\varepsilon} - \frac{1+\ln x}{(\ln\varepsilon)^2},$$

et, avec l'approximation uniformément valable, on peut vérifier que, pour tout ν :

$$\mathrm{E}_\nu\,\Phi_{\mathrm{app}} = \mathrm{E}_\nu\,\Phi,$$

car, sur cet exemple simple, $\Phi_{\mathrm{app}} = \Phi$.

5.5.4 Exemple 4

Ce dernier exemple est particulièrement éclairant ; on combine les fonctions :

$$\Phi_1\left(x,\varepsilon\right) = \frac{1}{\ln x} + \frac{\mathrm{e}^{-x/\varepsilon}}{\ln\varepsilon} \quad \text{et} \quad \Phi_2\left(x,\varepsilon\right) = \frac{1}{\ln x - \ln\varepsilon + 1}.$$

On obtient ainsi :

$$\Phi = \Phi_1 + \Phi_2. \tag{5.23}$$

Il apparaît qu'il n'y a aucune possibilité de recouvrement avec les échelles ε^ν à l'ordre considéré $\mathrm{O}\left(\dfrac{1}{\left(\ln\varepsilon\right)^2}\right)$, car en utilisant les résultats des Sects. 5.5.2 et 5.5.3, on a :

$$\mathrm{E}_\nu\,\mathrm{E}_1\,\Phi \neq \mathrm{E}_\nu\,\Phi,$$
$$\mathrm{E}_\nu\,\mathrm{E}_0\,\Phi \neq \mathrm{E}_\nu\,\Phi.$$

Les extensions des domaines de validité de $\mathrm{E}_0\,\Phi$ d'une part et $\mathrm{E}_1\,\Phi$ d'autre part sont trop faibles, chacune de leur côté, pour être mesurées avec des échelles ε^ν. Ces extensions sont même si faibles que, *quelle que soit l'échelle considérée*, il ne peut pas y avoir recouvrement.

Pourtant, on a bien le raccord :

$$\mathrm{E}_1\,\mathrm{E}_0\,\Phi = \mathrm{E}_0\,\mathrm{E}_1\,\Phi.$$

Là encore, on peut vérifier que pour tout ν :

$$\mathrm{E}_\nu\,\Phi_{\mathrm{app}} = \mathrm{E}_\nu\,\Phi.$$

Dans l'exemple de la Sect. 5.5.2, toute l'information sur le développement intermédiaire est contenue dans le développement extérieur alors que, dans l'exemple de la Sect. 5.5.3, elle est contenue dans le développement intérieur. Dans l'exemple (5.23), l'information est contenue pour partie dans le développement extérieur et, pour partie, dans le développement intérieur.

Le raccord intermédiaire exige qu'il y ait une zone de recouvrement, c'est-à-dire que toute l'information sur le développement intermédiaire soit à la fois contenue dans le développement extérieur et dans le développement intérieur.

5.6 Réflexions sur le raccord asymptotique

Il semble donc que le PMVD lève les contre-exemples connus au PVD. Examinons cependant l'exemple de la fonction suivante :

$$\Phi = 1 + \mathrm{e}^{-x/\varepsilon} + \varepsilon \ln \frac{x}{\varepsilon} \tag{5.24}$$

sur l'intervalle $0 < x \leq 1$. À l'ordre $\mathrm{O}(\varepsilon)$, on voit que :

$$\mathrm{E}_0\, \Phi = 1 - \varepsilon \ln \varepsilon + \varepsilon \ln x, \tag{5.25a}$$

$$\mathrm{E}_1\, \Phi = 1 + \mathrm{e}^{-X} + \varepsilon \ln X \quad \text{avec} \quad X = \frac{x}{\varepsilon}. \tag{5.25b}$$

Ainsi, à l'ordre $\mathrm{O}(-\varepsilon \ln \varepsilon)$, il n'y a pas raccord :

$$\mathrm{E}_0\, \mathrm{E}_1\, \Phi = 1,$$
$$\mathrm{E}_1\, \mathrm{E}_0\, \Phi = 1 - \varepsilon \ln \varepsilon,$$

mais il n'est pas possible, à cet ordre, de construire une AUV. On est donc
conduit à appliquer le PMVD en l'associant avec la construction d'une AUV.

De plus, le PMVD s'applique alors que la règle du raccord intermédiaire
est en défaut quand les développements extérieur et intérieur sont définis à
un ordre donné, ce qui est, en pratique, toujours le cas. Il est intéressant,
à ce propos, de signaler la pensée de Van Dyke « *Fortunately, since the two
expansions have a common region of validity, it is easy to construct from them
a single uniformly valid expansion* ».

Au vu de l'exemple de la Sect. 5.5.4 où, à l'ordre indiqué, il n'y a aucune
région de validité commune, et où une approximation uniformément valable
peut être construite, il semble bien que la recherche d'une AUV doit être le
point de départ de notre réflexion. On reviendra sur ce point essentiel mais il
y a plus. Nous avons en vue des applications en Physique pour lesquelles le
petit paramètre ε n'est pas nécessairement aussi petit que l'exigent formellement les mathématiques précédentes. Ainsi, la notion même de recouvrement
devient illusoire, même dans des cas simples. Prenons par exemple le modèle
de Fiedrichs déjà étudié Sect. 2.1.3. À l'ordre 1, on a :

$$\mathrm{E}_0\, y = y_0(x) \ \ = ax + 1 - a, \tag{5.26a}$$

$$\mathrm{E}_1\, y = Y_0(X) = (1 - a)(1 - \mathrm{e}^{-X}). \tag{5.26b}$$

Si l'on trace $y_0(x)$ et $Y_0(X)$ (Fig. 5.2), on voit que la notion intuitive de
recouvrement n'existe pas. Le recouvrement est une notion mathématique
valable seulement quand $\varepsilon \to 0$ et l'on vient d'en voir les limites.

Avant d'aller plus loin, rappelons, dans une présentation simplifiée et légèrement modifiée, quelques résultats obtenus par Eckhaus [29], résultats particulièrement éclairants.

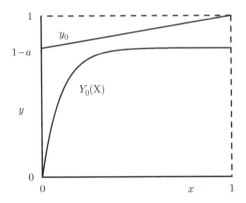

Fig. 5.2. Approximations $y_0(x)$ et $Y_0(X)$ pour le problème de Friedrichs

5.6.1 La couche limite corrective

On considère le développement extérieur $E_0\,\Phi$. Encore une fois, quand le nombre de termes n'est pas indiqué, cela signifie que le développement est construit, avec des fonctions de jauge, à un ordre déterminé, par exemple $\delta\,(\varepsilon)$. On suppose, ce qui est une condition assez restrictive, que $E_0\,\Phi$ est une fonction continue donc bornée dans tout le domaine D. On peut alors définir la fonction $\widetilde{\Phi}$ dans D :

$$\widetilde{\Phi} = \Phi - E_0\,\Phi. \tag{5.27}$$

Compte tenu que $E_0\,E_0\,\Phi = E_0\,\Phi$, il est trivial de vérifier que :

$$E_0\,\widetilde{\Phi} = 0.$$

On va supposer que, pour tout entier k, il est possible de trouver un ordre de grandeur $\delta\,(\varepsilon)$ tel que :

$$E_0^{(k)}\,E_1\,\widetilde{\Phi} = 0.$$

Ceci permet d'affirmer que le développement intérieur $E_1\,\widetilde{\Phi}$ contient le développement extérieur. En se limitant, pour simplifier, au cas où :

$$E_0\,E_1\,\widetilde{\Phi} = 0,$$

on voit bien que $E_1\,\widetilde{\Phi}$ peut être qualifié de couche limite, le terme « corrective » s'ajoutant naturellement par la définition de $\widetilde{\Phi}$. Cette propriété est bien vérifiée sur l'exemple de la Sect. 5.5.4 pour lequel il n'y a pas recouvrement pour Φ.

On peut alors montrer que :

$$\Phi = E_0\,\Phi + E_1\,\Phi - E_0\,E_1\,\Phi + o\,(\delta), \tag{5.28}$$

avec :

$$E_0\,E_1\,\varPhi = E_1\,E_0\,\varPhi.$$

À partir de ce résultat, on peut déduire comme Lagerstrom [42] qu'il y a une zone de recouvrement pour $\widetilde{\varPhi}$ (Sect. 5.7) ; une traduction en est qu'il existe δ_ν tel que :

$$E_\nu\,E_1\,\widetilde{\varPhi} = E_\nu\,E_0\,\widetilde{\varPhi} = E_\nu\,\widetilde{\varPhi} = 0.$$

En fait, Lagerstrom utilise un exemple donné par Fraenkel pour lequel il n'y a pas recouvrement pour $\varPhi$ mais où le principe du raccord s'applique bien. Encore une fois, cette idée, parfois contestable, que la règle du raccord intermédiaire doit primer sur le principe est sous-jacente. Par ailleurs, si $E_0\,\varPhi$ n'est pas une fonction bornée dans D, moyennant quelques hypothèses dont on va voir la teneur dans la suite, on peut obtenir (5.28).

La couche limite corrective est en fait une des clés permettant de comprendre l'intérêt du PMVD et des AUV. Reprenons l'exemple du modèle de Friedrichs (Sect. 2.1.3). On pose :

$$\tilde{y} = y - y_0(x). \tag{5.29}$$

À l'ordre indiqué, on a :

$$E_0\,\tilde{y} = 0, \tag{5.30a}$$

$$E_1\,\tilde{y} = E_1(y - E_0\,y). \tag{5.30b}$$

Ceci donne aisément :

$$E_1\,\tilde{y} = -(1-a)e^{-X}. \tag{5.31}$$

Comme $E_0\,\tilde{y}$ est nul, $E_1\,\tilde{y}$ est en fait une AUV de $\tilde{y}$. C'est pourquoi, cette fois, la notion de recouvrement prend tout son sens (Fig. 5.3). De plus, si l'on s'en tient à la définition de $\tilde{y}$, on obtient :

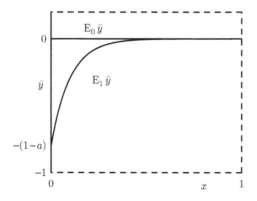

Fig. 5.3. Couche limite corrective pour le problème de Friedrichs

$$\mathrm{E}_0\,\mathrm{E}_1\,\tilde{y} = \mathrm{E}_1\,\mathrm{E}_0\,\tilde{y} = 0.$$

Comme à l'ordre 1 on a :

$$\tilde{y} = \mathrm{E}_1\,\tilde{y} + \mathrm{o}(1),$$

on obtient le résultat :

$$y = \mathrm{E}_0\,y + \mathrm{E}_1\,y - \mathrm{E}_1\,\mathrm{E}_0\,y + \mathrm{o}(1). \tag{5.32}$$

Remarque 3. L'idée de couche limite déficitaire rejoint celle de couche limite corrective. Une formulation déficitaire a été proposée par LE BALLEUR [49] pour tirer avantage de l'hypothèse que « les domaines de calcul du fluide parfait et du fluide visqueux se recouvrent et occupent tout l'espace ». Une méthode déficitaire a également été développée et mise en œuvre pour des écoulements hypersoniques où les caractéristiques du fluide parfait varient sensiblement dans l'épaisseur de couche limite [4, 5, 6].

5.6.2 Le PMVD d'après l'hypothèse de recouvrement

Le précédent résultat, très intéressant, peut être obtenu à partir de l'hypothèse de recouvrement. Le théorème démontré par Eckhaus [28] est formulé ici dans une forme adaptée au PMVD. Il exige quelques conditions qui ne sont pas très astreignantes pour les applications. Outre que l'on suppose l'existence des développements réguliers $\mathrm{E}_0\,\varPhi$, $\mathrm{E}_1\,\varPhi$ et $\mathrm{E}_\nu\,\varPhi$ à l'ordre δ, on doit avoir :

$$\delta = \varepsilon^{m-\gamma},$$

où m est un entier et où γ est un nombre positif aussi petit que souhaité. Ce procédé exclut la possibilité de « couper un développement asymptotique entre des logarithmes » ; par exemple, des termes d'ordre $\varepsilon\ln\varepsilon$ et ε doivent être considérés ensemble et ne pas être dissociés. Pour une formulation explicite comme envisagée ici, cette manière de faire est nécessaire pour éviter tout problème. Elle est clairement affirmée par Fraenkel [30] mais aussi par Van Dyke [94]. En fait, comme on l'a déjà signalé, le PMVD étant lié à l'existence d'une AUV telle que (5.19), celui-ci lève tous les contre-exemples connus. En effet, le problème de la coupure évoquée ci-dessus ne se pose plus. Une autre condition importante est liée au comportement du développement extérieur quand $x \to 0$ et à celui du développement intérieur quand $X \to \infty$.

Condition de comportement C. *On pose :*

$$\varPhi_0 = \mathrm{E}_0\,\varPhi = \sum_{i=1}^{m} \delta_i\left(\varepsilon\right) \varphi_i\left(x\right), \tag{5.33a}$$

$$\varPhi_1 = \mathrm{E}_1\,\varPhi = \sum_{i=1}^{m} \delta_i\left(\varepsilon\right) \psi_i\left(X\right), \tag{5.33b}$$

où, par définition, E_0 et E_1 sont des opérateurs à l'ordre δ_m. La variable locale est :

$$X = \frac{x}{\nu(\varepsilon)} \quad avec \quad \nu \prec 1.$$

La condition C suppose que lorsque $x \to 0$, chacune des fonctions $\varphi_i(x)$ se comporte comme :

$$\varphi_i(x) = \sum_{j=1}^{m_i} a_{ij} \Delta_{ij}(x) + o[\Delta_{im_i}(x)], \qquad (5.34)$$

où a_{ij} est une suite de constantes et Δ_{ij} est une suite de fonctions de jauge dont les propriétés sont précisées ci-dessous.

On admet aussi que les fonctions $\psi_i(X)$ ont un comportement du même type lorsque $X \to \infty$.

On suppose que les fonctions de jauge $\Delta_{ij}(\varepsilon)$ et $\nu(\varepsilon)$ sont des fonctions élémentaires telles que ε^p ou $(\ln 1/\varepsilon)^q$ ou des produits de ces fonctions ; p, q sont des nombres réels. À n'importe quel ordre δ^* tel que $\delta^* \preceq 1$, ces fonctions ont la propriété (Ann. V) :

$$E_0^* E_1^* \Delta_{ij}(x) = E_1^* E_0^* \Delta_{ij}(x),$$

où E_0^* et E_1^* sont les opérateurs à l'ordre δ^*.

On en déduit (Ann. V) :

$$E_0 E_1 \Phi_0 = E_1 E_0 \Phi_0 = E_1 \Phi_0, \qquad (5.35)$$

où E_0 et E_1 sont les opérateurs à l'ordre δ_m.

Une analyse similaire du comportement de Φ_1 quand $X \to \infty$ donne :

$$E_1 E_0 \Phi_1 = E_0 E_1 \Phi_1 = E_0 \Phi_1. \qquad (5.36)$$

Théorème 3. *Le théorème d'Eckhaus adapté au PMVD, c'est-à-dire en travaillant avec des opérateurs d'expansion à un ordre donné, stipule que, si les conditions précédentes sont satisfaites et s'il existe un domaine de recouvrement tel que, à l'ordre δ avec $\delta \succeq \delta_m$, on a :*

$$E_\nu E_0 \Phi = E_\nu E_1 \Phi = E_\nu \Phi,$$

alors :

$$E_0 E_1 \Phi \equiv E_1 E_0 \Phi, \qquad (5.37)$$

et :

$$\Phi = E_0 \Phi + E_1 \Phi - E_0 E_1 \Phi + o(\delta). \qquad (5.38)$$

Ainsi, le seul théorème important sur ces questions de raccord asymptotique exprime que s'il y a un domaine de recouvrement à un ordre donné, on obtient une approximation au même ordre grâce au PMVD. Pourtant, l'idée la plus répandue est que s'il y a PVD, alors il y a recouvrement. On a déjà cité Van Dyke à ce propos [93], on peut aussi citer Hinch [38] : « Van Dyke's matching rule does not always work. Moreover, the rule does not show that the inner and outer expansions are identical in an overlap region ».

5.7 Méthode des approximations successives complémentaires

5.7.1 Principe

La méthode des approximations successives complémentaires (MASC) repose sur l'idée qu'il faut adopter un raisonnement inverse de celui exploité dans la méthode des développements asymptotiques raccordés (MDAR). *On doit d'abord supposer la structure d'une approximation uniformément valable (AUV) et en déduire la méthode permettant de la construire [60].*

Ceci est déjà pratiqué à travers des méthodes comme la méthode WKB où l'on cherche une AUV sous la forme [38] :

$$\Phi_{an} = e^X \sum_{i=1}^{n} \delta_i(\varepsilon) \varphi_i(x) \quad \text{avec} \quad X = \frac{q(x,\varepsilon)}{\delta(\varepsilon)},$$

où q est une fonction régulière. Cette méthode est très adaptée à quelques problèmes particuliers comme celui du point tournant mais son utilité reste limitée.

La méthode des échelles multiples est un autre cas connu (Sect. 2.2.3). L'AUV cherchée prend la forme :

$$\Phi_{an} = \sum_{i=1}^{n} \delta_i(\varepsilon) \varphi_i(x, X).$$

Cette méthode, due à Mahony [56], a été utilisée pour une large variété de problèmes mais elle trouve rapidement ses limites par le fait qu'elle augmente l'ordre des équations.

La méthode proposée ne nécessite pas l'utilisation d'une règle ou d'un principe de raccordement ; de plus, elle élimine les lourdeurs de la méthode des échelles multiples en séparant les variables x et X. Elle appartient à une classe de méthodes qualifiées de multi-échelles [69].

On cherche à représenter la fonction Φ par la somme :

$$\Phi_a(x, X, \varepsilon) = \sum_{i=1}^{n} \bar{\delta}_i(\varepsilon) \left[\bar{\varphi}_i(x, \varepsilon) + \bar{\psi}_i(X, \varepsilon) \right]. \tag{5.39}$$

Cette expression est supposée représenter une AUV de Φ définie à l'ordre $\bar{\delta}_n$:

$$\Phi = \Phi_a + o(\bar{\delta}_n). \tag{5.40}$$

L'AUV est dite *généralisée*. Elle est construite de telle manière que l'on peut écrire :

$$\Phi_a = \Phi_{ar} + o(\delta_m), \tag{5.41}$$

où Φ_{ar} est une AUV *régulière* telle que $\bar{\delta}_n = O(\delta_m)$.

On a :

$$\Phi_{\mathrm{ar}}(x, X, \varepsilon) = \sum_{i=1}^{m} \delta_i(\varepsilon) [\varphi_i(x) + \psi_i(X)]. \tag{5.42}$$

La suite des fonctions d'ordre $\bar{\delta}_i$ peut être la même que la suite δ_i mais ce n'est pas le cas en général. De plus, les fonctions δ_i sont des *fonctions de jauge*.

Le passage de l'AUV généralisée (5.39) à l'AUV régulière (5.42) n'est pas toujours possible ; il suffit de penser à des fonctions rapidement oscillantes pour lesquelles des méthodes spécifiques existent. Néanmoins, cette hypothèse est faite car les situations physiques envisagées sont des problèmes de couche limite pour lesquels la MASC est particulièrement bien adaptée.

Il faut noter aussi que les fonctions apparaissant dans les seconds membres de (5.39) ou de (5.42) ne sont pas nécessairement bornées séparément ; seule la somme figurant entre crochets est supposée bornée dans le domaine D.

Sous sa forme régulière, la MASC a déjà été utilisée en quelques rares occasions [24, 69], mais pas sous sa forme généralisée qui, on le verra, est parfaitement adaptée aux problèmes de couplage fort conduisant logiquement aux modèles de couche limite interactive.

D'ailleurs, avec des hypothèses très raisonnables, la MASC régulière est équivalente au PMVD (Sect. 5.7.2). Ce point est, comme on l'a vu, fondamental. Le PMVD (5.18) prend un sens précis quand il est associé à une AUV telle que (5.19).

Or, comme le PMVD est d'une utilisation relativement directe, c'est la forme généralisée (5.39) qui, en pratique, prend tout son intérêt. Naturellement, il faut que la MASC apporte un avantage décisif. Pourtant, alors que la forme régulière (5.42) ne soulève aucune interrogation, la forme généralisée (5.39) est d'une écriture ambiguë. En effet, les fonctions $\bar{\varphi}_i(x, \varepsilon)$ peuvent formellement être réécrites en fonction de X et ε. Il en est de même pour les fonctions $\bar{\psi}_i(X, \varepsilon)$ qui peuvent s'écrire comme des fonctions de x et ε. Si la MASC s'impose, il faut un guide permettant la construction des approximations successives. Dans quels cas la MASC s'impose-t-elle et comment s'y prendre sont donc deux questions essentielles. En fait, seule la connaissance du problème physique que l'on souhaite résoudre permettra de répondre efficacement à ces deux questions. Néanmoins, on peut déjà donner quelques indications générales. La MASC est recommandée dans deux cas :

1. Quand l'approximation locale de la solution présente une structure complexe au voisinage de la zone de non-uniformité de l'approximation régulière. Il en est ainsi pour une fonction du type :

$$\Phi(x, \varepsilon) = 1 + \frac{\varepsilon^2}{x + \varepsilon^2} \mathrm{e}^{-x/\varepsilon}$$

au voisinage de l'origine. On a volontairement compliqué un peu car l'analyse par la MDAR indique la présence de deux épaisseurs de couche limite.

Cette question sera reprise dans le corrigé du problème 5.1 en discutant la solution d'une équation différentielle.

2. Quand apparaissent des termes dans les développements asymptotiques dont l'ordre de grandeur n'est pas suggéré ou imposé par les conditions aux limites ou par les équations considérées. Ce sera le cas de l'exemple traité Sect. 5.8.3.

Comment peut-on être guidé pour mettre en œuvre la MASC ? Il y a une remarque très simple qui s'impose quand on dispose d'une approximation supposée uniformément valable Φ_a, donnée par (5.39), issue de la résolution d'équations intégro-différentielles. L'opérateur correspondant étant formellement noté L_ε, on doit avoir :

$$L_\varepsilon\,\Phi_a = R_n\,(x, \varepsilon)\,,$$

alors que, pour la solution exacte Φ, on a :

$$L_\varepsilon\,\Phi = 0.$$

Comme on admet que les conditions aux limites sont exactement vérifiées pour Φ_a, le second membre R_n doit être petit. Le fait que Φ_a est une approximation uniformément valable de Φ lorsque R_n est petit en un certain sens relève de théorèmes d'estimation que l'on ne peut espérer, de façon générale, que pour les problèmes linéaires. Ce ne sera pas ici notre propos.

Partant donc d'une AUV connue :

$$\Phi_{an} = \sum_{i=1}^{n} \bar{\delta}_i(\varepsilon) \left[\bar{\varphi}_i(x, \varepsilon) + \bar{\psi}_i(X, \varepsilon) \right],$$

on cherche à l'améliorer, au moins dans le domaine extérieur D_0, en ajoutant un terme :

$$\Phi^*_{a(n+1)} = \Phi_{an} + \bar{\delta}_{n+1}(\varepsilon)\bar{\varphi}_{n+1}(x, \varepsilon).$$

Dans D_0, $\Phi^*_{a(n+1)}$ est une meilleure approximation que Φ_{an} et donc telle que :

$$\left\| \Phi - \Phi^*_{a(n+1)} \right\|_{D_0} = \mathrm{o}\left(\bar{\delta}_{n+1} \right).$$

Les conditions aux limites en $x = 1$ étant exactement vérifiées, en $x = 0$ l'erreur est $O_S\left(\bar{\delta}_{n+1} \right)$. Il se peut même que, dans certains cas, précédemment évoqués, ce terme supplémentaire soit non borné dans la zone intérieure.

On cherche par conséquent une AUV :

$$\Phi^*_{a(n+1)} = \Phi_{an} + \bar{\delta}_{n+1}(\varepsilon) \left[\bar{\varphi}_{n+1}(x, \varepsilon) + \bar{\psi}_{n+1}(X, \varepsilon) \right]$$

telle que, dans le domaine D tout entier, on ait :

$$\left\| \Phi - \Phi^*_{a(n+1)} \right\|_D = \mathrm{o}\left(\bar{\delta}_{n+1} \right).$$

Cette procédure est récurrente et doit être initialisée par une approximation dans le domaine extérieur D_0 :

$$\Phi_1^* = \bar{\delta}_1(\varepsilon)\bar{\varphi}_1(x,\varepsilon).$$

La minimisation du reste R_n «en un certain sens» est donc l'une des clés de la MASC. Ceci pourra être précisé quand, dans les chapitres suivants, les opérateurs eux-mêmes seront précisés. Cette minimisation n'aura ici qu'une valeur heuristique, les théorèmes d'estimation étant exclus de cet ouvrage.

5.7.2 Équivalence du PMVD et de la MASC régulière

Partant de la forme (5.42), on écrit :

$$\Phi_0\left(x,\varepsilon\right) = \sum_{i=1}^{m}\delta_i\left(\varepsilon\right)\varphi_i\left(x\right),$$

$$\Phi_1\left(X,\varepsilon\right) = \sum_{i=1}^{m}\delta_i\left(\varepsilon\right)\psi_i\left(X\right),$$

avec :

$$\Phi_{\mathrm{ar}} = \Phi_0 + \Phi_1,$$

et, par définition, à l'ordre δ_m :

$$\Phi_0 = \mathrm{E}_0\,\Phi_0,$$
$$\Phi_1 = \mathrm{E}_1\,\Phi_1.$$

On obtient :

$$\mathrm{E}_0\,\Phi_{\mathrm{ar}} = \Phi_0 + \mathrm{E}_0\,\Phi_1,$$
$$\mathrm{E}_1\,\Phi_{\mathrm{ar}} = \mathrm{E}_1\,\Phi_0 + \Phi_1.$$

Ceci conduit à :

$$\Phi_{\mathrm{ar}} = \mathrm{E}_0\,\Phi_{\mathrm{ar}} + \mathrm{E}_1\,\Phi_{\mathrm{ar}} - \left(\mathrm{E}_0\,\Phi_1 + \mathrm{E}_1\,\Phi_0\right),$$

et à :

$$\mathrm{E}_0\,\Phi_1 + \mathrm{E}_1\,\Phi_0 = \mathrm{E}_0\,\mathrm{E}_1\,\Phi_{\mathrm{ar}} = \mathrm{E}_1\,\mathrm{E}_0\,\Phi_{\mathrm{ar}}, \tag{5.43}$$

ainsi qu'à l'AUV :

$$\Phi_{\mathrm{ar}} = \mathrm{E}_0\,\Phi_{\mathrm{ar}} + \mathrm{E}_1\,\Phi_{\mathrm{ar}} - \mathrm{E}_0\,\mathrm{E}_1\,\Phi_{\mathrm{ar}} = \mathrm{E}_0\,\Phi_{\mathrm{ar}} + \mathrm{E}_1\,\Phi_{\mathrm{ar}} - \mathrm{E}_1\,\mathrm{E}_0\,\Phi_{\mathrm{ar}}. \tag{5.44}$$

Ainsi, le PMVD *est contenu* dans la MASC. Mieux, la structure du raccord asymptotique est explicitée par (5.43).

Démonstration. En appliquant E_0 à $E_1 \, \Phi_{ar}$ et E_1 à $E_0 \, \Phi_{ar}$, on obtient :

$$E_0 \, E_1 \, \Phi_{ar} = E_0 \, \Phi_1 + E_0 \, E_1 \, \Phi_0,$$
$$E_1 \, E_0 \, \Phi_{ar} = E_1 \, \Phi_0 + E_1 \, E_0 \, \Phi_1,$$

ce qui donne :

$$E_0 \, \Phi_1 + E_1 \, \Phi_0 = E_0 \, E_1 \, \Phi_{ar} + E_1 \, E_0 \, \Phi_{ar} - (E_0 \, E_1 \, \Phi_0 + E_1 \, E_0 \, \Phi_1),$$

soit :

$$E_0 \, \Phi_1 + E_1 \, \Phi_0 = E_0 \, E_1 \, \Phi_{ar} + E_1 \, E_0 \, \Phi_0 - E_0 \, E_1 \, \Phi_0,$$

ou :

$$E_0 \, \Phi_1 + E_1 \, \Phi_0 = E_1 \, E_0 \, \Phi_{ar} + E_0 \, E_1 \, \Phi_1 - E_1 \, E_0 \, \Phi_1.$$

Si l'on admet la condition C de la Sect. 5.6.2, alors (5.35) et (5.36) impliquent :

$$E_0 \, \Phi_1 = E_0 \, E_1 \, \Phi_1 \equiv E_1 \, E_0 \, \Phi_1,$$
$$E_1 \, \Phi_0 = E_1 \, E_0 \, \Phi_0 \equiv E_0 \, E_1 \, \Phi_0,$$

conduisant au résultat indiqué par (5.43) et (5.44). □

Ces conclusions permettent d'adapter certains résultats de Lagerstrom [42] en montrant que, même s'il n'y a pas recouvrement de $E_0 \, \Phi$ et $E_1 \, \Phi$, il y a recouvrement sur la fonction $\widetilde{\Phi}$ de couche limite corrective définie Sect. 5.6.1.

Démonstration. Compte tenu de (5.40) et (5.41), il vient d'être démontré qu'à l'ordre δ_m :

$$E_0 \, E_1 \, \Phi = E_1 \, E_0 \, \Phi, \qquad (5.45a)$$
$$\Phi_{ar} = E_0 \, \Phi + E_1 \, \Phi - E_1 \, E_0 \, \Phi. \qquad (5.45b)$$

Dans le domaine D, on a donc :

$$\Phi - \Phi_{ar} = o(\delta_m).$$

On définit la fonction $\widetilde{\Phi}$ comme :

$$\widetilde{\Phi} = \Phi - E_0 \, \Phi.$$

On déduit que, dans D :

$$\widetilde{\Phi} - E_1 \, \widetilde{\Phi} = \Phi - E_0 \, \Phi - E_1 \, \Phi + E_1 \, E_0 \, \Phi = o(\delta_m).$$

On en conclut que $E_1 \, \widetilde{\Phi}$ est une approximation de $\widetilde{\Phi}$ à l'ordre δ_m dans le domaine D entier.

D'autre part, avec $E_0 \, \widetilde{\Phi} = E_0 \, E_0 \, \widetilde{\Phi}$, on obtient :

$$E_0 \, \widetilde{\Phi} = E_0 \, \widetilde{\Phi} - E_0 \, E_0 \, \widetilde{\Phi} = 0,$$

et donc :

$$\widetilde{\Phi} - E_0 \, \widetilde{\Phi} = \Phi - E_0 \, \Phi.$$

Or, $E_0 \Phi$ est une approximation de Φ à l'ordre δ_m dans un certain domaine inclus dans D ; on en déduit que, de la même façon, $E_0 \widetilde{\Phi}$ est une approximation de $\widetilde{\Phi}$ à l'ordre δ_m.

En fin de compte, $E_0 \widetilde{\Phi}$ et $E_1 \widetilde{\Phi}$ sont deux approximations de $\widetilde{\Phi}$ qui ont un domaine de validité commun. Il y a donc recouvrement pour $\widetilde{\Phi}$ alors que pour $E_0 \Phi$ et $E_1 \Phi$ rien n'indique qu'il y a recouvrement.   □

Encore une fois, on voit l'importance d'une AUV. La notion de couche limite corrective, qui n'est autre qu'une AUV, permet de faire le lien entre la notion intuitive de recouvrement et le raccord asymptotique.

5.8 Applications de la MASC

Examinons l'application de la MASC à deux fonctions analytiques déjà étudiées.

5.8.1 Exemple 1

Reprenons la fonction (5.5) :

$$\Phi\left(x,\varepsilon\right) = \frac{2}{\sqrt{1-4\varepsilon}} \exp\left(-\frac{x}{2\varepsilon}\right) \operatorname{sh}\left(\frac{\sqrt{1-4\varepsilon}}{2\varepsilon}x\right), \qquad (5.46)$$

pour laquelle on recherche une AUV dans le domaine $x \geq 0$.

Les approximations significatives à l'ordre ε, sont données par :

$$E_0 \Phi = e^{-x} + \varepsilon e^{-x}\left(2-x\right),$$
$$E_1 \Phi = \left(1 - e^{-X}\right) + \varepsilon\left[\left(2-X\right) - \left(2+X\right)e^{-X}\right],$$

avec la variable de couche limite :

$$X = \frac{x}{\varepsilon}.$$

Le processus conduisant à une AUV selon la MASC est le suivant :
Étape 1. La première approximation extérieure régulière est :

$$\varphi_1\left(x\right) = e^{-x},$$

mais comme :

$$\varphi_1\left(0\right) = 1,$$

la condition en $x = 0$ n'est pas vérifiée. On recherche donc une fonction $\psi_1\left(X\right)$ telle que :

$$\Phi_{a1}\left(x, X\right) = \varphi_1\left(x\right) + \psi_1\left(X\right)$$

est supposée être une AUV à l'ordre 1 de $\Phi\left(x, \varepsilon\right)$.

Au même ordre, en appliquant l'opérateur d'expansion E_1, avec l'égalité :

$$\psi_1 = E_1 \left(\Phi - \varphi_1 \right),$$

on calcule aisément :

$$\psi_1 \left(X \right) = -e^{-X}.$$

Comme $\psi_1 \left(0 \right) = -1$, la condition en $x = 0$ est bien vérifiée.

Étape 2. Comme $\psi_1 \left(X \right)$ est un terme exponentiellement petit (TEP) pour X grand et que la condition en $x = 0$ est exactement vérifiée, on peut chercher une seconde approximation par simple itération. À l'ordre ε, au vu de :

$$E_0 \Phi = \varphi_1 \left(x \right) + \varepsilon \varphi_2 \left(x \right),$$

on a :

$$\varphi_2 \left(x \right) = \left(2 - x \right) e^{-x}.$$

D'après cette expression, on observe que $\varphi_2 \left(0 \right) = 2$. La condition en $x = 0$ n'étant plus vérifiée, on recherche une fonction $\psi_2 \left(X \right)$ telle que :

$$\Phi_{a2} \left(x, X, \varepsilon \right) = \Phi_{a1} \left(x, X \right) + \varepsilon \left(\varphi_2 \left(x \right) + \psi_2 \left(X \right) \right)$$

est supposée être une AUV à l'ordre ε de $\Phi \left(x, \varepsilon \right)$.

Utilisant l'opérateur d'expansion intérieur, il vient :

$$\varepsilon \psi_2 = E_1 \left(\Phi - \Phi_{a1} - \varepsilon \varphi_2 \right).$$

Encore une fois, on calcule aisément :

$$\psi_2 \left(X \right) = - \left(2 + X \right) e^{-X}.$$

Comme $\psi_2 \left(0 \right) = -2$, la condition en $x = 0$ est vérifiée. À ce stade, on a construit une AUV à l'ordre ε :

$$\Phi_{a2} \left(x, X, \varepsilon \right) = e^{-x} - e^{-X} + \varepsilon \left[\left(2 - x \right) e^{-x} - \left(2 + X \right) e^{-X} \right].$$

Il est alors facile de remarquer que, toujours à l'ordre ε :

$$\Phi_{a2} \left(x, X, \varepsilon \right) = E_0 \Phi + E_1 \Phi - \left[1 + \varepsilon \left(2 - X \right) \right].$$

Conformément aux résultats de la Sect. 5.7, le PMVD :

$$E_0 E_1 \Phi = E_1 E_0 \Phi = 1 + \varepsilon \left(2 - X \right)$$

est donc une *conséquence de la structure supposée de l'AUV et non l'inverse*.

Par ailleurs, compte tenu de (5.43), c'est la variable X qu'il convient d'utiliser dans le PMVD car :

$$\Phi_1 = -e^{-X} - \varepsilon (2 + X) e^{-X},$$

et donc $E_0 \Phi_1 = 0$.

Remarque 4. La MASC a été utilisée ici sous sa forme régulière.

5.8.2 Exemple 2

On considère la fonction (5.23) :

$$\Phi\left(x,\varepsilon\right) = \frac{1}{\ln x} + \frac{e^{-x/\varepsilon}}{\ln \varepsilon} + \frac{1}{\ln x - \ln \varepsilon + 1} \tag{5.47}$$

dont on cherche une AUV dans le domaine $x \geq \varepsilon$. On observe que :

$$\Phi\left(\varepsilon,\varepsilon\right) = 1 + \frac{1 + e^{-1}}{\ln \varepsilon}.$$

Par ailleurs, à l'ordre $O\left(-\dfrac{1}{\ln \varepsilon}\right)$, on a :

$$E_0\,\Phi = \frac{1}{\ln x} - \frac{1}{\ln \varepsilon} = \varphi_1\left(x,\varepsilon\right).$$

La condition en $x = \varepsilon$ n'est pas vérifiée car $\varphi_1\left(\varepsilon,\varepsilon\right) = 0$. On cherche donc un correctif $\psi_1\left(X,\varepsilon\right)$ pour obtenir une AUV au même ordre :

$$\Phi_{a1}\left(x,X,\varepsilon\right) = \varphi_1\left(x,\varepsilon\right) + \psi_1\left(X,\varepsilon\right) \quad \text{avec} \quad X = \frac{x}{\varepsilon}.$$

En utilisant l'opérateur d'expansion E_1, on note que :

$$\psi_1 = E_1\left(\Phi - \varphi_1\right).$$

Il est facile de vérifier que :

$$E_1\,\varphi_1 = 0,$$

et de calculer :

$$\psi_1 = E_1\,\Phi = \frac{1}{\ln X + 1} + \frac{1 + e^{-X}}{\ln \varepsilon}.$$

On vérifie que :

$$\psi_1\left(1,\varepsilon\right) = 1 + \frac{1 + e^{-1}}{\ln \varepsilon}.$$

On remarque alors que l'AUV donne la solution exacte sous la forme :

$$\Phi_{a1}\left(x,X,\varepsilon\right) = \frac{1}{\ln x} - \frac{1}{\ln \varepsilon} + \frac{1}{\ln X + 1} + \frac{1 + e^{-X}}{\ln \varepsilon}.$$

Comme pour le premier exemple, on observe que :

$$\Phi_{a1}\left(x,X,\varepsilon\right) = E_0\,\Phi + E_1\,\Phi,$$

avec :

$$E_0\,E_1\,\Phi = E_1\,E_0\,\Phi = 0,$$

montrant encore une fois que *le PMVD est une conséquence de la structure supposée pour l'AUV*.

5.8.3 Exemple 3

Il s'agit d'une équation différentielle introduite par Eckhaus [28]. L'analyse à l'aide de développements réguliers donnée par Lagerstrom [42] en est très délicate.

Le problème posé consiste à résoudre l'équation :

$$L_\varepsilon\,\Phi = (\varepsilon + x)\frac{\mathrm{d}^2\Phi}{\mathrm{d}x^2} + \frac{\mathrm{d}\Phi}{\mathrm{d}x} - 1 = 0 \qquad (5.48a)$$

dans le domaine $0 \le x \le 1$, avec les conditions aux limites :

$$\Phi(0) = 0, \quad \Phi(1) = 2. \qquad (5.48b)$$

On note que l'équation réduite, obtenue en faisant $\varepsilon = 0$, reste du second ordre mais elle est singulière en $x = 0$ parce que la fonction multipliant la dérivée seconde s'annule en ce point.

La recherche d'une approximation extérieure φ_1 est immédiate. L'équation :

$$L_0\,\varphi_1 = x\frac{\mathrm{d}^2\varphi_1}{\mathrm{d}x^2} + \frac{\mathrm{d}\varphi_1}{\mathrm{d}x} - 1 = 0 \qquad (5.49)$$

a pour solution :

$$\varphi_1 = 1 + x + A_1 \ln x$$

en tenant compte de la condition $\varphi_{1(x=1)} = 2$. La condition à l'origine ne pouvant être vérifiée, on cherche une AUV sous la forme :

$$\Phi_{\mathrm{a}} = \varphi_1 + \psi_1(X,\varepsilon) \quad \text{avec} \quad X = \frac{x}{\varepsilon}.$$

En reportant dans l'équation originale et en tenant compte de (5.49), on obtient :

$$L_\varepsilon\,\Phi_{\mathrm{a}} = -\varepsilon\frac{A_1}{x^2} + \frac{1}{\varepsilon}\left[(1+X)\frac{\mathrm{d}^2\psi_1}{\mathrm{d}X^2} + \frac{\mathrm{d}\psi_1}{\mathrm{d}X}\right].$$

Il est clair que si l'on peut annuler $L_\varepsilon\,\Phi_{\mathrm{a}}$ et vérifier exactement les conditions aux limites, alors Φ_{a} sera la solution exacte. En général, ce ne sera pas le cas. Ici, la solution exacte est effectivement obtenue en prenant :

$$A_1 = 0 \quad \text{et} \quad (1+X)\frac{\mathrm{d}^2\psi_1}{\mathrm{d}X^2} + \frac{\mathrm{d}\psi_1}{\mathrm{d}X} = 0,$$

avec les conditions aux limites pour ψ_1 :

$$\psi_{1(X=0)} = -1, \quad \psi_{1(X=1/\varepsilon)} = 0.$$

La solution pour ψ_1 est :

$$\psi_1 = B_1 \ln(1+X) + B_2, \quad B_1 = \frac{1}{\ln\left(1 + \dfrac{1}{\varepsilon}\right)}, \quad B_2 = -1.$$

On obtient la solution exacte :

$$\Phi = \Phi_a = x + \frac{\ln\left(1 + \dfrac{x}{\varepsilon}\right)}{\ln\left(1 + \dfrac{1}{\varepsilon}\right)}. \tag{5.50}$$

Les développements généralisés amènent ici un avantage décisif dans l'établissement de la solution $\psi_1(X, \varepsilon)$.

5.9 Conclusion

La méthode des développements asymptotiques raccordés (MDAR) est largement utilisée pour analyser les problèmes de perturbation singulière, notamment ceux qui comportent la formation d'une couche limite ; l'aérodynamique constitue un champ d'application très vaste de la MDAR [34, 37, 94, 101]. Le principe est d'abord de rechercher des approximations significatives dans des domaines associés aux échelles du problème considéré. Se pose alors la question de relier ces approximations entre elles. La réponse est apportée grâce à la notion de raccordement. Les techniques les plus courantes font appel aux variables intermédaires avec l'idée de recouvrement ou ont recours au principe de Van Dyke (PVD).

Le recouvrement qui postule le raccord intermédiaire est une hypothèse qui reste illusoire pour des paramètres certes petits mais fixés. En revanche, la notion de couche limite corrective conduit à donner un sens simultané au recouvrement et au principe modifié de Van Dyke (PMVD) grâce à l'idée d'approximation uniformément valable (AUV). Encore une fois, le PMVD, à un ordre donné, doit être utilisé en faisant l'hypothèse de l'existence d'une AUV au même ordre. Lorque tel est le cas, il n'est pas étonnant que le PMVD soit d'une application plus large et plus commode que la règle du raccord intermédiaire et lève les contre-exemples connus au PVD.

Le fait que l'existence d'une AUV soit au cœur du principe modifié de Van Dyke conduit naturellement à la méthode des approximations successives complémentaires (MASC).

Avec la MASC, le point de vue est renversé. On suppose d'abord la forme de l'AUV que l'on souhaite établir et l'on déduit la méthode de construction. De ce fait, il n'est pas utile d'invoquer un principe de raccordement. Outre que, dans certaines applications, c'est l'AUV qui est importante et non le développement asymptotique dans la couche limite, l'utilisation de développements généralisés permet de résoudre des problèmes difficiles ou impossibles à traiter avec des développements asymptotiques réguliers.

Problèmes

5.1. On considère l'équation :

$$\mathrm{L}_\varepsilon\, y \equiv (x + \varepsilon)\frac{\mathrm{d}y}{\mathrm{d}x} + (1 + \varepsilon)y + xy = 0,$$

avec la condition limite :
$$y(0, \varepsilon) = 1.$$

1. Trouver une approximation uniformément valable à l'ordre ε ; on utilisera le PMVD.

2. Utiliser la MASC pour conserver le terme $x + \varepsilon$ source de la singularité.

5.2. Une fonction $\Phi(x, \varepsilon)$ admet, à l'ordre $O\left[\dfrac{1}{\left(\ln \frac{1}{\varepsilon}\right)^2}\right]$ les développements extérieur et intérieur suivants :

$$\Phi = \frac{1}{\ln \frac{1}{\varepsilon}} - \frac{1 + \ln x}{\left(\ln \frac{1}{\varepsilon}\right)^2},$$

$$\Phi = \frac{1}{\ln X + 1},$$

avec :
$$X = \frac{x}{\varepsilon}.$$

On cherche à vérifier la règle du raccord intermédiaire. On pose :

$$\eta = \varepsilon^\alpha X = \frac{x}{\varepsilon^{1-\alpha}} \quad \text{avec} \quad 0 < \alpha < 1.$$

Suivant cette méthode, on écrit d'une part le développement extérieur en variable η et on cherche le comportement du résultat obtenu lorsque $\varepsilon \to 0$ en supposant η fixé ; on écrit d'autre part le développement intérieur en variable η et on cherche le comportement du résultat obtenu lorsque $\varepsilon \to 0$ en supposant η fixé. Quelle est la conclusion ? Essayer de vérifier la règle du raccord intermédiaire avec :

$$\eta = x \ln \frac{1}{\varepsilon} = X \varepsilon \ln \frac{1}{\varepsilon}.$$

5.3. Soit le problème :

$$\frac{\mathrm{d}^2 \Phi}{\mathrm{d}x^2} + \frac{1}{x} \frac{\mathrm{d}\Phi}{\mathrm{d}x} + \Phi \frac{\mathrm{d}\Phi}{\mathrm{d}x} = 0,$$

avec les conditions aux limites :

$$x = \varepsilon \quad : \quad \Phi = 0, \quad x \to \infty \quad : \quad \Phi = 1.$$

Hinch [38] propose une solution dans laquelle les développements extérieur et intérieur sont :

$$\Phi = 1 + \frac{g_1(x)}{\ln \frac{1}{\varepsilon}} + \frac{g_2(x)}{\left(\ln \frac{1}{\varepsilon}\right)^2} + \cdots,$$

$$\Phi = A_1 \frac{\ln X}{\ln \frac{1}{\varepsilon}} + A_2 \frac{\ln X}{\left(\ln \frac{1}{\varepsilon}\right)^2} + \cdots,$$

avec :

$$X = \frac{x}{\varepsilon}.$$

On a :

$$g_1(x) = B_1 \int_x^\infty \frac{\mathrm{e}^{-t}}{t}\, \mathrm{d}t = B_1 E_1(x),$$

$$g_2(x) = B_2 E_1(x) + B_1^2 \left[2E_1(2x) - \mathrm{e}^{-x} E_1(x) \right].$$

Lorsque $x \to 0$, on a les comportements :

$$E_1(x) \cong -\ln x - \gamma + x \quad , \quad \gamma = 0,57722\ldots,$$

$$2E_1(2x) - \mathrm{e}^{-x} E_1(x) \cong -\ln x - \gamma - \ln 4 - x\ln x + (3 - \gamma)x.$$

1. Le raccordement entre les développements extérieur et intérieur est réalisé à l'aide de la méthode du développement intermédiaire. On pose :

$$\eta = \varepsilon^\alpha X = \frac{x}{\varepsilon^{1-\alpha}} \quad \text{avec} \quad 0 < \alpha < 1.$$

Suivant cette méthode, on écrit d'une part le développement extérieur en variable η et on cherche le comportement du résultat obtenu lorsque $\varepsilon \to 0$ en supposant η fixé ; on écrit d'autre part le développement intérieur en variable η et on cherche le comportement du résultat obtenu lorsque $\varepsilon \to 0$ en supposant η fixé. En comparant les deux expressions jusqu'à l'ordre $\dfrac{1}{\ln \frac{1}{\varepsilon}}$, déterminer les constantes A_1, B_1, A_2, B_2.

2. Examiner l'application de la règle du raccord de Van Dyke :

$$\mathrm{E}_0^{(m)}\, \mathrm{E}_1^{(n)}\, \varPhi = \mathrm{E}_1^{(n)}\, \mathrm{E}_0^{(m)}\, \varPhi,$$

où $\mathrm{E}_0^{(m)}$ indique le développement extérieur dans lequel on retient m termes et $\mathrm{E}_1^{(n)}$ indique le développement intérieur dans lequel on retient n termes. On exprimera :

$$\mathrm{E}_0^{(1)}\, \mathrm{E}_1^{(1)}\, \varPhi \text{ et } \mathrm{E}_1^{(1)}\, \mathrm{E}_0^{(1)}\, \varPhi,$$

$$\mathrm{E}_0^{(2)}\, \mathrm{E}_1^{(1)}\, \varPhi \text{ et } \mathrm{E}_1^{(1)}\, \mathrm{E}_0^{(2)}\, \varPhi.$$

Dans chacun des cas on précisera si la règle de raccord est vérifiée avec les constantes données plus haut.

5.4. Une fonction $y(x, \varepsilon)$ est donnée par son développement extérieur d'une part et son développement intérieur d'autre part :

$$y = \mathrm{e}^{1-x} \left[1 + \varepsilon(1 - x) \right] + \mathrm{O}(\varepsilon^2),$$

$$y = A_0 \left(1 - \mathrm{e}^{-X} \right) + \varepsilon \left[(A_1 - A_0 X) - (A_1 + A_0 X)\mathrm{e}^{-X} \right] + \mathrm{O}(\varepsilon^2),$$

avec :

$$X = \frac{x}{\varepsilon}.$$

Écrire le raccordement de ces deux développements en utilisant les opérateurs d'expansion E_0 et E_1, d'abord à l'ordre 1, ensuite à l'ordre ε. Préciser la valeur des constantes A_0 et A_1.

Donner une approximation composite uniformément valable à l'ordre ε.

5.5. Un vaisseau spatial est dans le champ gravitationnel de la Terre (masse M_T) et de la Lune (masse M_L). On note r la distance de ce vaisseau à la Terre, d la distance Terre-Lune, G la constante universelle de la gravitation.

1. Montrer que si l'on pose :

$$x = \frac{r}{d} \quad , \quad \varepsilon = \frac{M_L}{M_T + M_L},$$

où ε est la masse réduite de la Lune, le temps caractéristique qui s'impose est :

$$T = \frac{d^{3/2}}{\sqrt{(M_L + M_T)G}},$$

conduisant au modèle mathématique :

$$\frac{\mathrm{d}^2 x}{\mathrm{d}t^2} = -\frac{1 - \varepsilon}{x^2} + \frac{\varepsilon}{(1 - x)^2}.$$

2. Avec une bonne approximation, le modèle se réduit à :

$$\frac{1}{2}\left(\frac{\mathrm{d}x}{\mathrm{d}t}\right)^2 = \frac{1 - \varepsilon}{x} + \frac{\varepsilon}{1 - x} \quad \text{avec} \quad 0 \leq x \leq 1.$$

La condition initiale pour la fonction $x(t, \varepsilon)$ est donnée par :

$$x(0, \varepsilon) = 0.$$

Ceci suppose en particulier que l'énergie du vaisseau est nulle quand x est grand.

On cherche une approximation à l'aide de la MDAR.

Mettre l'équation sous la forme :

$$\frac{\mathrm{d}t}{\mathrm{d}x} = G(x).$$

On recherche une approximation extérieure sous la forme :

$$t = t_0(x) + \varepsilon t_1(x).$$

Déterminer $t_0(x)$ et $t_1(x)$. Préciser les conditions initiales.

3. Justifier le choix de la variable de couche limite $X = \dfrac{1-x}{\varepsilon}$.

On cherche un développement intérieur sous la forme :

$$t = \varepsilon T_0(X) + \varepsilon^2 T_1(X).$$

Donner T_0 et T_1. Préciser les constantes d'intégration à l'aide notamment du principe de raccordement.

En déduire une approximation uniformément valable t_{app} de t sur $0 \leq x \leq 1$.

On donne :

$$\int \sqrt{\frac{X}{1+X}}\, \mathrm{d}X = \sqrt{X\,(1+X)} - \ln\left[\sqrt{X} + \sqrt{1+X}\right] + \text{constante}.$$

4. On applique la MASC sous sa forme régulière. La première approximation s'écrit :

$$t_{\mathrm{a}1} = f_0(x).$$

En fait, $t_{\mathrm{a}1}$ est une AUV à l'ordre 1. Donner f_0. Déterminer le reste de l'équation :

$$\mathrm{L}_\varepsilon(t_{\mathrm{a}1}) = \frac{\mathrm{d}t_{\mathrm{a}1}}{\mathrm{d}x} - G(x),$$

d'une part quand $0 < A_1 \leq x \leq A_2 < 1$ où A_1 et A_2 sont des constantes indépendantes de ε et d'autre part quand $0 < B_1 \leq X \leq B_2$ où B_1 et B_2 sont des constantes indépendantes de ε et X est la variable intérieure :

$$X = \frac{1-x}{\varepsilon}.$$

L'AUV à l'ordre ε est de la forme :

$$t_{\mathrm{a}2} = f_0(x) + \varepsilon(f_1(x) + F_1(X)).$$

Donner $f_1(x)$ et $F_1(X)$; comparer à l'approximation composite obtenue par la MDAR. À chaque étape de la construction de l'approximation, on prendra soin d'examiner l'ordre de grandeur des termes intervenant dans les équations quand $0 < A_1 \leq x \leq A_2 < 1$ ou $0 < B_1 \leq X \leq B_2 < 1$.

Déterminer le reste de l'équation :

$$\mathrm{L}_\varepsilon(t_{\mathrm{a}2}) = \frac{\mathrm{d}t_{\mathrm{a}2}}{\mathrm{d}x} - G(x)$$

quand $0 < A_1 \leq x \leq A_2 < 1$ et quand $0 < B_1 \leq X \leq B_2 < 1$.

5. On applique la MASC sous sa forme généralisée. On cherche une approximation de la forme :

$$t_{\mathrm{a}1} = y_0(x, \varepsilon)$$

qui satisfait la condition initiale et qui est telle que le reste :

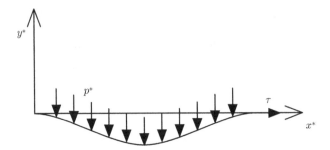

Fig. 5.4. Flexion d'une poutre

$$L_\varepsilon(t_{a1}) = \frac{\mathrm{d}t_{a1}}{\mathrm{d}x} - G(x)$$

soit $O(\varepsilon)$ quand $0 < A_1 \le x \le A_2 < 1$ et quand $0 < B_1 \le X \le B_2 < 1$. Déterminer l'équation pour y_0.

On complète l'approximation sous la forme :

$$t_{a2} = y_0(x,\varepsilon) + \varepsilon y_1(x,\varepsilon)$$

qui satisfait la condition initiale et qui est telle que le reste :

$$L_\varepsilon(t_{a2}) = \frac{\mathrm{d}t_{a2}}{\mathrm{d}x} - G(x)$$

soit $O(\varepsilon^2)$ quand $0 < A_1 \le x \le A_2 < 1$ et quand $0 < B_1 \le X \le B_2 < 1$. Déterminer l'équation pour y_1.

6. Calculer la valeur de t obtenue en $x = 1$ d'après la solution numérique de l'équation exacte, d'après la MASC régulière (approximation t_{a2}), d'après la MASC généralisée (approximation t_{a2}).

5.6. Cet exercice est tiré de l'ouvrage de Cole [15]. La flèche w^* d'une poutre sous tension constante τ, provoquée par une charge extérieure $p^*(x^*)$ par unité de longueur est donnée par l'équation :

$$EI\frac{\mathrm{d}^4 w^*}{\mathrm{d}x^{*4}} - \tau\frac{\mathrm{d}^2 w^*}{\mathrm{d}x^{*2}} = p^*(x^*) \quad \text{avec} \quad 0 \le x^* \le L,$$

où E est le module d'Young et I est le moment d'inertie constant de la section droite.

Le problème de perturbation singulière apparaît quand les effets dus au module d'Young sont relativement petits en comparaison des effets dus à la tension. Deux couches limites se forment au voisinage des extrémités.

On considère le cas où la pente et la flèche sont nulles aux deux extrémités :

$$w^* = 0 \,, \ \frac{\mathrm{d}w^*}{\mathrm{d}x^*} = 0 \quad \text{en} \quad x^* = 0 \quad \text{et} \quad x^* = L.$$

On rend l'équation sans dimension avec :

$$x = \frac{x^*}{L}, \quad p = \frac{p^*}{\mathcal{P}}, \quad w = \frac{\tau}{\mathcal{P}L^2} w^*.$$

On obtient :

$$\varepsilon \frac{\mathrm{d}^4 w}{\mathrm{d}x^4} - \frac{\mathrm{d}^2 w}{\mathrm{d}x^2} = p(x) \quad , \quad 0 \le x \le 1,$$

avec les conditions :

$$w(0) = 0, \quad w(1) = 0, \quad \frac{\mathrm{d}w}{\mathrm{d}x}(0) = 0, \quad \frac{\mathrm{d}w}{\mathrm{d}x}(1) = 0.$$

On a introduit le petit paramètre ε :

$$\varepsilon = \frac{EI}{\tau L^2}.$$

Notons que $\mathcal{P}$ est arbitraire ; on peut prendre $\mathcal{P} = \tau /L$ de sorte que $w = w^*/L$.

On étudie le problème à l'aide de la MDAR.

1. On recherche le développement extérieur sous la forme :

$$w = w_0(x) + \nu_1(\varepsilon) w_1(x) + \nu_2(\varepsilon) w_2(x) + \cdots,$$

où $\nu_i(\varepsilon)$ forme une série asymptotique. Écrire l'équation pour $w_0(x)$. Montrer que la solution est de la forme :

$$w_0 = B_0 + A_0 x - \int_0^x p(\lambda)(x - \lambda) \, \mathrm{d}\lambda.$$

Étudier la forme de w_0 quand $x \to 0$ et quand $x \to 1$. On montrera que, lorsque $x \to 0$:

$$w_0(x) = B_0 + A_0 x - p(0)\frac{x^2}{2} - p'(0)\frac{x^3}{3!} + \mathrm{O}(x^4),$$

et que, lorsque $x \to 1$:

$$w_0(x) = B_0 + A_0 - \int_0^1 p(\lambda)(1 - \lambda) \, \mathrm{d}\lambda + \left[A_0 - \int_0^1 p(\lambda) \, \mathrm{d}\lambda \right](x - 1)$$

$$-p(1)\frac{(x-1)^2}{2} - p'(1)\frac{(x-1)^3}{3!} + \mathrm{O}\left[(x-1)^4\right].$$

2. On étudie le développement intérieur au voisinage de $x = 0$. La variable intérieure est :

$$X = \frac{x}{\delta(\varepsilon)}.$$

Le développement intérieur est de la forme :

$$w = \mu_0(\varepsilon)W_0(X) + \mu_1(\varepsilon)W_1(X) + \cdots.$$

Déterminer δ.

Le raccordement avec le développement extérieur conduit à prendre :

$$\mu_0 = \varepsilon^{1/2}.$$

Déterminer l'équation pour W_0 et montrer que la solution est de la forme :

$$W_0 = C_0(X + \mathrm{e}^{-X} - 1).$$

3. Écrire le raccordement entre le développement intérieur au voisinage de $x = 0$ et le développement extérieur en utilisant les opérateurs d'expansion E_0 et E_1 à l'ordre $\varepsilon^{1/2}$ en admettant que $\nu_1 = \varepsilon^{1/2}$. En déduire que le premier terme du développement extérieur s'écrit :

$$w_0 = C_0 x - \int_0^x p(\lambda)(x - \lambda)\,\mathrm{d}\lambda.$$

Écrire l'équation pour w_1. Montrer que la solution est :

$$w_1 = -C_0 + A_1 x.$$

4. On étudie le développement intérieur au voisinage de $x = 1$. La variable intérieure est :

$$X^+ = \frac{x - 1}{\delta^+(\varepsilon)}.$$

Déterminer $\delta^+(\varepsilon)$.

Le développement extérieur est de la forme :

$$w_0 = \mu_0^+ W_0^+ + \mu_1^+ W_1^+.$$

Déterminer μ_0^+. Écrire l'équation pour W_0^+. Montrer que la solution est de la forme :

$$W_0^+ = C_0^+(X^+ + 1 - \mathrm{e}^{X^+}).$$

Écrire le raccordement avec le développement extérieur en utilisant les opérateurs E_0 et E_1^+ à l'ordre $\varepsilon^{1/2}$.

On note :

$k = \int_0^1 p(\lambda)\,\mathrm{d}\lambda$ où k est la charge totale,

$M^{(0)} = \int_0^1 p(\lambda)\lambda\,\mathrm{d}\lambda$ où $M^{(0)}$ est le moment de la charge en $x = 0$,

$M^{(1)} = -\int_0^1 p(\lambda)(1 - \lambda)\,\mathrm{d}\lambda$ où $M^{(1)}$ est le moment de la charge en $x = 1$.

Calculer C_0, C_0^+ et A_1 en fonction de k, $M^{(0)}$ et $M^{(1)}$.

6

Équations différentielles ordinaires

La mise en œuvre pratique de la méthode des approximations successives complémentaires (MASC) est exposée dans ce chapitre à l'aide d'applications à des fonctions définies implicitement comme solutions d'équations différentielles. Dans tous les cas, la solution dépend d'un petit paramètre et sa recherche se traduit par un problème de perturbation singulière. Plus précisément, la structure de la solution met en évidence l'existence d'une couche limite au sens mathématique du terme ; la couche limite est toujours localisée au voisinage d'un point singulier mais ce point n'est pas nécessairement confondu avec une partie de la frontière du domaine considéré. Parmi les nombreux exemples traités dans la littérature [15, 38, 42, 66], une sélection a été opérée pour mettre en lumière les multiples aspects de la MASC et ses avantages. Il s'agit d'une première étape vers le traitement de problèmes physiques gouvernés par des équations aux dérivées partielles.

Une différence essentielle par rapport à la méthode des développements asymptotiques raccordés (MDAR) est l'objectif visé. En effet, avec la MASC, il s'agit avant tout de former une approximation uniformément valable (AUV) à partir d'une structure supposée de cette AUV. Aucun principe de raccordement n'est nécessaire pour aboutir au résultat. Avec la MDAR, le principe est d'abord de rechercher des approximations dans les zones significatives du domaine d'étude ; un principe de raccordement est indispensable pour faire le lien entre les approximations ainsi déterminées. Une AUV est éventuellement construite à la fin.

6.1 Exemple 1

On considère l'équation :

$$\mathrm{L}_\varepsilon\, \varPhi \equiv \varepsilon\frac{\mathrm{d}^2\varPhi}{\mathrm{d}x^2} + a\left(x\right)\frac{\mathrm{d}\varPhi}{\mathrm{d}x} + b\left(x\right)\varPhi = 0, \quad a(x) > 0, \tag{6.1a}$$

où $\Phi(x, \varepsilon)$ est définie dans le domaine D défini par $0 \leq x \leq 1$. Les conditions aux limites sont :

$$\Phi(0, \varepsilon) = \alpha, \quad \Phi(1, \varepsilon) = \beta. \tag{6.1b}$$

6.1.1 Application de la MDAR

La première approximation $\varphi_1(x)$ est obtenue en faisant $\varepsilon = 0$ dans (6.1a) :

$$a(x) \frac{\mathrm{d}\varphi_1}{\mathrm{d}x} + b(x) \varphi_1 = 0. \tag{6.2}$$

On déduit :

$$\varphi_1(x) = C \exp\left(-\int_0^x \frac{b(\xi)}{a(\xi)} \, \mathrm{d}\xi\right).$$

Toutes les hypothèses suffisantes sur a et b sont supposées être réalisées si besoin est. Ainsi, on suppose que l'intégrale ci-dessus existe.

Cette approximation ne peut pas vérifier les deux conditions aux limites (6.1b) si $\beta \neq \lambda\alpha$ avec :

$$\lambda = \exp\left[-\int_0^1 \frac{b(\xi)}{a(\xi)} \, \mathrm{d}\xi\right].$$

Or, avec $a(x) > 0$, il a été montré, Chap. 3, qu'il existe une *couche limite* au voisinage de $x = 0$. Il est donc naturel d'imposer la condition en $x = 1$ pour préciser la valeur de la constante C de sorte que la première approximation extérieure de $\Phi(x, \varepsilon)$ est la fonction :

$$\varphi_1(x) = \beta \exp\left(+\int_x^1 \frac{b(\xi)}{a(\xi)} \, \mathrm{d}\xi\right). \tag{6.3}$$

Au voisinage de $x = 0$, une *dégénérescence significative* de l'équation est obtenue avec la variable locale $X = x/\varepsilon$ puisque l'équation de départ devient :

$$\frac{\mathrm{d}^2\Phi}{\mathrm{d}X^2} + a(\varepsilon X) \frac{\mathrm{d}\Phi}{\mathrm{d}X} + \varepsilon b(\varepsilon X) \Phi = 0.$$

Si $a(x)$ est une fonction suffisamment régulière, une *première approximation intérieure* régulière de Φ satisfait l'équation :

$$\frac{\mathrm{d}^2\psi_1}{\mathrm{d}X^2} + a(0) \frac{\mathrm{d}\psi_1}{\mathrm{d}X} = 0.$$

Avec $\psi_1(0) = \alpha$, la solution est :

$$\psi_1(X) = (\alpha - A) \mathrm{e}^{-a(0)X} + A.$$

La constante A est calculée en appliquant le *principe de raccordement modifié* (PMVD) à l'ordre 1 :

$$E_0 \, \Phi = \varphi_1, \quad E_1 \, \Phi = \psi_1,$$

d'où :

$$A = E_0 \, E_1 \, \Phi = E_1 \, E_0 \, \Phi = \frac{\beta}{\lambda},$$

ce qui conduit à :

$$\psi_1 \left(X \right) = \left(\alpha - \frac{\beta}{\lambda} \right) e^{-a(0)X} + \frac{\beta}{\lambda}.$$

et, suivant (5.19), à l'AUV :

$$\Phi_{a1} \left(x, X \right) = \beta \exp \left(+ \int_x^1 \frac{b \left(\xi \right)}{a \left(\xi \right)} \, \mathrm{d}\xi \right) + \left(\alpha - \frac{\beta}{\lambda} \right) e^{-a(0)X}. \tag{6.4}$$

Puisque les conditions aux limites sont satisfaites à l'ordre ε^n pour tout entier n, une meilleure approximation est obtenue par simple itération sur l'équation. Le second terme d'un *développement extérieur* régulier à l'ordre ε est :

$$E_0 \, \Phi = \varphi_1 \left(x \right) + \varepsilon \varphi_2 \left(x \right),$$

avec :

$$a \left(x \right) \frac{\mathrm{d}\varphi_2}{\mathrm{d}x} + b \left(x \right) \varphi_2 = -\frac{\mathrm{d}^2 \varphi_1}{\mathrm{d}x^2}.$$

Étant donné que la condition limite en $x = 1$ est déjà satisfaite par φ_1, on prend :

$$\varphi_2(1) = 0.$$

De la même façon, le second terme d'un *développement intérieur* régulier au même ordre est :

$$E_1 \, \Phi = \psi_1 \left(X \right) + \varepsilon \psi_2 \left(X \right),$$

avec l'équation :

$$\frac{\mathrm{d}^2 \psi_2}{\mathrm{d}X^2} + a(0) \frac{\mathrm{d}\psi_2}{\mathrm{d}X} = -X a'(0) \frac{\mathrm{d}\psi_1}{\mathrm{d}X} - b(0)\psi_1, \quad a'(x) = \frac{\mathrm{d}a(x)}{\mathrm{d}x}.$$

La condition limite en $X = 0$ étant déjà satisfaite par ψ_1, on prend :

$$\psi_2(0) = 0.$$

Les solutions sont faciles à calculer car les conditions aux limites manquantes sont déduites de l'application du PMVD à l'ordre ε :

$$E_0 \, E_1 \, \Phi = E_1 \, E_0 \, \Phi.$$

Remarque 1. Rappelons toutefois que, dans la méthode des échelles multiples, l'argument essentiel énoncé par Lighthill, implique que ψ_2 ne doit pas être plus singulier que ψ_1. Ceci n'est manifestement pas le cas au vu du second membre de l'équation pour ψ_2.

6.1.2 Application de la MASC

La recherche d'une AUV commence de la même façon qu'avec la MDAR. La première approximation est obtenue sous la forme :

$$\Phi = \hat{\varphi}_1(x, \varepsilon) + \cdots.$$

On note que $\hat{\varphi}_1$ peut être fonction de x et ε puisque des *développements généralisés* sont acceptés avec la MASC. En reportant ce développement dans (6.1a) et en négligeant les termes $O(\varepsilon)$, on retrouve (6.2). Avec les mêmes arguments que ceux déjà présentés, l'application de la condition limite en $x = 1$ conduit encore à la solution (6.3). On a donc :

$$\hat{\varphi}_1(x, \varepsilon) = \varphi_1(x).$$

Le principe de la MASC consiste à *compléter cette approximation* pour aboutir à une première AUV de la forme :

$$\hat{\Phi}_{a1}(x, X, \varepsilon) = \varphi_1(x) + \hat{\psi}_1(X, \varepsilon). \tag{6.5}$$

L'équation (6.1a) conduit à :

$$\mathrm{L}_\varepsilon \hat{\Phi}_{a1} \equiv \frac{1}{\varepsilon}\left(\frac{\mathrm{d}^2\hat{\psi}_1}{\mathrm{d}X^2} + a(x)\frac{\mathrm{d}\hat{\psi}_1}{\mathrm{d}X}\right) + b(x)\hat{\psi}_1 + \varepsilon\frac{\mathrm{d}^2\varphi_1}{\mathrm{d}x^2} = R_1.$$

L'approximation $\hat{\Phi}_{a1}$ est proche de la solution Φ si le reste R_1 est petit *en un certain sens*. En fait, ce reste se décompose en deux parties :

$$R_{11} = \frac{1}{\varepsilon}\left(\frac{\mathrm{d}^2\hat{\psi}_1}{\mathrm{d}X^2} + a(x)\frac{\mathrm{d}\hat{\psi}_1}{\mathrm{d}X}\right) + b(x)\hat{\psi}_1,$$

$$R_{12} = \varepsilon\frac{\mathrm{d}^2\varphi_1}{\mathrm{d}x^2}.$$

Comme φ_1 est une AUV dans D_0, domaine extérieur à la couche limite, $\hat{\psi}_1$ est négligeable dans D_0. Autrement dit, $\hat{\psi}_1$ n'est de l'ordre de 1 que dans le domaine D_1 de couche limite, d'extension ε. Ceci explique pourquoi R_{11} ne peut pas être considéré de la même façon que R_{12}. Nous n'en dirons pas plus sur l'affirmation : *les estimations permettant de majorer* $\left|\Phi - \hat{\Phi}_{a1}\right|$ *dans* D *sont de nature intégrale* [57, 69]. Toutefois, on en tire la conclusion que, si R_{12} est $O(\varepsilon)$ dans D, il suffit que R_{11} soit $O(1)$ sur le même domaine pour qu'ils contribuent de la même façon au fait que :

$$\left|\Phi - \hat{\Phi}_{a1}\right| < K_1\varepsilon,$$

où K_1 est une constante positive indépendante de ε. Le corrigé du problème 6.1 détaille ce point. Comme cela est aussi démontré dans [15, 24], sous certaines conditions, une approximation uniformément valable de la solution du problème considéré est donc la somme d'une approximation extérieure et d'un terme de couche limite.

On peut répondre à l'exigence d'avoir R_{11} le « plus petit possible » de plusieurs façons ; deux méthodes sont examinées dans la suite.

Méthode a

La fonction $\hat{\psi}_1$ peut être recherchée comme solution de :

$$\frac{\mathrm{d}^2 \hat{\psi}_1}{\mathrm{d}X^2} + a\,(0)\,\frac{\mathrm{d}\hat{\psi}_1}{\mathrm{d}X} = 0.$$

En insistant pour que les conditions aux limites soient satisfaites *exactement* pour $\hat{\Phi}_{a1}$, on déduit les conditions aux limites pour $\hat{\psi}_1$:

$$\hat{\psi}_1\,(0, \varepsilon) = \alpha - \frac{\beta}{\lambda}, \quad \hat{\psi}_1\left(\frac{1}{\varepsilon}, \varepsilon\right) = 0.$$

La solution est :

$$\hat{\psi}_1\,(X, \varepsilon) = \left(\alpha - \frac{\beta}{\lambda}\right) \frac{e^{-a(0)X} - e^{-a(0)/\varepsilon}}{1 - e^{-a(0)/\varepsilon}}.$$

Dans la construction de l'AUV, il est important de noter que le terme correctif est un TEP (terme exponentiellement petit) pour les grandes valeurs de X ; évidemment, la seconde condition limite sur $\hat{\psi}_1$ peut être remplacée par $\hat{\psi}_1 \to 0$ quand $X \to \infty$. En fait, les TEP peuvent être évités en prenant :

$$\hat{\psi}_1\,(X) = \left(\alpha - \frac{\beta}{\lambda}\right) e^{-a(0)X} \quad \text{avec} \quad \lim_{X \to \infty} \hat{\psi}_1 = 0.$$

Avec ce résultat, l'AUV (6.5) est identique à la solution composite (6.4) déduite de la MDAR *mais le principe de raccordement asymptotique est maintenant un résultat*, en accord avec les résultats de la Sect. 5.7.

Afin d'améliorer la précision de l'approximation, il peut être utile de garder les TEP si ε n'est pas réellement petit. De cette façon, au voisinage de $x = 1$ en particulier, l'AUV $\hat{\Phi}_{a1}$ reste proche de la solution exacte.

Puisque les conditions aux limites sont satisfaites à l'ordre ε^n pour tout entier n, une meilleure approximation est obtenue par simple itération sur l'équation. Un autre procédé est d'examiner le *reste de l'équation* :

$$\mathrm{L}_\varepsilon\,\hat{\Phi}_{a1} \equiv \frac{a\,(x) - a\,(0)}{\varepsilon}\,\frac{\mathrm{d}\hat{\psi}_1}{\mathrm{d}X} + b\,(x)\,\hat{\psi}_1 + \varepsilon\frac{\mathrm{d}^2\varphi_1}{\mathrm{d}x^2}. \tag{6.6}$$

À cette étape, il y a une grande différence entre la MDAR et la MASC car $\hat{\psi}_1$ est un terme de type couche limite dans la région extérieure. Ainsi, dans le reste, le premier et le second termes sont des TEP dans la région extérieure et sont d'ordre 1 dans la région intérieure alors que le troisième terme est uniformément d'ordre ε dans l'ensemble du domaine. Utilisant le théorème d'estimation énoncé en [57], on est conduit à :

$$\left| \Phi - \hat{\Phi}_{a1} \right| < K_1 \varepsilon,$$

sous l'hypothèse que toutes les fonctions et leurs dérivées figurant dans (6.6) sont bornées.

La construction d'une meilleure approximation est poursuivie en écrivant :

$$\Phi = \hat{\Phi}_{a1} + \varepsilon \hat{\varphi}_2(x, \varepsilon) + \cdots. \tag{6.7}$$

L'équation (6.1a) devient :

$$L_\varepsilon \, \Phi = L_\varepsilon \, \hat{\Phi}_{a1} + \varepsilon \, L_\varepsilon \, \hat{\varphi}_2(x, \varepsilon) + \cdots,$$

avec :

$$L_\varepsilon \, \hat{\varphi}_2(x, \varepsilon) = \varepsilon \frac{\mathrm{d}^2 \hat{\varphi}_2}{\mathrm{d}x^2} + a\left(x\right) \frac{\mathrm{d}\hat{\varphi}_2}{\mathrm{d}x} + b(x)\hat{\varphi}_2.$$

Comme il a déjà été dit, lorsque x est d'ordre 1, $\hat{\psi}_1$ et $\dfrac{\mathrm{d}\hat{\psi}_1}{\mathrm{d}X}$ sont des TEP. En négligeant les termes $O(\varepsilon^2)$ dans D_0, on obtient l'équation pour $\hat{\varphi}_2$:

$$a\left(x\right) \frac{\mathrm{d}\hat{\varphi}_2}{\mathrm{d}x} + b\left(x\right) \hat{\varphi}_2 = -\frac{\mathrm{d}^2 \hat{\varphi}_1}{\mathrm{d}x^2}.$$

Comme les conditions aux limites sont déjà réalisées par les termes de la première AUV, on prend simplement :

$$\hat{\varphi}_2\left(1, \varepsilon\right) = 0.$$

La solution montre en fait que $\hat{\varphi}_2$ est une fonction de x seulement et l'on a :

$$\hat{\varphi}_2(x, \varepsilon) = \varphi_2(x),$$

où $\varphi_2(x)$ est la même fonction que dans l'application de la MDAR.

Naturellement, l'approximation (6.7) doit être corrigée au voisinage de $x = 0$ et l'on recherche une seconde AUV sous la forme :

$$\hat{\Phi}_{a2}\left(x, X, \varepsilon\right) = \hat{\Phi}_{a1} + \varepsilon \left[\varphi_2\left(x\right) + \hat{\psi}_2\left(X, \varepsilon\right) \right]. \tag{6.8}$$

En reportant dans (6.1a), on obtient :

$$L_\varepsilon \, \hat{\Phi}_{a2} = \frac{a\left(x\right) - a\left(0\right)}{\varepsilon} \frac{\mathrm{d}\hat{\psi}_1}{\mathrm{d}X} + b\left(x\right) \hat{\psi}_1 + \varepsilon^2 \frac{\mathrm{d}^2 \varphi_2}{\mathrm{d}x^2} + \frac{\mathrm{d}^2 \hat{\psi}_2}{\mathrm{d}X^2} + a\left(x\right) \frac{\mathrm{d}\hat{\psi}_2}{\mathrm{d}X} + \varepsilon b\left(x\right) \hat{\psi}_2.$$

On suppose que le comportement de φ_2 est tel que cette fonction reste uniformément d'ordre 1 dans le domaine d'étude. En négligeant les termes $O(\varepsilon)$

dans le domaine D_1, c'est-à-dire lorsque $0 < A_1 \leq X \leq A_2$ où A_1 et A_2 sont des constantes indépendantes de ε, on obtient l'équation pour $\hat{\psi}_2$:

$$\frac{d^2\hat{\psi}_2}{dX^2} + a(0)\frac{d\hat{\psi}_2}{dX} = -\frac{a(x) - a(0)}{\varepsilon}\frac{d\hat{\psi}_1}{dX} - b(x)\hat{\psi}_1.$$

Les conditions aux limites exactes sont réalisées avec :

$$\hat{\psi}_2(0, \varepsilon) = -\varphi_2(0), \quad \hat{\psi}_2\left(\frac{1}{\varepsilon}, \varepsilon\right) = 0.$$

Enfin, avec une analyse du même type que celle faite sur $L_\varepsilon \hat{\Phi}_{a1}$, l'expression de $L_\varepsilon \hat{\Phi}_{a2}$ indique que la précision associée au reste de $\hat{\Phi}_{a2}$ est meilleure que pour $\hat{\Phi}_{a1}$ (voir (6.6)) :

$$L_\varepsilon \hat{\Phi}_{a2} \equiv [a(x) - a(0)]\frac{d\hat{\psi}_2}{dX} + \varepsilon b(x)\hat{\psi}_2 + \varepsilon^2\frac{d^2\varphi_2}{dx^2}.$$

Fort des remarques précédentes, on doit pouvoir trouver une constante $\hat{K}_2$ positive, indépendante de ε telle que :

$$\left|\Phi - \hat{\Phi}_{a2}\right| < \hat{K}_2\varepsilon^2.$$

Méthode b

La première AUV est recherchée sous la forme :

$$\bar{\Phi}_{a1} = \varphi_1 + \bar{\psi}_1(X, \varepsilon).$$

L'équation (6.1a) permet d'écrire, comme à partir de (6.5) :

$$L_\varepsilon \bar{\Phi}_{a1} = \frac{1}{\varepsilon}\left(\frac{d^2\bar{\psi}_1}{dX^2} + a(x)\frac{d\bar{\psi}_1}{dX}\right) + b(x)\bar{\psi}_1 + \varepsilon\frac{d^2\varphi_1}{dx^2}.$$

L'idée est d'améliorer l'approximation en *concentrant l'information dans la première AUV*. Pratiquement, dans D_1, au lieu de négliger les termes $O(1)$, on néglige les termes $O(\varepsilon)$ et l'on aboutit à :

$$\frac{1}{\varepsilon}\left(\frac{d^2\bar{\psi}_1}{dX^2} + a(x)\frac{d\bar{\psi}_1}{dX}\right) + b(0)\bar{\psi}_1 = 0.$$

Ceci conduit à une meilleure AUV qui contient le second ordre du développement de couche limite. Le reste pour $\bar{\Phi}_{a1}$ est :

$$L_\varepsilon \bar{\Phi}_{a1} \equiv [b(x) - b(0)]\bar{\psi}_1 + \varepsilon\frac{d^2\varphi_1}{dx^2}. \tag{6.9}$$

Conformément aux remarques heuristiques précédentes, la contribution du terme $[b(x) - b(0)]\bar{\psi}_1$ est plus faible que celle du terme $\varepsilon\frac{d^2\varphi_1}{dx^2}$.

L'AUV suivante est donc recherchée sous la forme :

$$\bar{\Phi}_{a2} = \bar{\Phi}_{a1} + \varepsilon\bar{\varphi}_2\left(x, \varepsilon\right).$$

En reportant dans (6.1a), on a :

$$\mathrm{L}_\varepsilon\,\bar{\Phi}_{a2} = [b(x) - b(0)]\,\bar{\psi}_1 + \varepsilon\frac{\mathrm{d}^2\varphi_1}{\mathrm{d}x^2} + \varepsilon^2\frac{\mathrm{d}^2\bar{\varphi}_2}{\mathrm{d}x^2} + a\left(x\right)\varepsilon\frac{\mathrm{d}\bar{\varphi}_2}{\mathrm{d}x} + b(x)\varepsilon\bar{\varphi}_2.$$

En négligeant les termes $\mathrm{O}(\varepsilon^2)$ dans D_0, on obtient l'équation pour $\bar{\varphi}_2$:

$$a\left(x\right)\frac{\mathrm{d}\bar{\varphi}_2}{\mathrm{d}x} + b\left(x\right)\bar{\varphi}_2 = -\frac{\mathrm{d}^2\varphi_1}{\mathrm{d}x^2}.$$

Les *conditions aux limites exactes* sont vérifiées avec :

$$\bar{\varphi}_2\left(1, \varepsilon\right) = 0, \quad \bar{\psi}_1\left(0, \varepsilon\right) = \alpha - \frac{\beta}{\lambda} - \varepsilon\bar{\varphi}_2\left(0, \varepsilon\right), \quad \bar{\psi}_1\left(\frac{1}{\varepsilon}, \varepsilon\right) = 0.$$

On remarque que l'on a encore :

$$\bar{\varphi}_2(x, \varepsilon) = \varphi_2(x),$$

où $\varphi_2(x)$ est la même fonction que dans l'application de la MDAR.

À titre de confirmation, si l'on cherche à compléter cette AUV de la façon suivante :

$$\bar{\Phi}_{a2} = \bar{\Phi}_{a1} + \varepsilon\varphi_2(x) + \varepsilon\bar{\psi}_2(X, \varepsilon),$$

on montre que $\bar{\psi}_2 = 0$. En effet, (6.1a) devient :

$$\mathrm{L}_\varepsilon\,\bar{\Phi}_{a2} = [b(x) - b(0)]\,\bar{\psi}_1 + \varepsilon^2\frac{\mathrm{d}^2\varphi_2}{\mathrm{d}x^2} + \frac{\mathrm{d}^2\bar{\psi}_2}{\mathrm{d}X^2} + a(x)\frac{\mathrm{d}\bar{\psi}_2}{\mathrm{d}X} + b(x)\varepsilon\bar{\psi}_2.$$

En négligeant les termes $\mathrm{O}(\varepsilon)$ dans D_1, on obtient :

$$\frac{\mathrm{d}^2\bar{\psi}_2}{\mathrm{d}X^2} + a(0)\frac{\mathrm{d}\bar{\psi}_2}{\mathrm{d}X} = 0,$$

avec :

$$\bar{\psi}_2\left(0, \varepsilon\right) = 0, \quad \bar{\psi}_2\left(\frac{1}{\varepsilon}, \varepsilon\right) = 0.$$

La solution est $\bar{\psi}_2 = 0$.

Finalement, le reste s'écrit :

$$\mathrm{L}_\varepsilon\,\bar{\Phi}_{a2} \equiv [b\left(x\right) - b\left(0\right)]\,\bar{\psi}_1 + \varepsilon^2\frac{\mathrm{d}^2\varphi_2}{\mathrm{d}x^2},$$

ce qui doit conduire à :

$$\left|\Phi - \bar{\Phi}_{a2}\right| < \overline{K}_2\varepsilon^2.$$

La seule question est d'estimer si ce problème est plus simple à résoudre que le problème initial.

Jusqu'à maintenant, les hypothèses implicites exigent que les fonctions introduites soient, ainsi que leurs dérivées, bornées dans D tout entier. Ceci ne sera pas toujours le cas comme le montrent les exemples qui suivent.

6.2 Exemple 2

L'équation à résoudre est :

$$L_\varepsilon \Phi \equiv \varepsilon \frac{\mathrm{d}^2\Phi}{\mathrm{d}x^2} + x^{1/4}\frac{\mathrm{d}\Phi}{\mathrm{d}x} - \Phi = 0, \tag{6.10a}$$

où la fonction Φ est définie dans le domaine $0 \leq x \leq 1$ avec les conditions aux limites :

$$\Phi(0) = 0, \quad \Phi(1) = \mathrm{e}^{4/3}. \tag{6.10b}$$

6.2.1 Application de la MDAR

Le développement extérieur direct :

$$E_0\,\Phi = \varphi_1(x) + \varepsilon\varphi_2(x) + \cdots$$

conduit aux équations :

$$x^{1/4}\frac{\mathrm{d}\varphi_1}{\mathrm{d}x} - \varphi_1 = 0,$$

$$x^{1/4}\frac{\mathrm{d}\varphi_2}{\mathrm{d}x} - \varphi_2 = -\frac{\mathrm{d}^2\varphi_1}{\mathrm{d}x^2},$$

avec :

$$\varphi_1(1) = \mathrm{e}^{4/3}; \quad \varphi_2(1) = 0.$$

Or, les solutions :

$$\varphi_1 = \exp\left(\frac{4}{3}x^{3/4}\right)$$

$$\varphi_2 = -\left(\frac{1}{2}x^{-1/2} + 4x^{1/4} - \frac{9}{2}\right)\exp\left(\frac{4}{3}x^{3/4}\right)$$

produisent des *termes singuliers au voisinage de l'origine*. L'approximation n'est pas uniformément valable et il faut en chercher une autre près de $x = 0$.

Une dégénérescence significative de l'équation originale est obtenue avec la variable locale :

$$X = \frac{x}{\varepsilon^{4/5}}, \tag{6.11}$$

car l'équation devient :

$$\frac{\mathrm{d}^2\Phi}{\mathrm{d}X^2} + X^{1/4}\frac{\mathrm{d}\Phi}{\mathrm{d}X} - \varepsilon^{3/5}\Phi = 0. \tag{6.12}$$

Le développement intérieur commence avec un terme $\psi_1(X)$ qui satisfait l'équation :

$$\frac{\mathrm{d}^2\psi_1}{\mathrm{d}X^2} + X^{1/4}\frac{\mathrm{d}\psi_1}{\mathrm{d}X} = 0.$$

La solution peut remplir une seule condition limite $\psi_1(0) = 0$ et une condition de raccordement $\psi_1(\infty) = 1$:

$$\psi_1 = \frac{G_{5/4}(X)}{G_{5/4}(\infty)} \quad \text{avec} \quad G_{5/4}(X) = \int_0^X \exp\left(-\frac{4}{5}t^{5/4}\right) dt.$$

La condition $\psi_1(\infty) = 1$ résulte de l'application du PMVD à l'ordre 1 :

$$1 = \mathrm{E}_1\,\mathrm{E}_0\,\Phi = \mathrm{E}_0\,\mathrm{E}_1\,\Phi = \psi_1(\infty).$$

Avec le développement extérieur et l'équation intérieure, on voit facilement que le développement intérieur est :

$$\mathrm{E}_1\,\Phi = \psi_1(X) + \varepsilon^{3/5}\psi_2(X) + \varepsilon\psi_3(X) + \mathrm{O}(\varepsilon^{6/5}). \tag{6.13}$$

L'équation pour ψ_2 est :

$$\frac{\mathrm{d}^2\psi_2}{\mathrm{d}X^2} + X^{1/4}\frac{\mathrm{d}\psi_2}{\mathrm{d}X} = \psi_1,$$

avec $\psi_2(0) = 0$. Étant donné que $\psi_1 \cong 1 + \text{TEP}$ quand $X \to \infty$, le comportement de ψ_2 pour $X \to \infty$ est donné par :

$$\psi_2 \cong \frac{4}{3}X^{3/4} + A - \frac{1}{2}X^{-1/2} + \mathrm{O}(X^{-7/4}).$$

L'équation pour ψ_3 est :

$$\frac{\mathrm{d}^2\psi_3}{\mathrm{d}X^2} + X^{1/4}\frac{\mathrm{d}\psi_3}{\mathrm{d}X} = 0,$$

avec $\psi_3(0) = 0$. La solution est :

$$\psi_3(X) = B G_{5/4}(X).$$

Ainsi, on peut utiliser le PMVD :
– À l'ordre $\varepsilon^{3/5}$

$$\mathrm{E}_0\,\mathrm{E}_1\,\Phi = 1 + \frac{4}{3}x^{3/4} + A\varepsilon^{3/5},$$

$$\mathrm{E}_1\,\mathrm{E}_0\,\Phi = 1 + \frac{4}{3}\varepsilon^{3/5}X^{3/4},$$

ce qui donne $A = 0$.

On obtient alors un développement composite supposé être une AUV d'ordre $\varepsilon^{3/5}$:

$$\Phi_{a2} = \Phi_{a1}(x,\varepsilon) + \varepsilon^{3/5}\left[\psi_2(X) - \frac{4}{3}X^{3/4}\right], \tag{6.14}$$

où Φ_{a1} est une AUV d'ordre 1 :

$$\Phi_{a1}(x,\varepsilon) = \exp\left(\frac{4}{3}x^{3/4}\right) + \frac{G_{5/4}(X)}{G_{5/4}(\infty)} - 1. \tag{6.15}$$

– À l'ordre ε

$$E_0\,E_1\,\Phi = 1 + \frac{4}{3}x^{3/4} - \frac{1}{2}\varepsilon x^{-1/2} + B\varepsilon G_{5/4}(\infty),$$

$$E_1\,E_0\,\Phi = 1 + \varepsilon^{3/5}\left[\frac{4}{3}X^{3/4} - \frac{1}{2}X^{-1/2}\right] + \frac{9}{2}\varepsilon,$$

ce qui conduit à $B = \dfrac{9}{2G_{5/4}(\infty)}$, d'où un développement composite supposé être une AUV d'ordre ε :

$$\Phi_{a3} = \Phi_{a2}(x,\varepsilon) + \varepsilon\left[\frac{9}{2}\frac{G_{5/4}(X)}{G_{5/4}(\infty)} + \varphi_2(x) + \frac{1}{2}x^{-1/2} - \frac{9}{2}\right]. \qquad (6.16)$$

6.2.2 Application de la MASC

Une première approximation $\bar{\varphi}_1(x)$ satisfait l'équation :

$$x^{1/4}\frac{\mathrm{d}\bar{\varphi}_1}{\mathrm{d}x} - \bar{\varphi}_1 = 0.$$

Avec la condition limite $\bar{\varphi}_1(1) = \mathrm{e}^{4/3}$, la solution est :

$$\bar{\varphi}_1 = \exp\left(\frac{4}{3}x^{3/4}\right).$$

On note l'expression de $\varepsilon\dfrac{\mathrm{d}^2\bar{\varphi}_1}{\mathrm{d}x^2}$ en variable X avec $\varepsilon \to 0$:

$$\varepsilon\frac{\mathrm{d}^2\bar{\varphi}_1}{\mathrm{d}x^2} = -\frac{1}{4}X^{-5/4} + \frac{2}{3}\varepsilon^{3/5}X^{-1/2} + \frac{10}{9}\varepsilon^{6/5}X^{1/4} + \cdots.$$

Une AUV est définie en complétant la première approximation :

$$\bar{\Phi}_{a1} = \bar{\varphi}_1 + \bar{\psi}_1(X,\varepsilon). \qquad (6.17)$$

La fonction $\bar{\psi}_1$ satisfait l'équation :

$$\frac{\mathrm{d}^2\bar{\psi}_1}{\mathrm{d}X^2} + X^{1/4}\frac{\mathrm{d}\bar{\psi}_1}{\mathrm{d}X} = 0,$$

avec les conditions aux limites :

$$\bar{\psi}_1(0,\varepsilon) = -1, \quad \bar{\psi}_1\left(\varepsilon^{-4/5},\varepsilon\right) = 0.$$

La solution est :

$$\bar{\psi}_1 = \frac{G_{5/4}(X)}{G_{5/4}\left(\varepsilon^{-4/5}\right)} - 1.$$

On note que $\bar{\Phi}_{a1}$ est une AUV pour la fonction Φ mais pas pour ses dérivées première et seconde car $\dfrac{d\bar{\varphi}_1}{dx}$ et $\dfrac{d^2\bar{\varphi}_1}{dx^2}$ tendent vers l'infini quand $x \to 0$. En particulier, on observe que :

$$L_\varepsilon\,\bar{\Phi}_{a1} = \varepsilon\frac{d^2\bar{\varphi}_1}{dx^2} - \bar{\psi}_1.$$

Le second membre n'est même pas intégrable sur l'intervalle de définition $0 \le x \le 1$. La MASC, dans sa version généralisée, doit permettre de répondre à ces questions. En effet, l'utilisation des développements asymptotiques généralisés laisse envisager l'approximation suivante :

$$\bar{\Phi}_{a2} = \bar{\varphi}_1 + \bar{\psi}_1 + \varepsilon^{3/5}\left(\bar{\varphi}_2 + \bar{\psi}_2\right), \tag{6.18}$$

où $\bar{\varphi}_2$ est solution de l'équation :

$$x^{1/4}\frac{d\bar{\varphi}_2}{dx} - \bar{\varphi}_2 = 0,$$

avec la condition $\bar{\varphi}_2(1,\varepsilon) = 0$. La solution est $\bar{\varphi}_2 = 0$.

L'équation originale devient :

$$L_\varepsilon\,\bar{\Phi}_{a2} = \frac{d^2\bar{\psi}_2}{dX^2} + X^{1/4}\frac{d\bar{\psi}_2}{dX} - \bar{\psi}_1 - \varepsilon^{3/5}\bar{\psi}_2 + \varepsilon\frac{d^2\bar{\varphi}_1}{dx^2}.$$

On note que le terme $\varepsilon\dfrac{d^2\bar{\varphi}_1}{dx^2}$ se comporte comme $X^{-5/4}$ quand $\varepsilon \to 0$. Alors, ce terme est conservé dans l'équation pour $\bar{\psi}_2$:

$$\frac{d^2\bar{\psi}_2}{dX^2} + X^{1/4}\frac{d\bar{\psi}_2}{dX} = \bar{\psi}_1 - \varepsilon\frac{d^2\bar{\varphi}_1}{dx^2}.$$

Les conditions aux limites sont :

$$\bar{\psi}_2(0,\varepsilon) = 0, \quad \bar{\psi}_2\left(\varepsilon^{-4/5},\varepsilon\right) = 0.$$

Il est intéressant d'observer que $\bar{\Phi}_{a2}$ est une AUV non seulement pour Φ mais aussi pour ses dérivées première et seconde. En effet, par définition :

$$\bar{\psi}_2 = \varepsilon^{-3/5}\left(\bar{\Phi}_{a2} - \bar{\varphi}_1 - \bar{\psi}_1\right),$$

et il est possible de former une équation pour $\bar{\Phi}_{a2}$:

$$\varepsilon\frac{d^2\bar{\Phi}_{a2}}{dx^2} + x^{1/4}\frac{d\bar{\Phi}_{a2}}{dx} = \bar{\psi}_1 + \bar{\varphi}_1, \tag{6.19}$$

avec les conditions aux limites :

$$\bar{\Phi}_{a2}(x = 0) = 0, \quad \bar{\Phi}_{a2}(x = 1) = e^{4/3}.$$

Aucune singularité n'est attendue pour $\bar{\Phi}_{a2}$ et pour ses dérivées première et seconde. En particulier, on a cette fois :

$$L_\varepsilon \bar{\Phi}_{a2} = -\varepsilon^{3/5} \bar{\psi}_2,$$

montrant bien que $\bar{\Phi}_{a2}$ est une AUV.

L'AUV suivante est :

$$\bar{\Phi}_{a3} = \bar{\Phi}_{a2} + \varepsilon(\bar{\varphi}_3 + \bar{\psi}_3). \tag{6.20}$$

Prenant en compte l'expression de $\bar{\psi}_2$ en variable x quand $\varepsilon \to 0$, l'équation pour $\bar{\varphi}_3$ est :

$$x^{1/4} \frac{d\bar{\varphi}_3}{dx} - \bar{\varphi}_3 = \varepsilon^{-2/5} \bar{\psi}_2,$$

avec $\bar{\varphi}_3(1, \varepsilon) = 0$. La solution est :

$$\bar{\varphi}_3 = \varepsilon^{-2/5} \left[\int_1^x t^{-1/4} \exp\left(-\frac{4}{3} t^{3/4} \right) \bar{\psi}_2 \, dt \right] \exp\left(\frac{4}{3} x^{3/4} \right).$$

L'équation pour $\bar{\psi}_3$ est :

$$\frac{d^2\bar{\psi}_3}{dX^2} + X^{1/4} \frac{d\bar{\psi}_3}{dX} = 0,$$

avec les conditions aux limites :

$$\bar{\psi}_3(0, \varepsilon) = -\bar{\varphi}_3(0, \varepsilon), \quad \bar{\psi}_3(\varepsilon^{-4/5}, \varepsilon) = 0.$$

La solution est :

$$\bar{\psi}_3 = \bar{\varphi}_3(0, \varepsilon) \left[\frac{G_{5/4}(X)}{G_{5/4}(\varepsilon^{-4/5})} - 1 \right].$$

6.2.3 Identification avec les résultats de la MDAR

Une AUV déduite de la MASC est :

$$\bar{\Phi}_{a3} = \bar{\varphi}_1 + \bar{\psi}_1 + \varepsilon^{3/5} \bar{\psi}_2 + \varepsilon(\bar{\varphi}_3 + \bar{\psi}_3).$$

Les différentes fonctions $\bar{\varphi}_1$, $\bar{\psi}_1$, $\bar{\psi}_2$, $\bar{\varphi}_3$, $\bar{\psi}_3$ étant approchées à l'aide de développements réguliers, l'expression de $\bar{\Phi}_{a3}$ devient :

$$\bar{\Phi}_{a3} = \hat{f}_1(x) + \hat{F}_1(X) + \varepsilon^{3/5} \hat{F}_2(X) + \varepsilon \left[\hat{f}_3(x) + \hat{F}_3(X) \right] + o(\varepsilon).$$

On montre (problème 6.6) que ce développement est identique au développement composite (6.16) de la MDAR. *Les résultats de la MASC contiennent donc les résultats de la MDAR et le principe de raccordement est un résultat.* Bien sûr, il ne s'agit là que d'une confirmation du résultat général donné Sect. 5.7.

Remarque 2. On aurait pu établir directement les développements réguliers en appliquant la MASC, mais on n'aurait pas démontré que les développements généralisés contiennent les développements réguliers.

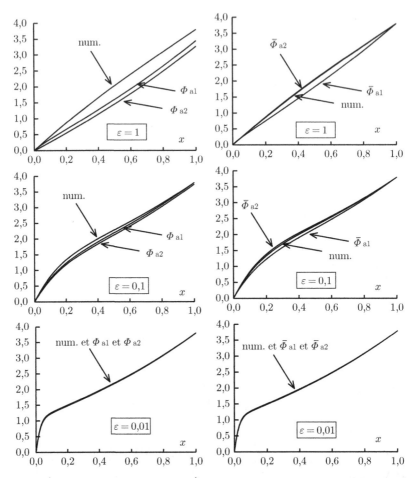

Fig. 6.1. Étude du problème (6.10a). À gauche : comparaison de la solution numérique avec les solutions MDAR : Φ_{a1} (6.15), Φ_{a2} (6.14). À droite : comparaison de la solution numérique avec les solutions MASC : $\bar{\Phi}_{a1}$ (6.17), $\bar{\Phi}_{a2}$ (6.19)

6.2.4 Résultats numériques

Quelques résultats numériques de la MDAR et de la MASC sont donnés Fig. 6.1. Ces résultats sont comparés à la solution numérique de l'équation exacte. À l'approximation numérique près, cette solution est considérée comme la solution de référence. Pour toutes les valeurs de ε, les résultats de la MASC sont une très bonne approximation de la solution numérique. Avec la MDAR, on note que l'approximation Φ_{a1} est meilleure que l'approximation Φ_{a2}. En outre, quand ε n'est pas suffisamment petit, les résultats de la MDAR sont sensiblement différents de la solution exacte.

6.3 Exemple 3

L'équation à résoudre est :

$$L_\varepsilon \, \Phi \equiv \varepsilon \frac{\mathrm{d}^2\Phi}{\mathrm{d}x^2} + x^{1/3}\frac{\mathrm{d}\Phi}{\mathrm{d}x} - \Phi = 0, \tag{6.21a}$$

où la fonction Φ est définie dans le domaine $0 \leq x \leq 1$ avec les conditions aux limites :

$$\Phi(0) = 0, \quad \Phi(1) = \mathrm{e}^{3/2}. \tag{6.21b}$$

6.3.1 Application de la MDAR

Le développement extérieur direct commence par :

$$E_0 \, \Phi(x, \varepsilon) = \varphi_1(x) + \cdots,$$

ce qui conduit à l'équation :

$$x^{1/3}\frac{\mathrm{d}\varphi_1}{\mathrm{d}x} - \varphi_1 = 0.$$

On a :

$$\varphi_1(1) = \mathrm{e}^{3/2}.$$

La solution :

$$\varphi_1 = \exp\left(\frac{3}{2}x^{2/3}\right)$$

contient des termes singuliers au voisinage de l'origine. Il est donc nécessaire de chercher une approximation intérieure appropriée. Une dégénérescence significative de l'équation originale est obtenue avec la variable locale :

$$X = \frac{x}{\varepsilon^{3/4}}, \tag{6.22}$$

car l'équation devient :

$$L_\varepsilon \, \Phi = \varepsilon^{-1/2}\left(\frac{\mathrm{d}^2\Phi}{\mathrm{d}X^2} + X^{1/3}\frac{\mathrm{d}\Phi}{\mathrm{d}X}\right) - \Phi = 0. \tag{6.23}$$

Le développement intérieur commence par un terme $\psi_1(X)$ qui répond à l'équation :

$$\frac{\mathrm{d}^2\psi_1}{\mathrm{d}X^2} + X^{1/3}\frac{\mathrm{d}\psi_1}{\mathrm{d}X} = 0.$$

La solution peut satisfaire la condition limite $\psi_1(0) = 0$ et la condition de raccordement $\psi_1(\infty) = 1$:

$$\psi_1 = \frac{G_{4/3}(X)}{G_{4/3}(\infty)} \quad \text{avec} \quad G_{4/3}(X) = \int_0^X \exp\left(-\frac{3}{4}t^{4/3}\right) \, \mathrm{d}t.$$

La condition $\psi_1(\infty) = 1$ résulte de l'application du PMVD à l'ordre 1 :

$$1 = \mathrm{E}_1 \, \mathrm{E}_0 \, \Phi = \mathrm{E}_0 \, \mathrm{E}_1 \, \Phi = \psi_1(\infty).$$

Compte tenu du développement extérieur et de l'équation intérieure, le développement intérieur est prolongé par :

$$\mathrm{E}_1 \, \Phi(x, \varepsilon) = \psi_1(X) + \varepsilon^{1/2}\psi_2(X) + \cdots. \tag{6.24}$$

L'équation pour ψ_2 est :

$$\frac{\mathrm{d}^2\psi_2}{\mathrm{d}X^2} + X^{1/3}\frac{\mathrm{d}\psi_2}{\mathrm{d}X} = \psi_1,$$

avec :

$$\psi_2(0) = 0.$$

Étant donné que $\psi_1 \cong 1 + \mathrm{TEP}$ quand $X \to \infty$, le comportement de ψ_2 pour $X \to \infty$ est donné par :

$$\psi_2 \cong \frac{3}{2}X^{2/3} + A - \frac{1}{2}X^{-2/3} + \cdots.$$

D'autre part, le développement extérieur se poursuit nécessairement par un terme d'ordre ε car tous les termes d'ordre compris entre 1 et ε sont nuls :

$$\mathrm{E}_0 \, \Phi(x, \varepsilon) = \varphi_1(x) + \varepsilon\varphi_2(x) + \cdots. \tag{6.25}$$

L'équation pour φ_2 est :

$$x^{1/3}\frac{\mathrm{d}\varphi_2}{\mathrm{d}x} - \varphi_2 = -\frac{\mathrm{d}^2\varphi_1}{\mathrm{d}x^2},$$

avec :

$$\varphi_2(1) = 0.$$

La solution est :

$$\varphi_2 = -\left(\frac{1}{2}x^{-2/3} + \ln x - \frac{1}{2}\right) \exp\left(\frac{3}{2}x^{2/3}\right).$$

En appliquant le PMVD à l'ordre $\varepsilon^{1/2}$, on obtient :

$$1 + \frac{3}{2}\varepsilon^{1/2}X^{2/3} = \mathrm{E}_1 \, \mathrm{E}_0 \, \Phi = \mathrm{E}_1 \, \mathrm{E}_0 \, \mathrm{E}_1 \, \Phi = 1 + A\varepsilon^{1/2} + \frac{3}{2}\varepsilon^{1/2}X^{2/3},$$

ce qui donne $A = 0$.

Le développement extérieur (6.25) permet aussi d'écrire, à l'ordre ε :

$$\mathrm{E}_1 \, \mathrm{E}_0 \, \Phi = 1 + \varepsilon^{1/2}\left(\frac{3}{2}X^{2/3} - \frac{1}{2}X^{-2/3}\right)$$

$$-\frac{3}{4}\varepsilon \ln \varepsilon - \varepsilon\left(-\frac{9}{8}X^{4/3} + \ln X + \frac{1}{4}\right). \tag{6.26}$$

Remarque 3. Avec le développement extérieur (6.25) et les expressions de φ_1 et φ_2, la détermination de $E_1 E_0 \Phi$ n'est instructive qu'à l'ordre 1, à l'ordre $\varepsilon^{1/2}$ ou à l'ordre ε. Pour tout ordre strictement compris entre 1 et $\varepsilon^{1/2}$, le résultat est identique à celui obtenu à l'odre 1 ; de même, pour tout ordre strictement compris entre $\varepsilon^{1/2}$ et ε, le résultat est identique à celui obtenu à l'odre $\varepsilon^{1/2}$. En particulier, l'expression de $E_1 E_0 \Phi$ à l'ordre $-\varepsilon \ln \varepsilon$ est identique à l'expression de $E_1 E_0 \Phi$ à l'ordre $\varepsilon^{1/2}$.

L'expression (6.26) indique la suite du développement intérieur :

$$E_1 \Phi(x, \varepsilon) = \psi_1(X) + \varepsilon^{1/2} \psi_2(X) - \varepsilon \ln \varepsilon \, \psi_3^*(X) + \varepsilon \psi_3(X) + \cdots. \quad (6.27)$$

Les équations pour ψ_3^* et ψ_3 sont :

$$\frac{\mathrm{d}^2 \psi_3^*}{\mathrm{d}X^2} + X^{1/3} \frac{\mathrm{d}\psi_3^*}{\mathrm{d}X} = 0,$$

$$\frac{\mathrm{d}^2 \psi_3}{\mathrm{d}X^2} + X^{1/3} \frac{\mathrm{d}\psi_3}{\mathrm{d}X} = \psi_2.$$

On a :

$$\psi_3^*(0) = 0,$$
$$\psi_3(0) = 0.$$

On obtient :

$$\psi_3^* = B \frac{G_{4/3}(X)}{G_{4/3}(\infty)},$$

et, d'après le comportement de ψ_2 pour $X \to \infty$, on déduit celui de ψ_3 :

$$\psi_3 \cong \frac{9}{8} X^{4/3} + C - \ln X + \cdots.$$

À l'ordre ε, on a donc :

$$E_1 E_0 E_1 \Phi = 1 + \varepsilon^{1/2} \left(\frac{3}{2} X^{2/3} - \frac{1}{2} X^{-2/3} \right)$$

$$- B\varepsilon \ln \varepsilon - \varepsilon \left(-\frac{9}{8} X^{4/3} + \ln X - C \right). \quad (6.28)$$

Alors, le PMVD écrit à l'ordre ε :

$$E_1 E_0 \Phi \equiv E_1 E_0 E_1 \Phi$$

donne, compte tenu de (6.26), $B = \dfrac{3}{4}$ et $C = -\dfrac{1}{4}$.

Remarque 4. La détermination de la constante B nécessite d'écrire le PMVD à l'ordre ε et non pas à l'ordre $-\varepsilon \ln \varepsilon$ car l'expression de $E_1 E_0 \Phi$ à l'ordre $-\varepsilon \ln \varepsilon$ ne contient pas de termes en $-\varepsilon \ln \varepsilon$.

Finalement, les AUV suivantes sont obtenues :
– à l'ordre 1 :
$$\Phi_{a1} = \varphi_1(x) + \psi_1(X) - 1, \tag{6.29}$$

– à l'ordre $\varepsilon^{1/2}$:

$$\Phi_{a2}(x, X, \varepsilon) = \Phi_{a1}(x, X) + \varepsilon^{1/2}\left[\psi_2(X) - \frac{3}{2}X^{2/3}\right], \tag{6.30}$$

– à l'ordre ε :

$$\Phi_{a3}(x, X, \varepsilon) = \Phi_{a2}(x, X, \varepsilon) - \varepsilon\ln\varepsilon\left[\psi_3^*(X) - \frac{3}{4}\right]$$
$$+\varepsilon\left[\varphi_2(x) + \psi_3(X) + \frac{1}{2}x^{-2/3} - \frac{9}{8}X^{4/3} + \ln X + \frac{1}{4}\right]. \tag{6.31}$$

6.3.2 Application de la MASC

Avec des développements généralisés, on établit les AUV données ci-dessous.
À l'ordre 1, on a :
$$\bar{\Phi}_{a1} = \bar{\varphi}_1 + \bar{\psi}_1(X, \varepsilon), \tag{6.32}$$

avec :

$$\bar{\varphi}_1 = \exp\left(\frac{3}{2}x^{2/3}\right), \quad \bar{\psi}_1 = \frac{G_{4/3}(X)}{G_{4/3}(\varepsilon^{-3/4})} - 1.$$

Là encore, le reste $L_\varepsilon\,\bar{\Phi}_{a1}$:

$$L_\varepsilon\,\bar{\Phi}_{a1} = \varepsilon\frac{d^2\bar{\varphi}_1}{dx^2} - \bar{\psi}_1$$

n'est pas intégrable sur l'intervalle de définition. À l'ordre $\varepsilon^{1/2}$, l'AUV est :

$$\bar{\Phi}_{a2} = \bar{\Phi}_{a1} + \varepsilon^{1/2}\bar{\psi}_2. \tag{6.33}$$

Étant donné que l'expression de $\varepsilon\dfrac{d^2\bar{\varphi}_1}{dx^2}$ exprimée en variable X quand $\varepsilon \to 0$ est :

$$\varepsilon\frac{d^2\bar{\varphi}_1}{dx^2} = -\frac{1}{3}X^{-4/3} + \frac{1}{2}\varepsilon^{1/2}X^{-2/3} + \frac{9}{8}\varepsilon + \cdots,$$

l'équation pour $\bar{\psi}_2$ est :

$$\frac{d^2\bar{\psi}_2}{dX^2} + X^{1/3}\frac{d\bar{\psi}_2}{dX} = -\varepsilon\frac{d^2\bar{\varphi}_1}{dx^2} + \bar{\psi}_1, \tag{6.34}$$

avec les conditions aux limites :

$$\bar{\psi}_2(0, \varepsilon) = 0, \quad \bar{\psi}_2(\varepsilon^{-3/4}, \varepsilon) = 0.$$

On vérifie que :

$$L_\varepsilon \bar{\Phi}_{a2} = -\varepsilon^{1/2}\bar{\psi}_2,$$

ce qui montre que $\bar{\Phi}_{a2}$ est une AUV. Il est très intéressant d'aller à l'ordre ε. On pose :

$$\bar{\Phi}_{a3} = \bar{\Phi}_{a2} + \varepsilon(\bar{\varphi}_3 + \bar{\psi}_3). \tag{6.35}$$

D'après l'équation pour $\bar{\psi}_2$, on montre que le comportement de $\bar{\psi}_2$ quand $X \to \infty$ est de la forme :

$$\bar{\psi}_2 = \varepsilon^{1/2} f(x) + \ldots.$$

Alors, l'équation pour $\bar{\varphi}_3$ est :

$$x^{1/3}\frac{d\bar{\varphi}_3}{dx} - \bar{\varphi}_3 = \varepsilon^{-1/2}\bar{\psi}_2. \tag{6.36}$$

On a :

$$\bar{\varphi}_3(1,\varepsilon) - 0.$$

Or, le comportement de $\bar{\varphi}_3$ quand $x \to 0$ est donné par :

$$\varepsilon^{3/2}\frac{d^2\bar{\varphi}_3}{dx^2} = F(X) + \cdots,$$

d'où l'équation pour $\bar{\psi}_3$:

$$\frac{d^2\bar{\psi}_3}{dX^2} + X^{1/3}\frac{d\bar{\psi}_3}{dX} = -\varepsilon^{3/2}\frac{d^2\bar{\varphi}_3}{dx^2}, \tag{6.37}$$

avec les conditions aux limites :

$$\bar{\psi}_3(0,\varepsilon) = -\bar{\varphi}_3(0,\varepsilon), \quad \bar{\psi}_3(\varepsilon^{-3/4},\varepsilon) = 0.$$

Ici, on a :

$$L_\varepsilon \bar{\Phi}_{a3} = -\varepsilon\bar{\psi}_3,$$

ce qui est satisfaisant.

Remarque 5. On voit que le développement asymptotique généralisé dû à la MASC ne contient pas de termes en $\varepsilon \ln \varepsilon$.

6.3.3 Identification avec les résultats de la MDAR

Une AUV déduite de la MASC est :

$$\bar{\Phi}_{a3} = \bar{\varphi}_1 + \bar{\psi}_1 + \varepsilon^{1/2}\bar{\psi}_2 + \varepsilon(\bar{\varphi}_3 + \bar{\psi}_3).$$

Les différentes fonctions $\bar{\varphi}_1$, $\bar{\psi}_1$, $\bar{\psi}_2$, $\bar{\varphi}_3$, $\bar{\psi}_3$ étant approchées à l'aide de développements réguliers, l'expression de $\bar{\Phi}_{a3}$ devient :

$$\bar{\Phi}_{a3} = \hat{f}_1(x) + \hat{F}_1(X) + \varepsilon^{1/2}\hat{F}_2(X) + \varepsilon \ln \varepsilon \hat{F}_3(X) + \varepsilon \left[\hat{f}_4(x) + \hat{F}_4(X)\right] + o(\varepsilon).$$

On montre (problème 6.7) que ce développement est identique au développement composite (6.31) de la MDAR. Les résultats de la MASC contiennent donc les résultats de la MDAR et le principe de raccordement est un résultat, en conformité avec les conclusions de la Sect. 5.7.

Remarque 6. Les développements généralisés de la MASC ne contiennent pas de termes en $\ln \varepsilon$. Ces termes n'apparaissent que lorsque l'on forme les développements réguliers. Ils sont donc aussi présents dans les développements MDAR. Or, les logarithmes sont une difficulté de la MDAR. À cet égard, la MASC se révèle donc avantageuse.

6.4 Modèle de Stokes-Oseen

L'équation à résoudre est :

$$\mathrm{L}_\varepsilon \, \Phi \equiv \frac{\mathrm{d}^2\Phi}{\mathrm{d}x^2} + \frac{1}{x}\frac{\mathrm{d}\Phi}{\mathrm{d}x} + \Phi\frac{\mathrm{d}\Phi}{\mathrm{d}x} = 0, \tag{6.38a}$$

où la fonction Φ est définie dans le domaine $x \geq \varepsilon$ avec les conditions aux limites :

$$x = \varepsilon : \Phi = 0, \quad x \to \infty : \Phi = 1. \tag{6.38b}$$

Ce problème, proposé par LAGERSTROM [42], simule les difficultés rencontrées dans l'analyse de l'écoulement bidimensionnel de Stokes-Oseen à faible nombre de Reynolds autour d'un cylindre circulaire.

6.4.1 Application de la MASC

Un problème de perturbation singulière est posé au voisinage de $x = \varepsilon$. Ailleurs, la solution s'approche de $\Phi = 1$ quand $\varepsilon \to 0$. On est donc conduit à rechercher une première approximation de la forme :

$$\Phi = 1 + \bar{\delta}_1(\varepsilon)\bar{\varphi}_1(x, \varepsilon) + \cdots. \tag{6.39}$$

Dans l'expression ci-dessus, $\bar{\delta}_1$ est une fonction d'ordre telle que $\bar{\delta}_1 \to 0$ quand $\varepsilon \to 0$. L'équation (6.38a) devient :

$$\frac{\mathrm{d}^2\bar{\varphi}_1}{\mathrm{d}x^2} + \frac{1}{x}\frac{\mathrm{d}\bar{\varphi}_1}{\mathrm{d}x} + \frac{\mathrm{d}\bar{\varphi}_1}{\mathrm{d}x} = 0. \tag{6.40}$$

Les conditions aux limites exactes sur Φ sont satisfaites avec :

$$x = \varepsilon : \bar{\delta}_1\bar{\varphi}_1 = -1, \quad x \to \infty : \bar{\varphi}_1 = 0.$$

La jauge $\bar{\delta}_1(\varepsilon)$ est déterminée à une constante multiplicative près en même temps que la solution en appliquant les conditions aux limites. La solution est :

$$\bar{\varphi}_1 = -E_1(x),$$

avec :

$$E_1(x) = \int_x^\infty \frac{\mathrm{e}^{-t}}{t}\,\mathrm{d}t,$$

et :

$$\bar{\delta}_1(\varepsilon) = \frac{1}{E_1(\varepsilon)}.$$

Notons que le comportement de $E_1(\varepsilon)$ pour $\varepsilon \to 0$ est :

$$E_1(\varepsilon) \cong -\ln\varepsilon - \gamma + \varepsilon + \cdots,$$

où γ est la constante d'Euler $\gamma = 0.577215$.

Une AUV est recherchée en complétant l'approximation précédente :

$$\bar{\Phi}_{\mathrm{a}1} = 1 + \bar{\delta}_1\bar{\varphi}_1 + \bar{\delta}_1\bar{\psi}_1(X,\varepsilon) \quad\text{avec}\quad X = \frac{x}{\varepsilon}.$$

On montre en fait que $\bar{\psi}_1 = 0$. L'AUV $\bar{\Phi}_{\mathrm{a}1}$ est donc :

$$\bar{\Phi}_{\mathrm{a}1} = 1 - \frac{E_1(x)}{E_1(\varepsilon)}. \tag{6.41}$$

Remarque 7. CHEN et al. [13] ont obtenu le même résultat en utilisant une méthode reposant sur le groupe de renormalisation.

Il est intéressant d'examiner le reste $\mathrm{L}_\varepsilon\,\bar{\Phi}_{\mathrm{a}1}$:

$$\mathrm{L}_\varepsilon\,\bar{\Phi}_{\mathrm{a}1} = \frac{E_1(x)}{E_1^2(\varepsilon)}\frac{\mathrm{d}E_1(x)}{\mathrm{d}x} = -\frac{E_1(x)}{E_1^2(\varepsilon)}\frac{\mathrm{e}^{-x}}{x}.$$

On observe que, pour x fixé, $\mathrm{L}_\varepsilon\,\bar{\Phi}_{\mathrm{a}1} \to 0$ quand $\varepsilon \to 0$, mais si $x = \varepsilon$ alors $\mathrm{L}_\varepsilon\,\bar{\Phi}_{\mathrm{a}1} \to -\infty$ quand $\varepsilon \to 0$. Néanmoins, l'intégrale du reste reste finie, non nulle, quand $\varepsilon \to 0$; en fait cette intégrale est indépendante de ε :

$$\int_\varepsilon^\infty \mathrm{L}_\varepsilon\,\bar{\Phi}_{\mathrm{a}1}\,\mathrm{d}x = \frac{1}{2E_1^2(\varepsilon)}\left[E_1^2(x)\right]_\varepsilon^\infty = -\frac{1}{2}.$$

Une approximation améliorée est recherchée sous la forme :

$$\Phi = 1 - \frac{E_1(x)}{E_1(\varepsilon)} + \bar{\delta}_2(\varepsilon)\bar{\varphi}_2(x,\varepsilon) + \cdots.$$

L'équation pour $\bar{\varphi}_2$ est :

$$\frac{\mathrm{d}^2\bar{\varphi}_2}{\mathrm{d}x^2} + \frac{1}{x}\frac{\mathrm{d}\bar{\varphi}_2}{\mathrm{d}x} + \frac{\mathrm{d}\bar{\varphi}_2}{\mathrm{d}x} + \frac{1}{\bar{\delta}_2 E_1^2(\varepsilon)}E_1(x)\frac{\mathrm{d}E_1(x)}{\mathrm{d}x} = 0. \tag{6.42}$$

Les conditions aux limites étant déjà réalisées avec l'approximation $\bar{\Phi}_{a1}$, on prend :

$$x = \varepsilon : \bar{\varphi}_2 = 0, \quad x \to \infty : \bar{\varphi}_2 = 0.$$

La jauge $\bar{\delta}_2(\varepsilon)$ est déterminée à une constante multiplicative près en même temps que la solution en appliquant les conditions aux limites. La solution est :

$$\bar{\delta}_2 \bar{\varphi}_2 = \frac{F_1(x)}{E_1^2(\varepsilon)} - \frac{F_1(\varepsilon)E_1(x)}{E_1^3(\varepsilon)}.$$

On a :

$$F_1(x) = 2E_1(2x) - e^{-x}E_1(x)$$

et :

$$\bar{\delta}_2 = \frac{F_1(\varepsilon)}{E_1^3(\varepsilon)}.$$

Notons que le comportement de $F_1(\varepsilon)$ pour $\varepsilon \to 0$ est :

$$F_1(\varepsilon) \cong -\ln\varepsilon - \gamma - 2\ln 2 - \varepsilon\ln\varepsilon + (3-\gamma)\varepsilon + \cdots.$$

Une AUV est recherchée sous la forme :

$$\bar{\Phi}_{a2} = 1 - \frac{E_1(x)}{E_1(\varepsilon)} + \bar{\delta}_2(\varepsilon)\bar{\varphi}_2(x,\varepsilon) + \bar{\delta}_2\bar{\psi}_2(X,\varepsilon).$$

On montre que $\bar{\psi}_2 = 0$ de sorte que l'AUV $\bar{\Phi}_{a2}$ est :

$$\bar{\Phi}_{a2} = 1 - \frac{E_1(x)}{E_1(\varepsilon)} + \frac{F_1(x)}{E_1^2(\varepsilon)} - \frac{F_1(\varepsilon)E_1(x)}{E_1^3(\varepsilon)}. \tag{6.43}$$

6.4.2 Résultats numériques

Les résultats numériques donnés Fig. 6.2 montrent que $\bar{\Phi}_{a1}$ et $\bar{\Phi}_{a2}$ sont d'excellentes approximations de la solution numérique de l'équation complète même pour des fortes valeurs de ε.

On peut noter que les fonctions d'ordre $\bar{\delta}_1$ et $\bar{\delta}_2$ sont déterminées à une constante multiplicative près en appliquant les conditions aux limites exactes. Au contraire, avec la MDAR, de nombreux choix sont possibles et la gamme de valeurs de ε sur laquelle la précision numérique de la solution MDAR est bonne dépend beaucoup de ce choix [38, 42]. Souvent, on prend pour les fonctions d'ordre $\dfrac{-1}{\ln\varepsilon}$ et $\dfrac{1}{(\ln\varepsilon)^2}$; avec ce choix, il est clair que l'approximation ne peut pas être valable si $\varepsilon = 1$ et la précision de l'approximation ne peut être correcte que pour les très petites valeurs de ε. Cette question a été discutée en détail par LAGERSTROM [42] qui propose aussi l'utilisation des jauges $\bar{\delta}_1$ et $\bar{\delta}_2$ déterminées ici.

Sur cet exemple on constate encore que la difficulté liée aux logarithmes est complètement levée avec la MASC.

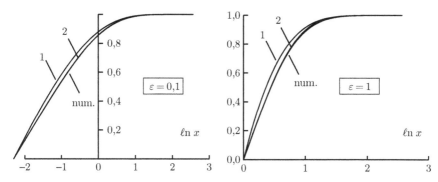

Fig. 6.2. Modèle de Stokes-Oseen. Comparaison de la solution numérique avec la solution MASC : 1 = solution du premier ordre (6.41), 2 = solution du second ordre (6.43)

6.5 Problème épouvantable

L'équation à résoudre est :

$$L_\varepsilon \, \Phi \equiv \frac{\mathrm{d}^2\Phi}{\mathrm{d}x^2} + \frac{1}{x}\frac{\mathrm{d}\Phi}{\mathrm{d}x} + \left(\frac{\mathrm{d}\Phi}{\mathrm{d}x}\right)^2 + \Phi\frac{\mathrm{d}\Phi}{\mathrm{d}x} = 0, \qquad (6.44a)$$

où la fonction Φ est définie dans le domaine $x \geq \varepsilon$ avec les conditions aux limites :

$$x = \varepsilon : \Phi = 0, \quad x \to \infty : \Phi = 1. \qquad (6.44b)$$

Ce problème a également été proposé par LAGERSTROM [42] ; avec la MDAR, les difficultés soulevées sont telles qu'il a été qualifié de « terrible problem » par HINCH [38]. La solution fait appel à la connaissance d'un nombre infini de termes, ce qui n'est pas réellement dans l'esprit de la méthode.

La solution pourrait être obtenue en faisant le changement de fonction e^Φ mais, pour rester dans la ligne de l'application directe de la MASC, il ne sera pas utilisé.

6.5.1 Application de la MASC

Une première approximation est de la forme :

$$\Phi = 1 + \bar{\delta}_1(\varepsilon)\bar{\varphi}_1(x, \varepsilon) + \cdots. \qquad (6.45)$$

En reportant dans (6.44a), on obtient :

$$\bar{\delta}_1\frac{\mathrm{d}^2\bar{\varphi}_1}{\mathrm{d}x^2} + \frac{\bar{\delta}_1}{x}\frac{\mathrm{d}\bar{\varphi}_1}{\mathrm{d}x} + \bar{\delta}_1^2\left(\frac{\mathrm{d}\bar{\varphi}_1}{\mathrm{d}x}\right)^2 + \bar{\delta}_1\frac{\mathrm{d}\bar{\varphi}_1}{\mathrm{d}x} + \bar{\delta}_1^2\bar{\varphi}_1\frac{\mathrm{d}\bar{\varphi}_1}{\mathrm{d}x} + \cdots = 0. \qquad (6.46)$$

En négligeant les termes $O(\bar{\delta}_1^2)$, l'équation pour $\bar{\varphi}_1$ est :

$$\bar{\delta}_1 \frac{d^2\bar{\varphi}_1}{dx^2} + \frac{\bar{\delta}_1}{x} \frac{d\bar{\varphi}_1}{dx} + \bar{\delta}_1 \frac{d\bar{\varphi}_1}{dx} = 0. \tag{6.47}$$

Avec les conditions aux limites exactes :

$$x = \varepsilon : \bar{\delta}_1 \bar{\varphi}_1 = -1, \quad x \to \infty : \bar{\varphi}_1 = 0,$$

la solution de (6.47) est :

$$\bar{\varphi}_1 = -E_1(x).$$

On a :

$$E_1(x) = \int_x^\infty \frac{e^{-t}}{t}\, dt$$

et :

$$\bar{\delta}_1(\varepsilon) = \frac{1}{E_1(\varepsilon)}.$$

Une AUV peut alors être recherchée sous la forme :

$$\bar{\Phi}_{a1} = 1 + \bar{\delta}_1 \bar{\varphi}_1 + \bar{\delta}_1 \bar{\psi}_1(X, \varepsilon) \quad \text{avec} \quad X = \frac{x}{\varepsilon},$$

mais on trouve que $\bar{\psi}_1 = 0$. En fait, on a donc :

$$\bar{\Phi}_{a1} = 1 + \bar{\delta}_1 \bar{\varphi}_1.$$

Examinons le reste $L_\varepsilon \bar{\Phi}_{a1}$:

$$\begin{aligned}
L_\varepsilon \bar{\Phi}_{a1} &= \frac{1}{E_1^2(\varepsilon)} \left(\frac{dE_1(x)}{dx} \right)^2 + \frac{E_1(x)}{E_1^2(\varepsilon)} \frac{dE_1(x)}{dx} \\
&= \frac{e^{-2x}}{x^2 E_1^2(\varepsilon)} - \frac{E_1(x)}{E_1^2(\varepsilon)} \frac{e^{-x}}{x}.
\end{aligned}$$

On déduit que, pour x fixé, $L_\varepsilon \bar{\Phi}_{a1} \to 0$ quand $\varepsilon \to 0$. Si $x = \varepsilon$, alors $L_\varepsilon \bar{\Phi}_{a1} \to \infty$ quand $\varepsilon \to 0$ mais l'intégrale du reste est telle que :

$$\int_\varepsilon^\infty L_\varepsilon \bar{\Phi}_{a1}\, dx \xrightarrow[\varepsilon \to 0]{} \infty.$$

Il faut s'attendre à une difficulté comme le montre la suite. On recherche une meilleure approximation sous la forme :

$$\Phi = 1 + \bar{\delta}_1(\varepsilon)\bar{\varphi}_1(x, \varepsilon) + \bar{\delta}_2(\varepsilon)\bar{\varphi}_2(x, \varepsilon) + \cdots, \tag{6.48}$$

ce qui conduit à l'équation :

$$\bar{\delta}_2 \frac{d^2\bar{\varphi}_2}{dx^2} + \frac{\bar{\delta}_2}{x} \frac{d\bar{\varphi}_2}{dx} + \bar{\delta}_2 \frac{d\bar{\varphi}_2}{dx} = -\frac{\bar{\delta}_1^2}{\bar{\delta}_2} \left[\left(\frac{d\bar{\varphi}_1}{dx} \right)^2 + \bar{\varphi}_1 \frac{d\bar{\varphi}_1}{dx} \right]. \tag{6.49}$$

Avec les conditions aux limites exactes :

$$x = \varepsilon : \bar{\varphi}_2 = 0, \quad x \to \infty : \bar{\varphi}_2 = 0,$$

la solution est :

$$\bar{\delta}_2 \bar{\varphi}_2 = -\frac{F_1(\varepsilon) - \frac{1}{2} E_1^2(\varepsilon)}{E_1^3(\varepsilon)} E_1(x) + \frac{F_1(x) - \frac{1}{2} E_1^2(x)}{E_1^2(\varepsilon)}. \qquad (6.50)$$

On a :

$$F_1(x) = 2E_1(2x) - e^{-x} E_1(x).$$

L'expression (6.50) contient le terme $\dfrac{1}{2}\dfrac{E_1(x)}{E_1(\varepsilon)}$, qui est d'ordre $-\dfrac{1}{\ln \varepsilon}$. Or, à cet ordre, l'AUV $\bar{\Phi}_{a1}$ était supposée complète. *Le développement n'est donc pas asymptotique.* L'origine de la difficulté est que le terme $\bar{\delta}_1^2 \left(\dfrac{d\bar{\varphi}_1}{dx}\right)^2$ a été négligé dans (6.46) afin de former l'équation pour $\bar{\varphi}_1$. Il faut donc conserver ce terme et l'équation pour $\bar{\varphi}_1$ devient :

$$\bar{\delta}_1 \frac{d^2\bar{\varphi}_1}{dx^2} + \frac{\bar{\delta}_1}{x}\frac{d\bar{\varphi}_1}{dx} + \bar{\delta}_1^2 \left(\frac{d\bar{\varphi}_1}{dx}\right)^2 + \bar{\delta}_1 \frac{d\bar{\varphi}_1}{dx} = 0. \qquad (6.51)$$

Il est surprenant de maintenir un terme $O(\bar{\delta}_1^2)$ mais il se trouve que le terme $\bar{\delta}_1^2 \left(\dfrac{d\bar{\varphi}_1}{dx}\right)^2$ disparaît en se combinant au terme $\bar{\delta}_1 \dfrac{d^2\bar{\varphi}_1}{dx^2}$ si la solution est une fonction logarithmique ; ceci évite de récupérer un terme en $-\dfrac{1}{\ln \varepsilon}$ à l'ordre suivant. En effet, si l'on pose :

$$\bar{\delta}_1 \bar{\varphi}_1 = \ln\left(1 + \bar{\delta}_1 \bar{f}_1\right), \qquad (6.52)$$

on a :

$$\bar{\delta}_1 \frac{d^2\bar{\varphi}_1}{dx^2} = \frac{\bar{\delta}_1 \dfrac{d^2\bar{f}_1}{dx^2}(1 + \bar{\delta}_1 \bar{f}_1) - \bar{\delta}_1^2 \left(\dfrac{d\bar{f}_1}{dx}\right)^2}{\left(1 + \bar{\delta}_1 \bar{f}_1\right)^2},$$

$$\bar{\delta}_1^2 \left(\frac{d\bar{\varphi}_1}{dx}\right)^2 = \frac{\bar{\delta}_1^2 \left(\dfrac{d\bar{f}_1}{dx}\right)^2}{\left(1 + \bar{\delta}_1 \bar{f}_1\right)^2},$$

et, en négligeant les termes $O(\bar{\delta}_1^2)$, (6.51) devient :

$$\frac{d^2\bar{f}_1}{dx^2} + \frac{1}{x}\frac{d\bar{f}_1}{dx} + \frac{d\bar{f}_1}{dx} = 0.$$

En respectant les conditions aux limites exactes sur Φ, on prend :

$$x = \varepsilon : 1 + \bar{\delta}_1 \bar{f}_1 = \frac{1}{e} \quad , \quad x \to \infty : \bar{f}_1 = 0.$$

La solution est alors :

$$\bar{\delta}_1 \bar{\varphi}_1 = \ln\left[1 + \left(\frac{1}{e} - 1\right) \frac{E_1(x)}{E_1(\varepsilon)}\right],$$

avec :

$$\bar{\delta}_1 = \frac{1}{E_1(\varepsilon)} \quad \text{et} \quad \bar{f}_1 = \left(\frac{1}{e} - 1\right) E_1(x).$$

L'étape suivante est de rechercher une AUV sous la forme :

$$\bar{\Phi}_{a1} = 1 + \ln\left[1 + \bar{\delta}_1 \bar{f}_1 + \bar{\delta}_1 \bar{g}_1(X, \varepsilon)\right],$$

et l'on montre que $\bar{g}_1 = 0$. La première AUV est donc :

$$\bar{\Phi}_{a1} = 1 + \ln\left[1 + \left(\frac{1}{e} - 1\right) \frac{E_1(x)}{E_1(\varepsilon)}\right]. \tag{6.53}$$

Examinons le reste $L_\varepsilon \bar{\Phi}_{a1}$:

$$L_\varepsilon \bar{\Phi}_{a1} = \left(\frac{1}{e} - 1\right) \frac{1}{E_1(\varepsilon)} \frac{dE_1(x)}{dx} \frac{\ln\left[1 + \left(\frac{1}{e} - 1\right) \frac{E_1(x)}{E_1(\varepsilon)}\right]}{1 + \left(\frac{1}{e} - 1\right) \frac{E_1(x)}{E_1(\varepsilon)}}$$

$$= -\left(\frac{1}{e} - 1\right) \frac{1}{E_1(\varepsilon)} \frac{e^{-x}}{x} \frac{\ln\left[1 + \left(\frac{1}{e} - 1\right) \frac{E_1(x)}{E_1(\varepsilon)}\right]}{1 + \left(\frac{1}{e} - 1\right) \frac{E_1(x)}{E_1(\varepsilon)}}.$$

On voit que, pour x fixé, $L_\varepsilon \bar{\Phi}_{a1} \to 0$ quand $\varepsilon \to 0$. Si $x = \varepsilon$, alors $L_\varepsilon \bar{\Phi}_{a1} \to -\infty$ quand $\varepsilon \to 0$ mais, cette fois, l'intégrale du reste reste finie, non nulle :

$$\int_\varepsilon^\infty L_\varepsilon \bar{\Phi}_{a1}\, dx = \left[\frac{1}{2} \ln^2\left\{1 + \left(\frac{1}{e} - 1\right) \frac{E_1(x)}{E_1(\varepsilon)}\right\}\right]_\varepsilon^\infty = -\frac{1}{2}.$$

Suivant la MASC, l'approximation est améliorée sous la forme :

$$\Phi = 1 + \bar{\delta}_1 \bar{\varphi}_1 + \bar{\delta}_2 \bar{\varphi}_2 + \cdots.$$

Pour les mêmes raisons que celles données plus haut, le terme $\bar{\delta}_2^2 \left(\dfrac{d\bar{\varphi}_2}{dx}\right)^2$ est conservé dans l'équation pour $\bar{\varphi}_2$. On arrive à l'AUV suivante :

$$\bar{\Phi}_{a2} = \bar{\Phi}_{a1} + \ln\left[1 + \left(\frac{1}{e} - 1\right)^2 \left(\frac{F_1(x)}{E_1^2(\varepsilon)} - \frac{F_1(\varepsilon)}{E_1^3(\varepsilon)} E_1(x)\right)\right]. \tag{6.54}$$

On aboutit plus facilement à la solution en recherchant l'approximation sous la forme :

$$\Phi = 1 + \ln\left[1 + \bar{\delta}_1 \bar{f}_1 + \bar{\delta}_2 \bar{f}_2 + \cdots\right].$$

L'équation pour $\bar{f}_2$ est :

$$\frac{d^2 \bar{f}_2}{dx^2} + \frac{1}{x}\frac{d\bar{f}_2}{dx} + \frac{d\bar{f}_2}{dx} = \frac{1}{\bar{\delta}_2}\left(\frac{1}{e} - 1\right)^2 \frac{E_1(x)}{E_1^2(\varepsilon)}.$$

On montre que le terme suivant $\bar{\delta}_2 \bar{g}_2(X, \varepsilon)$ est nul et, finalement, la seconde AUV s'écrit :

$$\bar{\Phi}_{a2} = 1 + \ln\left[1 + \left(\frac{1}{e} - 1\right)\frac{E_1(x)}{E_1(\varepsilon)}\right.$$
$$\left. + \left(\frac{1}{e} - 1\right)^2 \left(\frac{F_1(x)}{E_1^2(\varepsilon)} - \frac{F_1(\varepsilon)}{E_1^3(\varepsilon)}E_1(x)\right)\right]. \tag{6.55}$$

6.5.2 Résultats numériques

La figure (6.3) montre un bon accord entre les AUV construites avec la MASC et la solution numérique de (6.44a), même pour des valeurs de ε qui ne sont pas petites devant 1. L'application des conditions aux limites exactes du problème a permis, comme pour le modèle de Stokes-Oseen, de choisir des jauges bien appropriées. Par rapport au modèle de Stokes-Oseen, la difficulté supplémentaire est l'existence d'un terme non linéaire dont l'élimination se fait par le biais d'une fonction logarithmique.

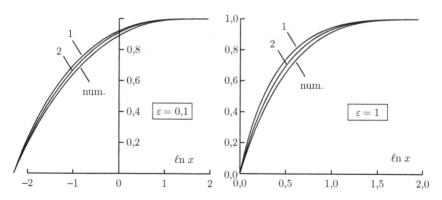

Fig. 6.3. Problème épouvantable. Comparaison de la solution numérique avec la solution MASC : 1 = solution du premier ordre (6.53), 2 = solution du second ordre (6.55)

6.6 Conclusion

L'application de la méthode des approximations successives complémentaires (MASC) à des problèmes de perturbation singulière rencontrés dans la solution d'équations différentielles a montré qu'il s'agit d'une méthode souple et efficace. Sous sa forme la plus simple, avec des développements réguliers, la MASC conduit à des résultats identiques à ceux de la méthode des développements asymptotiques raccordés (MDAR). Toutefois, la construction est différente. Avec la MASC, une approximation uniformément valable (AUV) est recherchée en partant d'une structure supposée de l'AUV. Il n'est pas nécessaire de faire appel à un quelconque principe de raccordement ; celui-ci apparaît comme une retombée de la méthode. Avec la MDAR, la construction part de la recherche d'approximations dans les zones significatives du domaine d'étude. Un principe de raccordement permet d'assurer la cohérence des approximations et, finalement, une AUV est formée.

En acceptant des développements généralisés, la MASC permet d'aller plus loin. Par exemple, les informations sur la solution peuvent être regroupées sur les premiers termes du développement afin d'améliorer la précision. Cet aspect est d'autant plus important que les séries asymptotiques mises en œuvre sont souvent divergentes. En outre, les conditions aux limites exactes du problème peuvent être respectées dès le début de la construction et non pas de façon asymptotique. Dans certains cas, il a été montré que l'idée d'appliquer les conditions aux limites exactes permet de faire un choix très approprié des jauges de la séquence asymptotique. Ces propriétés prennent toute leur valeur si l'on reconnaît que l'intérêt des méthodes asymptotiques est d'aboutir à des résultats valables même si le petit paramètre n'est pas réellement petit devant l'unité.

Avec des développements généralisés, les résultats de la MASC contiennent les résultats de la MDAR. Une approximation de la MASC est donc plus riche que l'approximation correspondante de la MDAR.

Un autre avantage de la MASC est la disparition du problème des logarithmes avec la difficulté associée de l'application d'un principe de raccordement. Dans tous les exemples traités, les logarithmes n'apparaissent que lorsque l'on souhaite revenir à des développements réguliers.

La contrepartie de ces atouts est l'exigence d'une analyse plus fine des propriétés de la solution. L'amélioration de la précision de l'AUV à un stade donné s'accompagne généralement d'un accroissement notable de l'effort à consacrer à l'obtention de la solution ; il faut alors se demander si le résultat en vaut la peine. En comparaison, l'application de la MDAR est plus systématique.

Problèmes

6.1. On considère l'équation :

$$\mathrm{L}_\varepsilon\, y \equiv \varepsilon \frac{\mathrm{d}^2 y}{\mathrm{d}x^2} + \frac{\mathrm{d}y}{\mathrm{d}x} + y = 0.$$

La fonction $y(x)$ est définie sur le domaine $0 \leq x \leq 1$ et les conditions aux limites sont :

$$y(0) = a, \quad y(1) = b.$$

On étudie la solution à l'aide de la MDAR. Une couche limite se forme au voisinage du point $x = 0$. Les variables adaptées à la région extérieure et à la région intérieure sont respectivement x et $X = x/\varepsilon$. Les développements associés à chaque région sont :

$$y(x, \varepsilon) = y_1(x) + \varepsilon y_2(x) + \cdots + \varepsilon^n y_n(x) + \mathrm{O}(\varepsilon^{n+1}),$$
$$y(x, \varepsilon) = Y_1(X) + \varepsilon Y_2(X) + \cdots + \varepsilon^n Y_n(X) + \mathrm{O}(\varepsilon^{n+1}).$$

1. Donner les fonctions $y_1(x)$, $y_2(x)$, $Y_1(X)$ et $Y_2(X)$. Donner aussi les approximations composites y_{a1} et y_{a2} supposées être des approximations uniformément valables à l'ordre 1 et à l'ordre ε.

2. Donner l'ordre de grandeur des restes $L_\varepsilon \, y_{a1}$ et $L_\varepsilon \, y_{a2}$, d'une part dans le domaine $0 \leq x \leq 1$ et d'autre part dans le domaine $0 < A_0 \leq x \leq 1$ où A_0 est une constante indépendante de ε.

6.2. On considère le problème :

$$\varepsilon \frac{\mathrm{d}^2 y}{\mathrm{d}x^2} + \frac{\mathrm{d}y}{\mathrm{d}x} + y = 0, \quad 0 \leq x \leq 1,$$

avec :

$$y(0) = \mathrm{e}, \quad y(1) = 1.$$

Une solution exacte est facilement obtenue mais on traite le problème avec la MASC. On s'efforcera d'appliquer les conditions aux limites de façon exacte.

Localiser la couche limite.

La première approximation est de la forme :

$$y = y_0(x).$$

Donner $y_0(x)$.

On cherche une AUV sous la forme :

$$y_{a1} = y_0(x) + Y_0(X, \varepsilon), \quad X = \frac{x}{\delta(\varepsilon)}.$$

Préciser δ et donner Y_0. Dans l'équation pour Y_0, on ne retiendra que les termes dominants pour $0 < A_1 \leq X \leq A_2$ où A_1 et A_2 sont des constantes indépendantes de ε. On montrera que $Y_0 = 0$.

L'approximation suivante est de la forme :

$$y = y_0(x) + Y_0(X, \varepsilon) + \nu(\varepsilon) y_1(x, \varepsilon).$$

Donner ν et y_1. Dans l'équation pour y_1, on ne retiendra que les termes dominants pour $0 < B_1 \leq x \leq 1$ où B_1 est une constante indépendante de ε.

On recherche une AUV sous la forme :

$$y_{a2} = y_0(x) + Y_0(X, \varepsilon) + \nu(\varepsilon)y_1(x, \varepsilon) + \nu(\varepsilon)Y_1(x, \varepsilon).$$

Donner Y_1. Dans l'équation pour Y_1, on ne retiendra que les termes dominants pour $0 < A_1 \le X \le A_2$.

Donner la solution en appliquant la MASC sous sa forme régulière.

6.3. On considère le problème suivant :

$$\varepsilon\frac{d^2y}{dx^2} + (1 - x)\frac{dy}{dx} - y = 0, \quad 0 \le x \le 1,$$

avec :

$$y(0) = 1, \quad y(1) = 1.$$

Une couche limite est présente en $x = 0$ et une autre en $x = 1$.

On applique la MASC sous sa forme régulière.

Montrer que les variables appropriées aux couches limites sont $\xi = x/\varepsilon$ au voisinage de $x = 0$ et $\zeta = (1 - x)/\varepsilon^{1/2}$ au voisinage de $x = 1$.

Déterminer la solution $y_0(x)$ de l'équation réduite (obtenue en faisant $\varepsilon = 0$). On ne cherchera pas à calculer la constante d'intégration. On complète l'approximation de la façon suivante :

$$y = y_0(x) + Z_0(\zeta).$$

Montrer que $y_0(x) = 0$. Vérifier que la solution pour Z_0 a la forme :

$$Z_0 = e^{\zeta^2/2}\left[A + B\int_0^{\zeta/\sqrt{2}} e^{-t^2}\,dt\right].$$

La solution pour Z_0 doit permettre de satisfaire la condition $y(1) = 1$. En déduire une relation pour les constantes d'intégration de Z_0. L'autre relation sera obtenue plus tard.

On cherche finalement une AUV sous la forme :

$$y_a = Z_0(\zeta) + Y_0(\xi).$$

La condition en $x = 0$ doit être assurée par la solution $Y_0(\xi)$. En déduire une relation entre les constantes d'intégration de Y_0.

Appliquer les conditions aux limites en $x = 0$ et $x = 1$ à y_a. En déduire les relations manquantes pour déterminer toutes les constantes d'intégration. Donner la solution y_a. On rappelle que :

$$\int_0^\infty e^{-t^2}\,dt = \frac{\sqrt{\pi}}{2}.$$

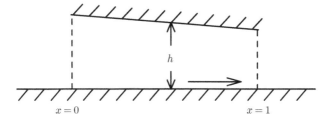

Fig. 6.4. Palier

6.4. D'après la théorie de la lubrification de Reynolds, la pression $p(x)$ dans un palier fortement chargé est reliée à la hauteur $h(x)$ du film fluide par l'équation sans dimension :

$$\varepsilon \frac{\mathrm{d}}{\mathrm{d}x}\left[h^3 p \frac{\mathrm{d}p}{\mathrm{d}x}\right] = \frac{\mathrm{d}(ph)}{\mathrm{d}x}, \quad 0 \le x \le 1,$$

avec :

$$p(0) = 1, \quad p(1) = 1.$$

On pose :

$$h_0 = h(0), \qquad h_1 = h(1) = 1.$$

Une couche limite se forme en $x = 1$.

On applique la MASC sous sa forme régulière. La première approximation est :

$$p = p_0(x).$$

Donner la solution pour $p_0(x)$.

Montrer que la variable appropriée à la couche limite est :

$$X = \frac{1 - x}{\varepsilon}.$$

On cherche une AUV sous la forme :

$$p = p_0(x) + P_0(X).$$

Donner la solution sous la forme $X = X(P_0)$.

6.5. Ce problème a été traité par Van Dyke [94] à l'aide de la MDAR. On considère l'écoulement non visqueux incompressible, bidimensionnel, irrotationnel autour d'un profil elliptique sans incidence d'équation :

$$y = \pm \varepsilon T(x),$$

avec :

$$T = \sqrt{1 - x^2} \quad \text{pour} \quad -1 \le x \le 1 \quad \text{sinon} \quad T = 0.$$

À l'infini amont, on a :

$$u = 1.$$

Pour tenir compte des singularités qui apparaissent en $x = -1$ et $x = 1$, on utilise les variables intérieures :

$$S_1 = \frac{1+x}{\varepsilon^2}, \quad S_2 = -\frac{1-x}{\varepsilon^2}, \quad Y = \frac{y}{\varepsilon^2}.$$

L'écoulement est défini par l'équation du potentiel : $\triangle \phi = 0$. Une approximation uniformément valable du potentiel ϕ est recherchée sous la forme :

$$\phi = x + \varepsilon\varphi_1(x,y) + \varepsilon^2\left[\Phi_1(S_1,Y) + \Psi_1(S_2,Y)\right] + \varepsilon^3\left[\Phi_2(S_1,Y) + \Psi_2(S_2,Y)\right].$$

1. Donner les composantes de la vitesse en fonction de φ_1, Φ_1, Φ_2, Ψ_1, Ψ_2. On rappelle que :

$$u = \frac{\partial\phi}{\partial x}, \quad v = \frac{\partial\phi}{\partial y}.$$

2. Exprimer la condition de glissement à la paroi ; on tiendra compte de l'identité suivante qui permet de lever les singularités en $x = -1$ et $x = 1$:

$$\varepsilon T' = \varepsilon T'(x) - \varepsilon f(x) + \varepsilon g(x) + F(S_1) - G(S_2),$$

où T' désigne la dérivée $\dfrac{\mathrm{d}T}{\mathrm{d}x}$ et :

$$f = \frac{1}{\sqrt{2(x+1)}} \quad \text{pour} \quad x > -1,$$

$$g = \frac{1}{\sqrt{2(1-x)}} \quad \text{pour} \quad x < 1,$$

$$F = \frac{1}{\sqrt{2S_1}} \quad \text{pour} \quad S_1 > 0,$$

$$G = \frac{1}{\sqrt{-2S_2}} \quad \text{pour} \quad S_2 < 0.$$

En dehors des intervalles de définition donnés ci-dessus, on a $f = 0$, $g = 0$, $F = 0$, $G = 0$.

3. Donner les équations pour φ_1, Φ_1, Φ_2, Ψ_1, Ψ_2. On remarquera que la fonction φ_1 est donnée par la théorie des profils minces et que $\Phi_1 + S_1$, $\Phi_2 + S_1$, $\Psi_1 + S_2$, $\Psi_2 + S_2$ correspondent au potentiel autour de paraboles.

On rappelle que la vitesse de l'écoulement autour d'une parabole d'équation :

$$y = \sqrt{2Rx}$$

a pour composantes :

$$\frac{u}{V_\infty} = 1 - \frac{\sqrt{R}}{2} \frac{\sqrt{r + \frac{R}{2} - x}}{r},$$

$$\frac{v}{V_\infty} = \frac{\sqrt{R}}{2} \frac{\sqrt{r + x - \frac{R}{2}}}{r},$$

avec :

$$r = \sqrt{\left(x - \frac{R}{2}\right)^2 + y^2}.$$

On rappelle aussi que la vitesse u sur l'axe correspondant au potentiel φ_1 est donnée par :

$$u = \frac{1}{\pi} \fint_{-\infty}^{+\infty} \frac{\frac{\partial \varphi_1}{\partial y}(x, 0_+)}{x - \xi} \, d\xi.$$

La notation $\frac{\partial \varphi_1}{\partial y}(x, 0_+)$ signifie que la dérivée $\frac{\partial \varphi_1}{\partial x}$ doit être évaluée à l'extrados ($y = 0_+$).

On trouve que la vitesse u, pour $-1 < x < 1$ correspondant au potentiel φ_1 vaut 1 car :

$$\frac{1}{\pi} \fint_{-1}^{1} \frac{T'}{x - \xi} \, d\xi = 1 \quad \text{pour} \quad -1 \le x \le 1,$$

$$\frac{1}{\pi} \fint_{-1}^{\infty} \frac{f}{x - \xi} \, d\xi = 0 \quad \text{pour} \quad x > -1,$$

$$\frac{1}{\pi} \fint_{-\infty}^{1} \frac{g}{x - \xi} \, d\xi = 0 \quad \text{pour} \quad x < 1.$$

Donner les composantes et le module de la vitesse à la paroi de l'ellipse.

La solution exacte pour la distribution de vitesse à la paroi de l'ellipse est :

$$\frac{q}{V_\infty} = \frac{1 + \varepsilon}{\sqrt{1 + \varepsilon^2 \frac{x^2}{1 - x^2}}}.$$

Comparer les résultats approchés à la solution exacte en traçant les résultats pour $\varepsilon = 0,1$, $\varepsilon = 0,25$ et $\varepsilon = 0,5$.

6.6. Démontrer les résultats de la Sect. 6.2.3.

6.7. Démontrer les résultats de la Sect. 6.3.3.

7

Écoulements à grand nombre de Reynolds

Ce chapitre est le début de la deuxième partie de l'ouvrage où sont présentées les analyses asymptotiques d'écoulements à grand nombre de Reynolds. L'objectif est simplement ici de rappeler quelques résultats classiques utiles pour la compréhension de la suite. Ainsi, une grande partie de ces résultats sera donnée sans démonstration détaillée.

Dans l'étude des écoulements à grand nombre de Reynolds, l'une des percées majeures a été l'introduction du concept de couche limite par PRANDTL [71] dont l'application s'est révélée des plus fructueuses. La théorie a été formalisée beaucoup plus tard par la mise en œuvre de la méthode des développements asymptotiques raccordés [41, 93]. Une amélioration a été aussi proposée avec la théorie de la couche limite au second ordre [91].

Les solutions numériques des équations de couche limite ont rapidement révélé une difficulté quand, sous l'effet d'un gradient de pression positif, le coefficient de frottement pariétal diminue jusqu'à s'annuler. Assimilé au décollement, ce problème a été analysé par LANDAU [45] et GOLDSTEIN [36]. D'une façon générale, la question soulevée est celle de déterminer la solution des équations de couche limite en aval d'une station où le profil de vitesse est donné [35]. Parmi différents résultats, GOLDSTEIN a montré que, en général, la solution des équations de couche limite est singulière si le profil de vitesses a une dérivée nulle à la paroi (tension pariétale nulle) et qu'il n'est pas possible de poursuivre le calcul de couche limite en aval. Il est intéressant de noter que la méthode mathématique appliquée pour cette analyse était très voisine de la méthode des développements asymptotiques raccordés bien avant que celle-ci ne fût formalisée. GOLDSTEIN a également suggéré qu'une méthode inverse serait à même de résoudre la singularité de décollement. Dans ces méthodes inverses, à la place de la vitesse extérieure, une caractéristique de la couche limite est donnée, par exemple la distribution de l'épaisseur de déplacement ; la vitesse à la frontière de la couche limite devient une inconnue. Dans la mesure où la distribution de l'épaisseur de déplacement donnée est régulière, les équations de couche limite permettent de calculer des solutions

régulières avec décollement. Ces résultats ont été montrés numériquement par
CATHERALL et MANGLER [10].

Avec l'analyse par LIGHTHILL du phénomène d'influence amont en supersonique [52], une étape décisive a été franchie. Le problème posé est celui
de la propagation d'une perturbation de couche limite de plaque plane, par
exemple une petite déviation de la paroi, lorsque l'écoulement à l'extérieur de
la couche limite est supersonique. Une théorie de petites perturbations a été
proposée dans laquelle l'écoulement perturbé est structuré en trois couches.
Dans la zone la plus éloignée de la paroi, les perturbations obéissent aux équations linéarisées d'écoulement non visqueux. Dans une zone correspondant à la
couche limite habituelle, les perturbations obéissent à des équations de petites
perturbations d'un écoulement non visqueux compressible parallèle. Très près
de la paroi, une couche visqueuse est introduite pour satisfaire les conditions
de non-glissement à la paroi. Dans cette zone, les équations sont celles de
stabilité de la couche limite incompressible, les équations d'Orr-Sommerfeld
considérées pour des perturbations stationnaires. Dans ces conditions, la solution révèle la possibilité de propagation des perturbations vers l'amont; il a
été montré que l'étendue de la zone d'interaction est de l'ordre de $LRe^{-3/8}$
où L est la distance de la perturbation au bord d'attaque de la plaque plane
et Re est le nombre de Reynolds formé avec L.

En fait, la question abordée était celle de l'interaction visqueuse-non visqueuse, c'est-à-dire l'interaction entre la couche limite et la zone d'écoulement
non visqueux. La compréhension de ces phénomènes a donc reçu un éclairage
nouveau avec l'analyse de LIGHTHILL. Elle a été complétée par la théorie de la
triple couche, ou triple pont, qui envisage le décollement de la couche limite.
Une discussion des problèmes posés par le décollement et la structure des
écoulements décollés, en liaison avec la théorie du tiple pont notamment, est
donnée dans [78].

La théorie de la triple couche est attribuée à STEWARTSON et WILLIAMS
et à NEYLAND [68, 82, 84, 87, 88]; MESSITER [63] est également arrivé à
cette théorie en analysant l'écoulement au voisinage du bord de fuite d'une
plaque plane. STEWARTSON et WILLIAMS considèrent que leur théorie est une
extension non linéaire de la théorie de Lighthill. La notion de triple couche a
permis de progresser dans la compréhension de nombreux problèmes [37, 101].

Parallèlement à ces analyses théoriques, des méthodes pratiques de résolution du couplage entre la couche limite et l'écoulement non visqueux
ont été développées avec l'objectif notamment de traiter des écoulements
décollés [7, 8, 11, 47, 48, 50, 54, 95]. Une justification des méthodes d'interaction pour calculer les écoulements décollés est fournie, au moins partiellement, par la théorie du triple pont [74, 96].

Dans ce chapitre, une analyse simplifiée des problèmes posés par le décollement de la couche limite est donnée. Elle repose sur l'utilisation d'une méthode intégrale de calcul de la couche limite. Il s'agit d'une méthode approchée
mais qui reproduit assez bien les propriétés des équations de la couche limite.
En outre, on aboutit de façon simple à une compréhension générale des

questions mathématiques et numériques posées par l'interaction visqueuse-non visqueuse [21, 22, 47]. On peut donc considérer qu'il s'agit d'un modèle pédagogique.

7.1 Théories de couche limite

Des exposés très complets sur les écoulements à grand nombre de Reynolds et leurs structures asymptotiques sont fournis par différents auteurs [75, 76, 78, 79, 85]. En particulier, dans ces références, la question du décollement est discutée. Dans ce paragraphe, nous présentons seulement sans les démontrer les résultats principaux des théories de couche limite classique et du triple pont.

7.1.1 Couche limite de Prandtl

On considère l'écoulement laminaire sur une paroi, autour d'un profil d'aile en atmosphère illimitée, par exemple (voir aussi problème 7.2). On suppose que l'écoulement est incompressible, bidimensionnel, stationnaire. L'écoulement est décrit par le modèle de Navier-Stokes (Ann. I).

On utilise un système d'axes (x, y) orthonormé. Toutes les grandeurs sont rendues sans dimension : les coordonnées x et y par une longueur de référence L, la vitesse par une vitesse de référence V, la pression par ϱV^2. Sous forme adimensionnée, les *équations de Navier-Stokes* s'écrivent :

$$\frac{\partial \mathcal{U}}{\partial x} + \frac{\partial \mathcal{V}}{\partial y} = 0, \tag{7.1a}$$

$$\mathcal{U}\frac{\partial \mathcal{U}}{\partial x} + \mathcal{V}\frac{\partial \mathcal{U}}{\partial y} = -\frac{\partial \mathcal{P}}{\partial x} + \frac{1}{\mathcal{R}}\frac{\partial^2 \mathcal{U}}{\partial x^2} + \frac{1}{\mathcal{R}}\frac{\partial^2 \mathcal{U}}{\partial y^2}, \tag{7.1b}$$

$$\mathcal{U}\frac{\partial \mathcal{V}}{\partial x} + \mathcal{V}\frac{\partial \mathcal{V}}{\partial y} = -\frac{\partial \mathcal{P}}{\partial y} + \frac{1}{\mathcal{R}}\frac{\partial^2 \mathcal{V}}{\partial x^2} + \frac{1}{\mathcal{R}}\frac{\partial^2 \mathcal{V}}{\partial y^2}, \tag{7.1c}$$

où $\mathcal{U} \equiv u/V$ et $\mathcal{V} = v/V$ sont les composantes de la vitesse suivant les axes x et y ; $\mathcal{P} = p/\varrho V^2$ est la pression ; ϱ est la masse volumique du fluide et μ est son coefficient de viscosité dynamique ; on pourra utiliser aussi la viscosité cinématique ν définie par $\nu = \mu/\varrho$. Le nombre de Reynolds $\mathcal{R}$ est défini par :

$$\mathcal{R} = \frac{\varrho V L}{\mu}.$$

L'objectif est de simplifier ce modèle lorsque *le nombre de Reynolds caractéristique de l'écoulement est grand devant l'unité.*

Deux zones sont distinguées : une zone d'*écoulement non visqueux* loin de la paroi et une zone de *couche limite* au voisinage de celle-ci. Dans l'écoulement non visqueux, les variations significatives de vitesse se produisent sur des distances dont l'ordre de grandeur est le même dans les deux directions d'espace; l'échelle de longueur L est la corde du profil d'aile plongé dans l'écoulement. Dans la couche limite, *deux échelles de longueur* interviennent. Suivant la direction parallèle à la paroi, l'échelle de longueur reste la corde du profil mais suivant la direction normale à la paroi l'échelle de longueur ℓ appropriée est :

$$\ell = L\mathcal{R}^{-1/2}.$$

La relation entre les échelles ℓ et L est essentielle. Elle équivaut à poser que *l'échelle de temps caractéristique de la viscosité*, ℓ^2/ν, *est du même ordre de grandeur que l'échelle de temps caractéristique de la convection*, L/V.

On définit le petit paramètre ε par :

$$\varepsilon^2 = \frac{1}{\mathcal{R}} \tag{7.2}$$

Dans la région non visqueuse, les équations de Navier-Stokes se simplifient suivant les *équations d'Euler*. Si l'on pose :

$$\mathcal{U} = u_1(x,y) + \cdots, \quad \mathcal{V} = v_1(x,y) + \cdots, \quad \mathcal{P} = p_1(x,y) + \cdots, \tag{7.3}$$

on obtient :

$$\frac{\partial u_1}{\partial x} + \frac{\partial v_1}{\partial y} = 0, \tag{7.4a}$$

$$u_1 \frac{\partial u_1}{\partial x} + v_1 \frac{\partial u_1}{\partial y} = -\frac{\partial p_1}{\partial x}, \tag{7.4b}$$

$$u_1 \frac{\partial v_1}{\partial x} + v_1 \frac{\partial v_1}{\partial y} = -\frac{\partial p_1}{\partial y}. \tag{7.4c}$$

Comme la condition d'adhérence à la paroi ne peut pas être vérifiée, il est nécessaire d'introduire une structure de *couche limite*. Le système d'axes employé est lié à cette paroi (Fig. 7.1). Pour des raisons de commodité, on utilise aussi les variables x et y (qui sont les mêmes pour le cas de la plaque plane). L'axe des x est pris le long de la paroi et l'axe des y est normal à celle-ci. On pose :

$$\mathcal{U} = U(x,Y) + \cdots, \quad \mathcal{V} = \varepsilon V(x,Y) + \cdots, \quad \mathcal{P} = P(x,Y) + \cdots, \tag{7.5}$$

où Y est la variable locale :

$$Y = \frac{y}{\varepsilon}. \tag{7.6}$$

Les *équations de couche limite au premier ordre* sont :

$$\frac{\partial U}{\partial X} + \frac{\partial V}{\partial Y} = 0, \tag{7.7a}$$

$$U \frac{\partial U}{\partial X} + V \frac{\partial U}{\partial Y} = -\frac{\partial P}{\partial X} + \frac{\partial^2 U}{\partial Y^2}, \tag{7.7b}$$

$$0 = -\frac{\partial P}{\partial Y}. \tag{7.7c}$$

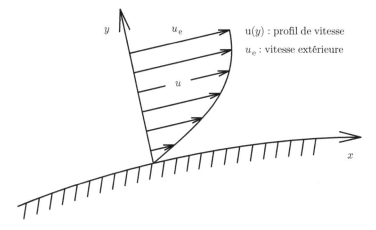

Fig. 7.1. Profil de vitesse dans une couche limite

Remarque 1. Si l'on revient à des variables dimensionnées, les équations de couche limite s'écrivent :

$$\frac{\partial u}{\partial x} + \frac{\partial v}{\partial y} = 0, \tag{7.8a}$$

$$\varrho u \frac{\partial u}{\partial x} + \varrho v \frac{\partial u}{\partial y} = -\frac{\partial p}{\partial x} + \mu \frac{\partial^2 u}{\partial y^2}, \tag{7.8b}$$

$$0 = \frac{\partial p}{\partial y}, \tag{7.8c}$$

où u, v, p correspondent respectivement à U, εV et P.

La présence de la couche limite permet d'assurer la *condition de non-glissement* à la paroi. Localement, en $Y = 0$, on a :

$$U = 0, \quad V = 0.$$

Si l'on note respectivement E et I les opérateurs d'expansion dans les zones externe et interne (respectivement zone non visqueuse et couche limite), le PMVD s'écrit :

$$\mathrm{I}\,\mathrm{E}\,\mathcal{U} = \mathrm{E}\,\mathrm{I}\,\mathcal{U}, \tag{7.9a}$$

$$\mathrm{I}\,\mathrm{E}\,\mathcal{V} = \mathrm{E}\,\mathrm{I}\,\mathcal{V}, \tag{7.9b}$$

$$\mathrm{I}\,\mathrm{E}\,\mathcal{P} = \mathrm{E}\,\mathrm{I}\,\mathcal{P}, \tag{7.9c}$$

et, appliqué à l'ordre 1, il conduit aux conditions :

$$\lim_{Y \to \infty} U(x, Y) = u_1(x, 0), \tag{7.10a}$$

$$v_1(x, 0) = 0, \tag{7.10b}$$

$$\lim_{Y \to \infty} P(x, Y) = p_1(x, 0). \tag{7.10c}$$

On note souvent U_e la vitesse calculée par les équations d'Euler à la paroi de l'obstacle. La vitesse U_e est reliée à la pression statique par l'équation de Bernoulli et, comme la pression est constante suivant une normale à la paroi, pour la couche limite on a :

$$\frac{\partial P}{\partial x} = \frac{\mathrm{d}P}{\mathrm{d}x} = -U_e \frac{\mathrm{d}U_e}{\mathrm{d}x}. \qquad (7.11)$$

Remarque 2. Sous forme dimensionnée, l'équation précédente est bien sûr :

$$\frac{\partial p}{\partial x} = \frac{\mathrm{d}p}{\mathrm{d}x} = -\varrho u_e \frac{\mathrm{d}u_e}{\mathrm{d}x}. \qquad (7.12)$$

On observe qu'*il n'y a pas de condition limite à la frontière de couche limite pour la composante de vitesse v*. Le raccord est assuré avec l'écoulement non visqueux à l'ordre suivant (relation (7.14)).

Associée aux conditions d'écoulement uniforme à l'infini, la condition à la paroi $v_1(x,0) = 0$ permet de résoudre les équations d'Euler *indépendamment* des équations de couche limite. Alors, la solution des équations d'Euler fournit notamment la distribution de vitesse $U_e(x) = u_1(x,0)$ ce qui permet de résoudre les équations de couche limite.

L'enchaînement des calculs est donc théoriquement le suivant :

Étape 1. L'écoulement non visqueux autour de l'obstacle réel est calculé en résolvant les équations d'Euler avec la condition de vitesse normale à la paroi nulle. Ce calcul fournit notamment la vitesse $U_e(x)$ à la paroi.

Étape 2. L'évolution de la couche limite est calculée avec la donnée de la distribution de vitesse $U_e(x)$.

Étape 3. L'écoulement non visqueux est corrigé en résolvant les équations d'Euler écrites en petites perturbations. En effet, le développement de l'écoulement externe est :

$$\mathcal{U} = u_1(x,y) + \varepsilon u_2(x,y) + \cdots, \qquad (7.13a)$$

$$\mathcal{V} = v_1(x,y) + \varepsilon v_2(x,y) + \cdots, \qquad (7.13b)$$

$$\mathcal{P} = p_1(x,y) + \varepsilon p_2(x,y) + \cdots, \qquad (7.13c)$$

et l'on montre facilement que u_2, v_2, p_2 satisfont les équations d'Euler linéarisées.

Le calcul de l'écoulement non visqueux perturbé par la présence de la couche limite introduit la notion d'épaisseur de déplacement (LIGHTHILL [53]). Elle est retrouvée en appliquant la méthode des développements asymptotiques raccordés [93]. De façon équivalente, cette condition est obtenue aussi en appliquant à la vitesse $\mathcal{V}$ le PMVD à l'ordre ε. On obtient :

$$v_2(x,0) = \lim_{Y \to \infty} \left[V - Y \left(\frac{\partial v_1}{\partial y} \right)_{y=0} \right], \qquad (7.14)$$

soit, en utilisant l'équation de continuité :

$$v_2(x,0) = \int_0^\infty \frac{\partial}{\partial x} \left[-U + u_1(x,0)\right] \, \mathrm{d}Y = \frac{\mathrm{d}}{\mathrm{d}x} \left[U_e \Delta_1\right]. \tag{7.15}$$

L'épaisseur de déplacement Δ_1, donnée ici sous forme adimensionnée, représente *l'effet de la couche limite sur l'écoulement non visqueux*; elle est définie par :

$$\Delta_1 = \int_0^\infty \left(1 - \frac{U}{U_e}\right) \, \mathrm{d}Y, \tag{7.16}$$

ou, sous forme dimensionnée, par :

$$\delta_1 = \int_0^\infty \left(1 - \frac{u}{u_e}\right) \, \mathrm{d}y, \tag{7.17}$$

Le calcul de l'écoulement non visqueux perturbé par la couche limite peut être réalisé de plusieurs façons. L'une d'elles consiste à effectuer ce calcul autour d'un obstacle modifié par le déplacement de la paroi, normalement à elle-même, d'une distance égale à l'épaisseur de déplacement. Une autre façon commode est de simuler le même effet à l'aide d'une *vitesse de soufflage* distribuée le long de la paroi *réelle* de l'obstacle :

$$v_s = \frac{\mathrm{d}}{\mathrm{d}x} \left[u_e \delta_1\right]. \tag{7.18}$$

Suivant cette méthode, l'écoulement non visqueux corrigé est donc calculé en imposant la vitesse v_s à la paroi.

Dans ce processus de calcul, les équations de couche limite sont résolues avec une pression imposée. On dit qu'elles sont résolues suivant le *mode standard* ou *mode direct*. On constate aussi que le déroulement des calculs est *hiérarchisé* : chacune des régions visqueuse et non visqueuse est traitée à son tour.

Dans les méthodes de calcul industrielles, la troisième étape est réalisée en résolvant les équations d'Euler et non pas leur forme linéarisée. Le cycle des itérations entre l'écoulement non visqueux et la couche limite est même parfois poursuivi.

7.1.2 Triple pont

Le comportement singulier des solutions des équations de couche limite au décollement en mode direct [36, 45] (voir aussi le problème 7.4) a été considéré comme une limitation du modèle. La restriction est sévère puisque la solution n'existe pas en aval du point de décollement. Pendant longtemps, la validité du modèle de couche limite a été mise en cause car la composante de vitesse normale à la paroi tend vers l'infini, ce qui est en contradiction avec les hypothèses faites.

La théorie du *triple pont*, ou triple couche, a permis de mieux comprendre la nature du problème.

Les idées principales de cette théorie se trouvent en grande partie dans l'article de Lighthill [52]. Comme il a déjà été dit dans l'introduction du présent chapitre, le problème posé était de bâtir une théorie capable de reproduire le phénomène d'influence amont observé lorsqu'une couche limite laminaire de plaque plane évoluant dans un écoulement extérieur supersonique est perturbée localement. Par exemple, si la paroi subit une légère déviation locale, on observe une variation de la pression pariétale bien en amont de la déviation. Cette remontée de l'information paraissait être en contradiction avec le fait que la couche limite est régie par un système d'équations de nature parabolique en espace (si l'on suppose que la pression est imposée) et que l'écoulement de fluide parfait est gouverné par un système d'équations de nature hyperbolique. En outre, l'ordre de grandeur de la distance sur laquelle remonte l'information semblait incompatible avec l'épaisseur de couche limite car beaucoup plus grande que celle-ci. Enfin, une forte modification de l'écoulement était observée expérimentalement malgré la faible épaisseur de la couche limite. L'explication de ce dernier point était connue : une petite perturbation donnant lieu à une augmentation de pression induit un épaississement de la couche limite qui provoque une augmentation encore plus forte de la pression. Le cadre théorique proposé par Lighthill consiste à considérer *les perturbations* dans la couche limite. Dans l'écoulement de base, la viscosité joue un rôle essentiel mais les perturbations se produisent sur des échelles telles que la viscosité n'a pas les moyens d'agir sur leur développement. L'évolution des perturbations dans la couche limite est décrite par les équations linéarisées de fluide parfait en écoulement compressible. Cette hypothèse ne tient plus au voisinage de la paroi où les phénomènes visqueux entrent en compétition avec les forces de pression et d'inertie pour assurer la condition de non-glissement à la paroi. Dans cette zone de très proche paroi, Lighthill suppose que les perturbations évoluent suivant l'équation d'Orr-Sommerfeld établie à l'origine pour analyser la stabilité linéaire d'une couche limite laminaire soumise à des petites perturbations. La description qualitative de la structure est complétée en supposant que les perturbations sont suffisantes pour affecter l'écoulement extérieur. Les perturbations de l'écoulement extérieur obéissent aux équations linéarisées du fluide parfait en écoulement supersonique. Les équations proposées dans les différentes régions sont reliées entre elles par des relations de couplage assurant la continuité des fonctions caractérisant l'écoulement, par exemple la pression et la vitesse. Ainsi formulée, la théorie de Lighthill constitue une version linéarisée de la triple couche. Si elle permet de bien évaluer la longueur de l'influence amont elle s'est révélée beaucoup plus puissante encore dans une formulation non linéaire en permettant de traiter bien d'autres problèmes.

On considère ici un écoulement stationnaire, bidimensionnel, incompressible, laminaire sur une plaque semi-infinie. Les vitesses, les longueurs et la pression sont d'abord rendues sans dimension à l'aide de grandeurs de référence V, L et ϱV^2. La vitesse de référence est la vitesse à l'infini amont et la longueur de référence est la longueur de développement de la couche limite.

La coordonnée longitudinale x et la coordonnée normale à la paroi y sont sans dimension. Le nombre de Reynolds est défini par :

$$\mathcal{R} = \frac{\varrho V L}{\mu}.$$

À la distance L du bord d'attaque de la plaque, la couche limite est perturbée, par exemple, par une petite bosse placée sur la paroi ; ce point correspond à $x = x_0$ (avec les adimensionnements choisis $x_0 = 1$). La bosse est susceptible de provoquer le décollement de la couche limite.

L'objectif est de définir un modèle capable d'éviter le comportement singulier de la couche limite mais plus simple que les équations de Navier-Stokes. Une dégénérescence significative des équations de Navier-Stokes est donc recherchée. Il faut bien noter que le modèle décrit les *perturbations* de l'écoulement de base.

Autour de la bosse, l'écoulement perturbé est structuré en *trois ponts* indiqués sur la Fig. 7.2 : *un pont inférieur, un pont principal et un pont supérieur*. La plupart du temps, le mot anglais « deck » (comme le pont d'un bateau) est traduit par le mot « couche » en français. En fait, cette théorie est plus qu'un empilage de couches liées entre elles car la structure proposée permet de trouver le passage entre la couche limite amont et la couche limite aval tout en évitant éventuellement la singularité de décollement. Il s'agit donc réellement d'une structure de pont à trois étages interdépendants et c'est dans ce sens que l'appellation est utilisée ici.

Les échelles de longueur longitudinale et transversale de la région perturbée sont $L\mathcal{R}^{-3/8}$. À l'intérieur de la région perturbée, trois ponts sont identifiés. L'épaisseur du pont inférieur est $L\mathcal{R}^{-5/8}$; les effets visqueux y sont importants. Le pont principal est le prolongement de la couche limite incidente. Son épaisseur est $L\mathcal{R}^{-1/2}$ et les effets visqueux y sont négligeables (pour les perturbations) ; ce résultat est dû à ce que les dimensions de cette région

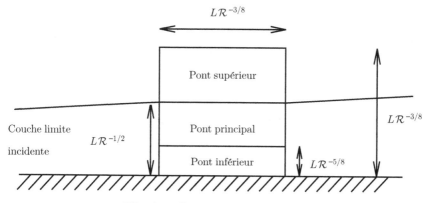

Fig. 7.2. Structure en triple pont

perturbée sont telles que la viscosité n'a pas d'effet significatif. Dans le pont supérieur, les effets visqueux sont négligeables ; son épaisseur est $LR^{-3/8}$.

Des études ont été réalisées en spécifiant l'ordre de grandeur des dimensions de l'obstacle [20, 72, 73] ; le problème 10.3 en rappelle quelques résultats. Ici, les caractéristiques de l'obstacle ne sont pas précisées mais on suppose qu'elles sont compatibles avec les résultats de la théorie.

La théorie du triple pont décrit par exemple l'écoulement autour d'un obstacle dont la hauteur est de l'ordre de $LR^{-5/8}$ et la longueur est de l'ordre de $LR^{-3/8}$. Il est essentiel de bien noter que *les dimensions de l'obstacle varient avec le nombre de Reynolds* et tendent vers zéro quand le nombre de Reynolds tend vers l'infini.

Ces échelles montrent le *caractère local* de la théorie. Quand le nombre de Reynolds tend vers l'infini, le domaine du triple pont tend vers un point. La théorie n'est donc pas capable, a priori, de décrire la structure globale d'un écoulement lorsque le nombre de Reynolds tend vers l'infini. De la même façon, la théorie de la couche limite de Prandtl décrit la structure de l'écoulement au voisinage de la paroi lorsque le nombre de Reynolds tend vers l'infini.

Dans ce qui suit, on rappelle les résultats principaux de la théorie du triple pont sans justifier le choix des échelles et des développements dans les différentes zones. Les éléments permettant d'aboutir à la définition précise des différentes jauges sont donnés dans la remarque 4 p. 148. Des exposés plus détaillés de l'établissement de la théorie sont donnés dans [75, 78].

Le petit paramètre du problème ε, épaisseur asymptotique sans dimension de la couche limite incidente, est relié au nombre de Reynolds par :

$$\varepsilon = \mathcal{R}^{-1/2}.$$

Dans chacun des ponts, les variables suivantes sont utilisées :

$$\text{Pont supérieur}: X = \varepsilon^{-3/4}(x - x_0)\,,\ Y^* = \varepsilon^{-3/4}y, \qquad (7.19a)$$

$$\text{Pont principal}: X = \varepsilon^{-3/4}(x - x_0)\,,\ \ Y = \varepsilon^{-1}y, \qquad (7.19b)$$

$$\text{Pont inférieur}: \ X = \varepsilon^{-3/4}(x - x_0)\,,\ \ \widetilde{Y} = \varepsilon^{-5/4}y. \qquad (7.19c)$$

On appelle $U_0(Y)$ le profil de vitesses de la couche limite non perturbée au point $x = x_0$ et sa pente à l'origine est λ :

$$\lambda = \left(\frac{\mathrm{d}U_0}{\mathrm{d}Y}\right)_{Y=0} \qquad (7.20)$$

Les développements appropriés dans chaque pont sont :
– Pont supérieur

$$\mathcal{U} = 1 + \varepsilon^{1/2}U_1^*(X, Y^*) + \cdots,$$

$$\mathcal{V} = \varepsilon^{1/2}V_1^*(X, Y^*) + \cdots,$$

$$\mathcal{P} = \varepsilon^{1/2}P_1^*(X, Y^*) + \cdots.$$

– Pont principal

$$\mathcal{U} = U_0(Y) + \varepsilon^{1/4} U_1(X, Y) + \cdots,$$

$$\mathcal{V} = \varepsilon^{1/2} V_1(X, Y) + \cdots,$$

$$\mathcal{P} = \varepsilon^{1/2} P_1(X, Y) + \cdots.$$

– Pont inférieur

$$\mathcal{U} = \varepsilon^{1/4} \widetilde{U}_1(X, \widetilde{Y}) + \cdots,$$

$$\mathcal{V} = \varepsilon^{3/4} \widetilde{V}_1(X, \widetilde{Y}) + \cdots,$$

$$\mathcal{P} = \varepsilon^{1/2} \widetilde{P}_1(X, \widetilde{Y}) + \cdots.$$

Toutes les échelles et les structures asymptotiques ont été démontrées (Nayfeh [67], Mauss et al. [58, 59]).

Dans le pont principal, le premier terme est $U_0(Y)$ qui ne dépend pas de X. Le premier terme dans le pont supérieur est 1, c'est-à-dire la valeur de la première approximation pour l'écoulement non visqueux à l'extérieur de la couche limite ; cette valeur se raccorde avec la limite de $U_0(Y)$ quand $Y \to \infty$.

Les équations dans les différents ponts sont :

– Pont supérieur

$$\frac{\partial U_1^*}{\partial X} + \frac{\partial V_1^*}{\partial Y^*} = 0, \tag{7.21a}$$

$$\frac{\partial U_1^*}{\partial X} = -\frac{\partial P_1^*}{\partial X}, \tag{7.21b}$$

$$\frac{\partial V_1^*}{\partial X} = -\frac{\partial P_1^*}{\partial Y^*}. \tag{7.21c}$$

– Pont principal

$$\frac{\partial U_1}{\partial X} + \frac{\partial V_1}{\partial Y} = 0, \tag{7.21d}$$

$$U_0 \frac{\partial U_1}{\partial X} + V_1 \frac{\partial U_0}{\partial Y} = 0, \tag{7.21e}$$

$$\frac{\partial P_1}{\partial Y} = 0. \tag{7.21f}$$

– Pont inférieur

$$\frac{\partial \widetilde{U}_1}{\partial X} + \frac{\partial \widetilde{V}_1}{\partial \widetilde{Y}} = 0, \tag{7.21g}$$

$$\widetilde{U}_1 \frac{\partial \widetilde{U}_1}{\partial X} + \widetilde{V}_1 \frac{\partial \widetilde{U}_1}{\partial \widetilde{Y}} = -\frac{\partial \widetilde{P}_1}{\partial X} + \frac{\partial^2 \widetilde{U}_1}{\partial \widetilde{Y}^2}, \tag{7.21h}$$

$$\frac{\partial \widetilde{P}_1}{\partial \widetilde{Y}} = 0. \tag{7.21i}$$

Dans le pont principal, la solution est :

$$U_1 = A(X)U_0'(Y) \quad \text{avec} \quad U_0'(Y) = \frac{dU_0}{dY}, \tag{7.22a}$$

$$V_1 = -A'(X)U_0(Y) \quad \text{avec} \quad A'(X) = \frac{dA}{dX}, \tag{7.22b}$$

où la fonction $A(X)$ est une inconnue du problème qui doit être telle que $A \to 0$ quand $X \to -\infty$.

Si l'on note respectivement E, M et I les opérateurs d'expansion dans les ponts supérieur, principal et inférieur, l'application du PMVD conduit aux résultats décrits ci-dessous.

À l'ordre $\varepsilon^{1/4}$ pour $\mathcal{U}$, la condition $\mathrm{I\,M}\mathcal{U} = \mathrm{M\,I}\mathcal{U}$ donne :

$$\lim_{\widetilde{Y} \to \infty} \left(\widetilde{U}_1 - \lambda \widetilde{Y} \right) = \lambda A. \tag{7.23}$$

À l'ordre $\varepsilon^{1/2}$ pour $\mathcal{V}$, la condition $\mathrm{E\,M}\mathcal{V} = \mathrm{M\,E}\mathcal{V}$ donne :

$$V_1^*(X,0) = \lim_{Y \to \infty} V_1(X,Y), \tag{7.24}$$

soit, en tenant compte de la solution (7.22b) et de $U_0 \to 1$ quand $Y \to \infty$:

$$V_1^*(X,0) = -\frac{dA}{dX}. \tag{7.25}$$

À l'ordre $\varepsilon^{1/2}$ pour $\mathcal{P}$, les conditions $\mathrm{I\,M}\mathcal{P} = \mathrm{M\,I}\mathcal{P}$ et $\mathrm{E\,M}\mathcal{P} = \mathrm{M\,E}\mathcal{P}$ donnent :

$$P_1(X,0) = \lim_{\widetilde{Y} \to \infty} \widetilde{P}_1(X,\widetilde{Y}), \tag{7.26a}$$

$$P_1^*(X,0) = \lim_{Y \to \infty} P_1(X,Y). \tag{7.26b}$$

Comme, en outre, on a $\dfrac{\partial P_1}{\partial Y} = 0$ et $\dfrac{\partial \widetilde{P}_1}{\partial \widetilde{Y}} = 0$, on en déduit :

$$P_1^*(X,0) = P_1(X) = \widetilde{P}_1(X). \tag{7.27}$$

La condition (7.23) n'est autre qu'une des conditions permettant la résolution de (7.21g, 7.21h, 7.21i).

La condition (7.25) sur la vitesse $V_1^*(X,0)$ permet la résolution des équations du pont supérieur (7.21a, 7.21b, 7.21c). La vitesse $V_1^*(X,0)$ peut être identifiée à la perturbation de la vitesse de soufflage v_s (7.18) utilisée dans les études de couche limite pour simuler son effet sur l'écoulement non visqueux. La fonction A est appelée *fonction de déplacement*.

Remarque 3. Dans le pont principal, la pente des lignes de courant est donnée par :

$$\frac{\varepsilon dY}{\varepsilon^{3/4} dX} = \frac{v}{u} = -\frac{\varepsilon^{1/2} A'(X) U_0(Y)}{U_0(Y) + \varepsilon^{1/4} A(X) U_0'(Y)},$$

soit, au premier ordre :

$$\frac{\mathrm{d}Y}{\mathrm{d}X} = -\varepsilon^{1/4} A'(X).$$

Ainsi, l'équation des lignes de courant est :

$$Y = -\varepsilon^{1/4} A(X) + C,$$

avec la condition $A \to 0$ quand $X \to -\infty$; C est une constante qui dépend de la ligne de courant considérée.

Par rapport aux lignes de courant non perturbées dont l'équation est $Y = C$, on observe que ces lignes sont déplacées d'une quantité $-\varepsilon^{1/4} A(X)$ qui ne dépend que de X et pas de Y. Dans le pont principal, toutes les lignes de courant subissent donc un déplacement identique perpendiculairement à la paroi. En outre, la vitesse le long d'une ligne de courant est :

$$\left[\sqrt{(U_0 + \varepsilon^{1/4} A U_0')^2 + \varepsilon A'^2 U_0^2} \right]_{Y = -\varepsilon^{1/4} A(X) + C} = U_0(Y = C) + \mathrm{O}(\varepsilon^{1/2}).$$

À des termes d'ordre $\varepsilon^{1/2}$ près, la vitesse est constante le long des lignes de courant dans le pont principal.

D'après la solution dans le pont supérieur, la pression et la vitesse normale à la paroi sont reliées par une intégrale de Hilbert (Ann. III) :

$$P_1^*(X, 0) = -\frac{1}{\pi} \fint_{-\infty}^{\infty} \frac{V_1^*(X, 0)}{X - \xi} \, \mathrm{d}\xi,$$

soit :

$$P_1^*(X, 0) = \frac{1}{\pi} \fint_{-\infty}^{\infty} \frac{A'(X)}{X - \xi} \, \mathrm{d}\xi, \tag{7.28}$$

où le signe $\fint$ signifie « intégrale en valeur principale de Cauchy ». On a aussi :

$$P_1^*(X, 0) = -U_1^*(X, 0).$$

Avec (7.27), on déduit :

$$\widetilde{P}_1(X) = \frac{1}{\pi} \fint_{-\infty}^{\infty} \frac{A'(X)}{X - \xi} \, \mathrm{d}\xi. \tag{7.29}$$

On remarque que les équations du pont principal et du pont inférieur sont incluses dans les équations de couche limite classiques. Les équations du pont inférieur sont même exactement les équations classiques mais elles sont associées à des conditions aux limites inhabituelles. À la paroi, on a :

$$\widetilde{U}_1 = 0, \quad \widetilde{V}_1 = 0, \tag{7.30}$$

mais le raccord entre le pont inférieur et le pont principal donne la condition (7.23). De plus, les perturbations doivent s'annuler à l'infini amont du triple pont pour assurer le raccordement à une couche limite non perturbée.

La résolution des équations du triple pont se ramène essentiellement à celle des équations du pont inférieur (7.21g) et (7.21h), avec la loi d'interaction (7.29) et les conditions aux limites (7.30), (7.23) ; la fonction $A(X)$ est un résultat du calcul. En pratique, il faut également introduire une perturbation. Si celle-ci est une déformation locale de la paroi définie par $\widetilde{Y} = F(X)$, elle vient s'ajouter à la fonction de déplacement A et on voit apparaître partout $F + A$ à la place de A, sous réserve d'utiliser la transformation de Prandtl pour ramener l'équation de la paroi à $\widetilde{Y} = 0$ [73].

Contrairement à la théorie classique de couche limite, les équations pour les écoulements visqueux et non visqueux forment un *système fortement couplé* : la solution du pont supérieur dépend de la solution dans les ponts inférieur et principal par le biais de la fonction A alors que la solution dans les ponts inférieur et principal dépend de la solution dans le pont supérieur par la distribution de pression. La solution dans le pont supérieur ne peut pas être déterminée indépendamment de la solution dans les ponts inférieur et principal ; l'inverse est vrai aussi. Le pont principal a un rôle passif car il sert essentiellement à transmettre la pression et l'effet de déplacement entre la couche limite (pont inférieur) et l'écoulement non visqueux (pont supérieur).

La condition de raccord (7.24) sur la vitesse normale à la paroi entre le pont supérieur et le pont principal résulte de l'identité des jauges pour cette composante de vitesse. Elle est essentielle pour garantir l'*absence de hiérarchie entre les trois ponts*. En outre, dans le pont inférieur, la perturbation de vitesse longitudinale est d'ordre $\varepsilon^{1/4}$, puisque dans ce pont le développement est :

$$u = \varepsilon^{1/4}\widetilde{U}_1 + \cdots.$$

Or, dans ce pont, le profil de base – le profil de Blasius – est donné par :

$$U_0 = \lambda Y = \varepsilon^{1/4}\lambda\widetilde{Y}.$$

Ainsi, dans le pont inférieur, le profil de base et celui de la perturbation sont du même ordre de grandeur. Il est donc possible que la vitesse résultante possède des valeurs négatives. Associée à l'interaction entre les ponts, cette propriété donne accès au traitement d'*écoulements décollés*. Cependant, il faut bien noter que les résultats donnés ici ne constituent pas une solution à la singularité de Goldstein car, dans la théorie du triple pont, la perturbation qui provoque le décollement tend vers zéro quand le nombre de Reynolds tend vers l'infini.

Remarque 4. Le choix des fonctions d'ordre est évidemment crucial pour la cohérence des résultats et le succès du modèle. Les contraintes pour les déterminer sont données ci-dessous.

On note d'abord que la pression, au premier ordre, se raccorde directement entre les différents ponts ; les perturbations de pression sont du même ordre partout.

Le pont principal est le prolongement de la couche limite incidente, ce qui fixe son épaisseur.

Dans le pont supérieur, les dimensions du domaine perturbé sont les mêmes dans les deux directions.

Les deux termes de l'équation de continuité sont toujours du même ordre de grandeur dans les différents ponts de sorte que cette équation n'a jamais une forme triviale.

Dans le pont inférieur, les termes visqueux sont du même ordre que les termes d'inertie et de pression dans l'équation de quantité de mouvement longitudinale ; la condition de non-glissement peut ainsi être appliquée à la paroi.

La contrainte de frottement pariétal est donnée par la pente à la paroi du profil de vitesse dans le pont inférieur. Le choix des fonctions d'ordre est tel que la perturbation de la contrainte pariétale a le même ordre de grandeur que la contrainte pariétale de la couche limite incidente. Ainsi, la contrainte pariétale résultante peut être négative et la solution peut décrire une couche limite décollée.

Les composantes de vitesse normale à la paroi sont du même ordre de grandeur dans le pont supérieur et dans le pont principal. Cette condition primordiale évite la hiérarchie entre les différents ponts.

Remarque 5. Il doit être noté que, sans perturbation, la solution des équations du modèle de triple pont possède la solution triviale $A = 0$. Cependant, il existe une solution propre telle que [85] :

$$p = -\alpha(-X)^{1/2}, \quad \frac{\mathrm{d}A}{\mathrm{d}X} = 0 \qquad \text{si } X < 0,$$

$$p = 0, \quad \frac{\mathrm{d}A}{\mathrm{d}X} = -\alpha X^{1/2} \text{ si } X > 0,$$

où α est une constante arbitraire. Daprès SYCHEV [85, 88], un choix convenable de α rend la solution compatible avec les conditions aval et la singularité en $X = 0$ est effacée. Ce modèle est mis en œuvre en liaison avec le modèle de ligne de courant libre (free streamline) de Kirchhoff pour traiter le décollement sur une surface régulière (sans arête), par exemple sur un cylindre circulaire [89].

Remarque 6. En supersonique, la structure en triple pont est très voisine de celle obtenue en incompressible mais la loi d'interaction (7.29) devient la loi d'Ackeret, soit avec l'introduction d'échelles convenables :

$$p = -\frac{\mathrm{d}A}{\mathrm{d}X}.$$

La forme linéarisée du triple pont d'après LIGHTHILL admet une solution propre [52] :

$$p = a_1 \exp \kappa X + \cdots,$$

ce qui fournit la clé du problème d'interaction libre avec propagation de perturbations vers l'amont. Ces solutions peuvent être interprétées comme la génération de perturbations « spontanées ».

7.2 Analyse d'une méthode intégrale

7.2.1 Méthode intégrale

On considère un écoulement de couche limite laminaire, bidimensionnel, incompressible et stationnaire.

Les équations de couche limite (7.8a–7.8c) ont été données plus haut et la pression est reliée à la vitesse extérieure par (7.12).

Une méthode intégrale [18] repose sur des formes intégrées des équations locales, l'intégration étant effectuée par rapport à y sur toute la couche limite. Les équations intégrales représentent donc des bilans globaux dans l'épaisseur de la couche limite. Le choix des équations intégrales est quasiment illimité : on peut prendre par exemple la forme intégrée des équations de continuité et de quantité de mouvement, on peut prendre aussi la forme intégrée de l'équation d'énergie cinétique ou de toute autre équation de moment. Ici, on choisit la *forme intégrée des équations d'énergie cinétique et de quantité de mouvement* [18] :

$$\frac{\mathrm{d}\delta_3}{\mathrm{d}x} + 3\frac{\delta_3}{u_e}\frac{\mathrm{d}u_e}{\mathrm{d}x} = 2C_D, \tag{7.31a}$$

$$\frac{\mathrm{d}\theta}{\mathrm{d}x} + \theta\frac{H+2}{u_e}\frac{\mathrm{d}u_e}{\mathrm{d}x} = \frac{C_f}{2}. \tag{7.31b}$$

Dans ces équations, u_e est la vitesse à la frontière de la couche limite ; δ_1, δ_3 et θ représentent respectivement l'épaisseur de déplacement, l'épaisseur d'énergie cinétique et l'épaisseur de quantité de mouvement ; H est le facteur de forme. On a :

$$\delta_1 = \int_0^\infty \left(1 - \frac{u}{u_e}\right)\mathrm{d}y, \quad \delta_3 = \int_0^\infty \frac{u}{u_e}\left(1 - \frac{u^2}{u_e^2}\right)\mathrm{d}y,$$

$$\theta = \int_0^\infty \frac{u}{u_e}\left(1 - \frac{u}{u_e}\right)\mathrm{d}y, \quad H = \frac{\delta_1}{\theta}.$$

Le coefficient de dissipation C_D et le coefficient de frottement C_f sont définis par :

$$C_D = \frac{1}{\varrho u_e^3}\int_0^\infty \mu\left(\frac{\partial u}{\partial y}\right)^2 \mathrm{d}y, \quad \frac{C_f}{2} = \frac{\tau_p}{\varrho u_e^2},$$

où τ_p est la contrainte de frottement pariétal :

$$\tau_p = \left(\mu\frac{\partial u}{\partial y}\right)_{y=0}.$$

Le coefficient de dissipation représente, avec les hypothèses de couche limite, l'intégrale du travail de déformation de la tension visqueuse $\left(\mu\frac{\partial u}{\partial y}\right)\frac{\partial u}{\partial y}$, responsable de la transformation de l'énergie cinétique en chaleur.

Le mode de résolution standard des équations de couche limite, ou *mode direct*, consiste à supposer que la distribution de vitesse extérieure u_e est connue. Un calcul d'écoulement non visqueux fournit cette distribution. Les équations intégrales (7.31a) et (7.31b) contiennent alors 5 fonctions inconnues : $\delta_1(x)$, $\delta_3(x)$, $\theta(x)$, $C_D(x)$ et $C_f(x)$. La fonction $H(x)$ n'est pas une inconnue supplémentaire puisque, par définition, on a $H = \delta_1/\theta$. Le système d'équations étant ouvert, il est nécessaire de compléter les équations intégrales par des relations de fermeture. Elles ont la forme :

$$\frac{2C_D \mathcal{R}_\theta}{H_{32}} = F_1(H), \tag{7.32a}$$

$$\frac{C_f}{2}\mathcal{R}_\theta = F_2(H), \tag{7.32b}$$

$$H_{32} = F_3(H), \tag{7.32c}$$

où $\mathcal{R}_\theta$ est le nombre de Reynolds formé avec l'épaisseur de quantité de mouvement :

$$\mathcal{R}_\theta = \frac{\varrho u_e \theta}{\mu},$$

et H_{32} est :

$$H_{32} = \frac{\delta_3}{\theta}.$$

Les fonctions $F_1(H)$, $F_2(H)$ et $F_3(H)$ ont été obtenues d'après les solutions d'auto-similitude de FALKNER-SKAN [18] ; elles sont données Figs. 7.3, 7.4 et 7.5.

Ainsi, les équations intégrales de couche limite (7.31a) et (7.31b) jointes aux relations de fermeture (7.32a), (7.32b) et (7.32c) constituent la *méthode intégrale de calcul de couche limite*.

Pour les analyses développées ci-dessous, il est plus commode de réécrire les équations en tenant compte de la définition de H_{32}. On a :

$$\frac{\mathrm{d}\delta_3}{\mathrm{d}x} = H_{32}\frac{\mathrm{d}\theta}{\mathrm{d}x} + \theta H'_{32}\frac{\mathrm{d}}{\mathrm{d}x}\left(\frac{\delta_1}{\theta}\right),$$

$$= (H_{32} - HH'_{32})\frac{\mathrm{d}\theta}{\mathrm{d}x} + H'_{32}\frac{\mathrm{d}\delta_1}{\mathrm{d}x},$$

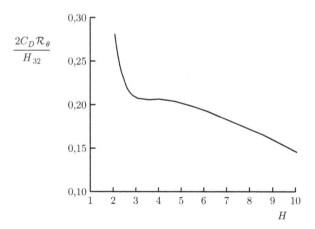

Fig. 7.3. Fonction de dissipation

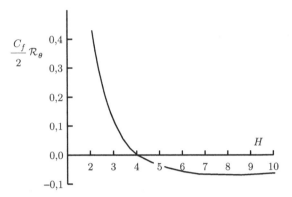

Fig. 7.4. Coefficient de frottement

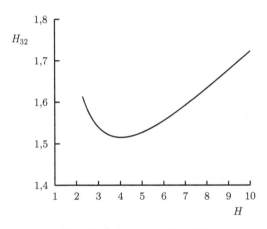

Fig. 7.5. Fonction $H_{32}(H)$

avec :

$$H'_{32} = \frac{\mathrm{d}H_{32}}{\mathrm{d}H}.$$

Le système des équations intégrales devient alors :

$$(H_{32} - HH'_{32})\frac{\mathrm{d}\theta}{\mathrm{d}x} + H'_{32}\frac{\mathrm{d}\delta_1}{\mathrm{d}x} + 3\frac{\delta_3}{u_e}\frac{\mathrm{d}u_e}{\mathrm{d}x} = 2C_D, \qquad (7.33\mathrm{a})$$

$$\frac{\mathrm{d}\theta}{\mathrm{d}x} + \theta\frac{H+2}{u_e}\frac{\mathrm{d}u_e}{\mathrm{d}x} = \frac{C_f}{2}. \qquad (7.33\mathrm{b})$$

Trois problèmes sont posés dans la suite :

Problème 1. La vitesse extérieure u_e est supposée connue. Le problème de couche limite est posé sous sa forme standard. On dit qu'il s'agit du *mode direct*. On examine si le calcul de couche limite est toujours possible.

Problème 2. La distribution de l'épaisseur de déplacement δ_1 est supposée connue et la distribution de la vitesse extérieure devient une fonction inconnue. Il s'agit du *mode inverse*. On examine si la résolution des équations de couche limite est toujours possible.

Problème 3. On suppose que l'écoulement se produit dans un diffuseur de géométrie connue et que la distribution de vitesse extérieure est uniforme dans une section. Les équations visqueuses et non visqueuses étant fortement couplées, on examine si la résolution est toujours possible.

7.2.2 Mode direct

On suppose que la distribution de vitesse extérieure $u_e(x)$ est connue. Compte tenu des relations de fermeture (7.32a–7.32c), les inconnues principales du système (7.33a), (7.33b) sont δ_1 et θ. Le problème est donc de calculer leurs dérivées à partir du système :

$$(H_{32} - HH_{32}')\frac{\mathrm{d}\theta}{\mathrm{d}x} + H_{32}'\frac{\mathrm{d}\delta_1}{\mathrm{d}x} = 2C_D - 3\frac{\delta_3}{u_e}\frac{\mathrm{d}u_e}{\mathrm{d}x}, \tag{7.34a}$$

$$\frac{\mathrm{d}\theta}{\mathrm{d}x} = \frac{C_f}{2} - \theta\frac{H+2}{u_e}\frac{\mathrm{d}u_e}{\mathrm{d}x}. \tag{7.34b}$$

Les inconnues sont donc $\dfrac{\mathrm{d}\delta_1}{\mathrm{d}x}$ et $\dfrac{\mathrm{d}\theta}{\mathrm{d}x}$. Le déterminant du système est :

$$\Delta_1 = -H_{32}'.$$

On suppose que le facteur de forme H est supérieur à 2,21 ; cette valeur correspond au point d'arrêt en écoulement bidimensionnel. Dans ce domaine, le déterminant Δ_1 s'annule pour $H = 4,029$ (Fig. 7.5), ce qui correspond au *décollement de la couche limite* ; le coefficient de frottement s'annule pour cette valeur de H (Fig. 7.4).

Au point de décollement, la résolution est soit impossible, soit indéterminée. Elle est indéterminée si la relation de compatibilité est satisfaite :

$$2C_D - 3\frac{\delta_3}{u_e}\frac{\mathrm{d}u_e}{\mathrm{d}x} = H_{32}\left(\frac{C_f}{2} - \theta\frac{H+2}{u_e}\frac{\mathrm{d}u_e}{\mathrm{d}x}\right),$$

ce qui suppose que la distribution de vitesse extérieure suit une loi particulière qui, en général, n'est pas vérifiée.

Ainsi, la résolution des équations de couche limite devient généralement *impossible* au point de décollement. Il s'ensuit que la dérivée $\dfrac{\mathrm{d}\delta_1}{\mathrm{d}x}$ devient infinie car on peut calculer $\dfrac{\mathrm{d}\theta}{\mathrm{d}x}$ d'après (7.34b) et, en reportant dans (7.34a), on aboutit à une valeur finie non nulle de $H_{32}'\dfrac{\mathrm{d}\delta_1}{\mathrm{d}x}$. Comme H_{32}' s'annule au point de décollement, on en déduit que la valeur de la dérivée de δ_1 devient infinie. De plus, le calcul de la couche limite en aval du point de décollement est impossible car la dérivée $\dfrac{\mathrm{d}H_{32}}{\mathrm{d}x}$ est non nulle au point de décollement si la relation de compatibilité n'est pas vérifiée ; alors, la valeur de H_{32} devient inférieure à sa valeur minimum donnée par la relation $F_3(H)$.

La singularité de décollement et l'impossibilité de calculer la couche limite en aval du point de décollement lorsque la vitesse extérieure (ou la pression) est imposée sont à rapprocher des résultats de GOLDSTEIN [36] (cf. problèmes 7.4 et 7.7).

7.2.3 Mode inverse

On suppose maintenant que la distribution de l'épaisseur de déplacement est connue, la distribution de la vitesse extérieure devient alors une fonction inconnue qu'il s'agit de calculer grâce aux équations de couche limite. En pratique, ce problème n'a de sens que si l'on suppose que les équations de couche limite sont associées aux équations de l'écoulement non visqueux et qu'un algorithme est imaginé pour résoudre l'ensemble des deux systèmes d'équations. Cette question sera évoquée dans la Sect. 7.3.

Suivant ce mode, en mettant les inconnues principales dans le membre de gauche, les équations de couche limite s'écrivent :

$$(H_{32} - HH'_{32})\frac{\mathrm{d}\theta}{\mathrm{d}x} + 3\frac{\delta_3}{u_e}\frac{\mathrm{d}u_e}{\mathrm{d}x} = 2C_D - H'_{32}\frac{\mathrm{d}\delta_1}{\mathrm{d}x}, \qquad (7.35a)$$

$$\frac{\mathrm{d}\theta}{\mathrm{d}x} + \theta\frac{H+2}{u_e}\frac{\mathrm{d}u_e}{\mathrm{d}x} = \frac{C_f}{2}. \qquad (7.35b)$$

Il s'agit de calculer les dérivées $\dfrac{\mathrm{d}\theta}{\mathrm{d}x}$ et $\dfrac{\mathrm{d}u_e}{\mathrm{d}x}$. Le déterminant du système est :

$$\Delta_2 = \theta\frac{H+2}{u_e}(H_{32} - HH'_{32}) - 3\frac{\delta_3}{u_e} = \frac{\theta}{u_e}\left[(H_{32} - HH'_{32})(H+2) - 3H_{32}\right].$$

Pour $H > 2,21$, on montre que $\Delta_2 \neq 0$. En mode inverse, on est donc toujours assuré que la résolution des équations de couche limite ne présente pas de singularité si, bien sûr, la distribution de δ_1 est suffisamment régulière. Même au décollement, il n'y a pas de difficulté pour résoudre les équations de couche limite.

Ce résultat est à rapprocher de l'étude de CATHERALL et MANGLER [10] qui ont montré numériquement que la solution des équations locales de couche limite en mode inverse est parfaitement régulière à la traversée d'un point de décollement.

Une conclusion importante est d'ores et déjà que la singularité de décollement ne peut pas être imputée entièrement à l'utilisation des équations de couche limite ; leur mode de résolution entre en jeu (cf. problème 7.3).

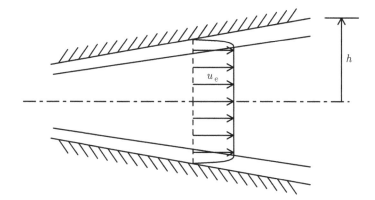

Fig. 7.6. Écoulement dans un diffuseur

7.2.4 Mode simultané

On considère l'écoulement dans un diffuseur plan symétrique de géométrie donnée ; la fonction $h(x)$ est donc connue (Fig. 7.6). Pour simplifier l'analyse, on suppose que la vitesse u_e de l'écoulement dans la zone non visqueuse est constante dans une section et que cette section évolue lentement. En utilisant la définition de l'épaisseur de déplacement δ_1, la conservation du débit masse dans le diffuseur donne :

$$u_e(h - \delta_1) = \text{Cte},$$

soit, en dérivant :

$$u_e \frac{\mathrm{d}h}{\mathrm{d}x} - u_e \frac{\mathrm{d}\delta_1}{\mathrm{d}x} + (h - \delta_1)\frac{\mathrm{d}u_e}{\mathrm{d}x} = 0.$$

La forme du diffuseur étant supposée donnée, les inconnues principales du problème sont l'épaisseur de déplacement $\delta_1(x)$, l'épaisseur de quantité de mouvement $\theta(x)$ et la vitesse $u_e(x)$.

Les équations sont :

$$(H_{32} - HH'_{32})\frac{\mathrm{d}\theta}{\mathrm{d}x} + H'_{32}\frac{\mathrm{d}\delta_1}{\mathrm{d}x} + 3\frac{\delta_3}{u_e}\frac{\mathrm{d}u_e}{\mathrm{d}x} = 2C_D, \qquad (7.36a)$$

$$\frac{\mathrm{d}\theta}{\mathrm{d}x} + \theta\frac{H + 2}{u_e}\frac{\mathrm{d}u_e}{\mathrm{d}x} = \frac{C_f}{2}, \qquad (7.36b)$$

$$-u_e\frac{\mathrm{d}\delta_1}{\mathrm{d}x} + (h - \delta_1)\frac{\mathrm{d}u_e}{\mathrm{d}x} = -u_e\frac{\mathrm{d}h}{\mathrm{d}x}. \qquad (7.36c)$$

Les inconnues étant les dérivées de θ, δ_1 et u_e, le déterminant est :

$$\Delta_3 = (H_{32} - HH'_{32})(H + 2)\theta - [H'_{32}(h - \delta_1) + 3H_{32}\theta].$$

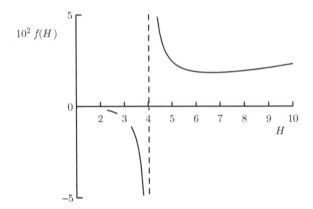

Fig. 7.7. Fonction $f(H) = \dfrac{(H_{32} - HH'_{32})(H + 2) + HH'_{32} - 3H_{32}}{H'_{32}}$

Ce déterminant s'annule lorsque :

$$\frac{h}{\theta} = f(H) \quad \text{avec} \quad f(H) = \frac{(H_{32} - HH'_{32})(H + 2) + HH'_{32} - 3H_{32}}{H'_{32}}.$$

La fonction $f(H)$ possède un minimum local $f = 183,5$ pour $H = 6,67$ (Fig. 7.7). Cela signifie que la résolution de (7.36a), (7.36b) et (7.36c) est possible lorsque $\dfrac{h}{\theta} < 183,5$ (en supposant que θ reste positif). Dans ce domaine, la résolution simultanée des équations visqueuses et non visqueuses ne fait donc pas apparaître de difficulté. Lorsque la section du diffuseur est trop grande par rapport à l'épaisseur de couche limite $\left(\dfrac{h}{\theta} > 183,5\right)$, il est probable que l'hypothèse d'écoulement non visqueux monodimensionnel, uniforme par tranches, est insuffisante pour traduire l'interaction avec la couche limite. Il faudrait considérer un écoulement non visqueux bidimensionnel.

On remarque que le déterminant Δ_1 est un mineur du déterminant Δ_3 qui apparaît quand on résout séparément les équations visqueuses et non visqueuses comme dans le mode direct. Cette analyse établit donc que la singularité de décollement est associée à la technique de résolution mise en œuvre pour calculer l'ensemble de l'écoulement. Toutefois, si la zone décollée est très importante, les hypothèses de couche limite classique doivent être revues car certaines d'entre elles sont restrictives, par exemple l'hypothèse d'une pression statique constante suivant une normale à la paroi.

On doit noter que toutes les conclusions établies plus haut supposent que *le nombre de Reynolds est fini*. Lorsqu'il tend vers l'infini, le couplage fort entre la couche limite et l'écoulement non visqueux devient inefficace pour lever la singularité de décollement car, pour une géométrie de diffuseur donnée, l'épaisseur de quantité de mouvement θ tend vers zéro et $\dfrac{h}{\theta}$ devient infini.

Ce résultat est à rapprocher de celui de STEWARTSON [83] qui établit que la structure de triple pont n'est pas capable de lever la singularité de décollement lorsque la couche limite est soumise à un gradient de pression *indépendant* du nombre de Reynolds. Il n'y a pas de contradiction avec la théorie du triple pont car, dans cette théorie, la dimension de l'obstacle et donc le gradient de pression associé varient avec le nombre de Reynolds.

7.3 Interaction visqueuse-non visqueuse

En aérodynamique, un problème typique est de calculer l'écoulement autour d'un profil d'aile au moins quand l'écoulement n'est pas décollé mais il est souhaitable aussi de calculer l'écoulement décollé pour connaître par exemple la valeur de la portance maximum et l'incidence correspondante.

Quand le nombre de Reynolds est assez élevé, une solution approchée des équations de Navier-Stokes est obtenue en résolvant l'interaction visqueuse-non visqueuse. Il s'agit de résoudre le système formé par les équations non visqueuses, les équations de la couche limite et la loi d'interaction qui les relie. Historiquement, ces méthodes ont été proposées de façon purement intuitive. Aujourd'hui, elles sont justifiées au moins partiellement par différentes théories : la théorie de couche limite, la théorie du triple pont. D'autres analyses apportent des éléments supplémentaires [20, 73] ; l'étude présentée Sects. 7.2.2–7.2.4 avec la méthode intégrale donne aussi une justification.

Il faut bien noter une différence essentielle entre les théories asymptotiques et les méthodes d'interaction visqueuse-non visqueuse. Ces dernières sont destinées à résoudre des problèmes à *nombre de Reynolds fini*, ce qui est le problème pratique, alors que les méthodes asymptotiques traitent le comportement limite des écoulements lorsque le *nombre de Reynolds tend vers l'infini*. Les conclusions ne sont pas nécessairement toujours identiques.

Suivant la théorie classique de couche limite, le calcul d'interaction est réalisé *séquentiellement*. L'écoulement non visqueux est d'abord calculé autour de l'obstacle réel en appliquant la condition de vitesse normale nulle à la paroi. La couche limite est ensuite calculée à partir de la vitesse longitudinale à la paroi déterminée par l'écoulement non visqueux. Enfin, l'écoulement non visqueux est corrigé en tenant compte de l'effet de déplacement. Ce processus de calcul est qualifié de *direct-direct* : direct pour l'écoulement non visqueux et direct pour la couche limite (Fig. 7.8).

En présence de décollement, la procédure n'est plus valable car la solution des équations de couche limite est singulière et il n'est pas possible de calculer la couche limite en aval du point de décollement. Pour résoudre ce problème, on peut faire appel aux méthodes inverses (Fig. 7.9). Ces méthodes peuvent être associées à des méthodes inverses pour calculer l'écoulement non visqueux : la donnée est la pression calculée par les équations de couche limite ; le résultat est la forme de l'obstacle qui correspond à cette distribution de pression (en fait la forme réelle modifiée par l'effet de déplacement). En

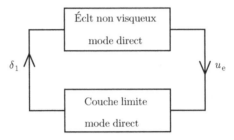

Fig. 7.8. Interaction visqueuse-non visqueuse. Mode direct

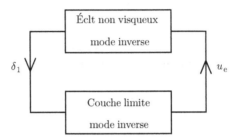

Fig. 7.9. Interaction visqueuse-non visqueuse. Mode inverse

pratique, ce type de méthode, appelé *inverse-inverse*, est délicat à mettre en œuvre et d'autres procédures ont été développées [89].

Les méthodes *semi-inverses* sont un exemple efficace [7, 8, 47, 48, 50]. Elles consistent à résoudre les équations de couche limite en mode inverse et les équations de l'écoulement non visqueux en mode direct (Fig. 7.10). Pour une distribution donnée de l'épaisseur de déplacement, les équations de couche limite fournissent une distribution de vitesse $u_{e\;\mathrm{CL}}(x)$. Pour la même distribution de l'épaisseur de déplacement, les équations de l'écoulement non visqueux fournissent une distribution de vitesse à la paroi $u_{e\;\mathrm{NV}}(x)$. En général, pour une distribution quelconque de l'épaisseur de déplacement, les deux distributions de vitesse ne sont pas égales. Des procédures itératives ont été mises au point pour avoir $u_{e\;\mathrm{CL}}(x) = u_{e\;\mathrm{NV}}(x)$. Par exemple, CARTER [7, 8] a proposé de déterminer la nouvelle estimation de l'épaisseur de déplacement à l'itération $n + 1$ par :

$$\delta_1^{n+1}(x) = \delta_1^n(x)\left[1 + \omega\left(\frac{u_{e\;\mathrm{CL}}^n(x)}{u_{e\;\mathrm{NV}}^n(x)} - 1\right)\right],$$

où ω est un facteur de relaxation.

Une autre approche a été développée par VELDMAN [95]. En accord avec la théorie du triple pont, l'écoulement non visqueux et la couche limite sont fortement couplés et il n'y a pas de hiérarchie entre les systèmes d'équations. Dans une méthode simultanée, la vitesse extérieure $u_e(x)$ et l'épaisseur de

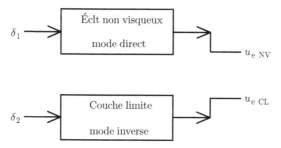

Fig. 7.10. Interaction visqueuse-non visqueuse. Mode semi-inverse

déplacement $\delta_1(x)$ sont calculées en même temps à partir de l'ensemble des équations visqueuses et non visqueuses.

Considérons par exemple l'écoulement sur une plaque plane perturbée par une petite déformation locale de la paroi. La vitesse extérieure u_e est donnée par :

$$u_e(x) = u^0 + \delta u_e(x),$$

où u^0 est la vitesse induite par la forme de la paroi réelle calculée d'après les équations d'Euler linéarisées et $\delta u_e(x)$ est la perturbation due à la couche limite. Celle-ci est donnée par l'intégrale de Hilbert :

$$\delta u_e = \frac{1}{\pi} \oint_{x_a}^{x_b} \frac{v_s}{x - \xi} \, \mathrm{d}\xi.$$

Dans cette équation, v_s est la vitesse de soufflage :

$$v_s(\xi) = \frac{\mathrm{d}}{\mathrm{d}\xi} \left[u_e(\xi)\delta_1(\xi) \right],$$

qui simule l'effet de la couche limite dans la région (x_a, x_b). L'intégrale de Hilbert et les équations de couche limite sont résolues simultanément à l'aide d'une méthode itérative [95]. Une application est proposée Sect. 9.1.

Cette méthode a été étendue au calcul de l'écoulement autour d'ailes avec effets de compressibilité [11].

7.4 Conclusion

À grand nombre de Reynolds, l'étude de l'écoulement autour d'un corps profilé met à profit la structure composée d'une zone non visqueuse et d'une zone de couche limite. La théorie classique de couche limite et la théorie du triple pont ont participé largement à la compréhension des interactions entre les deux zones. D'un point de vue pratique, les méthodes de couplage visqueux-non visqueux sont des outils particulièrement efficaces. Différentes techniques numériques, inspirées en partie des résultats théoriques révélés par l'application de la méthode des développements asymptotiques raccordés, ont été proposées pour répondre aux besoins de calculer des écoulements en forte interaction. Au Chap. 8, la méthode des approximations successives complémentaires est mise en œuvre ; à l'aide de développements généralisés, il sera montré que la théorie de couche limite interactive est pleinement justifiée.

Problèmes

7.1. On considère les équations de Navier-stokes décrivant l'écoulement stationnaire d'un fluide newtonien incompressible autour d'une plaque plane semi-infinie déformée par une indentation d'équation $y = \varepsilon F(x)$ pour $x > 0$. L'écoulement à l'infini amont de vitesse V_∞ est uniforme et parallèle à la plaque. Le bord d'attaque est en $x = 0$ et $\varepsilon = R_e^{-\frac{1}{2}}$ est un petit paramètre où R_e est le nombre de Reynolds :

$$R_e = \frac{V_\infty L}{\nu},$$

où L est la longueur de développement caractéristique de la couche limite.

Ci-dessous, toutes les variables sont sans dimension.

Le développement extérieur est noté, pour la fonction de courant ψ :

$$\psi(x, y, \varepsilon) = \psi_0(x, y) + \delta_1(\varepsilon) \psi_1(x, y) + \cdots.$$

Le développement intérieur s'écrit :

$$\psi(x, y, \varepsilon) = \Delta_0(\varepsilon) \phi_0(x, Y) + \cdots,$$

avec :

$$Y = \frac{y}{\varepsilon}.$$

Trouver ψ_0, Δ_0, δ_1 et écrire l'équation pour ϕ_0.

On cherche la solution pour ϕ_0 sous la forme $\phi_0 = \sqrt{2x} f(\eta)$ avec $\eta = \overline{Y}/\sqrt{2x}$ et $\overline{Y} = Y - F(x)$. Écrire l'équation pour $f(\eta)$.

On note que :

$$f(\eta) = \eta - \beta_0 + \text{TEP} \quad \text{quand} \quad \eta \to \infty,$$

et :

$$f(\eta) = \frac{1}{2}\alpha_0\eta^2 + O(\eta^5) \quad \text{quand} \quad \eta \to 0.$$

En déduire l'équation de la ligne de courant $\psi = 0$ au second ordre. On s'appuiera sur le raccordement entre les développements extérieur et intérieur pour écrire cette équation.

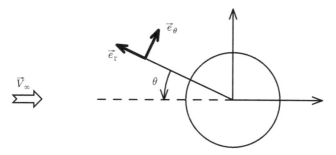

Fig. 7.11. Écoulement autour d'un cylindre circulaire

7.2. *Problème de Hiemenz.* On étudie la couche limite au voisinage du point d'arrêt d'un cylindre circulaire attaqué à l'infini amont par un écoulement uniforme [33].

Le petit paramètre ε du problème est défini par :

$$\varepsilon^2 = \frac{1}{Re}, \quad Re = \frac{V_\infty a}{\nu},$$

où a est le rayon du cercle et V_∞ est la vitesse de l'écoulement à l'infini amont.

On utilise les grandeurs sans dimension suivantes :

$$x = \frac{x^*}{a}, \quad y = \frac{y^*}{a}, \quad u_\theta = \frac{u_\theta^*}{V_\infty}, \quad u_r = \frac{u_r^*}{V_\infty}, \quad p = \frac{p^*}{\varrho V_\infty^2}.$$

Sous forme adimensionnée, en coordonnées polaires, les équations de Navier-Stokes sont :

$$\frac{\partial u_\theta}{\partial \theta} + \frac{\partial}{\partial r}(r u_r) = 0,$$

$$\frac{u_\theta}{r}\frac{\partial u_\theta}{\partial \theta} + u_r\frac{\partial u_\theta}{\partial r} + \frac{u_\theta u_r}{r} = -\frac{1}{r}\frac{\partial p}{\partial \theta} + \frac{\varepsilon^2}{r}\frac{\partial}{\partial r}\left[\frac{\partial u_r}{\partial \theta} + r\frac{\partial u_\theta}{\partial r} - u_\theta\right]$$

$$+ \frac{\varepsilon^2}{r}\frac{\partial}{\partial \theta}\left[2\left(\frac{1}{r}\frac{\partial u_\theta}{\partial \theta} + \frac{u_r}{r}\right)\right]$$

$$+ \frac{\varepsilon^2}{r}\left(\frac{1}{r}\frac{\partial u_r}{\partial \theta} + \frac{\partial u_\theta}{\partial r} - \frac{u_\theta}{r}\right),$$

$$\frac{u_\theta}{r}\frac{\partial u_r}{\partial \theta} + u_r\frac{\partial u_r}{\partial r} - \frac{u_\theta^2}{r} = -\frac{\partial p}{\partial r} + \frac{\varepsilon^2}{r}\frac{\partial}{\partial r}\left[2r\frac{\partial u_r}{\partial r}\right]$$

$$+ \frac{\varepsilon^2}{r}\frac{\partial}{\partial \theta}\left[\frac{1}{r}\frac{\partial u_r}{\partial \theta} + \frac{\partial u_\theta}{\partial r} - \frac{u_\theta}{r}\right]$$

$$- 2\frac{\varepsilon^2}{r}\left[\frac{1}{r}\frac{\partial u_\theta}{\partial \theta} + \frac{u_r}{r}\right].$$

On applique la MDAR.

Vérifier que la première approximation, solution des équations réduites, est :

$$u_{\theta 1} = \sin\theta \left(1 + \frac{1}{r^2}\right),$$

$$u_{r1} = \cos\theta \left(-1 + \frac{1}{r^2}\right),$$

$$p_1 = p_\infty + \frac{1}{2}\left[1 - (u_{\theta 1}^2 + u_{r1}^2)\right].$$

Donner l'évolution de $u_{\theta 1}$, u_{r1}, p_1 au voisinage du point d'arrêt ($\theta = 0$, $r = 1$). En déduire la forme du développement intérieur :

$$u_\theta = \varepsilon U_{\theta 1}(\Theta, R) + \cdots,$$

$$u_r = \varepsilon U_{r1}(\Theta, R) + \cdots,$$

$$p = P_0 + \varepsilon^2 P_1(\Theta, R) + \cdots,$$

avec :

$$\Theta = \frac{\theta}{\varepsilon}, \quad R = \frac{r-1}{\varepsilon}.$$

Écrire les équations pour $U_{\theta 1}$, U_{r1}, P_1. Donner les conditions aux limites et les conditions de raccordement.

On cherche la solution sous la forme :

$$U_{\theta 1} = \Theta\varphi'(R), \quad U_{r1} = -\varphi(R), \quad P_1 = -2(\Theta^2 + \Phi(R)).$$

Écrire les équations pour φ et Φ.

Calculer la différence de pression d'arrêt entre la paroi ($R = 0$) et la frontière extérieure de la couche limite ($R \to \infty$).

7.3. L'évolution d'une couche limite laminaire est décrite par la méthode intégrale proposée Sect. 7.2.1. On suppose que le facteur de forme H de la couche limite est une fonction connue de x : $H = H(x)$. Mettre les équations sous la forme d'un système pour $\dfrac{\mathrm{d}\theta}{\mathrm{d}x}$ et $\dfrac{\mathrm{d}u_e}{\mathrm{d}x}$. Est-ce que le calcul de ces dérivées est toujours possible ?

7.4. *Singularité de Goldstein.* Goldstein [35] a étudié la structure de la solution des équations de couche limite en aval d'un point x_0 où le profil de vitesses est connu.

Toutes les grandeurs sont adimensionnées. Les grandeurs de référence sont ℓ, u_0, ϱ, ν. Le nombre de Reynolds est $R = u_0\ell/\nu$. Les grandeurs x, y, u, v et p sont sans dimension, avec pour grandeur de référence respectivement ℓ, $\ell/R^{1/2}$, u_0, $u_0/R^{1/2}$, $\varrho u_0^{1/2}$.

1. Montrer que les équations de couche limite s'écrivent :

$$\frac{\partial u}{\partial x} + \frac{\partial v}{\partial y} = 0,$$

$$u\frac{\partial u}{\partial x} + v\frac{\partial v}{\partial y} = -\frac{\mathrm{d}p}{\mathrm{d}x} + \frac{\partial^2 u}{\partial y^2}.$$

2. On suppose que le profil de vitesses au point x_0 est donné sous la forme :

$$u = a_1 y + a_2 y^2 + a_3 y^3 + \cdots,$$

où a_1, a_2, ...sont des fonctions de x. Le profil satisfait la condition $u = 0$ en $y = 0$.

On suppose aussi que le gradient de pression se met sous la forme :

$$-\frac{\mathrm{d}p}{\mathrm{d}x} = p_0 + p_1(x - x_0) + p_2(x - x_0)^2 + \cdots,$$

où p_1, p_2, ...sont des constantes.

D'après les équations de couche limite, montrer que l'on doit avoir les relations suivantes :

$$2a_2 + p_0 = 0, \quad a_3 = 0, \quad a_1\frac{\mathrm{d}a_1}{\mathrm{d}x} - 24a_4 = 0, \quad \frac{2}{3}a_1\frac{\mathrm{d}a_2}{\mathrm{d}x} - 20a_5 = 0.$$

3. En prenant la dérivée des équations de couche limite par rapport à x montrer que :

$$2\frac{\mathrm{d}a_2}{\mathrm{d}x} + p_1 = 0, \quad \frac{\mathrm{d}a_3}{\mathrm{d}x} = 0.$$

4. Montrer que :

$$2a_2 + p_0 = 0, \quad a_3 = 0, \quad 5!\,a_5 + 2a_1 p_1 = 0.$$

Les coefficients a_1, a_4, ... sont libres. Noter que le gradient de pression et donc les coefficients p_i sont imposés.

Les conditions ci-dessus sont appelées des conditions de compatibilité. Si elles ne sont pas satisfaites, des singularités apparaissent lorsque l'on veut résoudre les équations de couche limite en aval du point x_0. Un cas particulier se produit si $a_1 = 0$, ce qui correspond au décollement de la couche limite. Montrer que les conditions de compatibilité sont alors :

$$2a_2 + p_0 = 0, \quad a_3 = 0, \quad a_4 = 0, \quad a_5 = 0,$$

$$6!\,a_6 = 2p_0 p_1, \quad a_7 = 0.$$

Les coefficients a_8, a_{12}, a_{16}, a_{20}, ... sont libres.

En général, toutes les conditions de compatibilité ne sont pas satisfaites. Goldstein suppose que la condition $2a_2 + p_0 = 0$ est satisfaite mais que les autres conditions ne le sont pas. Montrer que :

$$a_1 = \sqrt{48a_4(x - x_0)},$$

et en déduire que la dérivée $\dfrac{\mathrm{d}a_1}{\mathrm{d}x}$ est infinie au point $x = x_0$. Si la solution existe en amont du point x_0, le coefficient a_4 doit être négatif. Alors, la solution est impossible en aval du point x_0. Ce comportement est connu sous le nom de singularité de Goldstein. Goldstein a confirmé cette conclusion en étudiant en détail la structure de la solution au voisinage du point de décollement.

7.5. *Sillage de Goldstein.* Goldstein [35] a étudié la structure de la solution des équations de couche limite, à pression imposée, quand on prescrit le profil de vitesses en un point $x = x_0$.

On utilise des grandeurs sans dimension :

$$u = \frac{u^*}{u_0}, \quad v = \frac{v^*}{u_0}R^{1/2}, \quad x = \frac{x^*}{\ell}, \quad y = \frac{y^*}{\ell}R^{1/2}, \quad p = \frac{p^*}{\varrho u_0^2},$$

et le nombre de Reynolds est :

$$R = \frac{u_0 \ell}{\nu}.$$

Dans ces expressions, u_0 est une vitesse de référence et ℓ est une longueur de référence.

Sous forme adimensionnée, les équations de couche limite sont :

$$\frac{\partial u}{\partial x} + \frac{\partial v}{\partial y} = 0,$$

$$u\frac{\partial u}{\partial x} + v\frac{\partial u}{\partial y} = -\frac{\mathrm{d}p}{\mathrm{d}x} + \frac{\partial^2 u}{\partial y^2}.$$

Au point d'abscisse x_0, le profil de vitesses est donné par :

$$u(x_0, y) = a_0 + a_1 y + a_2 y^2 + a_3 y^3 + \cdots.$$

On étudie ici le cas $a_0 = 0$, $a_1 \neq 0$ et l'on envisage la formation du sillage symétrique en aval d'une plaque plane. La singularité est due au changement de conditions limites en $y = 0$ car, en aval du point x_0, on doit avoir :

$$y = 0: \quad v = 0, \quad \frac{\partial u}{\partial y} = 0.$$

Le gradient de pression est imposé :

$$-\frac{\mathrm{d}p}{\mathrm{d}x} = p_0 + p_1(x - x_0) + p_2(x - x_0)^2 + \cdots.$$

On applique la MDAR. La structure proposée (Fig. 7.12) comprend deux couches : une couche extérieure dans laquelle les variables appropriées sont :

$$\xi = (x - x_0)^{1/n}, \quad y,$$

et une couche intérieure dans laquelle les variables appropriées sont :

$$\xi = (x - x_0)^{1/n}, \quad \eta = \frac{y}{n(x - x_0)^{1/n}}.$$

La solution est étudiée au voisinage du point x_0, en aval de celui-ci ; le petit paramètre du problème est ξ.

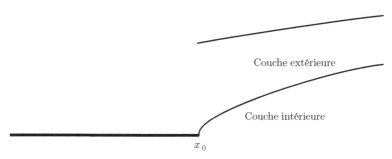

Fig. 7.12. Formation d'un sillage

Le cas $n = 1$, conduisant à une solution régulière, est écarté. On suppose $n > 1$.

Le développement extérieur est recherché sous la forme :

$$u = F_0'(y) + \xi F_1'(y) + \zeta^2 F_2'(y) + \cdots.$$

En $\xi = 0$, on doit avoir $u = u(x_0, y)$, donc :

$$F_0' = a_0 + a_1 y + a_2 y^2 + \cdots.$$

Exprimer v d'après l'équation de continuité.

D'après l'équation de quantité de mouvement, donner l'équation pour F_1. Montrer que la solution est de la forme :

$$F_1 = k F_0'.$$

L'impossibilité de réaliser toutes les conditions aux limites, par suite de l'absence du terme dû à la viscosité, impose l'introduction de la couche intérieure. La solution est recherchée sous la forme :

$$u = f_0'(\eta) + \xi f_1'(\eta) + \xi^2 f_2'(\eta) + \cdots.$$

Exprimer v d'après l'équation de continuité.

D'après l'équation de quantité de mouvement, donner la valeur de n. Donner les équations pour f_0' et f_1'. Préciser les conditions aux limites. Écrire le raccordement sur la vitesse u entre la couche extérieure et la couche intérieure. Montrer que $f_0 = 0$ et $F_1 = 0$; on utilisera le résultat suivant :

$$f_1 \underset{\eta \to \infty}{\cong} \alpha \eta^2 + \text{TEP}.$$

Remarque 7. Dans un voisinage très petit du bord de fuite, il est nécessaire de raffiner la solution de Goldstein avec une structure en triple pont. La solution de Goldstein est correcte en dehors de ce voisinage et sert de condition limite à la structure plus proche du bord de fuite.

7.6. *Bord d'attaque d'une plaque plane.* Goldstein [35] a étudié la structure de la solution des équations de couche limite, à pression imposée, quand on prescrit le profil de vitesses en un point $x = x_0$.

On utilise des grandeurs sans dimension :

$$u = \frac{u^*}{u_0}, \quad v = \frac{v^*}{u_0}R^{1/2}, \quad x = \frac{x^*}{\ell}, \quad y = \frac{y^*}{\ell}R^{1/2}, \quad p = \frac{p^*}{\varrho u_0^2},$$

et le nombre de Reynolds est :

$$R = \frac{u_0 \ell}{\nu}.$$

Dans ces expressions, u_0 est une vitesse de référence et ℓ est une longueur de référence.

Sous forme adimensionnée, les équations de couche limite sont :

$$\frac{\partial u}{\partial x} + \frac{\partial v}{\partial y} = 0,$$
$$u\frac{\partial u}{\partial x} + v\frac{\partial u}{\partial y} = -\frac{\mathrm{d}p}{\mathrm{d}x} + \frac{\partial^2 u}{\partial y^2}.$$

Au point d'abscisse x_0, le profil de vitesses est donné par :

$$u(x_0, y) = a_0 + a_1 y + a_2 y^2 + a_3 y^3 + \cdots.$$

On étudie ici le cas $a_0 \neq 0$. Cette situation représente par exemple la formation de la couche limite au voisinage du bord d'attaque d'une plaque plane. La singularité est due au changement de conditions limites en $y = 0$ car, en aval du point x_0, on doit avoir :

$$y = 0: \quad u = 0, \quad v = 0.$$

Le gradient de pression est imposé :

$$-\frac{\mathrm{d}p}{\mathrm{d}x} = p_0 + p_1(x - x_0) + p_2(x - x_0)^2 + \cdots.$$

On applique la MDAR. La structure proposée (Fig. 7.13) comprend deux couches : une couche extérieure dans laquelle les variables appropriées sont :

$$\xi = (x - x_0)^{1/n}, \quad y,$$

et une couche intérieure dans laquelle les variables appropriées sont :

$$\xi = (x - x_0)^{1/n}, \quad \eta = \frac{y}{n(x - x_0)^{1/n}}.$$

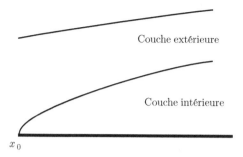

Couche extérieure

Couche intérieure

x_0

Fig. 7.13. Formation d'une couche limite

La solution est étudiée au voisinage du point x_0, en aval de celui-ci ; le petit paramètre du problème est ξ.

Le cas $n = 1$, conduisant à une solution régulière, est écarté. On suppose $n > 1$.

Le développement extérieur est recherché sous la forme :

$$u = F'_0(y) + \xi F'_1(y) + \xi^2 F'_2(y) + \cdots.$$

En $\xi = 0$, on doit avoir $u = u(x_0, y)$, donc :

$$F'_0 = a_0 + a_1 y + a_2 y^2 + \cdots.$$

Exprimer v d'après l'équation de continuité.

D'après l'équation de quantité de mouvement, donner l'équation pour F_1. Montrer que la solution est de la forme :

$$F_1 = kF'_0.$$

L'impossibilité de réaliser toutes les conditions aux limites, par suite de l'absence du terme dû à la viscosité, impose l'introduction de la couche intérieure. La solution est recherchée sous la forme :

$$u = f'_0(\eta) + \xi f'_1(\eta) + \xi^2 f'_2(\eta) + \cdots.$$

Exprimer v d'après l'équation de continuité.

D'après l'équation de quantité de mouvement, donner la valeur de n. Donner les équations pour f'_0 et f'_1. Préciser les conditions aux limites. On ne cherchera pas à résoudre analytiquement les équations pour f'_0 et f'_1. On sait que pour $\eta \to \infty$, on a :

$$f_0 \underset{\eta \to \infty}{\cong} A_0 \eta + B_0 + \text{TEP},$$

avec $B_0 = -0,86 A_0^{1/2}$. Montrer que le comportement de f_1 est :

$$f_1 \underset{\eta \to \infty}{\cong} A_1 \eta^2 + B_1 \eta + C_1 + \cdots.$$

Exprimer A_1 et B_1.

Écrire le raccordement sur la vitesse u entre la couche extérieure et la couche intérieure jusqu'à l'ordre ξ. Exprimer A_0 et k en fonction de a_0.

Remarque 8. Dans un voisinage très petit du bord d'attaque, il est nécessaire de raffiner la solution de Goldstein en considérant les équations de Navier-Stokes.

7.7. *Voisinage du décollement.* Goldstein [36] a étudié la structure de la solution des équations de couche limite, à pression imposée, quand on prescrit le profil de vitesses en un point $x = x_0$ où la couche limite décolle. On étudie ici la solution à l'amont du point de décollement.

Les variables sans dimension suivantes sont définies :

$$x = \frac{x_0^* - x^*}{\ell}, \quad y = \frac{y^*}{\ell} R^{1/2}, \quad u = \frac{u^*}{u_{e0}^*}, \quad v = \frac{v^*}{u_{e0}^*} R^{1/2},$$

$$p = \frac{p^*}{\varrho u_{e0}^2}, \quad \psi = \frac{\psi^*}{u_{e0}^* \ell} R^{1/2}.$$

La vitesse u_{e0}^* est la vitesse à la frontière de la couche limite au point x_0^* ; ψ est la fonction de courant telle que :

$$u = \frac{\partial \psi}{\partial y}, \quad v = \frac{\partial \psi}{\partial x}.$$

La longueur de référence ℓ et le nombre de Reynolds sont définis par :

$$\ell = -\frac{u_{e0}^*}{\left(\dfrac{\mathrm{d} u_e^*}{\mathrm{d} x^*}\right)_{x_0^*}}, \quad R = \frac{u_{e0}^* \ell}{\nu}.$$

L'équation de quantité de mouvement de couche limite devient :

$$-u \frac{\partial u}{\partial x} + v \frac{\partial u}{\partial y} = \frac{\mathrm{d} p}{\mathrm{d} x} + \frac{\partial^2 u}{\partial y^2}.$$

Le gradient de pression est imposé :

$$\frac{\mathrm{d} p}{\mathrm{d} x} = -(1 + p_1 x + p_2 x^2 + \cdots).$$

En $x = 0$, le profil de vitesses est donné :

$$u(0, y) = a_2 y^2 + a_3 y^3 + \cdots.$$

On applique la MDAR. Deux régions sont distinguées ; dans la région intérieure, les variables sont :

$$\xi = x^{1/n}, \quad \eta = \frac{y}{2^{1/2}x^{1/n}}.$$

Dans la région extérieure, les variables sont :

$$\xi = x^{1/n}, \quad y.$$

On suppose que les développements intérieurs et extérieurs sont respectivement :

$$u = 2(f_0'(\eta) + \xi f_1'(\eta) + \xi^2 f_2'(\eta) + \cdots),$$
$$u = \chi_0'(y) + \xi \chi_1'(y) + \xi^2 \chi_2'(y) + \cdots.$$

Le petit paramètre du problème est ξ.

En admettant que χ_i' en développable en série de Taylor au voisinage de $y = 0$, montrer que :

$$\lim_{\eta \to \infty} \frac{f_r'}{\eta^r} = \frac{a_r}{2} 2^{r/2}.$$

On étudie le développement intérieur. La fonction de courant admet le développement :

$$\psi = 2^{3/2}(\xi f_0 + \xi^2 f_1 + \xi^3 f_2 + \xi^4 f_3 + \xi^5 f_4 + \cdots).$$

Avec $a_0 = 0$ et $a_1 = 0$, les conditions précédentes impliquent que $f_0 = 0$ et $f_1 = 0$. Montrer que l'équilibre des termes visqueux et des termes de convection conduit à prendre $n = 4$. Donner les équations pour f_2, f_3 et f_4. Préciser les conditions aux limites en $y = 0$. Vérifier que les solutions pour f_2, f_3 et f_4 sont :

$$f_2 = \frac{\eta^3}{6},$$
$$f_3 = \alpha_1 \eta^2,$$
$$f_4 = \alpha_2 \eta^2 - \frac{\alpha_1^2}{15} \eta^5.$$

où α_1 et α_2 sont des constantes encore indéterminées.

Montrer que l'on doit avoir $a_2 = \frac{1}{2}$ et $a_3 = 0$.

Montrer que α_1 est donné par :

$$a_4 = -\frac{\alpha_1^2}{6}.$$

On étudie maintenant le développement extérieur. La fonction de courant admet le développement :

$$\psi = \chi_0 + \xi \chi_1 + \xi^2 \chi_2 + \xi^3 \chi_3 + \cdots.$$

Montrer que :

$$\chi_1 = 0,$$
$$\chi_2 = 2^{3/2}\alpha_1\chi_0',$$
$$\chi_3 = 2^{3/2}\alpha_2\chi_0',$$

avec :

$$\chi_0' = \frac{y^2}{2} + a_4 y^4 + \cdots.$$

D'après le développement intérieur, calculer $\left(\dfrac{\partial u}{\partial y}\right)_{y=0}$. D'après le développement extérieur, montrer que $v \to \infty$ et $\dfrac{\partial u}{\partial x} \to \infty$ quand $\xi \to 0$.

Remarque 9. L'étude de la solution en aval du point x_0^* montre que a_4 est de la forme $a_4 = \dfrac{\beta_1^2}{6}$. Cette solution n'est compatible avec la solution à l'amont du point x_0^* que si $a_4 = 0$. Pour une distribution donnée de la vitesse extérieure, cette condition n'est pas réalisée en général. Elle ne peut l'être que pour une distribution particulière de la vitesse extérieure. Catherall et Mangler [10] ont proposé la mise en œuvre d'une méthode inverse pour parvenir à une solution régulière.

8

Couche limite interactive

La méthode des développements asymptotiques raccordés (MDAR) a été largement utilisée en mécanique des fluides et a contribué à des progrès spectaculaires dans la description des écoulements [93]. Leur étude à grand nombre de Reynolds en présence d'obstacles profilés en est l'un des exemples les plus fameux.

Née de la réflexion de PRANDTL, la théorie de la couche limite a ensuite bénéficié de l'apport des méthodes asymptotiques. Ainsi, VAN DYKE [91] a proposé une amélioration avec la couche limite au second ordre qui permet de prendre en compte divers effets tels que l'influence d'une courbure longitudinale ou transversale de la paroi, d'un écoulement extérieur rotationnel, d'un gradient d'enthalpie d'arrêt. Un peu plus tard, la compréhension des interactions entre l'écoulement non visqueux et la couche limite a considérablement évolué avec la théorie du triple pont dont la cohérence repose pleinement sur l'utilisation de la MDAR [63, 68, 87].

L'analyse de l'interaction visqueuse-non visqueuse à grand nombre de Reynolds est ici abordée par l'application de la méthode des approximations successives complémentaires (MASC). Comme pour les équations différentielles ordinaires, le principe de la MASC repose sur la recherche d'une AUV, *approximation uniformément valable* dans tout le champ de l'écoulement. En outre, l'introduction de *développements généralisés* s'est révélée très fructueuse. La première étape est l'approximation d'écoulement non visqueux qui s'applique loin des parois. Bien sûr, cette approximation doit être améliorée près de la paroi en ajoutant une correction qui tient compte des effets de la viscosité. Grâce aux développements généralisés, un couplage fort est réalisé entre les zones visqueuses et non visqueuses ; il n'est plus hiérarchisé comme avec la MDAR et il s'agit là d'une différence majeure. Cette notion est appelée « couche limite interactive » (CLI) ; elle signifie que l'effet de la couche limite sur l'écoulement non visqueux et l'effet réciproque sont considérés simultanément. La construction de l'AUV ne fait pas non plus appel à un principe de raccordement ; seules les conditions aux limites du problème sont appliquées.

Le principe d'une interaction forte entre l'écoulement non visqueux et la couche limite est connu depuis longtemps et a été mis en œuvre dans les méthodes de couplage [7, 11, 47, 95, 97]. Cependant, en commentant ces méthodes, Sychev et al. [89] notent que : « No rational mathematical arguments (based, say, on asymptotic analysis of the Navier-Stokes equations) have been given to support the model approach ». L'objectif de ce chapitre est précisément d'apporter un fondement théorique aux méthodes de CLI grâce à la MASC.

8.1 Application de la MASC

On considère l'écoulement à grand nombre de Reynolds sur une paroi plane. L'écoulement est laminaire, incompressible, bidimensionnel, stationnaire. Les équations de Navier-Stokes rendues sans dimension s'écrivent (Ann. I) :

$$\frac{\partial \mathcal{U}}{\partial x} + \frac{\partial \mathcal{V}}{\partial y} = 0, \tag{8.1a}$$

$$\mathcal{U}\frac{\partial \mathcal{U}}{\partial x} + \mathcal{V}\frac{\partial \mathcal{U}}{\partial y} = -\frac{\partial \mathcal{P}}{\partial x} + \varepsilon^2 \left(\frac{\partial^2 \mathcal{U}}{\partial x^2} + \frac{\partial^2 \mathcal{U}}{\partial y^2} \right), \tag{8.1b}$$

$$\mathcal{U}\frac{\partial \mathcal{V}}{\partial x} + \mathcal{V}\frac{\partial \mathcal{V}}{\partial y} = -\frac{\partial \mathcal{P}}{\partial y} + \varepsilon^2 \left(\frac{\partial^2 \mathcal{V}}{\partial x^2} + \frac{\partial^2 \mathcal{V}}{\partial y^2} \right), \tag{8.1c}$$

avec :

$$\varepsilon^2 = \frac{1}{\mathcal{R}} = \frac{\mu}{\varrho V L}, \tag{8.2}$$

où le nombre de Reynolds $\mathcal{R}$ est formé avec la vitesse V et la longueur L de référence. Toutes les grandeurs sont rendues sans dimension à l'aide de ces quantités de référence. La coordonnée le long de la paroi est x et la coordonnée normale à la paroi est y ; les composantes de la vitesse suivant x et y sont respectivement $\mathcal{U}$ et $\mathcal{V}$; la pression est $\mathcal{P}$.

Pour les besoins de la MASC, les équations de quantité de mouvement sont écrites en portant tous les termes dans le membre de gauche et, symboliquement, (8.1b) et (8.1c) deviennent :

$$\mathrm{L}_\varepsilon \mathcal{U} = 0,$$
$$\mathrm{L}_\varepsilon \mathcal{V} = 0.$$

Il est entendu que, quelle que soit l'AUV choisie, l'équation de continuité est identiquement vérifiée.

8.1.1 Approximation extérieure

Une approximation extérieure est d'abord recherchée avec un *développement généralisé* qui commence par les termes :

$$\mathcal{U} = u_1(x, y, \varepsilon) + \cdots,$$
$$\mathcal{V} = v_1(x, y, \varepsilon) + \cdots,$$
$$\mathcal{P} = p_1(x, y, \varepsilon) + \cdots.$$

En négligeant les termes d'ordre $O(\varepsilon^2)$, les équations de Navier-Stokes se réduisent aux équations d'Euler :

$$\frac{\partial u_1}{\partial x} + \frac{\partial v_1}{\partial y} = 0, \tag{8.3a}$$

$$u_1 \frac{\partial u_1}{\partial x} + v_1 \frac{\partial u_1}{\partial y} = -\frac{\partial p_1}{\partial x}, \tag{8.3b}$$

$$u_1 \frac{\partial v_1}{\partial x} + v_1 \frac{\partial v_1}{\partial y} = -\frac{\partial p_1}{\partial y}. \tag{8.3c}$$

La solution de ces équations nécessite des conditions aux limites. À l'infini, la condition la plus courante est celle d'un écoulement uniforme. Si l'écoulement extérieur est rotationnel, les conditions doivent être examinées au cas par cas. Le long des parois, il faut également imposer des conditions mais, à ce point de la discussion, il n'est pas possible de les préciser. On sait seulement que la condition de non-glissement ne peut pas être imposée et il est donc impératif de raffiner l'approximation déjà obtenue.

8.1.2 Recherche d'une approximation uniformément valable

L'application de la MASC consiste à ajouter une *correction* à l'approximation extérieure (Fig. 8.1) :

$$\mathcal{U} = u_1(x, y, \varepsilon) + U_1(x, Y, \varepsilon) + \cdots, \tag{8.4a}$$

$$\mathcal{V} = v_1(x, y, \varepsilon) + \varepsilon V_1(x, Y, \varepsilon) + \cdots, \tag{8.4b}$$

$$\mathcal{P} = p_1(x, y, \varepsilon) + \Delta(\varepsilon) P_1(x, Y, \varepsilon) + \cdots, \tag{8.4c}$$

où Δ est une fonction de jauge encore inconnue et Y est la variable de couche limite :

$$Y = \frac{y}{\varepsilon}. \tag{8.5}$$

Le terme εV_1 dans le développement de $\mathcal{V}$ est justifié par l'équation de continuité : on impose qu'elle soit non triviale, c'est-à-dire que les termes de dérivée par rapport aux variables longitudinale et transversale soient du même ordre. La forme du développement de la pression $\mathcal{P}$ est discutée plus loin.

Remarque 1. L'idée d'ajouter une correction à l'approximation extérieure rejoint celles de couche limite corrective et de formulation déficitaire déjà mentionnées p. 82.

Avec les développements (8.4a–8.4c) et tenant compte de (8.3a–8.3c), les équations de Navier-Stokes deviennent :

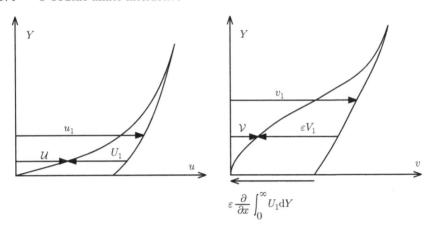

Fig. 8.1. Composantes de la vitesse dans la couche limite

$$\frac{\partial U_1}{\partial x} + \frac{\partial \varepsilon V_1}{\partial y} = 0, \tag{8.6a}$$

$$U_1 \frac{\partial}{\partial x}(u_1 + U_1) + u_1 \frac{\partial U_1}{\partial x} + \varepsilon V_1 \frac{\partial}{\partial y}(u_1 + U_1) + v_1 \frac{\partial U_1}{\partial y}$$

$$= -\frac{\partial \Delta P_1}{\partial x} + \varepsilon^2 \frac{\partial^2}{\partial x^2}(u_1 + U_1) + \varepsilon^2 \frac{\partial^2}{\partial y^2}(u_1 + U_1), \tag{8.6b}$$

$$U_1 \frac{\partial}{\partial x}(v_1 + \varepsilon V_1) + u_1 \frac{\partial \varepsilon V_1}{\partial x} + \varepsilon V_1 \frac{\partial}{\partial y}(v_1 + \varepsilon V_1) + v_1 \frac{\partial \varepsilon V_1}{\partial y}$$

$$= -\frac{\partial \Delta P_1}{\partial y} + \varepsilon^2 \frac{\partial^2}{\partial x^2}(v_1 + \varepsilon V_1) + \varepsilon^2 \frac{\partial^2}{\partial y^2}(v_1 + \varepsilon V_1). \tag{8.6c}$$

Les simplifications de ces équations conduisent aux *modèles de couche limite interactive (CLI) au premier et au second ordre* décrits plus loin [23]. Pour y parvenir, les dérivées par rapport à y doivent être évaluées soigneusement. Par exemple, les termes de diffusion selon y s'écrivent :

$$\varepsilon^2 \frac{\partial^2}{\partial y^2}(u_1 + U_1) = \varepsilon^2 \frac{\partial^2 u_1}{\partial y^2} + \frac{\partial^2 U_1}{\partial Y^2},$$

$$\varepsilon^2 \frac{\partial^2}{\partial y^2}(v_1 + \varepsilon V_1) = \varepsilon^2 \frac{\partial^2 v_1}{\partial y^2} + \varepsilon \frac{\partial^2 V_1}{\partial Y^2}.$$

On a aussi le terme de dérivée de la pression :

$$\frac{\partial \Delta P_1}{\partial y} = \frac{\Delta}{\varepsilon} \frac{\partial P_1}{\partial Y}.$$

Les équations (8.6a–8.6c) deviennent ainsi :

$$\frac{\partial U_1}{\partial x} + \frac{\partial V_1}{\partial Y} = 0, \tag{8.7a}$$

$$U_1\frac{\partial u_1}{\partial x} + U_1\frac{\partial U_1}{\partial x} + u_1\frac{\partial U_1}{\partial x} + \varepsilon V_1\frac{\partial u_1}{\partial y} + V_1\frac{\partial U_1}{\partial Y} + \frac{v_1}{\varepsilon}\frac{\partial U_1}{\partial Y}$$
$$= -\Delta\frac{\partial P_1}{\partial x} + \varepsilon^2\frac{\partial^2 u_1}{\partial x^2} + \varepsilon^2\frac{\partial^2 U_1}{\partial x^2} + \varepsilon^2\frac{\partial^2 u_1}{\partial y^2} + \frac{\partial^2 U_1}{\partial Y^2}, \tag{8.7b}$$

$$U_1\frac{\partial v_1}{\partial x} + \varepsilon U_1\frac{\partial V_1}{\partial x} + \varepsilon u_1\frac{\partial V_1}{\partial x} + \varepsilon V_1\frac{\partial v_1}{\partial y} + \varepsilon V_1\frac{\partial V_1}{\partial Y} + v_1\frac{\partial V_1}{\partial Y}$$
$$= -\frac{\Delta}{\varepsilon}\frac{\partial P_1}{\partial Y} + \varepsilon^2\frac{\partial^2 v_1}{\partial x^2} + \varepsilon^3\frac{\partial^2 V_1}{\partial x^2} + \varepsilon^2\frac{\partial^2 v_1}{\partial y^2} + \varepsilon\frac{\partial^2 V_1}{\partial Y^2}. \tag{8.7c}$$

8.1.3 Jauge pour la pression

À la paroi, v_1 est égal à $-\varepsilon V_1$, de sorte que, dans la couche limite, v_1 peut être considéré formellement comme étant d'ordre ε (Fig. 8.1). En négligeant les termes $O(\varepsilon^2)$, l'équation de quantité de mouvement suivant y (8.7c) devient :

$$U_1\frac{\partial v_1}{\partial x} + \varepsilon U_1\frac{\partial V_1}{\partial x} + \varepsilon u_1\frac{\partial V_1}{\partial x} + \varepsilon V_1\frac{\partial V_1}{\partial Y} + v_1\frac{\partial V_1}{\partial Y} = -\frac{\Delta}{\varepsilon}\frac{\partial P_1}{\partial Y} + \varepsilon\frac{\partial^2 V_1}{\partial Y^2}. \tag{8.8}$$

Cette équation montre que l'on doit prendre $\Delta = O_S(\varepsilon^2)$. En effet, si l'on prenait $\Delta \succ \varepsilon^2$, on aurait un résultat sans intérêt $\frac{\partial P_1}{\partial Y} = 0$; si l'on prenait $\Delta \prec \varepsilon^2$, l'équation restante ne pourrait pas être vérifiée car elle serait formée de termes issus d'un système d'équations indépendant. Ainsi, on choisit $\Delta = \varepsilon^2$.

8.2 Couche limite interactive au premier ordre

8.2.1 Équations de couche limite généralisées

Dans l'équation de quantité de mouvement suivant x (8.7b), les termes $O(\varepsilon)$ sont négligés. Ainsi, au premier ordre, les équations de couche limite généralisées sont :

$$\frac{\partial U_1}{\partial x} + \frac{\partial V_1}{\partial Y} = 0, \tag{8.9a}$$

$$U_1\frac{\partial u_1}{\partial x} + U_1\frac{\partial U_1}{\partial x} + u_1\frac{\partial U_1}{\partial x} + V_1\frac{\partial U_1}{\partial Y} + \frac{v_1}{\varepsilon}\frac{\partial U_1}{\partial Y} = \frac{\partial^2 U_1}{\partial Y^2}. \tag{8.9b}$$

L'équation de quantité de mouvement suivant y permet le calcul de $\dfrac{\partial P_1}{\partial Y}$:

$$\frac{1}{\varepsilon}U_1\frac{\partial v_1}{\partial x} + U_1\frac{\partial V_1}{\partial x} + u_1\frac{\partial V_1}{\partial x} + V_1\frac{\partial V_1}{\partial Y} + \frac{v_1}{\varepsilon}\frac{\partial V_1}{\partial Y} = -\frac{\partial P_1}{\partial Y} + \frac{\partial^2 V_1}{\partial Y^2}. \quad (8.9c)$$

Ces équations sont réécrites sous une forme plus proche de la forme habituelle en posant :

$$u = u_1 + U_1, \quad (8.10a)$$

$$v = v_1 + \varepsilon V_1, \quad (8.10b)$$

$$p = p_1 + \varepsilon^2 P_1 \quad \text{ou} \quad \frac{\partial p}{\partial y} = \frac{\partial p_1}{\partial y} + \varepsilon\frac{\partial P_1}{\partial Y}. \quad (8.10c)$$

Grâce aux équations d'Euler pour u_1, v_1 et p_1, (8.9a) et (8.9b) deviennent :

$$\left.\begin{array}{c} \dfrac{\partial u}{\partial x} + \dfrac{\partial v}{\partial y} = 0 \\[2mm] u\dfrac{\partial u}{\partial x} + v\dfrac{\partial u}{\partial y} - v\dfrac{\partial u_1}{\partial y} = u_1\dfrac{\partial u_1}{\partial x} + \dfrac{1}{\mathcal{R}}\dfrac{\partial^2(u - u_1)}{\partial y^2} \end{array}\right\}, \quad (8.11)$$

et l'équation de quantité de mouvement suivant y (8.9c) devient :

$$u\frac{\partial v}{\partial x} + v\frac{\partial v}{\partial y} + (v_1 - v)\frac{\partial v_1}{\partial y} = -\frac{\partial p}{\partial y} + \frac{1}{\mathcal{R}}\frac{\partial^2(v - v_1)}{\partial y^2}. \quad (8.12)$$

Les équations (8.11) sont couplées aux équations d'Euler. La solution complète fournit une *AUV dans le domaine entier* et pas seulement dans la couche limite.

8.2.2 Conditions aux limites

Les conditions aux limites sont :

$$\begin{array}{l} \text{à la paroi} : U_1 + u_1 = 0, \varepsilon V_1 + v_1 = 0, \\ \text{à l'infini} : U_1 = 0, V_1 = 0, \end{array} \quad (8.13)$$

ou :

$$\begin{array}{l} \text{à la paroi} : u = 0, v = 0, \\ y \to \infty : u - u_1 \to 0, v - v_1 \to 0. \end{array} \quad (8.14)$$

Des conditions à l'infini sont aussi imposées pour les équations d'Euler.

La condition $v - v_1 \to 0$ quand $y \to \infty$ implique que les équations de couche limite généralisées (8.11) et les équations d'Euler (8.3a–8.3c) doivent être résolues *simultanément*. Il n'est pas possible de résoudre les équations d'Euler indépendamment des équations de couche limite car la condition de vitesse normale nulle à la paroi ne s'applique pas aux équations d'Euler. *Les deux systèmes d'équations interagissent : l'un des systèmes agit sur l'autre et réciproquement.*

Dans la théorie du triple pont, le couplage entre les différents ponts provient également des conditions imposées à la vitesse normale à la paroi. En particulier, l'identité des jauges pour cette composante de vitesse entre le pont supérieur et le pont principal est essentiel pour faire disparaître la hiérarchie entre les ponts (Sect. 7.1.2). Les deux théories se rapprochent donc sur cette propriété.

L'idée de la CLI n'est pas nouvelle car différentes formes ont déjà été utilisées [7, 11, 47, 95, 97]. Les justifications reposent par exemple sur l'analyse du mode inverse (Sect. 7.2.3) ou sur la théorie du triple pont. Ici, la CLI est totalement justifiée grâce à l'utilisation de *développements généralisés* avec la MASC.

8.2.3 Estimation des restes des équations

Les restes dans les équations de Navier-Stokes s'écrivent :

$$\mathrm{L}_\varepsilon\, u = \varepsilon V_1 \frac{\partial u_1}{\partial y} - \varepsilon^2 \left[-\frac{\partial \Gamma_1}{\partial x} + \frac{\partial^2 u_1}{\partial x^2} + \frac{\partial^2 u_1}{\partial y^2} + \frac{\partial^2 U_1}{\partial x^2} \right],$$

$$\mathrm{L}_\varepsilon\, v = \varepsilon V_1 \frac{\partial v_1}{\partial y} - \varepsilon^2 \left[\frac{\partial^2 v_1}{\partial x^2} + \frac{\partial^2 v_1}{\partial y^2} + \varepsilon \frac{\partial^2 V_1}{\partial x^2} \right].$$

Compte tenu du fait que les conditions aux limites sont exactement vérifiées, si ces restes étaient nuls, on aurait la solution exacte. Évidemment, ils ne sont pas nuls, mais uniformément petits, comme on pouvait le souhaiter.

8.3 Couche limite interactive au second ordre

8.3.1 Équations de couche limite généralisées

Pour construire un modèle au second ordre, les termes $O(\varepsilon^2)$ sont négligés dans (8.7b). Les équations de couche limite généralisées au second ordre sont :

$$\frac{\partial U_1}{\partial x} + \frac{\partial V_1}{\partial Y} = 0, \qquad (8.15a)$$

$$U_1 \frac{\partial u_1}{\partial x} + U_1 \frac{\partial U_1}{\partial x} + u_1 \frac{\partial U_1}{\partial x} + \varepsilon V_1 \frac{\partial u_1}{\partial y} + V_1 \frac{\partial U_1}{\partial Y} + \frac{v_1}{\varepsilon} \frac{\partial U_1}{\partial Y} = \frac{\partial^2 U_1}{\partial Y^2}, \qquad (8.15b)$$

et, en négligeant les termes $O(\varepsilon^2)$ dans l'équation de quantité de mouvement suivant y (8.7c), on obtient :

$$\frac{1}{\varepsilon} U_1 \frac{\partial v_1}{\partial x} + U_1 \frac{\partial V_1}{\partial x} + u_1 \frac{\partial V_1}{\partial x} + V_1 \frac{\partial v_1}{\partial y} + V_1 \frac{\partial V_1}{\partial Y} + \frac{v_1}{\varepsilon} \frac{\partial V_1}{\partial Y}$$

$$= -\frac{\partial P_1}{\partial Y} + \frac{\partial^2 V_1}{\partial Y^2}. \qquad (8.15c)$$

Remarque 2. Dans (8.15b), la pression P_1 n'apparaît pas ; à l'ordre considéré, le terme correspondant est négligeable et tout se passe comme si, dans la couche limite, la pression était partout égale à la pression p_1 solution des équations d'Euler. La même remarque s'applique au modèle CLI de premier ordre.

Si l'on pose :

$$u = u_1 + U_1, \tag{8.16a}$$

$$v = v_1 + \varepsilon V_1, \tag{8.16b}$$

$$p = p_1 + \varepsilon^2 P_1 \quad \text{ou} \quad \frac{\partial p}{\partial y} = \frac{\partial p_1}{\partial y} + \varepsilon \frac{\partial P_1}{\partial Y}, \tag{8.16c}$$

les équations de couche limite (8.15a, 8.15b) s'écrivent aussi :

$$\left. \begin{aligned} \frac{\partial u}{\partial x} + \frac{\partial v}{\partial y} &= 0 \\ u\frac{\partial u}{\partial x} + v\frac{\partial u}{\partial y} &= u_1\frac{\partial u_1}{\partial x} + v_1\frac{\partial u_1}{\partial y} + \frac{1}{\mathcal{R}}\frac{\partial^2(u-u_1)}{\partial y^2} \end{aligned} \right\}, \tag{8.17}$$

et l'équation de quantité de mouvement suivant y (8.15c) devient :

$$u\frac{\partial v}{\partial x} + v\frac{\partial v}{\partial y} = -\frac{\partial p}{\partial y} + \frac{1}{\mathcal{R}}\frac{\partial^2(v-v_1)}{\partial y^2}. \tag{8.18}$$

Les équations (8.17) sont couplées aux équations d'Euler : il n'est pas possible de résoudre l'un des systèmes indépendamment de l'autre. Comme pour le modèle au premier ordre, la solution fournit une *AUV dans le domaine complet de l'écoulement*.

Remarque 3. Les équations (8.17), proposées empiriquement par DEJARNETTE et RADCLIFFE [25] (voir aussi [27]), sont ici complètement justifiées. Encore une fois, insistons sur le fait que ce modèle résulte ici de l'utilisation de développements généralisés.

8.3.2 Conditions aux limites

Les conditions aux limites sont les mêmes que pour le modèle au premier ordre :

$$\left. \begin{aligned} \text{à la paroi} : u = 0, v = 0 \\ y \to \infty \quad : u - u_1 \to 0, v - v_1 \to 0 \end{aligned} \right\}. \tag{8.19}$$

Des conditions à l'infini sont aussi imposées pour le champ décrit par les équations d'Euler.

On remarque que les conditions $u - u_1 \to 0$ et $v - v_1 \to 0$ quand $y \to \infty$ permettent à l'équation de quantité de mouvement suivant x d'être identiquement vérifiée au delà de la frontière de couche limite.

8.3.3 Estimation des restes des équations

Dans ce cas, les restes dans les équations de Navier-Stokes sont évidemment plus petits que dans le modèle au premier ordre. On a :

$$\mathrm{L}_\varepsilon\, u = -\varepsilon^2 \left[-\frac{\partial P_1}{\partial x} + \frac{\partial^2 u_1}{\partial x^2} + \frac{\partial^2 u_1}{\partial y^2} + \frac{\partial^2 U_1}{\partial x^2} \right],$$

$$\mathrm{L}_\varepsilon\, v = -\varepsilon^2 \left[\frac{\partial^2 v_1}{\partial x^2} + \frac{\partial^2 v_1}{\partial y^2} + \varepsilon \frac{\partial^2 V_1}{\partial x^2} \right].$$

On peut noter que si l'écoulement extérieur est irrotationnel, on peut s'attendre à une meilleure précision car :

$$\mathrm{L}_\varepsilon\, u = -\varepsilon^2 \left[-\frac{\partial P_1}{\partial x} + \frac{\partial^2 U_1}{\partial x^2} \right],$$

$$\mathrm{L}_\varepsilon\, v = -\varepsilon^3 \frac{\partial^2 V_1}{\partial x^2}.$$

Les termes figurant dans les restes sont des termes de couche limite.

Des commentaires relatifs à ce point seront donnés au Chap. 9 lors des applications du modèle de couche limite interactive de second ordre (Sect. 9.2.4).

8.4 Effet de déplacement

Aussi bien dans le modèle CLI au premier ordre que dans le modèle au deuxième dordre, l'interaction visqueuse-non visqueuse se traduit en grande partie par la condition :

$$\lim_{y\to\infty} (v - v_1) = 0. \tag{8.20}$$

Interprétons cette condition à l'aide de la notion d'effet de déplacement. D'après les équations de continuité, on a :

$$v = -\int_0^y \frac{\partial u}{\partial x}\, \mathrm{d}y',$$

$$v_1 = v_{10} - \int_0^y \frac{\partial u_1}{\partial x}\, \mathrm{d}y',$$

où y' désigne la variable d'intégration par rapport à y et v_{10} est la valeur de v_1 à la paroi. On en déduit :

$$v - v_1 = \int_0^y \left(\frac{\partial u_1}{\partial x} - \frac{\partial u}{\partial x} \right) \mathrm{d}y' - v_{10}.$$

La condition (8.20) devient :

$$v_{10} = \frac{\mathrm{d}}{\mathrm{d}x} \left[\int_0^\infty (u_1 - u)\, \mathrm{d}y \right]. \tag{8.21}$$

L'interaction visqueuse-non visqueuse est donc représentée par la vitesse de soufflage v_{10} à la paroi, ce qui implique un effet de déplacement de l'écoulement non visqueux par rapport à un écoulement imaginaire où il n'y aurait pas de couche limite. Ce déplacement s'exprime par l'intégrale $\int_0^\infty (u_1 - u)\,\mathrm{d}y$.

8.5 Modèle réduit de couche limite interactive pour un écoulement extérieur irrotationnel

On considère l'écoulement autour d'un obstacle profilé en atmosphère illimitée alimenté à l'infini amont par un écoulement *irrotationnel*; souvent, en aérodynamique, l'écoulement amont est même uniforme. L'écoulement non visqueux défini dans le modèle CLI est irrotationnel.

L'AUV associée au modèle CLI au premier ordre est donnée par (8.10a, 8.10b, 8.10c). Or, l'épaisseur de couche limite étant d'ordre ε, on a $y \ll 1$ dans la couche limite. Si u_1, v_1 et p_1 sont développables au voisinage de la paroi, on peut écrire dans la couche limite :

$$u = u_{10} + U_1 + \cdots,$$
$$v = v_{10} - y u_{1x0} + \varepsilon V_1 + \cdots,$$
$$\frac{\partial p}{\partial y} = p_{1y0} + y p_{1yy0} + \varepsilon \frac{\partial P_1}{\partial Y} + \cdots,$$

où l'équation de continuité (8.3a) a été utilisée et l'on a défini :

$$u_{1x} = \frac{\partial u_1}{\partial x}, \quad p_{1y} = \frac{\partial p_1}{\partial y}, \quad p_{1yy} = \frac{\partial^2 p_1}{\partial y^2}.$$

L'indice « 0 » indique une valeur à la paroi.

On pose alors :

$$U(x, Y, \varepsilon) = u_{10} + U_1,$$
$$V(x, Y, \varepsilon) = V_1 + \frac{1}{\varepsilon}(v_{10} - y u_{1x0}),$$
$$\frac{\partial P}{\partial Y}(x, Y, \varepsilon) = \frac{\partial P_1}{\partial Y} + \frac{1}{\varepsilon}(p_{1y0} + y p_{1yy0}),$$

et l'AUV devient :

$$u = U + u_1 - u_{10}, \tag{8.22a}$$
$$v = \varepsilon V + v_1 - v_{10} + y u_{1x0}, \tag{8.22b}$$
$$\frac{\partial p}{\partial y} = \varepsilon \frac{\partial P}{\partial Y} + p_{1y} - p_{1y0} - y p_{1yy0}. \tag{8.22c}$$

Les conditions aux limites (8.14) donnent :

$$\text{à la paroi}: U = 0, \quad V = 0, \tag{8.23a}$$

$$\lim_{Y \to \infty} U = u_{10}, \lim_{Y \to \infty} (V + Y u_{1x0}) = \frac{v_{10}}{\varepsilon}. \tag{8.23b}$$

Les équations de couche limite généralisées (8.9a,8.9b) ou (8.11) sont valables partout mais elles peuvent être simplifiées si l'on restreint leur validité à la couche limite. En effet, dans cette zone, on a $y \ll 1$. Alors, les caractéristiques de l'écoulement extérieur sont développées en séries de Taylor au voisinage de $y = 0$:

$$u_1 = u_{10} + y \left(\frac{\partial u_1}{\partial y} \right)_{y=0} + \cdots,$$

$$\frac{\partial u_1}{\partial x} = u_{1x0} + y \left(\frac{\partial^2 u_1}{\partial x \partial y} \right)_{y=0} + \cdots.$$

Si *l'écoulement non visqueux est irrotationnel*, en négligeant les effets de courbure de paroi et en observant que v_1 est $\mathrm{O}(\varepsilon)$ dans la couche limite, on trouve que $\dfrac{\partial u_1}{\partial y}$ est $\mathrm{O}(\varepsilon)$ dans la couche limite. De plus, $\dfrac{\partial^2 v_1}{\partial y^2}$ est aussi $\mathrm{O}(\varepsilon)$ dans la couche limite. Dans cette zone, on a donc :

$$u_1 = u_{10} + \mathrm{O}(\varepsilon^2),$$

$$\frac{\partial u_1}{\partial x} = u_{1x0} + \mathrm{O}(\varepsilon^2),$$

$$v_1 = v_{10} - y u_{1x0} + \mathrm{O}(\varepsilon^3),$$

$$\frac{\partial^2 v_1}{\partial y^2} = \mathrm{O}(\varepsilon).$$

En outre, dans la couche limite et d'après (8.22a–8.22c), on a :

$$u = U + \mathrm{O}(\varepsilon^2),$$

$$v = \varepsilon V + \mathrm{O}(\varepsilon^3),$$

$$\frac{\partial p}{\partial y} = \varepsilon \frac{\partial P}{\partial Y} + \mathrm{O}(\varepsilon^2).$$

En négligeant les termes d'ordre $\mathrm{O}(\varepsilon^2)$, les équations de couche limite généralisées (8.11) restreintes à la zone de couche limite deviennent :

$$\left. \begin{array}{l} \dfrac{\partial U}{\partial x} + \dfrac{\partial V}{\partial Y} = 0 \\[2mm] U \dfrac{\partial U}{\partial x} + V \dfrac{\partial U}{\partial Y} = u_{10} u_{1x0} + \dfrac{\partial^2 U}{\partial Y^2} \end{array} \right\}. \tag{8.24}$$

À la notation près u_{10}, souvent remplacée par u_e, ces équations sont exactement les équations de Prandtl (Sect. 7.1.1), mais comme il est indiqué plus bas, les conditions aux limites ne sont pas les conditions usuelles.

L'équation de quantité de mouvement suivant y (8.12) restreinte à la couche limite devient :

$$U\frac{\partial V}{\partial x} + V\frac{\partial V}{\partial Y} = -\frac{\partial P}{\partial Y} + \frac{\partial^2 V}{\partial Y^2}. \tag{8.25}$$

À la paroi, les conditions aux limites sont :

$$U(x, 0, \varepsilon) = 0, \tag{8.26a}$$

$$V(x, 0, \varepsilon) = 0, \tag{8.26b}$$

$$\lim_{Y \to \infty} U = u_{10}, \tag{8.26c}$$

$$\lim_{Y \to \infty} (V + Y u_{1x0}) = \frac{v_{10}}{\varepsilon}. \tag{8.26d}$$

On note que la condition (8.26c) est identique à celle utilisée dans la théorie de Prandtl. En revanche, la condition (8.26d) apporte un élément nouveau. En effet, elle assure l'interaction visqueuse-non visqueuse, ce qui écarte la résolution hiérarchisée des deux zones d'écoulement. De ce fait, le traitement d'écoulements avec décollement n'est pas exclu par ce modèle.

Ainsi, pour un écoulement extérieur irrotationnel, le modèle de couche limite interactive au premier ordre se réduit aux équations de couche limite classiques (8.24) couplées fortement aux équations d'Euler. Le couplage fort est dû aux conditions aux limites (8.26c), (8.26d).

Avec les mêmes hypothèses, le modèle de couche limite interactive au second ordre conduit au même modèle réduit (8.24), (8.25) et aux mêmes conditions aux limites (8.26a–8.26d)).

Remarque 4. D'après l'équation de continuité, on a :

$$v = -\int_0^y \frac{\partial u}{\partial x} \, dy',$$

où y' désigne la variable d'intégration par rapport à y. Alors, la condition (8.26d) pour v_{10} devient :

$$v_{10} = \int_0^\infty \left(\frac{du_{10}}{dx} - \frac{\partial u}{\partial x}\right) dy,$$

soit :

$$v_{10} = \frac{d(u_{10}\delta_1)}{dx} \quad \text{avec} \quad \delta_1 = \int_0^\infty \left(1 - \frac{u}{u_{10}}\right) dy. \tag{8.27}$$

L'interaction visqueuse-non visqueuse se traduit donc par une vitesse de soufflage v_{10} reliée à l'épaisseur de déplacement δ_1 par (8.27).

8.6 Conclusion

Différentes approximations des équations de Navier-Stokes pour l'étude d'écoulements à grand nombre de Reynolds autour d'obstacles profilés ont été obtenues par l'application de la méthode des approximations successives complémentaires (MASC).

Le déroulement des opérations est voisin de celui suivi pour une équation différentielle ordinaire. En première approximation, l'écoulement est décrit par les équations d'Euler ; bien sûr, ce modèle n'est pas valable au voisinage des parois. Grâce à l'utilisation de développements *généralisés*, la recherche d'une approximation uniformément valable (AUV) dans tout le domaine de l'écoulement aboutit au modèle de *couche limite interactive* (CLI), au premier ou au deuxième ordre.

Par rapport à la méthode des développements asymptotiques raccordés (MDAR), l'approximation uniformément valable est différente car la MDAR utilise des *développements réguliers*. Une des conséquences majeures est que l'approximation d'écoulement non visqueux au premier ordre issue de la MDAR admet, comme condition limite, une vitesse normale aux parois nulle. Il en résulte un système d'équations *hiérarchisé* dont la solution s'obtient séquentiellement : les équations d'écoulement non visqueux de premier ordre sont d'abord résolues indépendamment des équations de couche limite, les équations de couche limite sont ensuite résolues à partir de résultats issus du calcul précédent, la solution des équations non visqueuses au second ordre tient compte des effets de couche limite et apporte une correction à la première estimation, enfin la couche limite de second ordre peut être calculée. Avec la CLI, la hiérarchie entre les équations de l'écoulement non visqueux et de la couche limite disparaît. La condition de glissement à la paroi pour l'écoulement non visqueux n'existe plus ; elle est remplacée par la condition que la vitesse normale à la paroi doit tendre vers la valeur donnée par l'écoulement non visqueux loin de la paroi. De ce fait, *les équations d'écoulement non visqueux et de couche limite interagissent*, l'un des systèmes agit sur l'autre et réciproquement. Les deux systèmes d'équations doivent être résolus en même temps. Avec des techniques numériques appropriées, le modèle CLI autorise le calcul des écoulements décollés ; un exemple est présenté au Chap. 9.

La théorie du triple pont contient aussi, dans ses aboutissements remarquables, le traitement d'écoulements décollés grâce à l'absence de hiérarchie entre les ponts. À cet égard, l'identité des jauges de la vitesse normale à la paroi est essentielle. En fait, il s'agit là d'une propriété qui rapproche fortement la théorie du triple pont et la CLI. Cependant, la théorie du triple pont est très locale car elle se réduit à un point lorsque le nombre de Reynolds tend vers l'infini alors que la CLI conserve un caractère plus global par son étendue longitudinale.

Dans le Chap. 10, il sera d'ailleurs montré que le modèle CLI au second ordre ordre contient le modèle du triple pont ; il contient aussi le modèle de couche limite de VAN DYKE au second ordre. Ces deux modèles seront obtenus par l'application de *développements réguliers* au modèle CLI quand le nombre de Reynolds tend vers l'infini.

La CLI n'est pas une notion nouvellle ; elle a été très largement mise à profit pour le calcul d'écoulements autour de profils ou d'ailes d'avions. L'application de la MASC apporte une justification complète, inexistante jusqu'alors. Par ailleurs, les équations de couche limite sont une forme généralisée des équations de Prandtl.

Pour les écoulements extérieurs irrotationnels, les équations de couche limite généralisées se simplifient si leur validité est restreinte à la zone de couche limite. Alors, les équations de couche limite classiques s'appliquent tout en restant fortement couplées aux équations de l'écoulement non visqueux. Le modèle CLI au premier ou au second ordre peut rester intéressant si les caractéristiques de l'écoulement non visqueux varient de façon significative dans l'épaisseur de couche limite.

Problèmes

8.1. On analyse l'écoulement laminaire incompressible à grand nombre de Reynolds sur une plaque plane semi-infinie, d'épaisseur nulle, parallèle à la vitesse à l'infini amont ; le bord d'attaque est perpendiculaire à l'écoulement amont. L'écoulement incident est uniforme de vitesse V_∞.

1. Écrire les équations de Navier-Stokes sous forme adimensionnée ; on notera les grandeurs sans dimension x, y, $\mathcal{U}$, $\mathcal{V}$, $\mathcal{P}$. On fera apparaître le nombre de Reynolds Re :

$$Re = \frac{V_\infty L}{\nu},$$

où L est une longueur de référence représentant une longueur de développement de la couche limite. On suppose que $Re \gg 1$ et on introduit le petit paramètre ε :

$$\varepsilon = Re^{-1/2}.$$

2. On étudie l'écoulement à l'aide de la MASC sous sa forme régulière. On recherche une première approximation (extérieure) sous la forme :

$$\mathcal{U} = u_1(x, y) + \cdots,$$
$$\mathcal{V} = v_1(x, y) + \cdots,$$
$$\mathcal{P} = p_1(x, y) + \cdots.$$

Écrire les équations pour u_1, v_1, p_1.

3. On cherche une AUV sous la forme :

$$\mathcal{U} = u_1(x, y) + U_1(x, Y) + \cdots,$$
$$\mathcal{V} = v_1(x, y) + \varepsilon V_1(x, Y) + \cdots,$$
$$\mathcal{P} = p_1(x, y) + \Delta(\varepsilon) P_1(x, Y) + \cdots,$$

avec :

$$Y = \frac{y}{\varepsilon},$$

et Δ est une jauge encore inconnue.

Écrire les équations pour U_1, V_1, P_1. Préciser la jauge Δ.

Donner les conditions aux limites en notant bien que l'on cherche un développement régulier, c'est-à-dire pour lequel on a par exemple $u_1 = u_1(x, y)$ et $U_1 = U_1(x, Y)$.

Donner la solution pour u_1, v_1, p_1.

4. On pose :

$$U = u_1 + U_1,$$
$$V = v_1 + \varepsilon V_1.$$

Écrire les équations pour U et V. Préciser les conditions aux limites. Identifier avec la formulation de Prandtl.

Pour la plaque plane, la solution de ces équations est la solution de Blasius que l'on obtient en cherchant une solution de similude. Pour $x > 0$, la solution est de la forme :

$$U = f'(\eta) \quad \text{avec} \quad \eta = \frac{Y}{\sqrt{2x}},$$

et l'équation de Blasius est :

$$f''' + f f'' = 0 \quad \text{avec} \quad f(\eta) = \int_0^\eta f'(\zeta) \, d\zeta,$$

avec les conditions aux limites :

$$f(0) = 0 \ , \ f'(0) = 0 \ , \ f' \underset{\eta \to \infty}{\longrightarrow} 1.$$

On déduit les comportements asymptotiques suivants :

$$f \underset{\eta \to \infty}{\cong} \eta - \beta_0 + \text{TEP},$$
$$f \underset{\eta \to 0}{\cong} \frac{\alpha_0}{2} \eta^2 + \text{O}(\eta^5).$$

Le calcul numérique donne la valeur des contantes :

$$\alpha_0 = 0,469600,$$
$$\beta_0 = 1,21678.$$

En déduire le comportement de V_1 et P_1 quand $Y \to \infty$.

5. Du fait que l'on a négligé certains termes dans les équations, on commet une erreur évidente quand $Y \to \infty$. En effet, dans ce cas, on a :

$$V_1 \underset{Y \to \infty}{\longrightarrow} \frac{\beta_0}{\sqrt{2x}},$$

ce qui ne permet pas, avec l'approximation développée jusqu'ici, que la vitesse $\mathcal{V}$ tende vers zéro à l'infini.

Si l'on veut procéder à l'analyse d'une meilleure approximation, il faut écrire, compte tenu des résultats acquis précédemment :

$$\mathcal{U} = 1 + U_1(x, Y) + \varepsilon u_2(x, y) + \cdots,$$
$$\mathcal{V} = \varepsilon \left[V_1(x, Y) + v_2(x, y) \right] + \cdots,$$
$$\mathcal{P} = \varepsilon p_2(x, y) + \varepsilon^2 P_1(x, Y) + \cdots.$$

Écrire les équations pour u_2, v_2, p_2 ainsi que les conditions aux limites à utiliser.

Montrer qu'il est intéressant d'effectuer le changement de fonctions suivant :

$$u_2^* = u_2,$$
$$v_2^* = v_2 + \frac{\beta_0}{\sqrt{2x}},$$
$$p_2^* = p_2 + \frac{\beta_0}{2\sqrt{2}} x^{-3/2} y.$$

La solution est alors :

$$u_2^* = -\frac{\beta_0}{2} \frac{y}{\sqrt{x^2 + y^2} \sqrt{x + \sqrt{x^2 + y^2}}},$$
$$v_2^* = \frac{\beta_0}{2} \frac{\sqrt{x + \sqrt{x^2 + y^2}}}{\sqrt{x^2 + y^2}}.$$

On note le caractère très particulier de la solution pour u_2 qui est nulle en $y = 0$ sauf à l'origine où elle est singulière.

Applications des modèles de couche limite interactive

L'utilisation de la méthode des approximations successives complémentaires (MASC) avec des développements généralisés justifie totalement la notion de couche limite interactive (CLI). Une approximation uniformément valable (UVA) est obtenue en résolvant un double système d'équations, les équations de couche limite généralisées et les équations d'écoulement non visqueux. Ces deux systèmes sont fortement couplés. En théorie de couche limite classique, les sytèmes d'équations sont hiérarchisés : on peut résoudre d'abord les équations d'écoulement non visqueux et ensuite les équations de couche limite. Avec la CLI, cette hiérarchie disparaît ; les deux systèmes d'équations interagissent, l'un des sytèmes agit sur l'autre et réciproquement.

Pour un écoulement amont irrotationnel, il a été montré que les équations de couche limite généralisées se réduisent, dans la zone de couche limite, aux équations classiques de Prandtl. Cependant, le caractère interactif ne disparaît pas car ces équations restent fortement couplées aux équations de l'écoulement non visqueux. Cette caractéristique est essentielle pour les écoulements contenant des zones décollées. Un exemple d'application est présenté Sect. 9.1.

Pour un écoulement amont rotationnel, les mêmes simplifications ne sont pas valables. La validation pour de tels écoulements est donc intéressante. Ainsi, Sect. 9.2, le modèle CLI est appliqué à différents exemples où l'écoulement extérieur est rotationnel ; les résultats sont comparés à des solutions numériques des équations de Navier-Stokes et au modèle de Van Dyke [91].

L'objectif de ce chapitre n'est pas de donner un ensemble exhaustif d'applications des modèles de couche limite interactive mais il est, plus modestement, de montrer quelques exemples illustratifs en insistant sur l'influence de l'écoulement amont rotationnel dont l'étude est plus rare. Dès les années 70 [7, 8, 26, 47, 48, 49, 95, 96], les méthodes de couche limite interactive se sont développées et ont été largement appliquées [1, 2] notamment en aérodynamique et il a été bien montré que ces méthodes sont très efficaces [11, 46, 50, 51]. On pourra aussi trouver dans la littérature des comparaisons détaillées entre les applications de la théorie du triple pont, de la couche limite interactive et de la résolution numérique des équations de Navier-Stokes aussi bien en écoulement externe [74] qu'en écoulement interne [43, 44].

9.1 Calcul d'un écoulement avec décollement

9.1.1 Définition de l'écoulement

On considère l'écoulement sur une plaque plane déformée par une petite bosse
(Fig. 9.1). La géométrie de la paroi est définie par l'équation :

$$\frac{y}{L} = \pm \frac{0,03}{\cosh\left[4\left(\frac{x}{L} - 2,5\right)\right]}, \tag{9.1}$$

où L est une longueur de référence. La vitesse de l'écoulement à l'infini amont
u_∞ est uniforme ; l'écoulement non visqueux est donc irrotationnel. Le nombre
de Reynolds formé avec la vitesse u_∞ et la longueur L est $8\,10^4$.

9.1.2 Méthode numérique

La technique numérique mise en œuvre repose en grande partie sur la méthode
proposée par Veldman [95] et évoquée Sect. 7.3.

L'écoulement dans la couche limite est calculé à l'aide de (8.24) et l'écoulement non visqueux est décrit par la méthode des singularités [12]. Comme
l'écoulement est décollé, les équations de couche limite doivent être fortement
couplées aux équations de l'écoulement non visqueux. Pour réaliser ce couplage fort, la loi d'interaction donnée par l'intégrale de Hilbert (Sect. 7.3) est
utilisée comme intermédiaire.

Un module de résolution des équations de couche limite couplées fortement à l'intégrale de Hilbert a été réalisé par ROGET [72] suivant la méthode
de Veldman. En remplaçant la notation u_{10} par la notation plus usuelle u_e,
ce module résout donc les équations classiques de couche limite (8.24) qui
s'écrivent sous forme dimensionnée :

$$\left.\begin{aligned}
\frac{\partial u}{\partial x} + \frac{\partial v}{\partial y} &= 0 \\
u\frac{\partial u}{\partial x} + v\frac{\partial u}{\partial y} &= u_e\frac{\mathrm{d}u_e}{\mathrm{d}x} + \frac{\mu}{\varrho}\frac{\partial^2 u}{\partial y^2}
\end{aligned}\right\}, \tag{9.2}$$

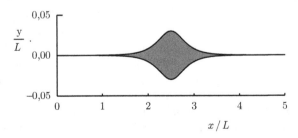

Fig. 9.1. Couche limite sur plaque plane avec bosse

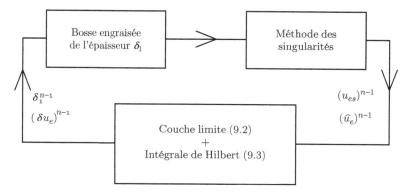

Fig. 9.2. Méthode de calcul

avec l'intégrale de Hilbert dans le domaine $[x_a, x_b]$:

$$\delta u_e = \frac{1}{\pi} \int_{x_a}^{x_b} \frac{v_0}{x - \xi} \, \mathrm{d}\xi, \quad v_s(\xi) = \frac{\mathrm{d}}{\mathrm{d}\xi} \left[u_e(\xi) \delta_1(\xi) \right], \tag{9.3}$$

et :

$$u_e(x) = \widehat{u}_e(x) + \delta u_e(x), \tag{9.4}$$

où $\widehat{u}_e$ est considérée comme une donnée ; la signification de cette grandeur est discutée ci-dessous.

La vitesse $\widehat{u}_e$ résulte en partie de l'application de la méthode des singularités [11] dans laquelle l'effet de déplacement est pris en compte. Une méthode itérative [65] permet de résoudre l'ensemble du problème (Fig. 9.2). À la première itération, la vitesse $\widehat{u}_e$ est égale à la vitesse calculée par la méthode des singularités appliquée à la géométrie réelle, c'est-à-dire en tenant compte de la bosse mais sans effet de couche limite. Aux itérations suivantes, la vitesse u_e intervenant dans les équations de couche limite (9.2) est décomposée sous la forme :

$$(u_e)^n = (u_{es})^{n-1} - (\delta u_e)^{n-1} + (\delta u_e)^n,$$

où n est le numéro de l'itération considérée. Dans cette décomposition, $(u_{es})^{n-1}$ est la vitesse calculée par la méthode des singularités le long de la bosse engraissée de l'épaisseur de déplacement $(\delta_1)^{n-1}$ et δu_e est la correction de vitesse donnée par l'intégrale de Hilbert. À une itération donnée, on a donc :

$$(\widehat{u}_e)^{n-1} = (u_{es})^{n-1} - (\delta u_e)^{n-1}.$$

À convergence, c'est-à-dire quand la différence des corrections de vitesse δu_e est très petite entre deux itérations, *l'influence de l'intégrale de Hilbert disparaît* de sorte que la vitesse u_e est la vitesse u_{es} calculée par la méthode des singularités avec effet de couche limite. En fin de compte, l'intégrale de Hilbert intervient seulement comme un *intermédiaire de calcul* très commode pour assurer le couplage fort des équations de couche limite avec les équations de l'écoulement non visqueux et permettre le calcul d'écoulements décollés.

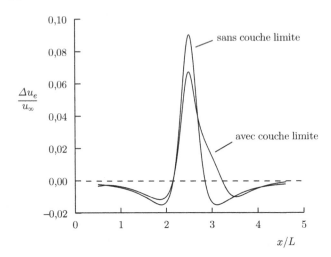

Fig. 9.3. Couche limite sur plaque plane avec bosse : vitesse pariétale de l'écoulement non visqueux

9.1.3 Résultats

La figure 9.3 montre l'effet de la bosse et de la couche limite sur la vitesse pariétale calculée en écoulement non visqueux. On a :

$$u_e = u_\infty + \Delta u_e.$$

La variation de vitesse Δu_e sans couche limite représente l'influence de la bosse seule alors que la variation de vitesse Δu_e avec couche limite représente l'influence combinée de la bosse et de la couche limite. Pour l'exemple choisi, l'effet de couche limite est du même ordre de grandeur que l'effet purement géométrique de la perturbation de paroi. On constate que la couche limite a tendance à limiter la survitesse induite au voisinage du sommet de la bosse.

Les Figs. 9.4 et 9.5 donnent les évolutions de l'épaisseur de déplacement δ_1 et du coefficient de frottement C_f. À titre de comparaison les évolutions de ces caractéristiques sur paroi lisse sont également données ; elles sont fournies par la solution de Blasius [18] :

$$\delta_1 = 1,721 \frac{x}{\sqrt{\mathcal{R}_x}}, \quad C_f = \frac{0,664}{\sqrt{\mathcal{R}_x}}, \quad \mathcal{R}_x = \frac{\varrho u_e x}{\mu}.$$

Les comparaisons à la solution de Blasius indiquent une très forte influence de la présence de la bosse sur l'évolution de la couche limite, mais cette influence est assez locale car, aussi bien en amont qu'en aval, les caractéristiques de la couche limite rejoignent rapidement leur comportement sur plaque plane. On note aussi la zone de décollement caractérisée par les valeurs négatives du coefficient de frottement.

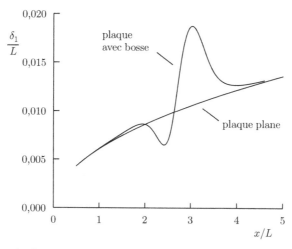

Fig. 9.4. Couche limite sur plaque plane avec bosse : épaisseur de déplacement

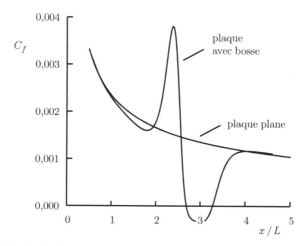

Fig. 9.5. Couche limite sur plaque plane avec bosse : coefficient de frottement

Remarque 1. Une discussion détaillée de l'écoulement sur une paroi plane déformée localement sous forme d'une marche descendante arrondie est présentée dans [78]. Les résultats ont été obtenus par la théorie du triple pont ou par une technique de couche limite interactive. Dans certains cas, en présence de bulbes de décollement, la solution n'est pas unique. Les résultats indiquent l'existence d'une branche le long de laquelle la courte zone de décollement est associée à la théorie de décollement marginal [86]. Ils indiquent d'autre part la formation d'une branche avec décollement plus long rejoignant le décollement massif.

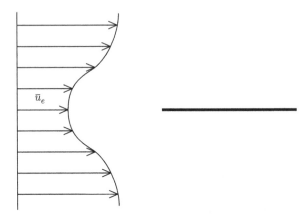

Fig. 9.6. Couche limite sur plaque plane avec écoulement extérieur rotationnel

9.2 Influence d'un écoulement extérieur rotationnel

On souhaite calculer la couche limite se développant sur une plaque plane et alimentée par un écoulement incident *rotationnel* (Fig. 9.6). Le modèle CLI est mis en œuvre ; il faut donc résoudre conjointement les équations d'Euler, les équations de couche limite généralisées et leur interaction.

9.2.1 Écoulement non visqueux

Les caractéristiques u_1, v_1, p_1 de l'écoulement extérieur sont partagées en une composante non perturbée $\overline{u}_e$, $\overline{v}_e$, $\overline{p}_e$ et une composante perturbée $\widetilde{u}_e$, $\widetilde{v}_e$, $\widetilde{p}_e$:

$$u_1 = \overline{u}_e + \widetilde{u}_e, \tag{9.5a}$$

$$v_1 = \overline{v}_e + \widetilde{v}_e, \tag{9.5b}$$

$$p_1 = \overline{p}_e + \widetilde{p}_e. \tag{9.5c}$$

La composante non perturbée est celle qu'on aurait en l'absence de couche limite ; elle satisfait les équations d'Euler. La composante perturbée représente l'effet de la couche limite. En supposant qu'il s'agit d'une *petite perturbation*, la composante perturbée satisfait les équations d'Euler linéarisées.

On introduit les *fonctions de courant* $\overline{\psi}$ et $\widetilde{\psi}$:

$$\overline{u}_e = \frac{\partial \overline{\psi}}{\partial y}, \overline{v}_e = -\frac{\partial \overline{\psi}}{\partial x},$$

$$\widetilde{u}_e = \frac{\partial \widetilde{\psi}}{\partial y}, \widetilde{v}_e = -\frac{\partial \widetilde{\psi}}{\partial x},$$

ainsi que les composantes suivant z du *rotationnel de vitesse* $\overline{\omega}_e$ et $\widetilde{\omega}_e$:

$$\overline{\omega}_e = \frac{\partial \overline{v}_e}{\partial x} - \frac{\partial \overline{u}_e}{\partial y},$$

$$\widetilde{\omega}_e = \frac{\partial \widetilde{v}_e}{\partial x} - \frac{\partial \widetilde{u}_e}{\partial y}.$$

La pression d'arrêt $\overline{p}_e + \frac{1}{2}(\overline{u}_e^2 + \overline{v}_e^2)$ est constante le long d'une ligne de courant de l'écoulement non perturbé et le rotationnel de vitesse est relié à la variation de la pression d'arrêt entre les lignes de courant :

$$\overline{p}_e + \frac{1}{2}(\overline{u}_e^2 + \overline{v}_e^2) = \overline{f}(\overline{\psi}), \tag{9.6a}$$

$$\overline{\omega}_e = -\frac{\mathrm{d}\overline{f}(\overline{\psi})}{\mathrm{d}\overline{\psi}}. \tag{9.6b}$$

La seconde équation est déduite de (9.6a) et des équations d'Euler. En supposant que la perturbation s'annule à l'infini amont, on a [91] :

$$\widetilde{p}_e + \overline{u}_e\widetilde{u}_e + \overline{v}_e\widetilde{v}_e = \widetilde{\psi}\frac{\mathrm{d}\overline{f}(\overline{\psi})}{\mathrm{d}\overline{\psi}}, \tag{9.7a}$$

$$\widetilde{\omega}_e = -\widetilde{\psi}\frac{\mathrm{d}^2\overline{f}(\overline{\psi})}{\mathrm{d}\overline{\psi}^2}. \tag{9.7b}$$

Les équations (9.7a, 9.7b) sont des formes linéarisées de (9.6a, 9.6b). La première équation est une forme intégrale des équations d'Euler linéarisées obtenues par intégration le long d'une ligne de courant de l'écoulement non perturbé. La seconde équation est déduite de (9.7a) et des équations d'Euler linéarisées. Si l'écoulement non perturbé est irrotationnel, le rotationnel $\widetilde{\omega}_e$ de la perturbation est nul.

Le rotationnel de vitesse est relié à la fonction de courant par :

$$\widetilde{\omega}_e = -\triangle\widetilde{\psi},$$

de sorte que la perturbation de la fonction de courant satisfait l'équation :

$$\triangle\widetilde{\psi} = \frac{\mathrm{d}^2\overline{f}(\overline{\psi})}{\mathrm{d}\overline{\psi}^2}\widetilde{\psi}.$$

Dans les exemples considérés (Sect. 9.2.3), l'écoulement extérieur non perturbé est tel que :

$$\overline{u}_e = \overline{u}_e(y), \quad \overline{v}_e = 0, \tag{9.8}$$

et l'équation pour la perturbation de la fonction de courant devient :

$$\triangle\widetilde{\psi} = \frac{1}{\overline{u}_e}\frac{\mathrm{d}^2\overline{u}_e}{\mathrm{d}y^2}\widetilde{\psi}. \tag{9.9}$$

La perturbation de pression est donnée par :

$$\widetilde{p}_e = -\overline{u}_e\widetilde{u}_e + \widetilde{\psi}\frac{\mathrm{d}\overline{u}_e}{\mathrm{d}y}. \tag{9.10}$$

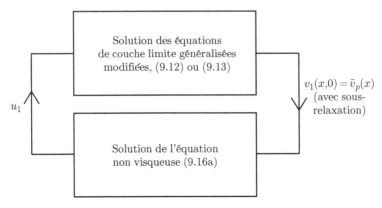

Fig. 9.7. Procédure itérative globale

9.2.2 Méthode de résolution

Les équations visqueuses et non visqueuses sont résolues tour à tour et leur couplage est réalisé itérativement (Fig. 9.7) de façon à atteindre, à convergence, les conditions :

$$\lim_{y \to \infty} (u - u_1) = 0, \quad \lim_{y \to \infty} (v - v_1) = 0.$$

Cette procédure fonctionne bien pour les écoulements considérés mais deviendrait inappropriée pour des écoulements avec décollement.

Équations de couche limite modifiées

En accord avec la Fig. 9.7, les équations de couche limite sont résolues suivant le mode direct : l'entrée des équations de couche limite est une distribution de la vitesse u_1. Bien sûr, au cours du cycle itératif, cette distribution de u_1 n'est pas figée puisqu'elle dépend de l'effet de la couche limite sur l'écoulement non visqueux. Le problème à résoudre est de réaliser, à convergence, les deux conditions $\lim_{y \to \infty} (u - u_1) = 0$ et $\lim_{y \to \infty} (v - v_1) = 0$. Pour éviter les problèmes numériques avec les équations de couche limite tant que la convergence n'est pas atteinte, il est avantageux de remplacer v_1 par une composante de vitesse modifiée $\bar{v}$ [25] définie par :

$$\bar{v} = v + \int_y^\infty \frac{\partial(u_1 - u)}{\partial x}\, \mathrm{d}y, \qquad (9.11)$$

de sorte que la vitesse $\bar{v}$ satisfait la même équation de continuité que v_1 :

$$\frac{\partial u_1}{\partial x} + \frac{\partial \bar{v}}{\partial y} = 0.$$

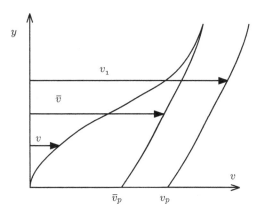

Fig. 9.8. Distributions de $\overline{v}$ et v_1 quand la valeur de v_p n'est pas correctement ajustée

Les équations de couche limite généralisées (8.17) sont remplacées par :

$$\left.\begin{aligned}
\frac{\partial u}{\partial x} + \frac{\partial v}{\partial y} &= 0 \\
u\frac{\partial u}{\partial x} + v\frac{\partial u}{\partial y} &= u_1\frac{\partial u_1}{\partial x} + \overline{v}\frac{\partial u_1}{\partial y} + \frac{1}{\mathcal{R}}\frac{\partial^2(u - u_1)}{\partial y^2}
\end{aligned}\right\}. \tag{9.12}$$

L'équation (9.11) indique que la condition $\lim\limits_{y\to\infty}(\overline{v} - v) = 0$ est satisfaite si $\lim\limits_{y\to\infty}(u_1 - u) = 0$. Ainsi, l'équation modifiée de quantité de mouvement est identiquement vérifiée au delà de la frontière de la couche limite. Il s'agit là d'un point important de la méthode numérique.

Si l'on appelle v_p la valeur de v_1 à la paroi, on note que $\overline{v}$ n'est égal à v_1 que si la valeur de v_p est correctement déterminée (Fig. 9.8). Quand le processus itératif n'a pas atteint la convergence, les conditions $u = u_1$ et $\overline{v} = v$ sont satisfaites au delà de la frontière de couche limite mais la condition $\overline{v} = v_1$ n'est pas nécessairement vérifiée. Une méthode itérative est implantée pour ajuster v_p afin d'obtenir $\overline{v} = v_1$. Cette question est le cœur de l'interaction visqueuse-non visqueuse.

Les équations de couche limite généralisées au premier ordre sont plus simples à traiter que les équations au second ordre car la vitesse v_1 n'apparaît pas. Il est donc inutile de les modifier :

$$\left.\begin{aligned}
\frac{\partial u}{\partial x} + \frac{\partial v}{\partial y} &= 0 \\
u\frac{\partial u}{\partial x} + v\frac{\partial u}{\partial y} - v\frac{\partial u_1}{\partial y} &= u_1\frac{\partial u_1}{\partial x} + \frac{1}{\mathcal{R}}\frac{\partial^2(u - u_1)}{\partial y^2}
\end{aligned}\right\}. \tag{9.13}$$

La condition $\lim\limits_{y\to\infty}(u_1 - u) = 0$ suffit pour que l'équation de quantité de mouvement soit identiquement vérifiée au delà de la frontière de la couche limite.

Solution des équations de couche limite

Les équations de couche limite sont résolues en considérant que la donnée est un champ de vitesse $u_1(x, y)$. Après discrétisation suivant une technique de différences finies, les équations sont résolues pas à pas de l'amont vers l'aval. À une station donnée x_i, on suppose connues les premières estimations de $v(x_i, y)$ et $\overline{v}(x_i, y)$, par exemple d'après les distributions $v(x_{i-1}, y)$ et $\overline{v}(x_{i-1}, y)$ calculées à la station précédente. Une première approximation de $u(x_i, y)$ est obtenue en résolvant l'équation de quantité de mouvement discrétisée à la station x_i. Une nouvelle estimation de $v(x_i, y)$ est calculée d'après l'équation de continuité discrétisée avec la condition de paroi $v = 0$. La valeur de $\overline{v}(x_i, y)$ est alors mise à jour d'après l'équation de continuité qui la définit :

$$\overline{v}(x_i, y) = v(x_i, y) + \left[\int_y^\infty \frac{\partial(u_1 - u)}{\partial x} \, \mathrm{d}y \right]_{x=x_i}. \tag{9.14}$$

On note que la vitesse $\overline{v}$ est calculée en intégrant l'équation de continuité depuis l'extérieur vers la paroi de façon à être assuré que $\overline{v} = v$ au delà de la frontière de la couche limite. En fait, dans la technique numérique, la limite à l'infini est remplacée par une frontière à distance finie de la paroi située plus loin que la frontière de couche limite.

Si nécessaire, le calcul est renouvelé à la station x_i avec les distributions dernièrement calculées de u, v et $\overline{v}$ afin de résoudre la non-linéarité de l'équation de quantité de mouvement. Ensuite, le calcul est mené pour la station x_{i+1}.

On note que l'évaluation de $\overline{v}_p(x_i) = \overline{v}(x_i, 0)$ est :

$$\overline{v}_p(x_i) = \left[\frac{d}{dx} \int_0^\infty (u_1 - u) \, \mathrm{d}y \right]_{x=x_i}. \tag{9.15}$$

Interaction visqueuse-non visqueuse

La solution des équations de couche limite est une partie de la procédure itérative (Fig. 9.7) nécessaire pour prendre en compte l'interaction visqueuse-non visqueuse.

Avec l'hypothèse de petites perturbations, l'écoulement non visqueux est calculé en résolvant l'équation de Poisson (9.9) :

$$\frac{\partial^2 \widetilde{\psi}}{\partial x^2} + \frac{\partial^2 \widetilde{\psi}}{\partial y^2} = \frac{\widetilde{\psi}}{\overline{u}_e} \frac{\mathrm{d}^2 \overline{u}_e}{\mathrm{d}y^2}, \tag{9.16a}$$

avec la condition de paroi :

$$\widetilde{\psi}(x, 0) = - \int_{-\infty}^x v_1(\xi, 0) \, \mathrm{d}\xi, \tag{9.16b}$$

et :
$$v_1(\xi, 0) = \overline{v}_p(\xi).$$

La valeur de $\overline{v}_p$ est obtenue d'après (9.15).

L'équation de Poisson (9.16a) est résolue numériquement à l'aide d'une méthode de différences finies sur un maillage rectangulaire avec un schéma à cinq points. Les équations discrètes sont résolues itérativement, colonne par colonne, avec sur-relaxation.

Le processus itératif de la Fig. 9.7 est poursuivi jusqu'à convergence en introduisant une sous-relaxation sur $\overline{v}_p$.

9.2.3 Écoulements considérés

Les exemples choisis sont les mêmes que ceux traités par une autre approche, appelée formulation déficitaire de couche limite [4, 5, 6]. Chaque écoulement est défini par la vitesse non perturbée $\overline{u}_e$.

Écoulement I. Le rotationnel de vitesse est uniforme .

$$\overline{u}_e = 1 + 60y. \tag{9.17}$$

Écoulement II. La distribution de vitesse a une discontinuité de pente :

$$\begin{aligned} \overline{u}_e &= 1 + 60y \text{ si } y \leq 0,005, \\ \overline{u}_e &= 1,3 \qquad \text{si } y \geq 0,005. \end{aligned} \tag{9.18}$$

Écoulement III. Près de la paroi, le cisaillement est négatif et tend vers zéro loin de la paroi. La pente de la distribution de vitesse est continue :

$$\begin{aligned} \overline{u}_e &= 125y^2 - 20y + 1 \text{ si } y \leq 0,08, \\ \overline{u}_e &= 0.2 \qquad\qquad \text{si } y \geq 0,08. \end{aligned} \tag{9.19}$$

Écoulement IV. Le cisaillement décroît continûment quand la distance à la paroi augmente :
$$\overline{u}_e = 0,85 + \sqrt{0,0225 + 18y}. \tag{9.20}$$

9.2.4 Résultats

Frottement pariétal et profils de vitesses

Tous les résultats ont été obtenus pour un nombre de Reynolds $\mathcal{R} = \mathcal{R}_{x=1} = 10^6$. Le nombre de Reynolds $\mathcal{R}_x$ est formé avec la vitesse de référence V et la distance x d'un point de la plaque à son bord d'attaque ; l'abscisse x est réduite par la longueur de référence L intervenant dans (8.2).

Dans la partie inférieure des Figs. 9.9–9.12, les diagrammes représentent les profils de vitesse $u(y)$ calculés à la station $x = 0,9$ pour la solution convergée du modèle CLI au second ordre. Les profils de la vitesse de l'écoulement non visqueux résultant $u_1(y)$ sont également obtenus à convergence. La différence entre la vitesse $\overline{u}_e$ de l'écoulement non visqueux non perturbé et la vitesse u_1 représente l'influence de la couche limite, c'est-à-dire l'effet de déplacement. La figure 9.13 montre les profils des composantes normales à la paroi v et v_1 correspondant respectivement à u et u_1.

D'une façon générale, on remarque que les profils de vitesses u et u_1 (Figs. 9.9–9.12) d'une part et les profils de v et v_1 (Fig. 9.13) d'autre part se raccordent parfaitement au delà de la frontière de la couche limite. Les fonctions $u(x,y)$ et $v(x,y)$, solutions des équations de couche limite généralisées couplées aux équations non visqueuses, constituent une AUV du champ de vitesse dans tout l'écoulement.

Les Figs. 9.9–9.12 présentent l'évolution du coefficient de frottement C_f défini en adimensionnant la contrainte de frottement pariétale par $\frac{1}{2}\varrho V^2$. À titre de comparaison, la valeur de la solution de Blasius est portée avec la légende « plaque plane » :

$$\frac{C_f}{2}\sqrt{\mathcal{R}_x} = 0,332.$$

Sur ces figures, différents résultats ont été portés :
- les légendes « 1er ordre » et « 2e ordre » se rapportent aux modèles CLI de premier ordre (Sect. 8.2) ou de second ordre (Sect. 8.3),
- la légende « convergé » signifie que les résultats sont tracés à convergence du processus itératif décrit Sect. 9.2.2,
- la légende « 1re itération » signifie que les équations de couche limite généralisées de premier ordre (9.13) ou les équations modifiées (9.12) du modèle de second ordre ont été résolues avec $u_1 = \overline{u}_e$,
- la légende « Navier-Stokes » se rapporte à des résultats obtenus par BRAZIER à l'aide d'une solution numérique des équations de Navier-Stokes [5].

L'évolution du coefficient de frottement comparée à la solution de Blasius indique un très fort effet d'écoulement extérieur rotationnel. Quand les équations de couche limite classiques sont utilisées, la condition à la frontière de la couche limite est $u \to \overline{u}_e(0)$. Or, dans tous les exemples, on a $\overline{u}_e(0) = 1$. La solution des équations classiques est donc la solution de Blasius. Les équations de couche limite classiques ne sont pas sensibles au caractère rotationnel de l'écoulement extérieur.

Les résultats du modèle CLI au second ordre sont généralement en meilleur accord avec la solution des équations de Navier-Stokes que ceux obtenus avec le modèle CLI au premier ordre. Le modèle de premier ordre est insuffisant pour prendre en compte les effets d'écoulement extérieur rotationnel.

Pour un cisaillement uniforme de l'écoulement non visqueux non perturbé :

$$\overline{u}_e = 1 + \omega y, \tag{9.21a}$$

la théorie de Van Dyke au second ordre donne [92] (cf. problème 9.1) :

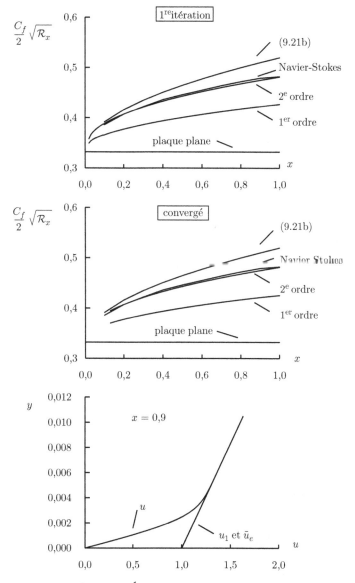

Fig. 9.9. Écoulement I : $\overline{u}_e = 1 + 60y$

$$\frac{C_f}{2}\sqrt{\mathcal{R}_x} = 0,332 + 3,126\omega\sqrt{\frac{x\nu}{V}}, \tag{9.21b}$$

avec $\omega = 60$ pour l'écoulement I. La comparaison à la solution des équations de Navier-Stokes montre que les résultats de la théorie de Van Dyke surestiment les effets d'écoulement extérieur rotationnel. Le modèle CLI au second ordre

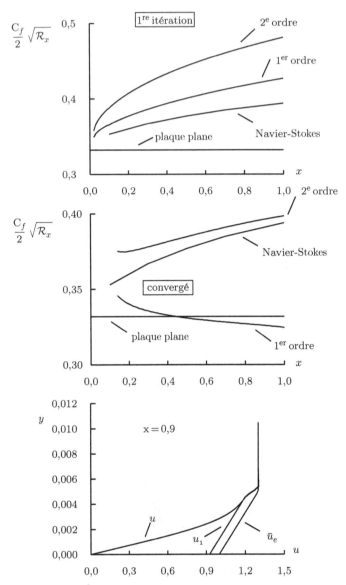

Fig. 9.10. Écoulement II : $\overline{u}_e = 1 + 60y$ si $y \leq 0,005$; $\overline{u}_e = 1,3$ si $y \geq 0,005$

est en meilleur accord. Ce modèle contient le modèle de Van Dyke au second ordre mais en diffère par des termes d'ordre ε^2 (Chap. 10).

Une autre différence est que le modèle de Van Dyke est *hiérarchisé* alors que l'autre modèle est *interactif*. Dans le modèle hiérarchisé de Van Dyke, les équations de l'écoulement non visqueux et de couche limite sont résolues tour à tour : d'abord les équations de l'écoulement non visqueux de premier ordre

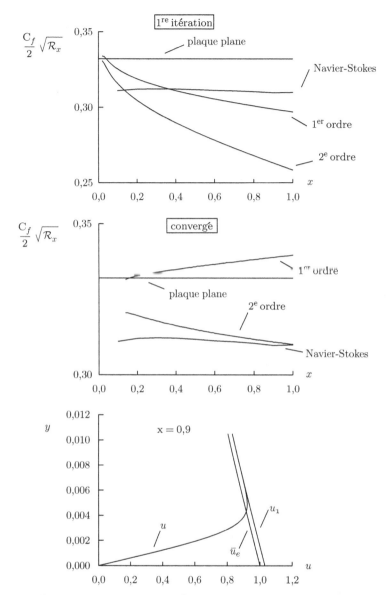

Fig. 9.11. Écoulement III : $\overline{u}_e = 125y^2 - 20y + 1$ si $y \leq 0,08$; $\overline{u}_e = 0.2$ si $y \geq 0,08$

avec la condition de glissement à la paroi, ensuite les équations classiques de couche limite de premier ordre, puis les équations de l'écoulement non visqueux de second ordre dans lesquelles l'effet de couche limite est pris en compte, enfin les équations de couche limite de second ordre. Avec le modèle interactif, les équations de l'écoulement non visqueux et de couche limite ne

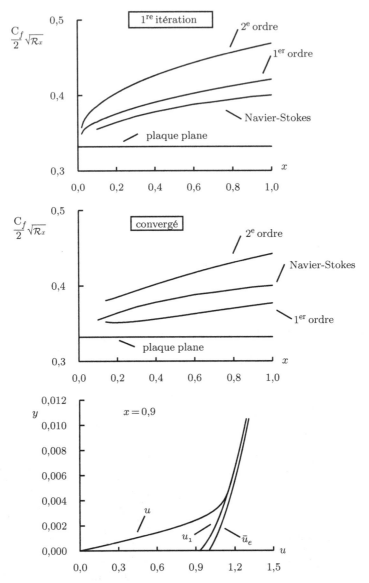

Fig. 9.12. Écoulement IV : $\overline{u}_e = 0,85 + \sqrt{0,0225 + 18y}$

peuvent pas être résolues en séquence à cause des conditions aux limites qui imposent un couplage fort des équations ; il est nécessaire de résoudre toutes les équations ensemble. Un avantage décisif du modèle interactif est d'autoriser le calcul d'écoulements décollés à condition de faire appel à une technique de résolution numérique appropriée, par exemple celle mise en œuvre Sect. 9.1. Au contraire, le modèle hiérarchisé de Van Dyke se heurte à la singularité

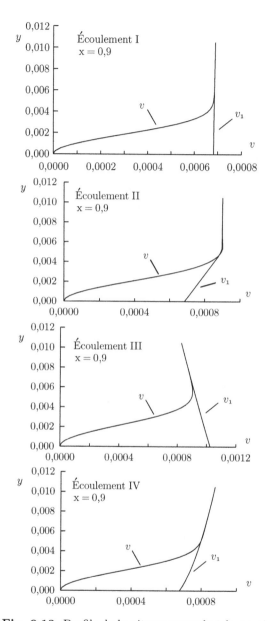

Fig. 9.13. Profils de la vitesse normale à la paroi

de Goldstein et le calcul ne peut pas être poursuivi en aval du point où elle apparaît.

Effets de déplacement

Les effets de déplacement sont observés en comparant les résultats référencés « 1re itération » et « convergé » ou en comparant les distributions de vitesses $\overline{u}_e$ et u_1 tracés à la station $x = 0,9$ (Figs. 9.9–9.12).

Le faible effet de déplacement pour l'écoulement I est associé au fait que le membre de droite de l'équation de Poisson (9.16a) est nul, ce qui n'est pas le cas pour les autres écoulements étudiés. Une solution analytique approchée, donnée ci-dessous, permet d'analyser plus en détail l'effet de déplacement.

L'équation (9.16a) apparaît dans de nombreux problèmes, par exemple dans l'étude de la stabilité d'écoulements parallèles [78], dans des problèmes de perturbation singulière d'écoulement de canal [81] ou encore dans l'étude du développement d'un jet liquide libre issue d'un canal [90]. Une solution analytique approchée est obtenue en recherchant une solution du type :

$$\widetilde{\psi} = \widetilde{\psi}(x,0) f(y).$$

L'équation (9.16a) devient :

$$\frac{d^2\widetilde{\psi}(x,0)}{dx^2} f + \widetilde{\psi}(x,0)\frac{d^2 f}{dy^2} = \frac{\widetilde{\psi}(x,0)}{\overline{u}_e}\frac{d^2\overline{u}_e}{dy^2} f. \tag{9.22}$$

Pour les applications discutées ici, le comportement de $\widetilde{\psi}(x,0)$ est à peu près en $x^{1/2}$; ce serait exactement ce comportement pour une couche limite de Blasius. Avec une variation de $\widetilde{\psi}(x,0)$ en $x^{1/2}$, le premier terme du membre de gauche de (9.22) est négligeable si :

$$x^2 \gg \frac{\overline{u}_e}{\left|\dfrac{d^2\overline{u}_e}{dy^2}\right|}. \tag{9.23}$$

Alors, (9.22) devient :

$$\frac{d^2 f}{dy^2} = \frac{f}{\overline{u}_e}\frac{d^2\overline{u}_e}{dy^2}. \tag{9.24}$$

Une première intégration fournit :

$$f\frac{d\overline{u}_e}{dy} - \frac{df}{dy}\overline{u}_e = A.$$

Une solution possible, si elle est définie et donnant une perturbation de vitesse nulle à l'infini, est :

$$f = -A\overline{u}_e \int_0^y \frac{1}{\overline{u}_e^2}\,dy + \frac{\overline{u}_e}{\overline{u}_e(0)},$$

avec :

$$A = \cfrac{1}{\left(\cfrac{\mathrm{d}\overline{u}_e}{\mathrm{d}y}\right)_{y\to\infty} \displaystyle\int_0^\infty \cfrac{1}{\overline{u}_e^2}\,\mathrm{d}y + \cfrac{1}{\overline{u}_e(y\to\infty)}} \, \cfrac{1}{\overline{u}_e(0)}\left(\cfrac{\mathrm{d}\overline{u}_e}{\mathrm{d}y}\right)_{y\to\infty},$$

et :

$$\widetilde{u}_e = \left[-A\left(\frac{\mathrm{d}\overline{u}_e}{\mathrm{d}y}\int_0^y \frac{1}{\overline{u}_e^2}\,\mathrm{d}y + \frac{1}{\overline{u}_e}\right) + \frac{1}{\overline{u}_e(0)}\frac{\mathrm{d}\overline{u}_e}{\mathrm{d}y}\right]\widetilde{\psi}(x,0).$$

Si $\left(\dfrac{\mathrm{d}\overline{u}_e}{\mathrm{d}y}\right)_{y\to\infty} = 0$, la solution est :

$$f = \frac{\overline{u}_e}{\overline{u}_e(0)}, \quad \widetilde{u}_e = \widetilde{\psi}(x,0)\frac{1}{\overline{u}_e(0)}\frac{\mathrm{d}\overline{u}_e}{\mathrm{d}y}. \tag{9.25}$$

Cette solution montre directement le lien entre l'effet de déplacement et la distribution de $\overline{u}_e$. Dans le but d'examiner sa précision, la solution approchée a été calculée avec $\overline{u}_e(0) = 1$ et $\widetilde{\psi}(x,0) = -1,72\sqrt{\overline{u}_e(0)\nu x}$, ce qui serait la distribution de $\widetilde{\psi}(x,0)$ pour une couche limite de Blasius. Des comparaisons avec la solution numérique de l'équation de Poisson (9.16a) sont données Figs. 9.14. L'accord est excellent pour l'écoulement III ; pour $y \geq 0,08$, la solution analytique donne $\widetilde{u}_e = 0$, ce qui n'est pas strictement correct mais la solution numérique donne des valeurs très petites de $\widetilde{u}_e$. Pour l'écoulement IV, l'accord est moins bon mais on doit observer que la condition (9.23) ne peut pas être satisfaite pour des valeurs trop grandes de y.

L'équation (9.25) montre que si la plaque sur laquelle se développe la couche limite est infinie, la perturbation $\widetilde{u}_e$ devient infinie quand $x \to \infty$ et le problème n'a plus de sens car l'hypothèse de petites perturbations n'est plus respectée. Les calculs d'écoulement ont en fait été réalisés pour un domaine limité.

La solution générale de l'équation de Poisson (9.16a) contient des solutions propres [90] qui ne sont représentées ni dans la solution numérique, ni dans la solution analytique approchée. Ces solutions propres n'ont pas été étudiées.

Pour l'écoulement II, la distribution de $\overline{u}_e$ a une discontinuité de pente. La solution de l'équation de Poisson (9.16a) présente une ligne de discontinuité caractérisée par 1°) la discontinuité de $\widetilde{u}_e$, 2°) la continuité de $\widetilde{\psi}$, 3°) la continuité de $\widetilde{v}_e$, 4°) la continuité de $\widetilde{p}_e$.

D'après ces propriétés, (9.10) fournit une relation entre les sauts de $\widetilde{u}_e$ et $\dfrac{\mathrm{d}\overline{u}_e}{\mathrm{d}y}$:

$$[\widetilde{u}_e] = \frac{\widetilde{\psi}}{\overline{u}_e}\left[\frac{\mathrm{d}\overline{u}_e}{\mathrm{d}y}\right], \tag{9.26}$$

où $[\widetilde{u}_e]$ est le saut de $\widetilde{u}_e$ à travers la ligne de discontinuité. Numériquement, pour l'écoulement II, le long de la ligne de discontinuité à la station $x = 0,9$,

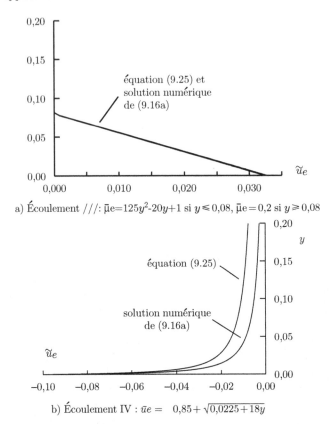

a) Écoulement ///: $\bar{\mu}e = 125y^2 - 20y + 1$ si $y \leqslant 0,08$, $\bar{\mu}e = 0,2$ si $y \geqslant 0,08$

b) Écoulement IV : $\bar{u}e = 0,85 + \sqrt{0,0225 + 18y}$

Fig. 9.14. Comparaison de la solution analytique approchée et de la solution numérique à la station $x = 0,9$

la valeur de $\widetilde{\psi}$ est $\widetilde{\psi} = -1,618\,10^{-3}$; avec $\left[\dfrac{d\bar{u}_e}{dy}\right] = -60$ et $\bar{u}_e = 1,3$, on déduit que la valeur théorique de $[\widetilde{u}_e]$ est $[\widetilde{u}_e] = 7,47\,10^{-2}$; la valeur obtenue numériquement $[\widetilde{u}_e] = 7,41\,10^{-2}$ est raisonnablement voisine.

Limitations du modèle

La figure 9.15 montre la comparaison des termes visqueux $\dfrac{1}{\mathcal{R}}\dfrac{\partial^2 u}{\partial y^2}$ et $\dfrac{1}{\mathcal{R}}\dfrac{d^2\bar{u}_e}{dy^2}$ à la station $x = 0,9$ pour les différents écoulements calculés. Ces deux termes sont des composantes présentes dans l'équation de quantité de mouvement originale ; le terme $\dfrac{1}{\mathcal{R}}\dfrac{d^2\bar{u}_e}{dy^2}$ a été négligé dans le modèle CLI. Cette hypothèse est justifiée pour l'écoulement I puisque $\dfrac{1}{\mathcal{R}}\dfrac{d^2\bar{u}_e}{dy^2} = 0$. Pour l'écoulement IV, la justification est moins bonne. Une limitation du modèle apparaît ici. Il a été supposé que $\bar{u}_e$ satisfait les équations d'Euler mais il faut également que

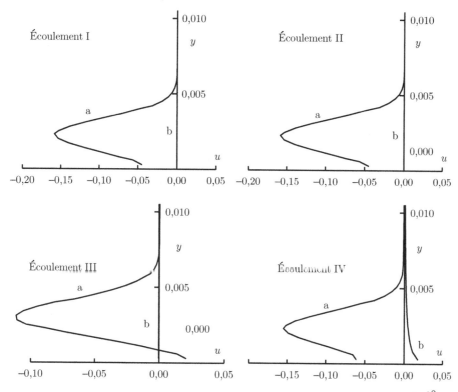

Fig. 9.15. Comparaison des termes visqueux à la station $x = 0,9$: a) $\dfrac{1}{\mathcal{R}} \dfrac{\partial^2 u}{\partial y^2}$;
b) $-\dfrac{1}{\mathcal{R}} \dfrac{\mathrm{d}^2 \overline{u}_e}{\mathrm{d}y^2}$

$\overline{u}_e$ satisfasse les équations de Navier-Stokes avec une bonne approximation. Sinon, les termes visqueux associés à cet écoulement ont une contribution non négligeable ce qui met en défaut l'approche suivie.

Rappelons qu'un champ de vitesse à divergence nulle est tel que :

$$\triangle \vec{V} = -\,\mathbf{rot}\,(\mathbf{rot}\,\vec{V}). \tag{9.27}$$

Cette équation signifie que les termes visqueux sont nuls si le rotationnel du rotationnel de vitesse est nul. Un écoulement extérieur non perturbé irrotationnel satisfait les équations de Navier-Stokes. Ce n'est plus vrai si l'écoulement extérieur non pertubé est rotationnel. Une exception se produit si le rotationnel de vitesse est uniforme comme dans l'écoulement I. Quand le nombre de Reynolds tend vers l'infini, ce problème disparaît car le rapport du terme $\dfrac{1}{\mathcal{R}} \dfrac{\mathrm{d}^2 \overline{u}_e}{\mathrm{d}y^2}$ au terme de viscosité de couche limite tend vers zéro. Pour des nombres de Reynolds finis, une limitation du modèle CLI est donc associée aux termes visqueux induits par l'écoulement extérieur non perturbé.

9.3 Conclusion

Pour les écoulements extérieurs irrotationnels, les équations de couche limite généralisées se simplifient si leur validité est restreinte à la zone de couche limite. Alors, les équations de couche limite classiques s'appliquent tout en maintenant l'interaction avec les équations de l'écoulement non visqueux. La notion d'interaction est essentielle pour calculer les écoulements avec décollement. En restant dans le cadre de la théorie classique de couche limite, la hiérarchie entre les équations visqueuses et non visqueuses conduit à la singularité de Goldstein au décollement et interdit de franchir ce point. Avec la CLI, la vitesse normale à la paroi doit satisfaire une condition qui fait disparaître la hiérarchie entre l'écoulement non visqueux et la couche limite. Cette propriété est très voisine de celle introduite dans la théorie du triple pont pour assurer l'absence de hiérarchie entre les ponts.

Avec des techniques numériques adaptées, il est alors possible de calculer des écoulements comportant des zones décollées comme l'a montré l'exemple proposé dans ce chapitre.

Lorque la couche limite est alimentée par un écoulement rotationnel, il est nécessaire de faire appel à la CLI au second ordre. Ce modèle rend bien compte des effets observés avec la solution des équations de Navier-Stokes au moins tant que les variations de la vitesse de l'écoulement non visqueux n'induisent pas de termes visqueux trop importants.

Problèmes

9.1. Ce problème aboutit à la théorie de Van Dyke au second ordre pour un écoulement extérieur cisaillé [92]. On considère l'écoulement à grand nombre de Reynolds sur une plaque plane. L'écoulement est laminaire, incompressible, bidimensionnel, stationnaire. Les équations de Navier-Stokes rendues sans dimension s'écrivent :

$$\frac{\partial \mathcal{U}}{\partial x} + \frac{\partial \mathcal{V}}{\partial y} = 0,$$

$$\mathcal{U}\frac{\partial \mathcal{U}}{\partial x} + \mathcal{V}\frac{\partial \mathcal{U}}{\partial y} = -\frac{\partial \mathcal{P}}{\partial x} + \varepsilon^2 \left(\frac{\partial^2 \mathcal{U}}{\partial x^2} + \frac{\partial^2 \mathcal{U}}{\partial y^2}\right),$$

$$\mathcal{U}\frac{\partial \mathcal{V}}{\partial x} + \mathcal{V}\frac{\partial \mathcal{V}}{\partial y} = -\frac{\partial \mathcal{P}}{\partial y} + \varepsilon^2 \left(\frac{\partial^2 \mathcal{V}}{\partial x^2} + \frac{\partial^2 \mathcal{V}}{\partial y^2}\right),$$

avec :

$$\varepsilon^2 = \frac{1}{Re} = \frac{\nu}{VL},$$

où le nombre de Reynolds Re est formé avec les grandeurs de référence V et L. La coordonnée le long de la paroi est x et la coordonnée normale à la paroi est y ; les composantes de la vitesse suivant x et y sont respectivement $\mathcal{U}$ et $\mathcal{V}$; la pression est $\mathcal{P}$. La paroi est définie par $y = 0$.

À l'infini amont, l'écoulement est donné par :

$$u_0 = 1 + ay,$$

où a est une constante.

On étudie l'écoulement à l'aide de la MDAR. Le développement extérieur est donné par :

$$\mathcal{U} = u_0 + \delta_1 u_1 + \cdots,$$
$$\mathcal{V} = \delta_1 v_1 + \cdots,$$
$$\mathcal{P} = \delta_1 p_1 + \cdots,$$

où $\delta_1(\varepsilon) \prec 1$ est une fonction d'ordre. Le développement intérieur est donné par :

$$\mathcal{U} = U_1 + \Delta_2 U_2 + \cdots,$$
$$\mathcal{V} = \varepsilon(V_1 + \Delta_2 V_2 + \cdots),$$
$$\mathcal{P} = \Delta_2^* P_2 + \cdots,$$

où $\Delta_2(\varepsilon)$ et $\Delta_2^*(\varepsilon)$ sont deux fonctions d'ordre et U_1, V_1, U_2, V_2, P_2 sont des fonctions de x et $Y = y/\varepsilon$.

1. Écrire les équations extérieures pour u_1, v_1, p_1.

2. Écrire les équations de couche limite pour U_1, V_1. Ramener le problème à une équation différentielle pour f en posant $\eta = Y/\sqrt{2x}$ et $U_1 = f'(\eta) = \dfrac{\mathrm{d}f}{\mathrm{d}\eta}$.

On précisera les conditions aux limites et les conditions de raccord.

On admettra que le comportement de f quand $\eta \to \infty$ est :

$$f(\eta) \underset{\eta \to \infty}{\cong} \eta - \beta_0 + \text{TEP},$$

avec $\beta_0 = 1,21678$.

3. Écrire le raccord sur $\mathcal{V}$ et en déduire δ_1 et $v_1(x,0)$.

4. Trouver le comportement de la solution des équations extérieures quand $y \to 0$ sous la forme :
$u_1(x,y) = a_1(x)y + \cdots,$
$v_1(x,y) = b_0(x) + b_2(x)y^2 + \cdots,$
$p_1(x,y) = c_0(x) + c_1(x)y + c_2(x)y^2 + \cdots,$
en admettant que $c_0(0) = 0$ et $a_1(\infty) = 0$; on déterminera précisément les fonctions a_1, b_0, b_2, c_0, c_1, c_2.

5. Écrire le raccord sur $\mathcal{P}$; en déduire Δ_2^* et $P_2(x,\infty)$.

6. Écrire le raccord sur $\mathcal{U}$; en déduire Δ_2 et le comportement de U_2 quand $Y \to \infty$.

7. Donner les équations de couche limite au second ordre.

10

Formes régulières de la couche limite interactive

Au chapitre 8, l'application de la méthode des approximations successives complémentaires (MASC) aux écoulements à grand nombre de Reynolds en présence d'obstacles profilés a conduit à la notion de couche limite interactive (CLI), au premier et au second ordre. L'intérêt est notamment d'assurer l'interaction entre les équations décrivant l'écoulement non visqueux et celles décrivant la région visqueuse.

Quand l'écoulement extérieur est irrotationnel, il a été montré que les équations de la CLI se réduisent, dans la couche limite, aux équations de Prandtl mais leur interaction avec les équations non visqueuses est maintenue grâce à la condition de raccord sur la composante de vitesse normale à la paroi.

Le caractère interactif des modèles ainsi établis est essentiel pour le traitement d'écoulements avec décollement.

La question posée dans ce chapitre est : comment se placent ces méthodes par rapport aux approximations classiques des équations de Navier-Stokes, telles que les théories de Prandtl, de Van Dyke au second ordre et celle du triple pont qui constituent des références majeures en modélisation aérodynamique ? Plus directement, on cherche à montrer que la CLI contient ces modèles.

La méthode employée consiste à partir de la formulation de la CLI et à rechercher des développements réguliers puisque la caractéristique commune aux théories de Prandtl, de Van Dyke et du triple pont est précisément d'être exprimées à l'aide de développements réguliers. Bien sûr, cette étude sera accomplie avec les hypothèses correspondant à chaque cas considéré. Il aurait été possible d'emprunter une démarche qui mène à tel ou tel choix de jauge ou d'échelle, mais pour alléger la présentation, la définition des séquences asymptotiques et des échelles sera considérée comme acquise.

La figure 10.1 précise les principaux degrés dans la classification des modèles les uns par rapport aux autres. L'objet de ce chapitre est de démontrer les éléments qui conduisent aux différentes approximations des équations de Navier-Stokes.

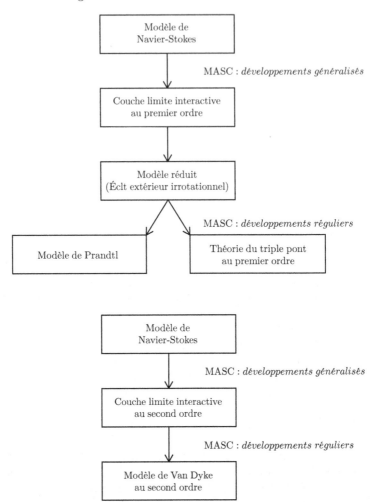

Fig. 10.1. Approximations à grand nombre de Reynolds

10.1 Modèle de couche limite au second ordre

On souhaite montrer que la CLI au second ordre *contient* le modèle de couche limite de Van Dyke au second ordre lorsque l'écoulement extérieur est rotationnel. La méthode consiste à exprimer le modèle CLI à l'aide de *développements réguliers*.

10.1.1 Modèle de couche limite interactive au second ordre

Rappelons que le modèle CLI au second ordre conduit à l'approximation uniformément valable (AUV) suivante (Sect. 8.3) :

$$u = u_1(x, y, \varepsilon) + U_1(x, Y, \varepsilon), \tag{10.1a}$$

$$v = v_1(x, y, \varepsilon) + \varepsilon V_1(x, Y, \varepsilon), \tag{10.1b}$$

$$p = p_1(x, y, \varepsilon) + \varepsilon^2 P_1(x, Y, \varepsilon). \tag{10.1c}$$

La variable de couche limite Y est :

$$Y = \frac{y}{\varepsilon} \quad \text{avec} \quad \varepsilon^2 = \frac{1}{\mathcal{R}} = \frac{\mu}{\varrho V L},$$

où V et L sont des grandeurs de référence, (8.2).

Il a été montré que l'écoulement défini par u, v, p satisfait les équations de couche limite généralisées (8.17) :

$$\left. \begin{aligned} \frac{\partial u}{\partial x} + \frac{\partial v}{\partial y} &= 0 \\ u\frac{\partial u}{\partial x} + v\frac{\partial u}{\partial y} &= u_1\frac{\partial u_1}{\partial x} + v_1\frac{\partial u_1}{\partial y} + \frac{1}{\mathcal{R}}\frac{\partial^2(u - u_1)}{\partial y^2} \end{aligned} \right\}, \tag{10.2}$$

et que l'écoulement défini par u_1, v_1, p_1 satisfait les équations d'Euler :

$$\left. \begin{aligned} \frac{\partial u_1}{\partial x} + \frac{\partial v_1}{\partial y} &= 0 \\ u_1\frac{\partial u_1}{\partial x} + v_1\frac{\partial u_1}{\partial y} &= -\frac{\partial p_1}{\partial x} \\ u_1\frac{\partial v_1}{\partial x} + v_1\frac{\partial v_1}{\partial y} &= -\frac{\partial p_1}{\partial y} \end{aligned} \right\}. \tag{10.3}$$

Les conditions aux limites sont :

$$\left. \begin{aligned} &\text{à la paroi :} \; u = 0, v = 0 \\ &y \to \infty \quad : u - u_1 \to 0, v - v_1 \to 0 \end{aligned} \right\}. \tag{10.4}$$

Des conditions à l'infini sont également imposées pour le champ décrit par les équations d'Euler.

10.1.2 Modèle de Van Dyke au second ordre

Pour simplifier, on suppose que la forme des développements réguliers est connue. On pourrait parfaitement ne pas faire cette hypothèse et redémontrer la forme des développements [91] ; ce travail est inutile.

Pour l'écoulement extérieur, on recherche donc des développements asymptotiques réguliers de la forme :

$$u_1 = \mathrm{E}_0^1 \, u_1 + \cdots,$$

$$v_1 = \mathrm{E}_0^2 \, v_1 + \cdots,$$

$$p_1 = \mathrm{E}_0^1 \, p_1 + \cdots,$$

où E_0^i est un opérateur d'expansion à l'ordre $\mathrm{O}(\varepsilon^i)$.

L'écoulement caractérisé par u_1, v_1, p_1 satisfait les équations d'Euler. Par suite, avec :

$$\mathrm{E}_0^1\, u_1 = \hat{u}_1(x,y) + \varepsilon\hat{u}_2(x,y), \tag{10.5a}$$

$$\mathrm{E}_0^2\, v_1 = \hat{v}_1(x,y) + \varepsilon\hat{v}_2(x,y) + \varepsilon^2\hat{v}_3(x,y), \tag{10.5b}$$

$$\mathrm{E}_0^1\, p_1 = \hat{p}_1(x,y) + \varepsilon\hat{p}_2(x,y), \tag{10.5c}$$

il est clair que l'écoulement $\hat{u}_1$, $\hat{v}_1$, $\hat{p}_1$ satisfait les équations d'Euler et que l'écoulement $\hat{u}_2$, $\hat{v}_2$, $\hat{p}_2$ satisfait les équations d'Euler linéarisées.

L'AUV (10.1a–10.1c) s'écrit, à l'ordre indiqué :

$$u = \mathrm{E}_0^1\, u_1 + U_1 + \cdots, \tag{10.6a}$$

$$v = \mathrm{E}_0^2\, v_1 + \varepsilon V_1 + \cdots, \tag{10.6b}$$

$$p = \mathrm{E}_0^1\, p_1 + \cdots. \tag{10.6c}$$

Si l'on se restreint à la couche limite avec $y = \varepsilon Y$, on a :

$$u = \mathrm{E}_1^1\, \mathrm{E}_0^1\, u_1 + U_1 + \cdots,$$

$$v = \mathrm{E}_1^2\, \mathrm{E}_0^2\, v_1 + \varepsilon V_1 + \cdots,$$

où E_1^i est un opérateur d'expansion dans la couche limite à l'ordre $\mathrm{O}(\varepsilon^i)$.

Remarque 1. En supposant que $\hat{u}_1$, $\hat{v}_1$ et $\hat{u}_2$, $\hat{v}_2$ sont développables en série de Taylor au voisinage de la paroi, on pourrait écrire des relations du type :

$$\mathrm{E}_1^1\, \mathrm{E}_0^1\, u_1 = \hat{u}_1(x,0) + \varepsilon Y \left(\frac{\partial \hat{u}_1}{\partial y} \right)_{y=O} + \varepsilon \hat{u}_2(x,0).$$

Outre que cette écriture n'est pas toujours possible (par exemple pour un écoulement de canal), elle n'est pas nécessaire.

On définit alors U et V par :

$$U = \mathrm{E}_1^1\, \mathrm{E}_0^1\, u_1 + U_1,$$

$$\varepsilon V = \mathrm{E}_1^2\, \mathrm{E}_0^2\, v_1 + \varepsilon V_1.$$

Alors, l'AUV (10.6a–10.6b) s'écrit :

$$u = \mathrm{E}_0^1\, u_1 - \mathrm{E}_1^1\, \mathrm{E}_0^1\, u_1 + U + \cdots, \tag{10.7a}$$

$$v = \mathrm{E}_0^2\, v_1 - \mathrm{E}_1^2\, \mathrm{E}_0^2\, v_1 + \varepsilon V + \cdots, \tag{10.7b}$$

Si l'on cherche des développements réguliers pour U et V de la forme :

$$\mathrm{E}_1^1\, U = \bar{u}_1(x,Y) + \varepsilon\bar{u}_2(x,Y), \tag{10.8a}$$

$$\mathrm{E}_1^1\, V = \bar{v}_1(x,Y) + \varepsilon\bar{v}_2(x,Y), \tag{10.8b}$$

l'AUV (10.7a–10.7b) peut s'écrire :

$$u = E_0^1\, u_1 - E_1^1\, E_0^1\, u_1 + E_1^1\, U + \cdots, \qquad (10.9a)$$

$$v = E_0^2\, v_1 - E_1^2\, E_0^2\, v_1 + E_1^2\, \varepsilon V + \cdots, \qquad (10.9b)$$

soit, dans la couche limite :

$$u = E_1^1\, U + \cdots, \qquad (10.10a)$$

$$v = \varepsilon\, E_1^1\, V + \cdots. \qquad (10.10b)$$

Avec ces expressions on écrit les conditions aux limites. À la paroi, on a :

$$Y = 0 \quad : \quad u = 0, \quad v = 0, \qquad (10.11)$$

d'où :

$$Y = 0 \quad : \quad E_1^1\, U = 0, \quad E_1^1\, V = 0. \qquad (10.12)$$

Remarque 2. Il se peut que des termes tels que $E_0^1\, u_1$ ou $E_0^2\, v_1$ ne soient pas bornés à la paroi ; il n'en est pas de même des termes tels que $E_1^1(E_0^1\, u_1 - E_1^1\, E_0^1\, u_1)$ ou $E_1^2(E_0^2\, v_1 - F_1^2\, F_0^2\, v_1)$ qui eux sont identiquement nuls.

On en déduit, en particulier :

$$Y = 0 \quad : \quad \bar{u}_1 = 0, \quad \bar{u}_2 = 0, \quad \bar{v}_1 = 0, \quad \bar{v}_2 = 0. \qquad (10.13)$$

Les conditions :

$$Y \to \infty \quad : \quad u - u_1 \to 0, \quad v - v_1 \to 0 \qquad (10.14)$$

s'écrivent :

$$Y \to \infty \quad : \quad E_1^1\, U - E_1^1\, E_0^1\, u_1 = 0, \quad E_1^2\, \varepsilon V - E_1^2\, E_0^2\, v_1 = 0, \qquad (10.15)$$

soit encore :

$$Y \to \infty \quad : \quad U - E_1^1(\hat{u}_1 + \varepsilon \hat{u}_2) = 0, \quad V - E_1^1(\hat{v}_1 + \varepsilon \hat{v}_2) = 0. \qquad (10.16)$$

En admettant l'existence de développements en série de Taylor au voisinage de $y = 0$, ceci donne au premier ordre :

$$\lim_{Y \to \infty} \bar{u}_1 = \hat{u}_1(x, 0), \qquad (10.17a)$$

$$\hat{v}_1(x, 0) = 0, \qquad (10.17b)$$

et, au second ordre :

$$\lim_{Y \to \infty} \left[\bar{u}_2 - Y \left(\frac{\partial \hat{u}_1}{\partial y} \right)_{y=0} \right] = \hat{u}_2(x, 0), \qquad (10.18a)$$

$$\lim_{Y \to \infty} \left[\bar{v}_1 - Y \left(\frac{\partial \hat{v}_1}{\partial y} \right)_{y=0} \right] = \hat{v}_2(x, 0). \qquad (10.18b)$$

En remplaçant u et v à l'aide de (10.10a) et (10.10b) dans la couche limite, (10.2) deviennent :

$$\frac{\partial U}{\partial x} + \frac{\partial V}{\partial Y} = 0, \tag{10.19a}$$

$$U\frac{\partial U}{\partial x} + V\frac{\partial U}{\partial Y} = -\mathrm{E}_1^1\frac{\partial p_1}{\partial x} + \frac{\partial^2 U}{\partial Y^2}. \tag{10.19b}$$

On suppose que la courbure de la paroi est assez faible pour que, à la paroi, le terme $\dfrac{\partial \hat{p}_1}{\partial y}$ soit o(1). On montre alors aussi que le terme $\dfrac{\partial^2 \hat{u}_1}{\partial x \partial y}$ est o(1) à la paroi. Dans ces conditions, on peut écrire :

$$\mathrm{E}_1^1\, p_1 = \hat{p}_1(x,0) + \varepsilon \hat{p}_2(x,0). \tag{10.20}$$

Les équations (10.19a–10.19b) conduisent, au premier ordre, aux équations de couche limite de Prandtl (cf. problème 8.1) :

$$\frac{\partial \overline{u}_1}{\partial x} + \frac{\partial \overline{v}_1}{\partial Y} = 0, \tag{10.21a}$$

$$\overline{u}_1\frac{\partial \overline{u}_1}{\partial x} + \overline{v}_1\frac{\partial \overline{u}_1}{\partial Y} = -\frac{\mathrm{d}\hat{p}_1(x,0)}{\mathrm{d}x} + \frac{\partial^2 \overline{u}_1}{\partial Y^2}, \tag{10.21b}$$

avec :

$$-\frac{\mathrm{d}\hat{p}_1(x,0)}{\mathrm{d}x} = \hat{u}_1(x,0)\frac{\mathrm{d}\hat{u}_1(x,0)}{\mathrm{d}x}. \tag{10.21c}$$

Par ailleurs, les conditions (10.13) et (10.17a) fournissent les conditions aux limites usuelles de la théorie de Prandtl.

Au second ordre, on obtient les équations de couche limite linéarisées :

$$\frac{\partial \overline{u}_2}{\partial x} + \frac{\partial \overline{v}_2}{\partial Y} = 0, \tag{10.22a}$$

$$\overline{u}_1\frac{\partial \overline{u}_2}{\partial x} + \overline{u}_2\frac{\partial \overline{u}_1}{\partial x} + \overline{v}_1\frac{\partial \overline{u}_2}{\partial Y} + \overline{v}_2\frac{\partial \overline{u}_1}{\partial Y} = -\frac{\mathrm{d}\hat{p}_2(x,0)}{\mathrm{d}x} + \frac{\partial^2 \overline{u}_2}{\partial Y^2}. \tag{10.22b}$$

Le terme de pression s'écrit :

$$-\frac{\mathrm{d}\hat{p}_2(x,0)}{\mathrm{d}x} = \left[\hat{u}_1\frac{\partial \hat{u}_2}{\partial x} + \hat{u}_2\frac{\partial \hat{u}_1}{\partial x} + \hat{v}_2\frac{\partial \hat{u}_1}{\partial y}\right]_{y=0}. \tag{10.22c}$$

Avec les conditions aux limites (10.13) et (10.17a, 10.17b, 10.18a, 10.18b), on retrouve exactement le modèle de Van Dyke au second ordre.

On peut vérifier que l'équation de quantité de mouvement longitudinale est bien satisfaite quand $Y \to \infty$ dans la mesure où $\left(\dfrac{\partial^2 \hat{u}_1}{\partial x \partial y}\right)_{y=0}$ est négligeable.

Ainsi, *la CLI au second ordre contient le modèle de Van Dyke au second ordre*. Il ne lui est pas strictement équivalent mais les différences portent sur des termes négligés dans les développements réguliers.

On pourrait montrer aussi que la CLI au premier ordre *ne contient pas* le modèle de Van Dyke au second ordre lorsque l'écoulement extérieur est *rotationnel*. En revanche, pour un écoulement extérieur *irrotationnel*, la CLI au premier ordre *contient* le modèle de Van Dyke au second ordre ; l'étude menée Sect. 8.5 laisse présager ce résultat.

10.2 Modèle du triple pont

10.2.1 Écoulement sur une plaque plane avec une petite bosse

On considère un écoulement laminaire, incompressible, bidimensionnel sur une plaque plane à grand nombre de Reynolds. L'écoulement incident est uniforme et donc irrotationnel. On sait que la perturbation produite par la couche limite sur l'écoulement non visqueux est d'ordre ε pour les composantes de la vitesse et la pression. De plus, on suppose qu'une petite déformation de la paroi produit une perturbation formellement du même ordre (en fait la perturbation pourrait être plus forte). Éventuellement, la couche limite subit un décollement localisé.

Le modèle CLI réduit développé Sect. 8.5 est parfaitement adapté à l'étude du problème posé. On souhaite montrer que ce modèle contient le modèle de triple pont au premier ordre.

Les vitesses, les longueurs et la pression sont rendues sans dimension à l'aide de grandeurs de référence V, L et ϱV^2. Ici la vitesse de référence est égale à la vitesse à l'infini amont et L est la distance au bord d'attaque de l'endroit où est disposée la bosse (Fig. 10.2). Le nombre de Reynolds $\mathcal{R}$ est :

$$\mathcal{R} = \frac{\varrho V L}{\mu}.$$

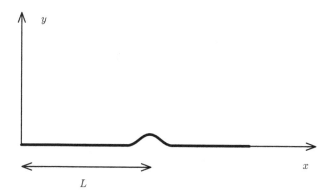

Fig. 10.2. Écoulement sur plaque plane déformée par une bosse

Rappelons que l'AUV proposée est donnée par (8.22a–8.22c) :

$$\left.\begin{array}{l} u_a = U + u_1 - u_{10} \\[1mm] v_a = \varepsilon V + v_1 - v_{10} + y u_{1x0} \\[1mm] \left(\dfrac{\partial p}{\partial y}\right)_a = \varepsilon \dfrac{\partial P}{\partial Y} + p_{1y} - p_{1y0} - y p_{1yy0} \end{array}\right\}, \tag{10.23}$$

avec :

$$u_{1x} = \frac{\partial u_1}{\partial x}, \quad p_{1y} = \frac{\partial p_1}{\partial y}, \quad p_{1yy} = \frac{\partial^2 p_1}{\partial y^2},$$

et l'indice « 0 » indique une valeur à la paroi.

Les fonctions u_1, v_1, p_1 décrivent l'écoulement à l'extérieur de la couche limite alors que les fonctions U, V et P décrivent l'écoulement dans la couche limite. La variable de couche limite est Y :

$$Y = \frac{y}{\varepsilon},$$

avec :

$$\varepsilon^2 = \frac{1}{\mathcal{R}}.$$

Dans la couche limite, les équations de couche limite généralisées se réduisent à (8.24) et (8.25) :

$$\frac{\partial U}{\partial x} + \frac{\partial V}{\partial Y} = 0, \tag{10.24a}$$

$$U\frac{\partial U}{\partial x} + V\frac{\partial U}{\partial Y} = u_{10}u_{1x0} + \frac{\partial^2 U}{\partial Y^2}, \tag{10.24b}$$

$$U\frac{\partial V}{\partial x} + V\frac{\partial V}{\partial Y} = -\frac{\partial P}{\partial Y} + \frac{\partial^2 V}{\partial Y^2}. \tag{10.24c}$$

Les fonctions u_1, v_1, p_1 suivent les équations d'Euler :

$$\frac{\partial u_1}{\partial x} + \frac{\partial v_1}{\partial y} = 0, \tag{10.25a}$$

$$u_1\frac{\partial u_1}{\partial x} + v_1\frac{\partial u_1}{\partial y} = -\frac{\partial p_1}{\partial x}, \tag{10.25b}$$

$$u_1\frac{\partial v_1}{\partial x} + v_1\frac{\partial v_1}{\partial y} = -\frac{\partial p_1}{\partial y}. \tag{10.25c}$$

En outre, on a les conditions de paroi (8.26a–8.26b) :

$$Y = 0 \quad : \quad U = 0, \quad V = 0, \tag{10.26}$$

et les conditions à la frontière de la couche limite (8.26c–8.26d) :

$$Y \to \infty \quad : \quad U \to u_{10}, \quad \lim_{Y\to\infty}(V + Yu_{1x0}) = \frac{v_{10}}{\varepsilon}. \tag{10.27}$$

Enfin, à l'infini, l'écoulement est uniforme.

10.2.2 Développements réguliers

Le modèle rappelé Sect. 10.2.1 repose sur des développements généralisés. Il est proposé de montrer que ce modèle, formulé avec des développements réguliers, contient le modèle de triple pont. Naturellement, il convient de choisir les échelles et les jauges adaptées à cette théorie. Il serait possible de retrouver tous les résultats, en particulier les échelles et les jauges, mais pour éviter la lourdeur d'une telle présentation, ils seront admis (cf. Ann. IV et problème 10.3). Ainsi, la théorie du triple pont étudie l'écoulement au voisinage du point x_0 où la couche limite est perturbée et l'échelle de longueur est $\varepsilon^{3/4}$, de sorte que la variable longitudinale appropriée est :

$$X = \frac{x - x_0}{\varepsilon^{3/4}}. \tag{10.28}$$

Avec les adimensionnements choisis, on a $x_0 = 1$.

Pont supérieur

Dans le pont supérieur, la variable normale à la paroi est :

$$Y^* = \frac{y}{\varepsilon^{3/4}}. \tag{10.29}$$

D'après les résultats du triple pont, les fonctions u_1, v_1, p_1 de l'écoulement extérieur sont normalisées de la façon suivante :

$$u_1(x, y, \varepsilon) = 1 + \varepsilon^{1/2} U^*(X, Y^*, \varepsilon), \tag{10.30a}$$
$$v_1(x, y, \varepsilon) = \varepsilon^{1/2} V^*(X, Y^*, \varepsilon), \tag{10.30b}$$
$$p_1(x, y, \varepsilon) = \varepsilon^{1/2} P^*(X, Y^*, \varepsilon). \tag{10.30c}$$

Dans l'expression de u_1, la valeur 1 est introduite car à l'infini on a $u_1 \rightarrow 1$. Alors, (10.25a–10.25c) deviennent :

$$\frac{\partial U^*}{\partial X} + \frac{\partial V^*}{\partial Y^*} = 0,$$
$$(1 + \varepsilon^{1/2} U^*)\frac{\partial U^*}{\partial X} + \varepsilon^{1/2} V^* \frac{\partial U^*}{\partial Y^*} = -\frac{\partial P^*}{\partial X},$$
$$(1 + \varepsilon^{1/2} U^*)\frac{\partial V^*}{\partial X} + \varepsilon^{1/2} V^* \frac{\partial V^*}{\partial Y^*} = -\frac{\partial P^*}{\partial Y^*}.$$

Les développements réguliers de U^*, V^* et P^* sont alors :

$$U^*(X, Y^*, \varepsilon) = U_1^*(X, Y^*) + \varepsilon^{1/4} U_2^*(X, Y^*) + \cdots,$$
$$V^*(X, Y^*, \varepsilon) = V_1^*(X, Y^*) + \varepsilon^{1/4} V_2^*(X, Y^*) + \cdots,$$
$$P^*(X, Y^*, \varepsilon) = P_1^*(X, Y^*) + \varepsilon^{1/4} P_2^*(X, Y^*) + \cdots,$$

et l'on retrouve bien sûr les équations du pont supérieur au premier ordre :

$$\frac{\partial U_1^*}{\partial X} + \frac{\partial V_1^*}{\partial Y^*} = 0, \tag{10.31a}$$

$$\frac{\partial U_1^*}{\partial X} = -\frac{\partial P_1^*}{\partial X}, \tag{10.31b}$$

$$\frac{\partial V_1^*}{\partial X} = -\frac{\partial P_1^*}{\partial Y^*}. \tag{10.31c}$$

Au deuxième ordre, on a :

$$\frac{\partial U_2^*}{\partial X} + \frac{\partial V_2^*}{\partial Y^*} = 0, \tag{10.32a}$$

$$\frac{\partial U_2^*}{\partial X} = -\frac{\partial P_2^*}{\partial X}, \tag{10.32b}$$

$$\frac{\partial V_2^*}{\partial X} = -\frac{\partial P_2^*}{\partial Y^*}. \tag{10.32c}$$

L'AUV (10.23) devient :

$$\left.\begin{aligned} u_a &= U + \varepsilon^{1/2}(U^* - U_0^*) \\ v_a &= \varepsilon^{1/2}(V^* - V_0^* + Y^* U_{X0}^*) + \varepsilon V \\ \left(\frac{\partial p}{\partial y}\right)_a &= \varepsilon^{-1/4}\left[\frac{\partial P^*}{\partial Y^*} - \left(\frac{\partial P^*}{\partial Y^*}\right)_{Y^*=0} - Y^*\left(\frac{\partial^2 P^*}{\partial Y^{*2}}\right)_{Y^*=0}\right] \\ &\quad + \varepsilon\frac{\partial P}{\partial Y} \end{aligned}\right\}, \tag{10.33}$$

avec :

$$U_0^* = U^*(X, 0, \varepsilon), \quad V_0^* = V^*(X, 0, \varepsilon), \quad U_{X0}^* = \left(\frac{\partial U^*}{\partial X}\right)_{Y^*=0}.$$

D'après (10.30a–10.30b) et les conditions (10.27), on déduit :

$$\lim_{Y\to\infty} U = 1 + \varepsilon^{1/2}U_0^*, \tag{10.34a}$$

$$\lim_{Y\to\infty}\left(V + \varepsilon^{-1/4}Y U_{X0}^*\right) = \varepsilon^{-1/2}V_0^*. \tag{10.34b}$$

D'autre part, les conditions d'écoulement uniforme à l'infini donnent :

$$Y^* \to \infty \quad : \quad U_1^* = 0, \quad U_2^* = 0, \quad V_1^* = 0, \quad V_2^* = 0. \tag{10.35}$$

Pont principal et pont inférieur

Ces régions correspondent à la zone de couche limite définie dans le modèle CLI réduit. D'après la théorie du triple pont, les caractéristiques U, V, P de l'écoulement sont mises sous la forme :

$$U(x, Y, \varepsilon) = U_0(x, Y) + \varepsilon^{1/4}\widehat{U}(X, Y, \varepsilon), \tag{10.36a}$$

$$V(x, Y, \varepsilon) = V_0(x, Y) + \varepsilon^{-1/2}\widehat{V}(X, Y, \varepsilon), \tag{10.36b}$$

$$P(x, Y, \varepsilon) = P_0(x, Y) + \varepsilon^{-3/2}\widehat{P}(X, Y, \varepsilon), \tag{10.36c}$$

où U_0 et V_0 sont les composantes du profil de vitesses de la couche limite non perturbée, c'est-à-dire le profil de Blasius.

En portant (10.36a–10.36c) dans (10.24a–10.24c) et en tenant compte de ce que U_0 et V_0 satisfont les équations de Blasius, on obtient :

$$\frac{\partial \widehat{U}}{\partial X} + \frac{\partial \widehat{V}}{\partial Y} = 0, \tag{10.37a}$$

$$U_0 \frac{\partial \widehat{U}}{\partial X} + \widehat{V}\frac{\partial U_0}{\partial Y} + \varepsilon^{1/4}\left(\widehat{U}\frac{\partial \widehat{U}}{\partial X} + \widehat{V}\frac{\partial \widehat{U}}{\partial Y}\right) + \varepsilon^{3/4}\left(\widehat{U}\frac{\partial U_0}{\partial X} + V_0\frac{\partial \widehat{U}}{\partial Y}\right)$$

$$= \varepsilon^{1/4}\left(1 + \varepsilon^{1/2}U_0^*\right)U_{X0}^* + \varepsilon^{3/4}\frac{\partial^2 \widehat{U}}{\partial Y^2}, \tag{10.37b}$$

$$\varepsilon^{1/4}U_0\frac{\partial \widehat{V}}{\partial X} = -\frac{\partial \widehat{P}}{\partial Y} + \mathrm{O}(\varepsilon^{1/2}). \tag{10.37c}$$

L'AUV (10.33) devient :

$$\left.\begin{array}{l} u_\mathrm{a} = U_0 + \varepsilon^{1/4}\widehat{U} + \varepsilon^{1/2}(U^* - U_0^*) \\[2mm] v_\mathrm{a} = \varepsilon^{1/2}(\widehat{V} + V^* - V_0^* + Y^*U_{X0}^*) + \varepsilon V_0 \\[2mm] \left(\dfrac{\partial p}{\partial y}\right)_\mathrm{a} = \varepsilon^{-1/4}\left[\dfrac{\partial P^*}{\partial Y^*} - \left(\dfrac{\partial P^*}{\partial Y^*}\right)_{Y^*=0}\right] \\[2mm] \qquad -\varepsilon^{-1/4}Y^*\left(\dfrac{\partial^2 P^*}{\partial Y^{*2}}\right)_{Y^*=0} + \varepsilon^{-1/2}\dfrac{\partial \widehat{P}}{\partial Y} + \varepsilon\dfrac{\partial P_0}{\partial Y} \end{array}\right\}. \tag{10.38}$$

D'après (10.36a–10.36b) et les conditions aux limites (10.34a–10.34b), on déduit :

$$\lim_{Y\to\infty} \widehat{U} = \varepsilon^{1/4}U_0^*, \tag{10.39a}$$

$$\lim_{Y\to\infty}\left(\widehat{V} + \varepsilon^{1/4}YU_{X0}^* + \varepsilon^{1/2}V_0\right) = V_0^*. \tag{10.39b}$$

D'autre part, les conditions de paroi donnent :

$$\widehat{U} = 0, \quad \widehat{V} = 0. \tag{10.40}$$

On aboutit ainsi aux résultats suivants :
– les équations (10.31a–10.31c) sont identiques aux équations d'ordre 1 du pont supérieur de la théorie du triple pont,
– les équations (10.37a–10.37c) contiennent le système (IV.7a–IV.7c) qui lui même contient les équations d'ordre 1 du pont principal et du pont inférieur,

– les conditions aux limites (10.35), (10.39a), (10.39b), (10.40) sont identiques à celles de la théorie du triple pont.

On conclut que le modèle de triple pont au premier ordre est contenu dans le modèle CLI réduit de la Sect. 10.2.1. Or, ce modèle est lui-même contenu dans la CLI au premier ordre (Sect. 8.5). Finalement, il a donc été démontré que *la CLI au premier ordre contient le modèle de triple pont au premier ordre*.

Par contre, le modèle de triple pont au second ordre *n'est pas contenu* dans le modèle CLI, même dans celui au second ordre. Dans le modèle CLI, le terme de pression qui intervient dans l'équation de quantité de mouvement longitudinale répond aux équations d'Euler. Dans la théorie du triple pont, la pression $\widetilde{P}_2$ qui intervient dans l'équation de quantité de mouvement longitudinale du pont inférieur est constante suivant $\widetilde{Y}$ et se raccorde à la pression $P_2(X, 0)$ du pont principal qui n'est pas donnée par les équations du pont supérieur mais par celles du pont principal (Ann. IV). Le terme $\dfrac{\partial \widetilde{P}_2}{\partial X}$ ne peut pas être retrouvé d'après la CLI au second ordre.

10.3 Résumé des approximations aux équations de Navier-Stokes

Dans une première étape (Fig. 10.1), la MASC appliquée aux écoulements à grand nombre de Reynolds aboutit aux modèles CLI au premier et au second ordre grâce à la mise en œuvre de développements généralisés. L'interaction visqueuse-non visqueuse est l'une des caractéristiques essentielles de ces modèles.

Les modèles CLI se simplifient dans diverses circonstances. Par exemple, lorsque l'écoulement extérieur est irrotationnel, un modèle réduit a été construit. Le même modèle réduit est obtenu en partant de la CLI au premier ordre ou au second ordre. Il a été montré que les équations se ramènent aux équations de Prandtl dans la couche limite. Cependant, le caractère interactif avec l'écoulement non visqueux est maintenu.

Le modèle réduit contient la théorie de couche limite de Prandtl et la théorie de triple pont au premier ordre.

Le modèle de Van Dyke au second ordre est contenu dans la CLI au deuxième ordre mais il n'est pas contenu dans la CLI au premier ordre lorsque l'écoulement extérieur est rotationnel.

10.4 Conclusion

Les modèles de couche limite interactive (CLI), au premier ou au second ordre ainsi que le modèle réduit, prennent en compte une action mutuelle entre les écoulements visqueux et non visqueux. Cette interaction résulte essentiellement du raccordement sur la vitesse normale à la paroi entre les deux écoulements.

Les modèles de Prandtl et de Van Dyke ainsi que la théorie du triple pont sont des dégénérescences des modèles CLI obtenues à l'aide de développements réguliers. Avec les modèles de Prandtl et de Van Dyke, l'interaction fait place à la hiérarchie entre les systèmes d'équations décrivant l'écoulement non visqueux et la couche limite. Cette modification résulte du décalage des ordres de grandeur sur la vitesse normale à la paroi dans l'écoulement non visqueux et dans la couche limite. Dans la théorie du triple pont, la vitesse normale à la paroi retrouve le même ordre de grandeur dans le pont supérieur et le pont principal. Ce choix de jauges était essentiel pour traiter des écoulements décollés.

Problèmes

10.1. On considère l'équation :

$$\varepsilon^3 \frac{\mathrm{d}^2 y}{\mathrm{d}x^2} + x^3 \frac{\mathrm{d}y}{\mathrm{d}x} + (x^3 - \varepsilon)y = 0,$$

avec :

$$y(0) = \alpha, \quad y(1) = \beta.$$

1. On applique d'abord la MDAR.

Donner une approximation extérieure du problème.

Étant donné que le coefficient de $\dfrac{\mathrm{d}y}{\mathrm{d}x}$ est positif, on prévoit l'existence d'une couche limite en $x = 0$. Donner l'échelle de l'épaisseur de cette couche limite. Déterminer l'approximation correspondante. Montrer que le raccordement avec l'approximation extérieure est impossible.

On en déduit qu'il faut introduire une couche intermédiaire. Montrer que l'épaisseur de cette couche est $\varepsilon^{1/2}$.

Donner la solution complète sous forme d'une approximation composite.

2. Appliquer la MASC en imposant les conditions aux limites exactes.

3. À l'aide de la MASC sous sa forme généralisée, donner un modèle à deux couches tel que la couche inférieure contienne à la fois la couche inférieure et la couche intermédiaire de la MASC régulière.

10.2. On étudie la couche limite sur une paroi plane déformée localement par une indentation bidimensionnelle.

Toutes les grandeurs sont rendues sans dimension à l'aide de la vitesse à l'infini amont V_∞ et de l'abscisse L_0 où se trouve la bosse. On a :

$$x' = \frac{x^*}{L_0}, \quad y' = \frac{y^*}{L_0}, \quad u' = \frac{u^*}{V_\infty}, \quad v' = \frac{v^*}{V_\infty}, \quad p' = \frac{p^*}{\varrho V_\infty^2}.$$

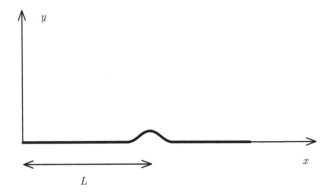

Fig. 10.3. Écoulement sur plaque plane déformée par une bosse

On définit le petit paramètre ε par :

$$\varepsilon = Re^{-1/m}, \quad Re = \frac{V_\infty L_0}{\nu},$$

où m est arbitraire $(m > 0)$; la valeur de m n'influence pas les résultats.

L'équation de la bosse est $y' = F(x')$.

La transformation de Prandtl consiste à faire le changement de variable suivant :

$$(x', y') \longmapsto [x = x', y = y' - F(x')],$$

qui permet, dans les coordonnées (x, y), de ramener la paroi à l'équation $y = 0$.

On fait aussi le changement suivant sur les composantes de la vitesse :

$$u = u', \quad v = v' - \frac{\mathrm{d}F}{\mathrm{d}x'}u'.$$

Après ces transformations, les équations de Navier-Stokes deviennent :
- Équation de continuité :

$$\frac{\partial u}{\partial x} + \frac{\partial v}{\partial y} = 0,$$

- Équation de quantité de mouvement suivant x :

$$u\frac{\partial u}{\partial x} + v\frac{\partial u}{\partial y} = -\frac{\partial p}{\partial x} + \frac{\partial p}{\partial y}\frac{\mathrm{d}F}{\mathrm{d}x} + \varepsilon^m\frac{\partial^2 u}{\partial x^2} - 2\varepsilon^m\frac{\partial^2 u}{\partial x\partial y}\frac{\mathrm{d}F}{\mathrm{d}x}$$
$$+ \varepsilon^m\frac{\partial^2 u}{\partial y^2}\left(\frac{\mathrm{d}F}{\mathrm{d}x}\right)^2 - \varepsilon^m\frac{\partial u}{\partial y}\frac{\mathrm{d}^2 F}{\mathrm{d}x^2} + \varepsilon^m\frac{\partial^2 u}{\partial y^2},$$

– Équation de quantité de mouvement suivant y :

$$u\frac{\partial v}{\partial x} + u^2\frac{\mathrm{d}^2 F}{\mathrm{d}x^2} + v\frac{\partial v}{\partial y} + u\frac{\mathrm{d}F}{\mathrm{d}x}\frac{\partial u}{\partial x} + v\frac{\partial u}{\partial y}\frac{\mathrm{d}F}{\mathrm{d}x} = -\frac{\partial p}{\partial y}$$

$$+2\varepsilon^m\frac{\mathrm{d}^2 F}{\mathrm{d}x^2}\frac{\partial u}{\partial x} + \varepsilon^m\frac{\partial^2 u}{\partial y^2}\left(\frac{\mathrm{d}F}{\mathrm{d}x}\right)^3 - 2\varepsilon^m\frac{\partial^2 v}{\partial x\partial y}\frac{\mathrm{d}F}{\mathrm{d}x} + \varepsilon^m u\frac{\mathrm{d}^3 F}{\mathrm{d}x^3}$$

$$-\varepsilon^m\frac{\partial v}{\partial y}\frac{\mathrm{d}^2 F}{\mathrm{d}x^2} - 2\varepsilon^m\frac{\partial^2 u}{\partial x\partial y}\left(\frac{\mathrm{d}F}{\mathrm{d}x}\right)^2 + \varepsilon^m\frac{\partial^2 u}{\partial y^2}\frac{\mathrm{d}F}{\mathrm{d}x} + \varepsilon^m\frac{\mathrm{d}F}{\mathrm{d}x}\frac{\partial^2 u}{\partial x^2}$$

$$+\varepsilon^m\frac{\partial^2 v}{\partial y^2}\left(\frac{\mathrm{d}F}{\mathrm{d}x}\right)^2 - 3\varepsilon^m\frac{\mathrm{d}^2 F}{\mathrm{d}x^2}\frac{\partial u}{\partial y}\frac{\mathrm{d}F}{\mathrm{d}x} + \varepsilon^m\frac{\partial^2 v}{\partial x^2} + \varepsilon^m\frac{\partial^2 v}{\partial y^2}.$$

On étudie le cas où l'indentation a une hauteur de l'ordre de $\varepsilon^{2m/3}$ et une longueur de l'ordre de $\varepsilon^{m/2}$. L'équation de la bosse est donc de la forme :

$$y' = \varepsilon^{2m/3} f\left(\frac{x'}{\varepsilon^{m/2}}\right).$$

L'écoulement non perturbé est celui qui existe sur la plaque plane sans l'indentation. Au premier ordre, il s'agit donc d'une couche limite de Blasius. À l'ordre étudié ici, il suffira de considérer la couche limite au point $x' = 1$ ($x^* = L_0$) donnée par le profil de vitesses :

$$u = U_0(Y) \quad \text{avec} \quad Y = \frac{y}{\varepsilon^{m/2}}.$$

Quand $Y \to 0$, on a :

$$U_0 = \lambda Y.$$

L'étude de la perturbation de l'écoulement au voisinage de l'indentation ne nécessite pas, à l'ordre envisagé, de considérer les variations de la couche limite de Blasius suivant la direction longitudinale.

La structure proposée par Mauss [58, 59], Nayfeh [67], Smith [80] se compose de deux ponts. Le pont principal est le prolongement de la couche limite de Blasius ; les variables appropriées sont :

$$X = \frac{x}{\varepsilon^{m/2}}, \quad \overline{Y} = Y = \frac{y}{\varepsilon^{m/2}}.$$

Dans le pont inférieur les variables appropriées sont :

$$X = \frac{x}{\varepsilon^{m/2}}, \quad \widetilde{Y} = \frac{y}{\varepsilon^{2m/3}}.$$

On constate donc que le pont inférieur a une hauteur du même ordre que celle de l'indentation. D'autre part, la perturbation ne touche pas une zone au delà de la couche limite incidente ; la zone non visqueuse n'est donc pas affectée.

Dans le pont principal, les développements sont :

$$u = U_o(Y) + \varepsilon^{m/6} f \frac{\mathrm{d}U_0}{\mathrm{d}\overline{Y}} + \varepsilon^{m/3}\overline{U}_2 + \cdots,$$

$$v = -\varepsilon^{m/6}\frac{\mathrm{d}f}{\mathrm{d}X}U_0 + \varepsilon^{m/3}\overline{V}_2 + \cdots,$$

$$p = \varepsilon^{m/3}\overline{P}_2 + \cdots.$$

Dans le pont inférieur, les développements sont :

$$u = \varepsilon^{m/6}\left(\lambda\widetilde{Y} + \widetilde{U}_1\right) + \cdots,$$

$$v = \varepsilon^{m/3}\widetilde{V}_1 + \cdots,$$

$$p = \varepsilon^{m/3}\widetilde{P}_1 + \cdots.$$

Donner les équations pour $\overline{U}_2$, $\overline{V}_2$, $\overline{P}_2$ et les équations pour $\widetilde{U}_1$, $\widetilde{V}_1$, $\widetilde{P}_1$. Préciser les conditions aux limites et les conditions de raccord. Montrer que les deux systèmes d'équations sont fortement couplés.

10.3. L'écoulement sur une plaque plane déformée par une petite bosse bidimensionnelle est décrit par une structure qui dépend des dimensions de la bosse [20, 72, 73].

Toutes les grandeurs sont rendues sans dimension à l'aide de la vitesse à l'infini amont V_∞ et de l'abscisse L_0 où se trouve la bosse. On a :

$$x' = \frac{x^*}{L_0}, \quad y' = \frac{y^*}{L_0}, \quad u' = \frac{u^*}{V_\infty}, \quad v' = \frac{v^*}{V_\infty}, \quad p' = \frac{p^*}{\varrho V_\infty^2}.$$

On définit le petit paramètre ε par :

$$\varepsilon = Re^{-1/m}, \quad Re = \frac{V_\infty L_0}{\nu},$$

où m est arbitraire $(m > 0)$; la valeur de m n'influence pas les résultats.

L'équation de la bosse est $y' = F(x')$.

L'étude est menée avec la transformation de Prandtl :

$$(x', y') \longmapsto [x = x', y = y' - F(x')],$$

et :

$$u = u', \quad v = v' - \frac{\mathrm{d}F}{\mathrm{d}x'}u'.$$

L'étendue longitudinale de la perturbation est ε^α de sorte que la variable adaptée à l'étude est :

$$X = \frac{x}{\varepsilon^\alpha},$$

et la hauteur de la bosse est d'ordre ε^β. L'équation de la bosse est donc de la forme :

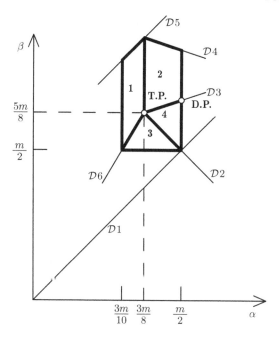

Fig. 10.4. Délimitation des différentes zones autour du triple pont ; **T.P.** : triple pont, **D.P.** : double pont

$$y' = \varepsilon^\beta f(X).$$

Dans le plan (α, β), quatre zones apparaissent. Elles sont délimitées par différentes droites dont la signification est donnée ci-dessous :

- $\mathcal{D}1 : \beta = \alpha$. La hauteur de la bosse doit être plus petite que sa longueur $(\beta > \alpha)$ sinon, quand le nombre de Reynolds tend vers l'infini, la bosse devient très raide.
- $\beta = \frac{m}{2}$. Pour $\beta > \frac{m}{2}$, la hauteur de la bosse est plus petite que celle de la couche limite incidente.
- $\alpha = \frac{3m}{8}$. Cette droite définit la limite entre la zone 1 et la zone 2 qui se différencient par le mode de résolution. Le mode direct s'applique dans la zone 1 et le mode inverse dans la zone 2.
- $\mathcal{D}5 : \beta = \alpha + \frac{m}{2}$. Si $\beta > \alpha + \frac{m}{2}$, les perturbations sont faibles par rapport au second ordre de la théorie de couche limite classique. Par exemple, le premier ordre de la pression dans la zone 1 est $\varepsilon^{\beta-\alpha}$ alors que le second ordre dans la couche limite est $\varepsilon^{m/2}$.
- $\alpha = \frac{3m}{10}$. Cette limite est donnée par l'étude des termes de second ordre : elle définit la hiérarchie entre U_1^* et $\overline{U}_2$. Le long de la droite $\mathcal{D}6$, le point d'abscisse $\alpha = \frac{3m}{10}$ correspond à $\beta = \frac{m}{2}$ qui est la limite de la hauteur de la bosse.

- $\mathcal{D}6 : \beta = \frac{5\alpha}{3}$. Cette droite définit la limite de linéarité des équations du pont inférieur entre les zones 1 et 3. Dans la zone 1, les équations du pont inférieur sont linéaires alors qu'elles sont non linéaires dans la zone 3.
- $\mathcal{D}3 : \beta = \frac{\alpha}{3} + \frac{m}{2}$. Cette droite définit la limite de linéarité des équations dans le pont inférieur entre les zones 2 et 4. Dans la zone 2, les équations du pont inférieur sont linéaires alors qu'elles sont non linéaires dans la zone 4.
- $\alpha = \frac{m}{2}$. La dimension du pont supérieur est ε^α. La droite $\alpha = \frac{m}{2}$ définit le minimum de l'étendue longitudinale de la bosse qui est supposée être plus grande que l'épaisseur de la couche limite incidente ; cette condition conduit à l'existence d'un pont supérieur dont l'épaisseur est plus grande que celle de la couche limite de Blasius d'ordre $\varepsilon^{m/2}$.
- $\mathcal{D}4 : \beta = m - \frac{\alpha}{3}$. Si $\beta > m - \frac{\alpha}{3}$ les perturbations sont grandes par rapport au second ordre de la théorie de couche limite classique. Par exemple, le premier ordre de la pression dans la zone 2 est $\varepsilon^{\beta+\alpha/3-m/2}$ alors que le second ordre de la couche limite classique est $\varepsilon^{m/2}$.
- $\mathcal{D}2 : \beta = -\alpha + m$. Cette droite définit la limite des zones 3 et 4 qui se différencient par le mode de résolution des systèmes d'équations qui les caractérisent : mode direct dans la zone 3 et mode inverse dans la zone 4.

Dans les différentes zones, les développements et les équations sont donnés ci-dessous.

Zone 1

$$Y^* = \frac{y}{\varepsilon^\alpha}, \quad \overline{Y} = Y = \frac{y}{\varepsilon^{m/2}}, \quad \widetilde{Y} = \frac{y}{\varepsilon^{\alpha/3+m/2}}.$$

Pont extérieur

$$u = 1 + \varepsilon^{\beta-\alpha} U_1^* + \cdots, \qquad \frac{\partial U_1^*}{\partial X} + \frac{\partial V_1^*}{\partial Y^*} = 0,$$

$$v = \varepsilon^{\beta-\alpha} V_1^* + \cdots, \qquad \frac{\partial U_1^*}{\partial X} = -\frac{\partial P_1^*}{\partial X},$$

$$p = \varepsilon^{\beta-\alpha} P_1^* + \cdots, \qquad \frac{\partial V_1^*}{\partial X} + \frac{\mathrm{d}^2 f}{\mathrm{d}X^2} = -\frac{\partial P_1^*}{\partial Y^*}.$$

Pont principal

$$u = U_0(Y) + \varepsilon^{\beta-4\alpha/3}\, \overline{U}_1$$
$$+ \varepsilon^{\beta-8\alpha/3+m/2}\overline{U}_2 + \cdots, \qquad \frac{\partial \overline{U}_1}{\partial X} + \frac{\partial \overline{V}_1}{\partial \overline{Y}} = 0,$$

$$v = \varepsilon^{\beta-7\alpha/3+m/2}\, \overline{V}_1 + \cdots, \qquad U_0 \frac{\partial \overline{U}_1}{\partial X} + \overline{V}_1 \frac{\mathrm{d}U_0}{\mathrm{d}\overline{Y}} = 0,$$

$$p = \varepsilon^{\beta-\alpha}\, \overline{P}_1, \qquad \frac{\partial \overline{P}_1}{\partial \overline{Y}} = 0.$$

Pont inférieur

$$u = \varepsilon^{\alpha/3}\lambda\widetilde{Y} + \varepsilon^{\beta-4\alpha/3}\widetilde{U}_1 + \cdots, \qquad \frac{\partial\widetilde{U}_1}{\partial X} + \frac{\partial\widetilde{V}_1}{\partial\widetilde{Y}} = 0,$$

$$v = \varepsilon^{m/2-2\alpha+\beta}\widetilde{V}_1 + \cdots, \qquad \lambda\widetilde{Y}\frac{\partial\widetilde{U}_1}{\partial X} + \lambda\widetilde{V}_1 = -\frac{\partial\widetilde{P}_1}{\partial X} + \frac{\partial^2\widetilde{U}_1}{\partial\widetilde{Y}^2},$$

$$p = \varepsilon^{\beta-\alpha}\widetilde{P}_1 + \cdots, \qquad \frac{\partial\widetilde{P}_1}{\partial\widetilde{Y}} = 0.$$

Zone 2

$$Y^* = \frac{y}{\varepsilon^\alpha}, \quad \overline{Y} = Y = \frac{y}{\varepsilon^{m/2}}, \quad \widetilde{Y} = \frac{y}{\varepsilon^{\alpha/3+m/2}}.$$

Pont extérieur

$$u = 1 + \varepsilon^{\beta+\alpha/3-m/2}U_2^* + \cdots, \qquad \frac{\partial U_2^*}{\partial X} + \frac{\partial V_2^*}{\partial Y^*} = 0,$$

$$v = -\varepsilon^{\beta-\alpha}\frac{\mathrm{d}f}{\mathrm{d}X} + \varepsilon^{\beta+\alpha/3-m/2}V_2^* + \cdots, \qquad \frac{\partial U_2^*}{\partial X} = -\frac{\partial P_2^*}{\partial X},$$

$$p = \varepsilon^{\beta+\alpha/3-m/2}P_2^* + \cdots, \qquad \frac{\partial V_2^*}{\partial X} = -\frac{\partial P_2^*}{\partial Y^*}.$$

Pont principal

$$u = U_0(Y) + \varepsilon^{\beta-m/2}f(X)\frac{\mathrm{d}U_0}{\mathrm{d}Y}$$
$$\qquad + \varepsilon^{\beta+4\alpha/3-m}\overline{U}_2 + \cdots, \qquad \frac{\partial\overline{U}_2}{\partial X} + \frac{\partial\overline{V}_2}{\partial\overline{Y}} = 0,$$

$$v = -\varepsilon^{\beta-\alpha}\frac{\mathrm{d}f}{\mathrm{d}X}U_0(Y) + \varepsilon^{\beta+\alpha/3-m/2}\overline{V}_2 + \cdots, \qquad U_0\frac{\partial\overline{U}_2}{\partial X} + \overline{V}_2\frac{\mathrm{d}U_0}{\mathrm{d}\overline{Y}} = 0,$$

$$p = \varepsilon^{\beta+\alpha/3-m/2}\overline{P}_2 + \cdots, \qquad \frac{\partial\overline{P}_2}{\partial\overline{Y}} = 0.$$

Pont inférieur

$$u = \varepsilon^{\alpha/3}\lambda\widetilde{Y} + \varepsilon^{\beta-m/2}\widetilde{U}_1 + \cdots, \qquad \frac{\partial\widetilde{U}_1}{\partial X} + \frac{\partial\widetilde{V}_1}{\partial\widetilde{Y}} = 0,$$

$$v = \varepsilon^{\beta-2\alpha/3}\widetilde{V}_1 + \cdots, \qquad \lambda\widetilde{Y}\frac{\partial\widetilde{U}_1}{\partial X} + \lambda\widetilde{V}_1 = -\frac{\partial\widetilde{P}_1}{\partial X} + \frac{\partial^2\widetilde{U}_1}{\partial\widetilde{Y}^2},$$

$$p = \varepsilon^{\beta+\alpha/3-m/2}\widetilde{P}_1 + \cdots, \qquad \frac{\partial\widetilde{P}_1}{\partial\widetilde{Y}} = 0.$$

Zone 3

$$Y^* = \frac{y}{\varepsilon^\alpha}, \quad \overline{Y} = Y = \frac{y}{\varepsilon^{m/2}}, \quad \widetilde{Y} = \frac{y}{\varepsilon^{(3\alpha-\beta+2m)/4}}.$$

Pont extérieur

$$u = 1 + \varepsilon^{\beta - \alpha} U_1^* + \cdots,$$

$$v = \varepsilon^{\beta - \alpha} V_1^* + \cdots,$$

$$p = \varepsilon^{\beta - \alpha} P_1^* + \cdots,$$

$$\frac{\partial U_1^*}{\partial X} + \frac{\partial V_1^*}{\partial Y^*} = 0,$$

$$\frac{\partial U_1^*}{\partial X} = -\frac{\partial P_1^*}{\partial X},$$

$$\frac{\partial V_1^*}{\partial X} + \frac{\mathrm{d}^2 f}{\mathrm{d}X^2} = -\frac{\partial P_1^*}{\partial Y^*}.$$

Pont principal

$$u = U_0 + \varepsilon^{(\beta - \alpha)/2} \overline{U}_1 + \cdots,$$

$$v = \varepsilon^{(\beta - 3\alpha + m)/2} \overline{V}_1 + \cdots,$$

$$p = \varepsilon^{\beta - \alpha} \overline{P}_1 + \cdots,$$

$$\frac{\partial \overline{U}_1}{\partial X} + \frac{\partial \overline{V}_1}{\partial \overline{Y}} = 0,$$

$$U_0 \frac{\partial \overline{U}_1}{\partial X} + \overline{V}_1 \frac{\mathrm{d}U_0}{\mathrm{d}\overline{Y}} = 0,$$

$$\frac{\partial \overline{P}_1}{\partial \overline{Y}} = 0.$$

Pont inférieur

$$u = \varepsilon^{(\beta - \alpha)/2} \widetilde{U}_1 + \varepsilon^{(3\alpha - \beta)/4} \lambda \widetilde{Y} + \cdots,$$

$$v = \varepsilon^{(\beta - 3\alpha + 2m)/4} \widetilde{V}_1 + \cdots,$$

$$p = \varepsilon^{\beta - \alpha} \widetilde{P}_1 + \cdots,$$

$$\frac{\partial \widetilde{U}_1}{\partial X} + \frac{\partial \widetilde{V}_1}{\partial \widetilde{Y}} = 0,$$

$$\widetilde{U}_1 \frac{\partial \widetilde{U}_1}{\partial X} + \widetilde{V}_1 \frac{\partial \widetilde{U}_1}{\partial \widetilde{Y}} = -\frac{\partial \widetilde{P}_1}{\partial X} + \frac{\partial^2 \widetilde{U}_1}{\partial \widetilde{Y}^2},$$

$$\frac{\partial \widetilde{P}_1}{\partial \widetilde{Y}} = 0.$$

Zone 4

$$Y^* = \frac{y}{\varepsilon^\alpha}, \quad \overline{Y} = Y = \frac{y}{\varepsilon^{m/2}}, \quad \widetilde{Y} = \frac{y}{\varepsilon^{(2\alpha - 2\beta + 3m)/4}}.$$

Pont extérieur

$$u = 1 + \varepsilon^{2\beta - m} U_2^* + \cdots,$$

$$v = -\varepsilon^{\beta - \alpha} \frac{\mathrm{d}f}{\mathrm{d}X} + \varepsilon^{2\beta - m} V_2^* + \cdots,$$

$$p = \varepsilon^{2\beta - m} P_2^* + \cdots,$$

$$\frac{\partial U_2^*}{\partial X} + \frac{\partial V_2^*}{\partial Y^*} = 0,$$

$$\frac{\partial U_2^*}{\partial X} = -\frac{\partial P_2^*}{\partial X},$$

$$\frac{\partial V_2^*}{\partial X} = -\frac{\partial P_2^*}{\partial Y^*}.$$

Pont principal

$$u = U_0 + \varepsilon^{\beta - m/2} f(X) \frac{\mathrm{d}U_0}{\mathrm{d}\overline{Y}}$$
$$\quad + \varepsilon^{2\beta + \alpha - 3m/2} \overline{U}_2 + \cdots,$$

$$v = -\varepsilon^{\beta - \alpha} \frac{\mathrm{d}f}{\mathrm{d}X} U_0 + \varepsilon^{2\beta - m} \overline{V}_2 + \cdots,$$

$$p = \varepsilon^{2\beta - m} \overline{P}_2 + \cdots,$$

$$\frac{\partial \overline{U}_2}{\partial X} + \frac{\partial \overline{V}_2}{\partial \overline{Y}} = 0,$$

$$U_0 \frac{\partial \overline{U}_2}{\partial X} + \overline{V}_2 \frac{\mathrm{d}U_0}{\mathrm{d}\overline{Y}} = 0,$$

$$\frac{\partial \overline{P}_2}{\partial \overline{Y}} = 0.$$

Pont inférieur

$$u = \varepsilon^{\beta - m/2}\widetilde{U}_1$$

$$+ \varepsilon^{(2\alpha - 2\beta + m)/4}\lambda\widetilde{Y} + \cdots,$$

$$v = \varepsilon^{(2\beta - 2\alpha + m)/4}\widetilde{V}_1 + \cdots,$$

$$p = \varepsilon^{2\beta - m}\widetilde{P}_1 + \cdots,$$

$$\frac{\partial \widetilde{U}_1}{\partial X} + \frac{\partial \widetilde{V}_1}{\partial \widetilde{Y}} = 0,$$

$$\widetilde{U}_1\frac{\partial \widetilde{U}_1}{\partial X} + \widetilde{V}_1\frac{\partial \widetilde{U}_1}{\partial \widetilde{Y}} = -\frac{\partial \widetilde{P}_1}{\partial X} + \frac{\partial^2 \widetilde{U}_1}{\partial \widetilde{Y}^2},$$

$$\frac{\partial \widetilde{P}_1}{\partial \widetilde{Y}} = 0.$$

On souhaite appliquer ces différents modèles à un écoulement sur plaque plane $(f = 0)$; la perturbation est créée par un transfert de masse à la paroi à la place de la bosse. Le transfert de masse à la paroi est caractérisé par une vitesse v dont l'ordre de grandeur est donné par celui de cette même vitesse dans le pont inférieur. Par exemple, dans la zone 1, on a :

$$y = 0 \quad : \quad v = \varepsilon^{m/2 - 2\alpha + \beta}V_p(X),$$

avec $V_p \neq 0$ sur une longueur d'ordre ε^α.

Analyser la solution dans les différentes zones.

Couche limite turbulente

L'étude de la couche limite turbulente est abordée ici à l'aide d'une décomposition de la vitesse et de la pression en valeur moyenne et fluctuation. Les équations de base sont donc les équations de Navier-Stokes moyennées appelées aussi équations de Reynolds.

L'analyse asymptotique classique décrit la couche limite en deux régions, externe et interne, dont les propriétés seront rappelées. L'une des caractéristiques remarquables est la zone de recouvrement dans laquelle le profil de vitesse suit une loi logarithmique.

La méthode des approximations successives complémentaires (MASC) est appliquée en adoptant les échelles déterminées par cette analyse. Comme en laminaire, on aboutit à un modèle de couche limite interactive. De plus, l'étude de la contribution de la région interne permet de construire simplement une approximation du profil de vitesse dans toute la couche limite, dès que l'on connaît ce profil dans la région externe. Des résultats numériques seront présentés pour une couche limite de plaque plane à différents nombres de Reynolds.

11.1 Résultats de l'analyse asymptotique classique

11.1.1 Équations de Navier-Stokes moyennées

L'étude des écoulements turbulents incompressibles est abordée en définissant un écoulement moyen obtenu par une opération de *moyenne statistique* sur la vitesse et la pression. L'écoulement instantané est alors décomposé en écoulement moyen et écoulement fluctuant :

$$\widetilde{\mathcal{U}}_i = \mathcal{U}_i + \mathcal{U}_i',$$
$$\widetilde{\mathcal{P}} = \mathcal{P} + \mathcal{P}'.$$

On utilise un système d'axes (x, y) orthonormé ; l'axe des y est normal à la paroi sur laquelle se développe la couche limite. Toutes les grandeurs sont rendues sans dimension : les coordonnées x et y par une longueur de référence L, la vitesse par une vitesse de référence V, la pression par ϱV^2, les tensions turbulentes par ϱV^2. En fait, les grandeurs V et L sont choisies comme étant des échelles du mouvement moyen.

En écoulement bidimensionnel, incompressible, stationnaire en moyenne, les *équations de Navier-Stokes moyennées* ou *équations de Reynolds* sont [12, 19] :

$$\frac{\partial \mathcal{U}}{\partial x} + \frac{\partial \mathcal{V}}{\partial y} = 0, \tag{11.1a}$$

$$\mathcal{U}\frac{\partial \mathcal{U}}{\partial x} + \mathcal{V}\frac{\partial \mathcal{U}}{\partial y} = -\frac{\partial \mathcal{P}}{\partial x} + \frac{\partial}{\partial x}\left(\mathcal{T}_{xx} + \frac{1}{\mathcal{R}}\frac{\partial \mathcal{U}}{\partial x}\right) + \frac{\partial}{\partial y}\left(\mathcal{T}_{xy} + \frac{1}{\mathcal{R}}\frac{\partial \mathcal{U}}{\partial y}\right), \tag{11.1b}$$

$$\mathcal{U}\frac{\partial \mathcal{V}}{\partial x} + \mathcal{V}\frac{\partial \mathcal{V}}{\partial y} = -\frac{\partial \mathcal{P}}{\partial y} + \frac{\partial}{\partial x}\left(\mathcal{T}_{xy} + \frac{1}{\mathcal{R}}\frac{\partial \mathcal{V}}{\partial x}\right) + \frac{\partial}{\partial y}\left(\mathcal{T}_{yy} + \frac{1}{\mathcal{R}}\frac{\partial \mathcal{V}}{\partial y}\right), \tag{11.1c}$$

où $\mathcal{R}$ est le nombre de Reynolds :

$$\mathcal{R} = \frac{\varrho V L}{\mu}.$$

Les *tensions turbulentes* $\mathcal{T}_{ij}$ sont liées aux corrélations entre les fluctuations de vitesse :

$$\mathcal{T}_{ij} = - <\mathcal{U}'_i\mathcal{U}'_j> .$$

Elles apparaissent quand l'opérateur de moyenne est appliqué aux équations de Navier-Stokes par suite de la non-linéarité des termes de convection.

11.1.2 Échelles

Les résultats présentés dans ce paragraphe reposent en grande partie sur un ensemble de données expérimentales qui ont permis d'élaborer un schéma théorique cohérent rendant compte de la réalité et dans lequel la notion *d'échelle de turbulence* joue un rôle essentiel. On sort donc d'un cadre mathématique bien posé au départ comme en laminaire.

De façon classique, avec la méthode des développements asymptotiques raccordés (MDAR), l'écoulement est divisé en deux zones : la région non visqueuse et la couche limite. La première est traitée séparément et fournit les données nécessaires au calcul de la couche limite. La couche limite turbulente est décrite par une structure en deux couches [61, 100]. La couche externe est caractérisée par l'épaisseur δ et la couche interne a une épaisseur de l'ordre de $\dfrac{\nu}{u_\tau}$ ($\nu = \mu/\varrho$) où u_τ est la *vitesse de frottement*. Si τ_p est la contrainte pariétale, on a :

$$u_\tau = \sqrt{\frac{\tau_p}{\varrho}}.$$

La vitesse de frottement u_τ joue un rôle important car elle est associée à une *échelle de vitesse pour la turbulence*, aussi bien dans la région interne que dans la région externe.

En effet, l'échelle de vitesse de la turbulence, identique dans la région externe et dans la région interne, et qui sera appelée $\boldsymbol{u}$, est de l'ordre de la vitesse de frottement. Dans la région externe, l'échelle de longueur de la turbulence, de l'ordre de δ, sera appelée $\boldsymbol{\ell}$ alors que dans la région interne, l'échelle de longueur est $\nu/\boldsymbol{u}$.

Dans la région externe, on suppose que *l'échelle de temps caractéristique du transport dû à la turbulence ($\boldsymbol{\ell}/\boldsymbol{u}$) est du même ordre de grandeur que le temps caractéristique de la convection par le mouvement moyen.* On peut considérer que cette hypothèse est le pendant, en turbulent, de celle utilisée pour une couche limite laminaire suivant laquelle le temps caractéristique de la viscosité est du même ordre de grandeur que le temps caractéristique de la convection (Sect. 7.1.1). Si l'on a pris soin de choisir V et L comme des échelles de vitesse et de longueur du mouvement moyen, on en déduit :

$$\frac{\ell}{L} = \frac{u}{V}. \tag{11.2}$$

L'analyse asymptotique introduit les petits paramètres ε et $\hat{\varepsilon}$ qui définissent respectivement, en variables réduites, l'ordre de grandeur de l'épaisseur des couches externe et interne :

$$\varepsilon = \frac{\ell}{L}, \tag{11.3}$$

$$\hat{\varepsilon} = \frac{\nu}{uL}. \tag{11.4}$$

Compte tenu de (11.2), on a :

$$\varepsilon\hat{\varepsilon}\mathcal{R} = 1. \tag{11.5}$$

En liaison avec la loi de frottement (11.14), la jauge ε est reliée au nombre de Reynolds :

$$\varepsilon = \mathrm{O_S}\left(\frac{1}{\ln \mathcal{R}}\right). \tag{11.6}$$

On en déduit en particulier, pour tout n positif :

$$\varepsilon^n \succ \hat{\varepsilon} \succ \frac{1}{\mathcal{R}}.$$

Les variables adaptées à l'étude de chacune de ces régions sont :

$$\text{Région externe} : \eta = \frac{y}{\varepsilon}, \tag{11.7a}$$

$$\text{Région interne} : \hat{y} = \frac{y}{\hat{\varepsilon}}. \tag{11.7b}$$

11.1.3 Structure de l'écoulement

L'écoulement est décrit par une structure en trois couches : la région extérieure non visqueuse aux premiers ordres, les régions externe et interne de la couche limite.

Les résultats sont énoncés ici en supposant que *les effets de courbure de paroi sont négligeables* [19].

Région extérieure

Dans cette région, les développements sont :

$$\mathcal{U} = \bar{u}_0(x, y) + \varepsilon \bar{u}_1(x, y) + \cdots,$$

$$\mathcal{V} = \bar{v}_0(x, y) + \varepsilon \bar{v}_1(x, y) + \cdots,$$

$$\mathcal{P} = \bar{p}_0(x, y) + \varepsilon \bar{p}_1(x, y) + \cdots,$$

$$\mathcal{T}_{ij} = 0.$$

Il en ressort que $\bar{u}_0$, $\bar{v}_0$, $\bar{p}_0$ suivent les équations d'Euler et $\bar{u}_1$, $\bar{v}_1$, $\bar{p}_1$ suivent les équations d'Euler linéarisées.

Le raccordement à l'ordre ε avec la région externe de la couche limite de la vitesse v fournit :

$$\bar{v}_{0\mathrm{p}} = 0,$$

$$\bar{v}_{1\mathrm{p}} = \lim_{\eta \to \infty} \left[v_0 - \eta \left(\frac{\partial v_0}{\partial y} \right)_{\mathrm{p}} \right],$$

où l'indice « p » indique la paroi.

La première condition permet de calculer l'écoulement défini par $\bar{u}_0$, $\bar{v}_0$, $\bar{p}_0$. La deuxième condition, compte tenu de la solution (11.9b) et de l'équation de continuité, donne $\bar{v}_{1\mathrm{p}} = 0$. Alors, avec l'annulation de $\bar{u}_1$, $\bar{v}_1$ et $\bar{p}_1$ à l'infini, partout dans la région extérieure on a :

$$\bar{u}_1 = 0, \quad \bar{v}_1 = 0, \quad \bar{p}_1 = 0.$$

Région externe de la couche limite

Les développements dans la région externe sont :

$$\mathcal{U} = u_0(x, \eta) + \varepsilon u_1(x, \eta) + \cdots, \tag{11.8a}$$

$$\mathcal{V} = \varepsilon \left[v_0(x, \eta) + \varepsilon v_1(x, \eta) + \cdots \right], \tag{11.8b}$$

$$\mathcal{P} = p_0(x, \eta) + \varepsilon p_1(x, \eta) + \cdots, \tag{11.8c}$$

$$\mathcal{T}_{ij} = \varepsilon^2 \tau_{ij,1}(x, \eta) + \cdots. \tag{11.8d}$$

Le développement de $\mathcal{V}$ est choisi de façon à ce que l'équation de continuité conserve sa forme classique aux différents ordres. Le développement des
tensions turbulentes implique que leur ordre de grandeur dominant est ε^2,
c'est-à-dire que la vitesse de frottement est bien une *échelle de vitesse de
turbulence*.

Les équations pour u_0, v_0 et p_0 sont :

$$\frac{\partial u_0}{\partial x} + \frac{\partial v_0}{\partial \eta} = 0,$$

$$u_0\frac{\partial u_0}{\partial x} + v_0\frac{\partial u_0}{\partial \eta} = -\frac{\partial p_0}{\partial x},$$

$$0 = \frac{\partial p_0}{\partial \eta}.$$

Une solution évidente qui se raccorde à l'écoulement non visqueux est :

$$u_0 = u_e, \tag{11.9a}$$

$$v_0 = -\eta\frac{\mathrm{d}u_e}{\mathrm{d}x}, \tag{11.9b}$$

où u_e est la vitesse de l'écoulement non visqueux à la paroi :

$$u_e = \bar{u}_{0\mathrm{p}}.$$

En outre, la pression p_0 est constante dans l'épaisseur de la région externe et
elle est égale à la pression de l'écoulement non visqueux à la paroi :

$$p_0 = \bar{p}_{0\mathrm{p}}.$$

On a donc :

$$\frac{\mathrm{d}p_0}{\mathrm{d}x} = -u_e\frac{\mathrm{d}u_e}{\mathrm{d}x}.$$

En négligeant les effets de courbure de paroi (voir Sect. 10.1.2), les équations pour u_1, v_1 et p_1 sont :

$$\frac{\partial u_1}{\partial x} + \frac{\partial v_1}{\partial \eta} = 0, \tag{11.10a}$$

$$u_1\frac{\mathrm{d}u_e}{\mathrm{d}x} + u_e\frac{\partial u_1}{\partial x} - \eta\frac{\mathrm{d}u_e}{\mathrm{d}x}\frac{\partial u_1}{\partial \eta} = -\frac{\partial p_1}{\partial x} + \frac{\partial \tau_{xy,1}}{\partial \eta}, \tag{11.10b}$$

$$0 = \frac{\partial p_1}{\partial \eta}. \tag{11.10c}$$

Toujours avec l'hypothèse que les effets de courbure de paroi sont négligeables,
on montre que $p_1 = 0$.

Région interne de la couche limite

La condition de non-glissement à la paroi ne peut pas être réalisée ; il est nécessaire d'introduire une région interne. Dans cette région, les développements sont :

$$\mathcal{U} = \varepsilon \hat{u}_1(x, \hat{y}) + \cdots, \tag{11.11a}$$

$$\mathcal{V} = \hat{\varepsilon}(\varepsilon \hat{v}_1 + \cdots), \tag{11.11b}$$

$$\mathcal{P} = \hat{p}_0 + \varepsilon \hat{p}_1 + \cdots, \tag{11.11c}$$

$$\mathcal{T}_{ij} = \varepsilon^2 \hat{\tau}_{ij,1} + \cdots. \tag{11.11d}$$

Le développement choisi pour $\mathcal{U}$ indique que l'odre de grandeur de la vitesse longitudinale est ε, ce qui revient à dire, en variables dimensionnées, que l'échelle est la vitesse de frottement. Cette hypothèse essentielle, cohérente avec les résultats expérimentaux, conduit au raccordement logarithmique entre les régions externe et interne de la couche limite.

La pression $\hat{p}_0$ est constante suivant la normale à la paroi et égale à la pression p_0 dans la région externe :

$$\hat{p}_0 = p_0 = \bar{p}_{0\mathrm{p}}.$$

Les équations pour $\hat{u}_1$, $\hat{v}_1$ et $\hat{p}_1$ sont :

$$\frac{\partial \hat{u}_1}{\partial x} + \frac{\partial \hat{v}_1}{\partial \hat{y}} = 0, \tag{11.12a}$$

$$0 = \frac{\partial}{\partial \hat{y}} \left(\hat{\tau}_{xy,1} + \frac{\partial \hat{u}_1}{\partial \hat{y}} \right), \tag{11.12b}$$

$$0 = \frac{\partial \hat{p}_1}{\partial \hat{y}}. \tag{11.12c}$$

Le raccordement sur la pression à l'ordre ε entre les régions externe et interne de la couche limite conduit à $\hat{p}_1 = 0$.

D'après (11.12b), la tension totale (somme de la tension visqueuse et de la tension turbulente) est constante suivant une normale à la paroi dans la région interne.

Le raccord entre la région externe et la région interne sur la vitesse $\mathcal{U}$ (développements (11.8a) et (11.11a)) pose une difficulté à cause de l'absence d'un terme d'ordre $O_S(1)$ dans le développement interne. La solution repose sur une *évolution logarithmique* de la vitesse dans la zone de recouvrement (cf. problèmes 11.1, 11.2 et 11.3) :

$$u_1 = A \ln \eta + C_1 \quad \text{pour} \quad \eta \to 0, \tag{11.13a}$$

$$\hat{u}_1 = A \ln \hat{y} + C_2 \quad \text{pour} \quad \hat{y} \to \infty. \tag{11.13b}$$

La loi pour $\hat{u}_1$ correspond à la loi de paroi universelle, où A et C_2 ne dépendent pas des conditions de développement de la couche limite (nombre de Reynolds, gradient de pression). La constante A correspond à l'inverse de la *constante de von Kármán*.

Alors, dans la zone de raccordement, l'égalité des vitesses dans les régions externe et interne donne (cf. problème 11.4) :

$$u_e + \varepsilon(A\ln\eta + C_1) = \varepsilon(A\ln\hat{y} + C_2),$$

soit :

$$\frac{u_e}{\varepsilon} = A\ln\frac{\varepsilon}{\hat{\varepsilon}} + C_2 - C_1. \qquad (11.14)$$

Cette équation représente la *loi de frottement*. Traduite en variables dimensionnées, cette loi prend la forme classique :

$$\frac{u_e}{u_\tau} = \frac{1}{\chi}\ln\frac{u_\tau\delta}{\nu} + B, \qquad (11.15)$$

où $\chi \simeq 0,4$ est la constante de von Kármán et B dépend du gradient de pression. *Cette relation, ainsi que la variation logarithmique de vitesse dans la région de raccordement, sont les clés de la structure asymptotique de la couche limite turbulente.*

11.2 Application de la méthode des approximations successives complémentaires (MASC)

La méthode suivie consiste à rechercher d'abord une approximation correspondant à la région extérieure de l'écoulement. Ensuite, cette approximation est corrigée dans la zone externe de la couche limite et enfin, une AUV est obtenue en tenant compte de la contribution de la zone interne de la couche limite.

11.2.1 Première approximation

On cherche une première approximation sous la forme :

$$\mathcal{U} = u_1^*(x, y, \varepsilon) + \cdots, \qquad (11.16a)$$

$$\mathcal{V} = v_1^*(x, y, \varepsilon) + \cdots, \qquad (11.16b)$$

$$\mathcal{P} = p_1^*(x, y, \varepsilon) + \cdots, \qquad (11.16c)$$

$$\mathcal{T}_{ij} = 0. \qquad (11.16d)$$

En reportant ces développements dans (11.1a–11.1c) et en négligeant les termes $O(1/\mathcal{R})$, on montre que u_1^*, v_1^*, p_1^* satisfont aux équations d'Euler. Comme en écoulement laminaire (Sect. 8.1.1), il est nécessaire de compléter l'approximation car la condition de non-glissement à la paroi ne peut pas être remplie. On ne connaît pas non plus la condition de paroi pour v_1^*.

11.2.2 Contribution de la région externe de couche limite

Une correction de l'approximation précédente est introduite sous forme d'une contribution de la région externe de la couche limite :

$$\mathcal{U} = u_1^*(x, y, \varepsilon) + \varepsilon U_1(x, \eta, \varepsilon) + \cdots, \tag{11.17a}$$

$$\mathcal{V} = v_1^*(x, y, \varepsilon) + \varepsilon^2 V_1(x, \eta, \varepsilon) + \cdots, \tag{11.17b}$$

$$\mathcal{P} = p_1^*(x, y, \varepsilon) + \Delta(\varepsilon) P_1(x, \eta, \varepsilon) + \cdots, \tag{11.17c}$$

$$\mathcal{T}_{ij} = \varepsilon^2 \tau_{ij,1}(x, \eta, \varepsilon) + \cdots. \tag{11.17d}$$

Les jauges pour la vitesse et les tensions de Reynolds sont choisies conformément à l'analyse asymptotique classique. La jauge $\Delta(\varepsilon)$ est déterminée en examinant l'équation de quantité de mouvement suivant y.

Jauge pour la pression

En tenant compte des équations d'Euler, l'équation de quantité de mouvement suivant y s'écrit :

$$\varepsilon U_1 \frac{\partial v_1^*}{\partial x} + \varepsilon^2 u_1^* \frac{\partial V_1}{\partial x} + \varepsilon^3 U_1 \frac{\partial V_1}{\partial x} + \varepsilon^2 V_1 \frac{\partial v_1^*}{\partial y} + \varepsilon v_1^* \frac{\partial V_1}{\partial \eta} + \varepsilon^3 V_1 \frac{\partial V_1}{\partial \eta}$$

$$= -\frac{\Delta}{\varepsilon} \frac{\partial P_1}{\partial \eta} + \varepsilon^2 \frac{\partial \tau_{xy,1}}{\partial x} + \frac{1}{\mathcal{R}} \frac{\partial^2 v_1^*}{\partial x^2} + \frac{\varepsilon^2}{\mathcal{R}} \frac{\partial^2 V_1}{\partial x^2} + \varepsilon \frac{\partial \tau_{yy,1}}{\partial \eta} + \frac{1}{\mathcal{R}} \frac{\partial^2 v_1^*}{\partial y^2} + \frac{1}{\mathcal{R}} \frac{\partial^2 V_1}{\partial \eta^2}.$$

Dans la couche limite, en utilisant l'équation de continuité, le développement en série de Taylor de v_1^* pour $y \ll 1$ donne :

$$v_1^* = v_{1y=0}^* + y \left(\frac{\partial v_1^*}{\partial y} \right)_{y=0} + \cdots$$

$$= v_{1y=0}^* - y \left(\frac{\partial u_1^*}{\partial x} \right)_{y=0} + \cdots$$

$$= v_{1y=0}^* - \varepsilon \eta \left(\frac{\partial u_1^*}{\partial x} \right)_{y=0} + \cdots.$$

La condition de vitesse nulle à la paroi impose que $v_{1y=0}^*$ est $O(\varepsilon^2)$ pour équilibrer le terme $\varepsilon^2 V_1$ car le terme suivant $\varepsilon \hat{\varepsilon} \hat{V}_1$ du développement de v est plus petit. On en conclut que dans la région externe de la couche limite, v_1^* est $O(\varepsilon)$. Alors le terme dominant de l'équation de quantité de mouvement suivant y est $\varepsilon \dfrac{\partial \tau_{yy,1}}{\partial \eta}$. On en déduit que Δ est $O(\varepsilon^2)$. On prend :

$$\Delta = \varepsilon^2. \tag{11.18}$$

L'équation de quantité de mouvement suivant y devient :

$$-\frac{\partial P_1}{\partial \eta} + \frac{\partial \tau_{yy,1}}{\partial \eta} = \mathrm{O}(\varepsilon).$$

Suivant le principe de la MASC, quand $\eta \to \infty$, on doit avoir $P_1 \to 0$ et $\tau_{yy,1} \to 0$. À des termes en $\mathrm{O}(\varepsilon)$ près, on a donc :

$$-P_1 + \tau_{yy,1} = 0. \tag{11.19}$$

Équation de continuité

En tenant compte de l'équation de continuité reliant u_1^* et v_1^*, on a :

$$\frac{\partial U_1}{\partial x} + \frac{\partial V_1}{\partial \eta} = 0. \tag{11.20}$$

Équation de quantité de mouvement suivant x

En reportant les développements (11.17a–11.17d) dans (11.1b) et en tenant compte des équations d'Euler pour u_1^*, v_1^*, p_1^*, on obtient :

$$\varepsilon U_1 \frac{\partial u_1^*}{\partial x} + \varepsilon u_1^* \frac{\partial U_1}{\partial x} + \varepsilon^2 U_1 \frac{\partial U_1}{\partial x} + \varepsilon^2 V_1 \frac{\partial u_1^*}{\partial y} + v_1^* \frac{\partial U_1}{\partial \eta} + \varepsilon^2 V_1 \frac{\partial U_1}{\partial \eta}$$

$$= -\varepsilon^2 \frac{\partial P_1}{\partial x} + \varepsilon^2 \frac{\partial \tau_{xx,1}}{\partial x} + \frac{1}{\mathcal{R}} \frac{\partial^2 u_1^*}{\partial x^2} + \frac{\varepsilon}{\mathcal{R}} \frac{\partial^2 U_1}{\partial x^2}$$

$$+ \varepsilon \frac{\partial \tau_{xy,1}}{\partial \eta} + \frac{1}{\mathcal{R}} \frac{\partial^2 u_1^*}{\partial y^2} + \frac{1}{\varepsilon \mathcal{R}} \frac{\partial^2 U_1}{\partial \eta^2}. \tag{11.21}$$

Si l'on néglige les termes $\mathrm{O}(\varepsilon^2)$, (11.21) devient :

$$U_1 \frac{\partial u_1^*}{\partial x} + u_1^* \frac{\partial U_1}{\partial x} + \frac{v_1^*}{\varepsilon} \frac{\partial U_1}{\partial \eta} = \frac{\partial \tau_{xy,1}}{\partial \eta}. \tag{11.22}$$

Remarque 1. Jointe aux équations d'Euler pour u_1^* et v_1^*, cette équation décrit une approximation valable sur l'ensemble formé par la région externe de la couche limite et la zone d'écoulement non visqueux. L'équation (11.22) se ramène à (11.10b) si l'on fait les deux hypothèses suivantes : 1°) les vitesses u_1^* et v_1^* sont développées en série de Taylor au voisinage de $y = 0$ ce qui est justifié par le fait que, dans la couche limite, $y = \varepsilon \eta$ est très petit devant l'unité ; 2°) on admet que la vitesse v_1^* est nulle à la paroi. Ces deux hypothèses reviennent à remplacer dans (11.22) u_1^* par sa valeur à la paroi u_e et v_1^* par $-\eta \dfrac{\mathrm{d}u_e}{\mathrm{d}x}$; en conformité avec la notion de développement régulier, on retrouve les hypothèses et les résultats de la MDAR.

Si l'on néglige les termes d'ordre $O(\varepsilon^3)$, en tenant compte de (11.19), (11.21) devient :

$$U_1 \frac{\partial u_1^*}{\partial x} + u_1^* \frac{\partial U_1}{\partial x} + \varepsilon U_1 \frac{\partial U_1}{\partial x} + \varepsilon V_1 \frac{\partial u_1^*}{\partial y} + \frac{v_1^*}{\varepsilon} \frac{\partial U_1}{\partial \eta} + \varepsilon V_1 \frac{\partial U_1}{\partial \eta}$$

$$= \frac{\partial \tau_{xy,1}}{\partial \eta} + \varepsilon \left(\frac{\partial \tau_{xx,1}}{\partial x} - \frac{\partial \tau_{yy,1}}{\partial x} \right). \tag{11.23}$$

Pour les deux modèles, décrits par (11.22) ou (11.23), les conditions aux limites quand $\eta \to \infty$ sont :

$$\eta \to \infty \quad : \quad U_1 \to 0, \quad V_1 \to 0.$$

Avec ces conditions et en tenant compte de ce que les tensions turbulentes ont été supposées nulles dans l'écoulement non visqueux, on remarque que (11.22) ou (11.23) sont parfaitement vérifiées lorsque $\eta \to \infty$.

Les conditions à la paroi seront précisées après avoir pris en compte la contribution de la région interne de la couche limite.

L'équation (11.23) peut être écrite sous une forme plus proche des équations de couche limite généralement utilisées. On définit :

$$\overline{U} = u_1^* + \varepsilon U_1,$$
$$\overline{V} = v_1^* + \varepsilon^2 V_1,$$
$$\overline{T}_{ij} = \varepsilon^2 \tau_{ij,1}.$$

Les équations (11.20) et (11.23) deviennent :

$$\frac{\partial \overline{U}}{\partial x} + \frac{\partial \overline{V}}{\partial y} = 0, \tag{11.24a}$$

$$\overline{U} \frac{\partial \overline{U}}{\partial x} + \overline{V} \frac{\partial \overline{U}}{\partial y} = u_1^* \frac{\partial u_1^*}{\partial x} + v_1^* \frac{\partial u_1^*}{\partial y} + \frac{\partial \overline{T}_{xy}}{\partial y} + \frac{\partial}{\partial x}(\overline{T}_{xx} - \overline{T}_{yy}). \tag{11.24b}$$

11.2.3 Contribution de la région interne de la couche limite

On cherche une *approximation uniformément valable* (AUV) sous la forme :

$$\mathcal{U} = u_1^*(x, y, \varepsilon) + \varepsilon U_1(x, \eta, \varepsilon) + \varepsilon \widehat{U}_1(x, \hat{y}, \varepsilon) + \cdots, \tag{11.25a}$$

$$\mathcal{V} = v_1^*(x, y, \varepsilon) + \varepsilon^2 V_1(x, \eta, \varepsilon) + \varepsilon \hat{\varepsilon} \widehat{V}_1(x, \hat{y}, \varepsilon) + \cdots, \tag{11.25b}$$

$$\mathcal{P} = p_1^*(x, y, \varepsilon) + \varepsilon^2 P_1(x, \eta, \varepsilon) + \widehat{\Delta}(\varepsilon) \widehat{P}_1(x, \hat{y}, \varepsilon) + \cdots, \tag{11.25c}$$

$$\mathcal{T}_{ij} = \varepsilon^2 \tau_{ij,1}(x, \eta, \varepsilon) + \varepsilon^2 \hat{\tau}_{ij,1}(x, \hat{y}, \varepsilon) + \cdots. \tag{11.25d}$$

La jauge $\widehat{\Delta}$ est déterminée en examinant l'équation de quantité de mouvement suivant y.

Jauge pour la pression

En portant (11.25a–11.25d) dans (11.1c), on obtient :

$$
\varepsilon U_1 \frac{\partial v_1^*}{\partial x} + \varepsilon \widehat{U}_1 \frac{\partial v_1^*}{\partial x} + \varepsilon^2 u_1^* \frac{\partial V_1}{\partial x} + \varepsilon^3 U_1 \frac{\partial V_1}{\partial x} + \varepsilon^3 \widehat{U}_1 \frac{\partial V_1}{\partial x}
$$

$$
+ \hat{\varepsilon} \varepsilon u_1^* \frac{\partial \widehat{V}_1}{\partial x} + \hat{\varepsilon} \varepsilon^2 U_1 \frac{\partial \widehat{V}_1}{\partial x} + \hat{\varepsilon} \varepsilon^2 \widehat{U}_1 \frac{\partial \widehat{V}_1}{\partial x} + \varepsilon^2 V_1 \frac{\partial v_1^*}{\partial y} + \hat{\varepsilon} \varepsilon \widehat{V}_1 \frac{\partial v_1^*}{\partial y}
$$

$$
+ \varepsilon v_1^* \frac{\partial V_1}{\partial \eta} + \varepsilon^3 V_1 \frac{\partial V_1}{\partial \eta} + \hat{\varepsilon} \varepsilon^2 \widehat{V}_1 \frac{\partial V_1}{\partial \eta} + \varepsilon v_1^* \frac{\partial \widehat{V}_1}{\partial \hat{y}} + \varepsilon^3 V_1 \frac{\partial \widehat{V}_1}{\partial \hat{y}} + \hat{\varepsilon} \varepsilon^2 \widehat{V}_1 \frac{\partial \widehat{V}_1}{\partial \hat{y}}
$$

$$
= -\varepsilon \frac{\partial P_1}{\partial \eta} - \frac{\widehat{\Delta}}{\hat{\varepsilon}} \frac{\partial \widehat{P}_1}{\partial \hat{y}} + \varepsilon^2 \frac{\partial \tau_{xy,1}}{\partial x} + \varepsilon^2 \frac{\partial \hat{\tau}_{xy,1}}{\partial x} + \frac{1}{\mathcal{R}} \frac{\partial^2 v_1^*}{\partial x^2} + \frac{\varepsilon^2}{\mathcal{R}} \frac{\partial^2 V_1}{\partial x^2} + \frac{\hat{\varepsilon} \varepsilon}{\mathcal{R}} \frac{\partial^2 \widehat{V}_1}{\partial x^2}
$$

$$
+ \varepsilon \frac{\partial \tau_{yy,1}}{\partial \eta} + \frac{\varepsilon^2}{\hat{\varepsilon}} \frac{\partial \hat{\tau}_{yy,1}}{\partial \hat{y}} + \frac{1}{\mathcal{R}} \frac{\partial^2 v_1^*}{\partial y^2} + \frac{1}{\mathcal{R}} \frac{\partial^2 V_1}{\partial \eta^2} + \frac{\varepsilon}{\hat{\varepsilon} \mathcal{R}} \frac{\partial^2 \widehat{V}_1}{\partial \hat{y}^2}.
$$

Dans cette équation, les termes dominants sont d'ordre $\varepsilon^2/\hat{\varepsilon}$. On est donc amené à choisir :

$$
\widehat{\Delta} = \varepsilon^2, \tag{11.26}
$$

et l'équation de quantité de mouvement suivant y devient :

$$
-\frac{\partial \widehat{P}_1}{\partial \hat{y}} + \frac{\partial \hat{\tau}_{yy,1}}{\partial \hat{y}} = 0. \tag{11.27}
$$

Équation de continuité

Pour les composantes de vitesse $\widehat{U}_1$ et $\widehat{V}_1$, on a :

$$
\frac{\partial \widehat{U}_1}{\partial x} + \frac{\partial \widehat{V}_1}{\partial \hat{y}} = 0. \tag{11.28}
$$

Équation de quantité de mouvement suivant x

En reportant (11.25a–11.25d) dans (11.1b) et en tenant compte des équations d'Euler pour u_1^*, v_1^*, p_1^*, on obtient :

$$
\varepsilon U_1 \frac{\partial u_1^*}{\partial x} + \varepsilon \widehat{U}_1 \frac{\partial u_1^*}{\partial x} + \varepsilon u_1^* \frac{\partial U_1}{\partial x} + \varepsilon^2 U_1 \frac{\partial U_1}{\partial x} + \varepsilon^2 \widehat{U}_1 \frac{\partial U_1}{\partial x}
$$

$$
+ \varepsilon u_1^* \frac{\partial \widehat{U}_1}{\partial x} + \varepsilon^2 U_1 \frac{\partial \widehat{U}_1}{\partial x} + \varepsilon^2 \widehat{U}_1 \frac{\partial \widehat{U}_1}{\partial x} + \varepsilon^2 V_1 \frac{\partial u_1^*}{\partial y} + \hat{\varepsilon} \varepsilon \widehat{V}_1 \frac{\partial u_1^*}{\partial y}
$$

$$
+ v_1^* \frac{\partial U_1}{\partial \eta} + \varepsilon^2 V_1 \frac{\partial U_1}{\partial \eta} + \hat{\varepsilon} \varepsilon \widehat{V}_1 \frac{\partial U_1}{\partial \eta}
$$

$$+\frac{\varepsilon}{\hat{\varepsilon}}v_1^*\frac{\partial \widehat{U}_1}{\partial \hat{y}} + \frac{\varepsilon^3}{\hat{\varepsilon}}V_1\frac{\partial \widehat{U}_1}{\partial \hat{y}} + \varepsilon^2\widehat{V}_1\frac{\partial \widehat{U}_1}{\partial \hat{y}}$$

$$= -\varepsilon^2\frac{\partial P_1}{\partial x} - \varepsilon^2\frac{\partial \widehat{P}_1}{\partial x} + \varepsilon^2\frac{\partial \tau_{xx,1}}{\partial x} + \varepsilon^2\frac{\partial \hat{\tau}_{xx,1}}{\partial x}$$

$$+\frac{1}{\mathcal{R}}\frac{\partial^2 u_1^*}{\partial x^2} + \frac{\varepsilon}{\mathcal{R}}\frac{\partial^2 U_1}{\partial x^2} + \frac{\varepsilon}{\mathcal{R}}\frac{\partial^2 \widehat{U}_1}{\partial x^2}$$

$$+\varepsilon\frac{\partial \tau_{xy,1}}{\partial \eta} + \frac{\varepsilon^2}{\hat{\varepsilon}}\frac{\partial \hat{\tau}_{xy,1}}{\partial \hat{y}} + \frac{1}{\mathcal{R}}\frac{\partial^2 u_1^*}{\partial y^2} + \frac{1}{\varepsilon\mathcal{R}}\frac{\partial^2 U_1}{\partial \eta^2} + \frac{\varepsilon}{\hat{\varepsilon}^2\mathcal{R}}\frac{\partial^2 \widehat{U}_1}{\partial \hat{y}^2}. \quad (11.29)$$

Dans cette équation, on peut supprimer les termes déjà pris en compte dans la première approximation de la contribution de la zone externe de la couche limite ; ces termes correspondent à ceux de (11.22). On obtient :

$$\varepsilon\widehat{U}_1\frac{\partial u_1^*}{\partial x} + \varepsilon^2 U_1\frac{\partial U_1}{\partial x} + \varepsilon^2\widehat{U}_1\frac{\partial U_1}{\partial x}$$

$$+\varepsilon u_1^*\frac{\partial \widehat{U}_1}{\partial x} + \varepsilon^2 U_1\frac{\partial \widehat{U}_1}{\partial x} + \varepsilon^2\widehat{U}_1\frac{\partial \widehat{U}_1}{\partial x} + \varepsilon^2 V_1\frac{\partial u_1^*}{\partial y} + \hat{\varepsilon}\varepsilon\widehat{V}_1\frac{\partial u_1^*}{\partial y}$$

$$+\varepsilon^2 V_1\frac{\partial U_1}{\partial \eta} + \hat{\varepsilon}\varepsilon\widehat{V}_1\frac{\partial U_1}{\partial \eta}$$

$$+\frac{\varepsilon}{\hat{\varepsilon}}v_1^*\frac{\partial \widehat{U}_1}{\partial \hat{y}} + \frac{\varepsilon^3}{\hat{\varepsilon}}V_1\frac{\partial \widehat{U}_1}{\partial \hat{y}} + \varepsilon^2\widehat{V}_1\frac{\partial \widehat{U}_1}{\partial \hat{y}}$$

$$= -\varepsilon^2\frac{\partial P_1}{\partial x} - \varepsilon^2\frac{\partial \widehat{P}_1}{\partial x} + \varepsilon^2\frac{\partial \tau_{xx,1}}{\partial x} + \varepsilon^2\frac{\partial \hat{\tau}_{xx,1}}{\partial x}$$

$$+\frac{1}{\mathcal{R}}\frac{\partial^2 u_1^*}{\partial x^2} + \frac{\varepsilon}{\mathcal{R}}\frac{\partial^2 U_1}{\partial x^2} + \frac{\varepsilon}{\mathcal{R}}\frac{\partial^2 \widehat{U}_1}{\partial x^2}$$

$$+\frac{\varepsilon^2}{\hat{\varepsilon}}\frac{\partial \hat{\tau}_{xy,1}}{\partial \hat{y}} + \frac{1}{\mathcal{R}}\frac{\partial^2 u_1^*}{\partial y^2} + \frac{1}{\varepsilon\mathcal{R}}\frac{\partial^2 U_1}{\partial \eta^2} + \frac{\varepsilon}{\hat{\varepsilon}^2\mathcal{R}}\frac{\partial^2 \widehat{U}_1}{\partial \hat{y}^2}. \quad (11.30)$$

Dans cette équation les termes dominants sont $\mathrm{O}(\varepsilon^2/\hat{\varepsilon})$.

Examinons l'ordre de grandeur du terme $\dfrac{\varepsilon}{\hat{\varepsilon}}v_1^*\dfrac{\partial \widehat{U}_1}{\partial \hat{y}}$. Dans la région interne de la couche limite, un développement en série de Taylor de v_1^* ($y \ll 1$) donne :

$$v_1^* = v_{1y=0}^* + y\left(\frac{\partial v_1^*}{\partial y}\right)_{y=0} + \cdots,$$

$$= v_{1y=0}^* - y\left(\frac{\partial u_1^*}{\partial x}\right)_{y=0} + \cdots,$$

$$= v_{1y=0}^* - \hat{\varepsilon}\hat{y}\left(\frac{\partial u_1^*}{\partial x}\right)_{y=0} + \cdots.$$

Or, comme il a déjà été dit, $v_{1y=0}^*$ est $O(\varepsilon^2)$. On en conclut que v_1^* est $O(\varepsilon^2)$ dans la zone interne de couche limite et le terme $\dfrac{\varepsilon}{\hat{\varepsilon}} v_1^* \dfrac{\partial \widehat{U}_1}{\partial \hat{y}}$ est $O(\varepsilon^3/\hat{\varepsilon})$.

D'après les résultats de l'analyse classique, on sait que, pour $\eta \to 0$, U_1 est une fonction logarithmique de η. Dans ces conditions, avec $\hat{\varepsilon} \varepsilon \mathcal{R} = 1$, on a :

$$\frac{1}{\varepsilon \mathcal{R}} \frac{\partial^2 U_1}{\partial \eta^2} \sim \frac{\varepsilon^2}{\hat{\varepsilon}} \frac{1}{\hat{y}^2}.$$

Ce terme est $O(\varepsilon^2/\hat{\varepsilon})$.

En ne conservant que les termes $O(\varepsilon^2/\hat{\varepsilon})$, l'équation de quantité de mouvement longitudinale (11.30) se réduit à :

$$\frac{\varepsilon^2}{\hat{\varepsilon}} \frac{\partial \hat{\tau}_{xy,1}}{\partial \hat{y}} + \frac{1}{\varepsilon \mathcal{R}} \frac{\partial^2 U_1}{\partial \eta^2} + \frac{\varepsilon}{\hat{\varepsilon}^2 \mathcal{R}} \frac{\partial^2 \widehat{U}_1}{\partial \hat{y}^2} = 0. \tag{11.31}$$

Examinons maintenant une meilleure approximation cohérente avec la deuxième approximation de la contribution de la région externe de la couche limite. En tenant compte de (11.23), (11.29) devient :

$$\varepsilon \widehat{U}_1 \frac{\partial u_1^*}{\partial x} + \varepsilon^2 \widehat{U}_1 \frac{\partial U_1}{\partial x}$$

$$+ \varepsilon u_1^* \frac{\partial \widehat{U}_1}{\partial x} + \varepsilon^2 U_1 \frac{\partial \widehat{U}_1}{\partial x} + \varepsilon^2 \widehat{U}_1 \frac{\partial \widehat{U}_1}{\partial x} + \hat{\varepsilon} \varepsilon \widehat{V}_1 \frac{\partial u_1^*}{\partial y}$$

$$+ \hat{\varepsilon} \varepsilon \widehat{V}_1 \frac{\partial U_1}{\partial \eta}$$

$$+ \frac{\varepsilon}{\hat{\varepsilon}} v_1^* \frac{\partial \widehat{U}_1}{\partial \hat{y}} + \frac{\varepsilon^3}{\hat{\varepsilon}} V_1 \frac{\partial \widehat{U}_1}{\partial \hat{y}} + \varepsilon^2 \widehat{V}_1 \frac{\partial \widehat{U}_1}{\partial \hat{y}}$$

$$= -\varepsilon^2 \frac{\partial \widehat{P}_1}{\partial x} + \varepsilon^2 \frac{\partial \hat{\tau}_{xx,1}}{\partial x}$$

$$+ \frac{1}{\mathcal{R}} \frac{\partial^2 u_1^*}{\partial x^2} + \frac{\varepsilon}{\mathcal{R}} \frac{\partial^2 U_1}{\partial x^2} + \frac{\varepsilon}{\mathcal{R}} \frac{\partial^2 \widehat{U}_1}{\partial x^2}$$

$$+ \frac{\varepsilon^2}{\hat{\varepsilon}} \frac{\partial \hat{\tau}_{xy,1}}{\partial \hat{y}} + \frac{1}{\mathcal{R}} \frac{\partial^2 u_1^*}{\partial y^2} + \frac{1}{\varepsilon \mathcal{R}} \frac{\partial^2 U_1}{\partial \eta^2} + \frac{\varepsilon}{\hat{\varepsilon}^2 \mathcal{R}} \frac{\partial^2 \widehat{U}_1}{\partial \hat{y}^2}. \tag{11.32}$$

Si l'on conserve les termes $O(\varepsilon^3/\hat{\varepsilon})$, l'équation de quantité de mouvement longitudinale (11.32) s'écrit :

$$\frac{\varepsilon}{\hat{\varepsilon}} v_1^* \frac{\partial \widehat{U}_1}{\partial \hat{y}} + \frac{\varepsilon^3}{\hat{\varepsilon}} V_1 \frac{\partial \widehat{U}_1}{\partial \hat{y}} = \frac{\varepsilon^2}{\hat{\varepsilon}} \frac{\partial \hat{\tau}_{xy,1}}{\partial \hat{y}} + \frac{1}{\varepsilon \mathcal{R}} \frac{\partial^2 U_1}{\partial \eta^2} + \frac{\varepsilon}{\hat{\varepsilon}^2 \mathcal{R}} \frac{\partial^2 \widehat{U}_1}{\partial \hat{y}^2}. \tag{11.33}$$

11.3 Couche limite interactive

Récapitulons d'abord les résultats obtenus précédemment. L'AUV se présente sous la forme (11.25a–11.25d) :

$$\mathcal{U} = u_1^*(x, y, \varepsilon) + \varepsilon U_1(x, \eta, \varepsilon) + \varepsilon \widehat{U}_1(x, \hat{y}, \varepsilon) + \cdots, \qquad (11.34a)$$

$$\mathcal{V} = v_1^*(x, y, \varepsilon) + \varepsilon^2 V_1(x, \eta, \varepsilon) + \varepsilon \hat{\varepsilon} \widehat{V}_1(x, \hat{y}, \varepsilon) + \cdots, \qquad (11.34b)$$

$$\mathcal{P} = p_1^*(x, y, \varepsilon) + \varepsilon^2 P_1(x, \eta, \varepsilon) + \varepsilon^2 \widehat{P}_1(x, \hat{y}, \varepsilon) + \cdots, \qquad (11.34c)$$

$$\mathcal{T}_{ij} = \varepsilon^2 \tau_{ij,1}(x, \eta, \varepsilon) + \varepsilon^2 \hat{\tau}_{ij,1}(x, \hat{y}, \varepsilon) + \cdots. \qquad (11.34d)$$

Suivant l'ordre de grandeur des termes négligés dans l'équation de quantité de mouvement suivant x, on obtient un modèle de couche limite interactive qualifié de premier ou de deuxième ordre.

11.3.1 Modèle de premier ordre

Ce modèle est constitué de (11.20), (11.22), (11.28) et (11.31) :

$$\frac{\partial U_1}{\partial x} + \frac{\partial V_1}{\partial \eta} = 0, \qquad (11.35a)$$

$$U_1 \frac{\partial u_1^*}{\partial x} + u_1^* \frac{\partial U_1}{\partial x} + \frac{v_1^*}{\varepsilon} \frac{\partial U_1}{\partial \eta} = \frac{\partial \tau_{xy,1}}{\partial \eta}, \qquad (11.35b)$$

$$\frac{\partial \widehat{U}_1}{\partial x} + \frac{\partial \widehat{V}_1}{\partial \hat{y}} = 0, \qquad (11.35c)$$

$$\frac{\varepsilon^2}{\hat{\varepsilon}} \frac{\partial \hat{\tau}_{xy,1}}{\partial \hat{y}} + \frac{1}{\varepsilon \mathcal{R}} \frac{\partial^2 U_1}{\partial \eta^2} + \frac{\varepsilon}{\hat{\varepsilon}^2 \mathcal{R}} \frac{\partial^2 \widehat{U}_1}{\partial \hat{y}^2} = 0. \qquad (11.35d)$$

En outre, u_1^* et v_1^* satisfont les équations d'Euler.

Les conditions aux limites sont :

$$\eta \to \infty : U_1 \to 0, \, V_1 \to 0, \qquad (11.36a)$$

$$\hat{y} \to \infty : \widehat{U}_1 \to 0, \, \widehat{V}_1 \to 0, \qquad (11.36b)$$

et à la paroi :

$$u_1^* + \varepsilon U_1 + \varepsilon \widehat{U}_1 = 0, \qquad (11.37a)$$

$$v_1^* + \varepsilon^2 V_1 + \hat{\varepsilon} \varepsilon \widehat{V}_1 = 0. \qquad (11.37b)$$

À l'infini, on a aussi des conditions sur u_1^* et v_1^*, par exemple des conditions d'écoulement uniforme.

11.3.2 Modèle de deuxième ordre

Ce modèle est constitué de (11.20), (11.23), (11.28) et (11.33) :

$$\frac{\partial U_1}{\partial x} + \frac{\partial V_1}{\partial \eta} = 0, \tag{11.38a}$$

$$U_1 \frac{\partial u_1^*}{\partial x} + u_1^* \frac{\partial U_1}{\partial x} + \varepsilon U_1 \frac{\partial U_1}{\partial x} + \varepsilon V_1 \frac{\partial u_1^*}{\partial y} + \frac{v_1^*}{\varepsilon} \frac{\partial U_1}{\partial \eta} + \varepsilon V_1 \frac{\partial U_1}{\partial \eta}$$

$$= \frac{\partial \tau_{xy,1}}{\partial \eta} + \varepsilon \left(\frac{\partial \tau_{xx,1}}{\partial x} - \frac{\partial \tau_{yy,1}}{\partial x} \right), \tag{11.38b}$$

$$\frac{\partial \widehat{U}_1}{\partial x} + \frac{\partial \widehat{V}_1}{\partial \hat{y}} = 0, \tag{11.38c}$$

$$\frac{\varepsilon}{\hat{\varepsilon}} v_1^* \frac{\partial \widehat{U}_1}{\partial \hat{y}} + \frac{\varepsilon^3}{\hat{\varepsilon}} V_1 \frac{\partial \widehat{U}_1}{\partial \hat{y}} = \frac{\varepsilon^2}{\hat{\varepsilon}} \frac{\partial \hat{\tau}_{xy,1}}{\partial \hat{y}} + \frac{1}{\varepsilon \mathcal{R}} \frac{\partial^2 U_1}{\partial \eta^2} + \frac{\varepsilon}{\hat{\varepsilon}^2 \mathcal{R}} \frac{\partial^2 \widehat{U}_1}{\partial \hat{y}^2}. \tag{11.38d}$$

Ce système doit être complété par les équations d'Euler pour u_1^* et v_1^* et les conditions aux limites du problème sont identiques à celles du modèle de premier ordre.

11.3.3 Modèle global

Les modèles précédents peuvent être englobés dans un modèle contenant à la fois le modèle de premier ordre et le modèle de second ordre et décrivant aussi bien la région externe que la région interne de la couche limite. Ce modèle complète et remplace (11.24a–11.24b) en tenant compte de la contribution de la région interne de la couche limite. On pose :

$$u = u_1^* + \varepsilon U_1 + \varepsilon \widehat{U}_1,$$
$$v = v_1^* + \varepsilon^2 V_1 + \varepsilon \hat{\varepsilon} \widehat{V}_1,$$
$$t_{ij} = \varepsilon^2 \tau_{ij,1} + \varepsilon^2 \hat{\tau}_{ij,1},$$

avec :

$$t_{ij} = - < u_i' u_j' > .$$

Les équations proposées pour u et v ne se déduisent pas des équations déjà établies. Il s'agit d'un modèle heuristique qui s'écrit :

$$\frac{\partial u}{\partial x} + \frac{\partial v}{\partial y} = 0, \tag{11.39a}$$

$$u \frac{\partial u}{\partial x} + v \frac{\partial u}{\partial y} = u_1^* \frac{\partial u_1^*}{\partial x} + v_1^* \frac{\partial u_1^*}{\partial y} + \frac{\partial}{\partial y} \left(- < u'v' > \right)$$

$$+ \frac{1}{\mathcal{R}} \frac{\partial^2 (u - u_1^*)}{\partial y^2} + \frac{\partial}{\partial x} (< v'^2 > - < u'^2 >). \tag{11.39b}$$

À l'ordre considéré, on peut vérifier que le système (11.38a–11.38d) se retrouve après développement de (11.39a–11.39b) suivant la méthode décrite Sect. 11.2.

Les équations (11.39a–11.39b) doivent être complétées par les équations d'Euler pour u_1^* et v_1^*. Les conditions aux limites sont :

$$y \to \infty \quad : u - u_1^* \to 0,\ v - v_1^* \to 0 \ , \tag{11.40a}$$

$$\text{à la paroi :} \quad u = 0, \qquad v = 0. \tag{11.40b}$$

Remarque 2. Le modèle heuristique global inclut le cas d'une couche limite laminaire traité au Chap. 8 : il suffit pour cela d'annuler les tensions turbulentes.

11.3.4 Modèle réduit pour un écoulement extérieur irrotationnel

Pour un *écoulement extérieur irrotationnel*, le modèle global de la section précédente, Sect. 11.3.3, prend une forme simplifiée si l'on restreint la validité des équations à la couche limite.

Dans la région externe de la couche limite, on peut faire des développements de Taylor comme cela a été fait Sect. 8.5 pour une couche limite laminaire :

$$u_1^* = u_{10}^* + y \left(\frac{\partial u_1^*}{\partial y} \right)_{y=0} + \cdots$$

$$= u_{10}^* + \varepsilon \eta \left(\frac{\partial u_1^*}{\partial y} \right)_{y=0} + \cdots ,$$

$$\frac{\partial u_1^*}{\partial x} = u_{10}^* + y \left(\frac{\partial^2 u_1^*}{\partial x \partial y} \right)_{y=0} + \cdots .$$

On suppose que l'écoulement non visqueux est irrotationnel et que les effets de courbure de paroi sont négligeables. Dans la région externe de la couche limite, on sait que $v_1^* = \mathrm{O}(\varepsilon)$, on en déduit $\dfrac{\partial u_1^*}{\partial y} = \mathrm{O}(\varepsilon)$. On a aussi $\dfrac{\partial^2 v_1^*}{\partial y^2} = \mathrm{O}(\varepsilon)$. Dans la région externe de la couche limite, on obtient :

$$u_1^* = u_{10}^* + \mathrm{O}(\varepsilon^2),$$

$$\frac{\partial u_1^*}{\partial x} = u_{1x0}^* + \mathrm{O}(\varepsilon^2),$$

$$v_1^* = v_{10}^* - y u_{1x0}^* + \mathrm{O}(\varepsilon^3),$$

$$\frac{\partial^2 v_1^*}{\partial y^2} = \mathrm{O}(\varepsilon).$$

Les approximations (11.17a–11.17d) donnent :

$$\mathcal{U} = u_{10}^* + \varepsilon U_1 + \cdots ,$$

$$\mathcal{V} = v_{10}^* - y u_{1x0}^* + \varepsilon^2 V_1 + \cdots ,$$

$$\mathcal{T}_{ij} = \varepsilon^2 \tau_{ij,1} + \cdots .$$

Avec ces hypothèses, (11.38a) et (11.38b) restreintes à la zone externe de la couche limite deviennent :

$$\frac{\partial U_1}{\partial x} + \frac{\partial V_1}{\partial \eta} = 0, \tag{11.41a}$$

$$U_1 \frac{du_{10}^*}{dx} + u_{10}^* \frac{\partial U_1}{\partial x} + \varepsilon U_1 \frac{\partial U_1}{\partial x} + \frac{v_{10}^* - y u_{1x0}^*}{\varepsilon} \frac{\partial U_1}{\partial \eta} + \varepsilon V_1 \frac{\partial U_1}{\partial \eta}$$
$$= \frac{\partial \tau_{xy,1}}{\partial \eta} + \varepsilon \left(\frac{\partial \tau_{xx,1}}{\partial x} - \frac{\partial \tau_{yy,1}}{\partial x} \right). \tag{11.41b}$$

On pose :

$$\overline{U} = u_{10}^* + \varepsilon U_1,$$
$$\overline{V} = v_{10}^* - y u_{1x0}^* + \varepsilon^2 V_1,$$
$$\overline{T}_{ij} = \varepsilon^2 \tau_{ij,1}.$$

Les équations (11.41a) et (11.41b) s'écrivent aussi ı

$$\frac{\partial \overline{U}}{\partial x} + \frac{\partial \overline{V}}{\partial y} = 0, \tag{11.42a}$$

$$\overline{U} \frac{\partial \overline{U}}{\partial x} + \overline{V} \frac{\partial \overline{U}}{\partial y} = u_{10}^* \frac{du_{10}^*}{dx} + \frac{\partial \overline{T}_{xy}}{\partial y} + \frac{\partial}{\partial x}(\overline{T}_{xx} - \overline{T}_{yy}). \tag{11.42b}$$

Sous cette forme, ces équations sont très voisines des équations généralement mises en œuvre pour la région externe de la couche limite turbulente ; la seule différence est le terme $\frac{\partial}{\partial x}(\overline{T}_{xx} - \overline{T}_{yy})$ qui, le plus souvent, est négligé. On note d'ailleurs que ce terme n'est pas présent dans les équations du modèle IBL au premier ordre.

Dans la région interne de la couche limite, on sait que $v_1^* = \mathrm{O}(\varepsilon^2)$. En supposant que l'écoulement non visqueux est irrotationnel et en négligeant les effets de courbure de paroi, on en déduit que $\frac{\partial u_1^*}{\partial y} = \mathrm{O}(\varepsilon^2)$. Dans cette région, on a aussi $\frac{\partial^2 v_1^*}{\partial y^2} = \mathrm{O}(\varepsilon^2)$. Les développements de Taylor de u_1^* et v_1^* montrent alors que :

$$u_1^* = u_{10}^* + \mathrm{O}(\hat{\varepsilon}\varepsilon^2),$$
$$v_1^* = v_{10}^* - \hat{\varepsilon}\hat{y} u_{1x0}^* + \mathrm{O}(\hat{\varepsilon}^2 \varepsilon^2).$$

En outre, on sait que $u_{10}^* = \mathrm{O}(1)$ et $v_{10}^* = \mathrm{O}(\varepsilon^2)$.

L'AUV (11.25a–11.25d), écrite dans la couche limite, donne alors :

$$\mathcal{U} = u_{10}^* + \varepsilon U_1 + \varepsilon \widehat{U}_1 + \cdots,$$
$$\mathcal{V} = v_{10}^* - y u_{1x0}^* + \varepsilon^2 V_1 + \hat{\varepsilon}\varepsilon \widehat{V}_1 + \cdots,$$
$$\mathcal{T}_{ij} = \varepsilon^2 \tau_{ij,1} + \varepsilon^2 \hat{\tau}_{ij,1} + \cdots.$$

Les équations (11.38c) et (11.38d), restreintes à la zone interne de la couche limite, deviennent :

$$\frac{\partial \widehat{U}_1}{\partial x} + \frac{\partial \widehat{V}_1}{\partial \hat{y}} = 0, \tag{11.43a}$$

$$\frac{\varepsilon}{\hat{\varepsilon}} v_{10}^* \frac{\partial \widehat{U}_1}{\partial \hat{y}} + \frac{\varepsilon^3}{\hat{\varepsilon}} V_1 \frac{\partial \widehat{U}_1}{\partial \hat{y}} = \frac{\varepsilon^2}{\hat{\varepsilon}} \frac{\partial \hat{\tau}_{xy,1}}{\partial \hat{y}} + \frac{1}{\varepsilon \mathcal{R}} \frac{\partial^2 U_1}{\partial \eta^2} + \frac{\varepsilon}{\hat{\varepsilon}^2 \mathcal{R}} \frac{\partial^2 \widehat{U}_1}{\partial \hat{y}^2}. \tag{11.43b}$$

On pose :

$$u = u_{10}^* + \varepsilon U_1 + \varepsilon \widehat{U}_1, \tag{11.44a}$$

$$v = v_{10}^* - y u_{1x0}^* + \varepsilon^2 V_1 + \varepsilon \hat{\varepsilon} \widehat{V}_1, \tag{11.44b}$$

$$t_{ij} = \varepsilon^2 \tau_{ij,1} + \varepsilon^2 \hat{\tau}_{ij,1}, \tag{11.44c}$$

avec :

$$t_{ij} = - < u_i' u_j' > .$$

Les équations (11.41a, 11.41b) et (11.43a, 11.43b) sont contenues dans le modèle heuristique suivant, valable uniquement dans la couche limite :

$$\frac{\partial u}{\partial x} + \frac{\partial v}{\partial y} = 0, \tag{11.45a}$$

$$u\frac{\partial u}{\partial x} + v\frac{\partial u}{\partial y} = u_{10}^* \frac{du_{10}^*}{dx} + \frac{\partial}{\partial y}\left(- < u'v' >\right) + \frac{1}{\mathcal{R}} \frac{\partial^2 u}{\partial y^2}$$

$$+ \frac{\partial}{\partial x}(< v'^2 > - < u'^2 >), \tag{11.45b}$$

avec les conditions aux limites :

$$y \to \infty \ : u - u_{10}^* \to 0 \ , \ v - v_{10}^* + y u_{1x0}^* \to 0, \tag{11.46a}$$

$$\text{à la paroi :} \quad u = 0, \qquad\qquad v = 0. \tag{11.46b}$$

Généralement, la contribution du terme $\dfrac{\partial}{\partial x}\left(< v'^2 > - < u'^2 >\right)$ est négligée car les résultats expérimentaux montrent que $< u'^2 >$ et $< v'^2 >$ sont voisins ; dans un modèle de premier ordre ce terme ne serait d'ailleurs pas présent. Avec cette hypothèse, les équations sont :

$$\frac{\partial u}{\partial x} + \frac{\partial v}{\partial y} = 0, \tag{11.47a}$$

$$u\frac{\partial u}{\partial x} + v\frac{\partial u}{\partial y} = u_{10}^* \frac{du_{10}^*}{dx} + \frac{\partial}{\partial y}\left(- < u'v' >\right) + \frac{1}{\mathcal{R}} \frac{\partial^2 u}{\partial y^2}. \tag{11.47b}$$

De plus, en couplage faible, c'est-à-dire si l'on recherche des développements réguliers, la deuxième condition limite à l'infini (11.46a) donne $v_{10}^* = 0$ comme en écoulement laminaire (Sect. 10.1.2).

Les conditions aux limites restantes sont :

$$y \to \infty \quad : u - u_{10}^* \to 0, \tag{11.48a}$$

$$\text{à la paroi :} \quad u = 0, \quad v = 0. \tag{11.48b}$$

On retrouve alors le modèle usuel de couche limite turbulente.

11.4 Approximation du profil de vitesse dans la couche limite

11.4.1 Pose du problème

L'objectif est de construire, pour un écoulement extérieur irrotationnel, une approximation du profil de vitesses *dans toute la couche limite* en s'aidant de (11.31) qui décrit la contribution de la région interne de la couche limite au premier ordre :

$$\frac{\varepsilon^2}{\hat{\varepsilon}} \frac{\partial \hat{\tau}_{xy,1}}{\partial \hat{y}} + \frac{1}{\varepsilon \mathcal{R}} \frac{\partial^2 U_1}{\partial \eta^2} + \frac{\varepsilon}{\hat{\varepsilon}^2 \mathcal{R}} \frac{\partial^2 \widehat{U}_1}{\partial \hat{y}^2} = 0. \tag{11.49}$$

La résolution de cette équation nécessite la connaissance de la fonction $U_1(\eta)$ et la mise en œuvre d'un modèle de turbulence pour décrire l'évolution de $\hat{\tau}_{xy,1}$. On s'appuie sur un modèle de longueur de mélange, particulièrement adapté à l'étude de l'écoulement sur plaque plane, et sur des solutions de similitude pour la région externe de la couche limite [64].

Pour simplifier le traitement, on travaille avec le modèle réduit décrit par (11.47a–11.47b) et les conditions aux limites (11.48a–11.48b).

Plutôt que de résoudre (11.49), il est plus commode de travailler avec une équation qui donne accès directement à la vitesse complète. Pour cela, on revient au développement (11.44c) et l'on écrit (11.49) sous la forme :

$$\frac{\varepsilon^2}{\hat{\varepsilon}} \frac{\partial}{\partial \hat{y}} \left(\frac{t_{xy}}{\epsilon^2} - \tau_{xy,1} \right) + \frac{1}{\varepsilon \mathcal{R}} \frac{\partial^2 U_1}{\partial \eta^2} + \frac{\varepsilon}{\hat{\varepsilon}^2 \mathcal{R}} \frac{\partial^2 \widehat{U}_1}{\partial \hat{y}^2} = 0.$$

En reprenant la variable y, et en introduisant u_{10}^* qui ne dépend pas de y, cette équation est encore :

$$\frac{\partial t_{xy}}{\partial y} - \frac{\partial \epsilon^2 \tau_{xy,1}}{\partial y} + \frac{1}{\mathcal{R}} \frac{\partial^2}{\partial y^2} (u_{10}^* + \varepsilon U_1 + \varepsilon \widehat{U}_1) = 0,$$

ou :

$$\frac{\partial}{\partial y} \left[t_{xy} + \frac{1}{\mathcal{R}} \frac{\partial u}{\partial y} \right] = \epsilon^2 \frac{\partial \tau_{xy,1}}{\partial y}, \tag{11.50}$$

avec, pour un écoulement extérieur irrotationnel :

$$u = u_{10}^* + \varepsilon U_1 + \varepsilon \widehat{U}_1.$$

Le membre de gauche de (11.50) représente la tension totale (somme de la tension turbulente et de la tension visqueuse) *dans toute la couche limite* alors que le membre de droite représente la tension turbulente dans la solution de la région externe. On intègre cette équation par rapport à y depuis la paroi $y = 0$. La contrainte pariétale dimensionnée étant τ_p, on obtient :

$$t_{xy} + \frac{1}{\mathcal{R}} \frac{\partial u}{\partial y} - \frac{\tau_p}{\varrho V^2} = \epsilon^2 \tau_{xy,1} - \frac{\tau_p}{\varrho V^2},$$

car, en $y = 0$, on a :

$$\frac{\tau_p}{\varrho V^2} = \frac{1}{\mathcal{R}} \frac{\partial u}{\partial y} \quad \text{et} \quad t_{xy} = 0,$$

et, d'autre part, la solution externe est telle que pour $\eta \to 0$, c'est-à-dire, en $y = 0$, on a :

$$\epsilon^2 \tau_{xy,1} = \frac{\tau_p}{\varrho V^2}.$$

Finalement, (11.49) prend la forme :

$$t_{xy} + \frac{1}{\mathcal{R}} \frac{\partial u}{\partial y} = \epsilon^2 \tau_{xy,1}.$$

De façon synthétique, en divisant les deux membres par la contrainte pariétale adimensionnée, elle s'écrit aussi :

$$\frac{\tau}{\tau_p} = \frac{\tau_{\text{ext}}}{\tau_p}, \tag{11.51}$$

où le membre de gauche représente la tension totale sans dimension dans toute la couche limite et le membre de droite représente l'approximation de la tension turbulente sans dimension calculée dans la région externe.

En suivant strictement la théorie asymptotique classique, le membre de droite de cette équation serait égal à 1 si l'on recherchait la solution dans la région interne. En effet, τ_{ext}/τ_p est une fonction de η. Or, on a :

$$\eta = \hat{y} \frac{\hat{\varepsilon}}{\varepsilon},$$

et, pour l'étude de la région interne, $\hat{y}$ est fixé et $\dfrac{\hat{\varepsilon}}{\varepsilon} \to 0$. Donc, on devrait prendre la valeur du membre de droite de (11.51) en $\eta = 0$. Cette valeur est 1 et l'équation de la région interne serait :

$$\frac{\tau}{\tau_p} = 1,$$

ce qui rejoint le résultat de la théorie asymptotique classique. Dans l'application présentée, ce résultat n'est pas utilisé et l'on considère que τ_{ext}/τ_p est une fonction de η.

Ici, la résolution de (11.51) doit fournir *une AUV du profil de vitesse dans toute la couche limite* et pas seulement une approximation dans la région interne. L'application qui sera donnée plus loin précisera ce point, mais d'ores et déjà, on peut remarquer que (11.51) permet de satisfaire les conditions aux limites sur la tension totale. En effet, en $y = 0$ on a bien $\dfrac{\tau}{\tau_p} = 1$ et en $y = \delta$ on a bien $\dfrac{\tau}{\tau_p} = 0$; la réalisation de ces conditions est permise par le comportement de la solution dans la région externe (membre de droite de (11.51)).

11.4.2 Modèle de turbulence

En revenant à des variables *dimensionnées*, y compris pour la distance à la paroi y, la tension totale τ qui apparaît dans le membre de gauche de (11.51) est :

$$\tau = -\varrho < u'v' > +\mu\frac{\partial u}{\partial y}. \tag{11.52}$$

Un modèle de turbulence est nécessaire pour exprimer la tension turbulente $-\varrho < u'v' >$. À cette fin, un schéma de longueur de mélange fournit [64] :

$$-\varrho < u'v' > = \varrho F^2 \ell^2 \left(\frac{\partial u}{\partial y}\right)^2, \tag{11.53}$$

avec :

$$\frac{\ell}{\delta} = 0,085\,\text{th}\,\frac{\chi}{0,085}\frac{y}{\delta}, \quad \chi = 0,41, \tag{11.54a}$$

$$F = 1 - \exp\left[-(\tau\varrho)^{1/2}\frac{\ell}{26\chi\mu}\right]. \tag{11.54b}$$

Dans la région interne, en faisant $\tau = \tau_p$ et $\ell = \chi y$, la *fonction correctrice* F prend la forme proposée par Van Driest :

$$F = 1 - \exp\left(-\frac{y^+}{26}\right),$$

où y^+ est la variable de paroi :

$$y^+ = \frac{y u_\tau}{\nu}.$$

Ce modèle, très simple, convient bien pour l'étude envisagée surtout si l'on se limite à l'écoulement sur plaque plane.

11.4.3 Région externe

Conformément aux résultats expérimentaux, notamment pour l'écoulement sur plaque plane, la région externe de la couche limite est parfaitement décrite par des *solutions de similitude* [14, 16, 17, 62, 77].

On suppose que la *vitesse déficitaire* est une fonction de $\frac{y}{\delta}$ où δ est l'épaisseur de couche limite :

$$\frac{u_e - u}{u_\tau} = F'(\eta) \quad \text{avec} \quad \eta = \frac{y}{\delta} \quad \text{et} \quad u_\tau = \sqrt{\frac{\tau_p}{\varrho}}.$$

Traditionnellement, la quantité $\dfrac{u_e - u}{u_\tau}$ est appelée vitesse déficitaire car elle représente un défaut de vitesse par rapport à la vitesse u_e.

L'équation de similitude de la région externe est [64] (cf. problème 11.5) :

$$\frac{\tau}{\tau_p} = 1 - \frac{F}{F_1} + \left(\frac{1}{F_1} + 2\beta\right)\eta F', \tag{11.55}$$

avec :

$$F = \int_0^\eta F' \, \mathrm{d}\eta, \quad F_1 = F(1), \quad \beta = -\frac{\delta}{u_\tau}\frac{\mathrm{d}u_e}{\mathrm{d}x}.$$

Cette équation est équivalente à (11.10b).

Dans la région externe de la couche limite, la tension τ ne fait intervenir que la tension turbulente car la tension visqueuse est négligeable ; d'autre part, la fonction correctrice y est égale à 1 car $y^+ \gg 1$. On a donc :

$$\frac{\tau}{\tau_p} = \left(\frac{\ell}{\delta}\right)^2 F''^2,$$

où F'' est la dérivée de F' par rapport à η.

La résolution numérique de l'équation de similitude fournit, pour chaque valeur du paramètre de gradient de pression β, le profil de vitesse $F'(\eta)$; elle donne aussi le profil de la tension turbulente, c'est-à-dire avec les notations de la Sect. 11.4.1 la quantité τ_{ext}/τ_p.

11.4.4 Équation à résoudre

À un nombre de Reynolds donné, le profil de vitesses dans toute la couche limite est solution de l'équation :

$$\frac{\tau}{\tau_p} = \frac{\tau_{\text{ext}}}{\tau_p}, \tag{11.56}$$

où l'expression de τ dans le membre de gauche est donnée par :

$$\tau = -\varrho < u'v' > + \mu\frac{\partial u}{\partial y},$$

et la tension turbulente s'exprime par (11.53, 11.54a, 11.54b).

Dans (11.56), le membre de droite est donné par la solution de la région externe (11.55). En outre, il faut fixer le nombre de Reynolds. Le plus simple est de fixer la valeur de $\dfrac{u_\tau \delta}{\nu}$ qui relie directement y^+ et δ :

$$y^+ = \eta \frac{u_\tau \delta}{\nu}.$$

L'équation à résoudre est une équation différentielle ordinaire du premier ordre pour $u(y)$. À l'aide des variables de paroi, elle s'écrit :

$$\frac{\partial u^+}{\partial y^+} + F^2 \ell^{+2} \left(\frac{\partial u^+}{\partial y^+} \right)^2 = \frac{\tau_{\text{ext}}}{\tau_p}, \tag{11.57}$$

avec :

$$\ell^+ = \frac{\ell u_\tau}{\nu} = \frac{\ell}{\delta} \frac{u_\tau \delta}{\nu}, \quad u^+ = \frac{u}{u_\tau}, \quad y^+ = \frac{y u_\tau}{\nu}.$$

À la paroi, on impose $u = 0$ donc $u^+ = 0$ en $y^+ = 0$. À la frontière extérieure, la condition $\dfrac{\tau_{\text{ext}}}{\tau_p} = 0$ impose $\dfrac{\partial u}{\partial y} = 0$; on a donc $\dfrac{\partial u^+}{\partial y^+} = 0$ en $y^+ = \dfrac{u_\tau \delta}{\nu}$ ($\eta = 1$). À la frontière de la couche limite, la solution fournit une certaine valeur de u^+ qui donne le coefficient de frottement puisque l'on a :

$$u^+_{y=\delta} = \frac{u_e}{u_\tau} = \frac{1}{\sqrt{Cf/2}} \quad \text{avec} \quad \frac{Cf}{2} = \frac{\tau_p}{\varrho u_e^2}. \tag{11.58}$$

11.4.5 Exemples de résultats

Les résultats présentés ici ont été obtenus dans le cas de la plaque plane ($\beta = 0$) pour plusieurs valeurs du nombre de Reynolds.

Les résultats de la figure 11.1 montrent une évolution correcte de la vitesse dans *toute l'épaisseur de la couche limite*. On constate que la loi logarithmique est bien présente lorsque le nombre de Reynolds est suffisamment élevé. Son étendue mesurée en variables de paroi augmente lorsque le nombre de Reynolds augmente. Lorsque le nombre de Reynolds devient faible, la zone logarithmique disparaît.

Le profil de vitesse dans la zone de proche paroi est très peu sensible au nombre de Reynolds ; pour les valeurs de $\dfrac{u_\tau \delta}{\nu} > 250$, la fonction $u^+(y^+)$ est pratiquement invariante lorsque $y^+ < 50$. En ce sens, la loi de vitesse de la région interne est dite universelle. Ce comportement est en accord avec la différence d'ordre de grandeur entre les échelles de longueur (ou entre les échelles de temps) caractéristiques de la turbulence dans la région interne et dans la région externe de la couche limite. La région interne a une échelle de temps *beaucoup plus petite* que celle de la région externe. Dans ces conditions, elle adopte une organisation qui lui est propre, indépendamment des paramètres qui gouvernent l'écoulement dans la région externe.

La valeur du coefficient de frottement obtenue par la valeur de u^+ à la frontière de la couche limite (relation (11.58)) peut être comparée à celle obtenue d'après le recouvrement entre la loi de paroi et la loi de vitesse déficitaire.

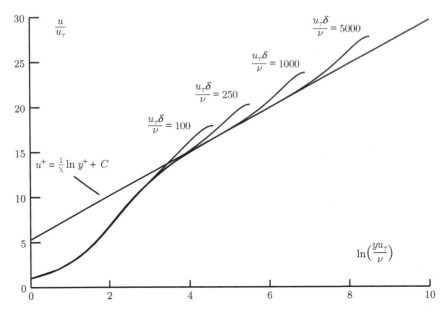

Fig. 11.1. Approximation des profils de vitesse dans une couche limite turbulente de plaque plane à différents nombres de Reynolds

En effet, d'après l'analyse asymptotique classique, dans la zone de recouvrement on a simultanément :

$$\frac{u}{u_\tau} = \frac{1}{\chi} \ln \frac{y u_\tau}{\nu} + C, \tag{11.59a}$$

$$\frac{u_e - u}{u_\tau} = -\frac{1}{\chi} \ln \frac{y}{\delta} + D. \tag{11.59b}$$

L'égalité des vitesses dans la région de recouvrement fournit :

$$\frac{u_e}{u_\tau} = \frac{1}{\chi} \ln \frac{u_\tau \delta}{\nu} + C + D. \tag{11.59c}$$

Pour la région de paroi, le modèle de longueur de mélange donne $\chi = 0,41$ et $C = 5,28$. Dans la région externe, pour la plaque plane, la solution de (11.55) aboutit à $D = 1,76$.

Le tableau 11.1 montre la comparaison du coefficient de frottement obtenu par les deux méthodes. Jusqu'à des valeurs assez faibles du nombre de Reynolds, un bon accord est constaté ce qui renforce le bien-fondé de l'approche utilisée ici.

On peut être surpris que la concordance entre les deux méthodes reste assez bonne même lorsque les profils de vitesse de la Fig. 11.1 ne font pas ressortir une zone d'évolution logarithmique de la vitesse alors que la loi (11.59c) repose explicitement sur son existence. En fait, il n'est pas correct de rechercher sur la Fig. 11.1 la présence ou non d'une loi logarithmique. Dans le

Tableau 11.1. Comparaison du coefficient de frottement obtenu d'après la résolution de (11.57) et par la loi logarithmique (11.59c)

$u_\tau \delta / \nu$	d'après la solution de (11.57)	loi (11.59c)
5000	$3,60\,10^{-2}$	$3,59\,10^{-2}$
1000	$4,20\,10^{-2}$	$4,19\,10^{-2}$
500	$4,54\,10^{-2}$	$4,50\,10^{-2}$
250	$4,93\,10^{-2}$	$4,88\,10^{-2}$
100	$5,59\,10^{-2}$	$5,47\,10^{-2}$
50	$6,51\,10^{-2}$	$6,03\,10^{-2}$

cadre de la MDAR, les profils de vitesse doivent être comparés à une *approximation composite* formée à partir des approximations externe et interne. Or, une telle représentation composite peut parfaitement faire disparaître la partie commune qui est précisément la loi d'évolution logarithmique, bien que l'approximation externe et l'approximation interne conservent une partie logarithmique ; c'est ce qui se produit si le nombre de Reynolds n'est pas assez grand.

11.5 Conclusion

L'étude de la couche limite turbulente à l'aide de l'analyse asymptotique classique fait apparaître une zone de recouvrement logarithmique entre la couche interne et la couche externe. Ce résultat est acquis sans faire appel à un modèle de turbulence mais, bien sûr, la connaissance expérimentale du problème est essentielle pour fixer les hypothèses de départ. Or, pour calculer une couche limite il est nécessaire de mettre en œuvre un tel modèle. La conclusion est que le modèle de turbulence doit être compatible avec l'existence d'une région d'évolution logarithmique de la vitesse.

Avec la méthode des approximations successives complémentaires, la question se pose différemment car il n'y a pas de raccordement à réaliser. Le résultat dépend donc du modèle de turbulence. Pour l'exemple de l'écoulement sur plaque plane, les résultats numériques montrent que le modèle employé, un schéma simple de longueur de mélange, conduit bien au résultat souhaité. En fait, le modèle a été construit pour qu'il en soit ainsi.

Problèmes

11.1. Un modèle mathématique a été proposé par Panton [70] pour simuler la décomposition de la couche limite turbulente en deux régions. Il s'agit d'une adaptation du modèle de Lagerstrom qui illustre les difficultés du problème de Stokes-Oseen. Le modèle de Panton s'écrit :

$$\frac{\mathrm{d}^2 u}{\mathrm{d}y^2} + \frac{1}{y+\varepsilon}\frac{\mathrm{d}u}{\mathrm{d}y} + u\frac{\mathrm{d}u}{\mathrm{d}y} = 0,$$

avec les conditions aux limites :

$$u(0) = 0, \quad \lim_{y \to \infty} u = 1.$$

On étudie la solution à l'aide de la MDAR.

1. Dans la région extérieure, on suppose que le développement est de la forme :

$$u = f_0(y) + \delta_1(\varepsilon) f_1(y) + \cdots.$$

Donner les équations pour f_0 et f_1 ainsi que les conditions aux limites. On montrera que la solution pour f_0 est $f_0 = 1$. Donner la solution pour f_1. On ne cherchera pas à déterminer δ_1.

2. La variable appropriée à la région intérieure est $\bar{y} = y/\varepsilon$. Le développement est de la forme :

$$u = \bar{\delta}_1(\varepsilon) \bar{f}_0(\bar{y}) + \cdots.$$

Donner l'équation pour $\bar{f}_0$ et la condition limite en $\bar{y} = 0$. Donner la solution.

3. En effectuant le raccordement entre la solution intérieure et la solution extérieure, calculer les constantes encore indéterminées et donner δ_1. On tiendra compte de :

$$\int_y^\infty \frac{e^{-t}}{t} \, dt \cong -\ln y - \gamma - y, \quad y \to 0,$$

où γ est la constante d'Euler $\gamma = 0,57722$.

Écrire la solution composite.

11.2. On reprend le modèle de Panton du problème 11.1 ci-dessus.

1. En faisant le changement de variable $y' = y + \varepsilon$, montrer qu'on se ramène exactement au modèle de Stokes-Oseen proposé par Lagerstrom (Sect. 6.4).

2. On applique la MASC sous sa forme régulière. La première approximation est recherchée sous la forme :

$$u = 1 + \delta_1 F_1(y),$$

où δ_1 est une jauge inconnue. Former l'équation pour F_1. Donner la solution qui satisfait la condition pour $y \to \infty$. Montrer que la condition en $y = 0$ ne peut pas être satisfaite.

On cherche alors une AUV sous la forme :

$$u = 1 + \delta_1 F_1(y) + \delta_1 \overline{F}_1(\bar{y}) \quad \text{avec} \quad \bar{y} = \frac{y}{\varepsilon}.$$

L'équation pour $\overline{F}_1$ sera formulée de façon à ce que la solution soit une fonction de $\bar{y}$ seulement.

Les constantes seront déterminées en appliquant les conditions aux limites. La condition en $y = 0$ ne pourra être appliquée qu'après avoir développé la solution pour F_1 quand $y \to 0$ en tenant compte de :

$$\int_y^\infty \frac{\mathrm{e}^{-t}}{t}\,\mathrm{d}t \cong -\ln y - \gamma - y, \quad y \to 0,$$

où γ est la constante d'Euler $\gamma = 0,57722$.

3. On applique la MASC sous une forme généralisée. Le développement proposé est de la forme :

$$u = 1 + \delta_1 f_1 + \delta_1 \overline{f}_1.$$

Pour f_1, on prendra une équation identique à celle établie pour F_1. En retenant les termes de l'ordre de $\dfrac{\delta_1}{\varepsilon^2}$, montrer que l'équation pour $\overline{f}_1$ est :

$$\frac{\mathrm{d}^2 \overline{f}_1}{\mathrm{d}\overline{y}^2} + \frac{1}{\overline{y}+1}\frac{\mathrm{d}\overline{f}_1}{\mathrm{d}\overline{y}} = \frac{1}{\overline{y}(\overline{y}+1)}\varepsilon\frac{\mathrm{d}f_1}{\mathrm{d}y}.$$

On ne cherchera pas à résoudre cette équation, mais on formera l'équation pour g :

$$g = f_1 + \overline{f}_1.$$

Donner la solution en appliquant les conditions aux limites en $y = 0$ et $y \to \infty$.

11.3. Suivant la MDAR, la région interne de la couche limite turbulente est décrite par l'équation :

$$\frac{\tau}{\tau_p} = 1.$$

Dans cette région, avec le modèle de longueur de mélange, la tension totale τ est donnée par :

$$\tau = \mu\frac{\partial u}{\partial y} + \varrho F^2 \ell^2 \left(\frac{\partial u}{\partial y}\right)^2,$$

avec :

$$F = 1 - \mathrm{e}^{-y^+/26}, \quad \ell = \chi y, \quad \chi = 0,41.$$

Les variables de paroi sont définies par :

$$y^+ = \frac{y u_\tau}{\nu}, \quad u^+ = \frac{u}{u_\tau}, \quad u_\tau = \sqrt{\frac{\tau_p}{\varrho}}.$$

Écrire l'équation de la région interne à l'aide des variables de paroi. Montrer que la solution, pour $y^+ \gg 1$ est de la forme :

$$u^+ = \frac{1}{\chi}\ln y^+ + C.$$

Mettre cette équation sous la forme :

$$\frac{\mathrm{d}u^+}{\mathrm{d}y^+} = f(y^+) \quad \text{avec} \quad f(y^+) = \frac{\sqrt{1 + 4F^2\ell^{+2}} - 1}{2F^2\ell^{+2}}.$$

Préciser la condition limite à imposer.

Intégrer numériquement cette équation entre $y^+ = 0$ et $y^+ = 1000$. On tracera la fonction $u^+(y^+)$. On précisera la valeur de la constante C.

Une méthode simple consiste à discrétiser l'équation sous la forme :

$$\frac{u^+_{n+1} - u^+_n}{y_{n+1} - y_n} = f(y^+_{n+1/2}) \quad \text{avec} \quad y^+_{n+1/2} = \frac{y_{n+1} + y_n}{2},$$

où l'indice n se rapporte aux points d'une grille définie suivant y.

On prendra une grille suffisamment fine près de la paroi ; le premier point doit se situer à une distance telle que $y^+ < 1$. Physiquement, cette limite est liée au fait que ν/u_τ représente une échelle de longueur.

Des problèmes de précision peuvent apparaître à cause de la fonction $f(y^+)$ au voisinage de $y^+ = 0$. On pourra essayer une autre forme :

$$f = \frac{2}{\sqrt{1 + 4F^2\ell^{+2}} + 1}.$$

On pourra essayer aussi de faire un développement au voisinage de $y^+ = 0$.

11.4. Dans la couche limite turbulente, la variable appropriée à l'étude de la région externe est $\eta = \frac{y}{\delta}$; la variable appropriée à l'étude de la région interne est $y^+ = \frac{yu_\tau}{\nu}$. Le petit paramètre du problème est $\frac{u_\tau}{u_e}$.

Coles a proposé de représenter le profil de vitesses dans la région externe par une formule approchée :

$$\frac{u_e - u}{u_\tau} = -\frac{1}{\chi}\ln\eta + \frac{B}{\chi}[2 - \omega(\eta)],$$

avec :

$$\eta = \frac{y}{\delta}, \quad u_\tau = \sqrt{\frac{\tau_p}{\varrho}}, \quad \chi = 0,41,$$

où δ est l'épaisseur de couche limite et τ_p est la contrainte pariétale. On a aussi :

$$\omega = 1 - \cos(\pi\eta),$$

et B est une constante qui dépend des conditions dans lesquelles se développe la couche limite, par exemple l'intensité du gradient de pression.

D'autre part, on sait que dans la région interne de la couche limite turbulente, le profil de vitesse suit la loi de paroi :

$$u^+ = f(y^+), \quad u^+ = \frac{u}{u_\tau}, \quad y^+ = \frac{yu_\tau}{\nu},$$

et, lorsque $y^+ \to \infty$ (en pratique lorsque $y^+ > 50$), on a :

$$f(y^+) = \frac{1}{\chi}\ln y^+ + C, \quad C = 5,28.$$

Écrire le raccordement entre la loi externe et la loi interne. En déduire la relation entre le coefficient de frottement $C_f = \dfrac{\tau_p}{\frac{1}{2}\varrho u_e^2}$ et le nombre de Reynolds $R_\delta = \dfrac{u_e\delta}{\nu}$. Montrer que $\dfrac{u_\tau}{u_e} \to 0$ quand $R_\delta \to \infty$.

Donner l'expression du profil de vitesses valable dans toute la couche limite à l'aide d'un développement composite.

11.5. Deux régions sont distinguées dans la couche limite turbulente : la zone externe et la zone interne. La variable appropriée à la région externe est $\eta = \dfrac{y}{\delta}$; la variable appropriée à la région interne est $y^+ = \dfrac{yu_\tau}{\nu}$.

Dans la zone de raccordement, le profil de vitesses prend une forme logarithmique :

$$\frac{u_e - u}{u_\tau} = -\frac{1}{\chi}\ln\eta + D \quad \text{quand} \quad \eta \to 0,$$

$$\frac{u}{u_\tau} = \frac{1}{\chi}\ln y^+ + C \quad \text{quand} \quad y^+ \to \infty.$$

Écrire le raccordement entre les deux zones et en déduire la relation entre $\dfrac{u_\tau}{u_e}$ et $R_\delta = \dfrac{u_e\delta}{\nu}$. Montrer que $\dfrac{u_\tau}{u_e} \to 0$ quand $R_\delta \to \infty$.

Dans certaines conditions, le profil de vitesses dans la région externe obéit à une forme d'auto-similitude, c'est-à-dire :

$$\frac{u_e - u}{u_\tau} = F'(\eta),$$

où F' est la dérivée par rapport à η d'une fonction $F(\eta)$ qui apparaîtra dans les calculs ; on prend $F(0) = 0$.

On rappelle que, dans la région externe, les équations de couche limite sont :

$$\frac{\partial u}{\partial x} + \frac{\partial v}{\partial y} = 0,$$

$$u\frac{\partial u}{\partial x} + v\frac{\partial u}{\partial y} = u_e\frac{\mathrm{d}u_e}{\mathrm{d}x} + \frac{\partial}{\partial y}\left(\frac{\tau}{\varrho}\right) \quad \text{avec} \quad \tau = -\varrho < u'v' > .$$

D'après l'équation de continuité, exprimer v en fonction de F et F'. On notera :

$$\gamma = \frac{u_\tau}{u_e}, \quad \gamma' = \frac{\mathrm{d}\gamma}{\mathrm{d}x}, \quad \delta' = \frac{\mathrm{d}\delta}{\mathrm{d}x}, \quad u_e' = \frac{\mathrm{d}u_e}{\mathrm{d}x}.$$

Écrire l'équation de quantité de mouvement avec les hypothèses énoncées. On notera :

$$\beta = -\frac{\delta}{\gamma}\frac{u_e'}{u_e}.$$

Pour que F' soit une fonction de η seulement, il faut que :

$$\beta = \text{cste}, \quad \gamma = \text{cste}, \quad \frac{u_e}{u'_e}\frac{\gamma'}{\gamma} = \text{cste}, \quad \frac{u_e}{u'_e}\frac{\delta'}{\delta} = \text{cste}$$

quand $R_\delta \to \infty$; montrer que $\gamma \to 0$ et $\beta\dfrac{u_e}{u'_e}\dfrac{\gamma'}{\gamma} \to 0$. Simplifier l'équation de quantité de mouvement.

Intégrer l'équation obtenue par rapport à η à partir de $\eta = 0$; exprimer la quantité $\beta\left(1 + \dfrac{u_e}{u'_e}\dfrac{\delta'}{\delta}\right)$ en fonction de $F_1 = F(1)$ et β.

11.6. On se propose d'étudier la densité spectrale d'énergie cinétique de turbulence dans un écoulement turbulent.

Par définition, l'énergie cinétique de turbulence est :

$$k = \frac{< u'_i u'_i >}{2}.$$

Son spectre $E(\xi)$ est tel que :

$$k = \int_0^\infty E(\xi)\,\mathrm{d}\xi,$$

où ξ est le nombre d'onde.

Le champ turbulent est formé d'un ensemble de structures de tailles différentes. Deux zones importantes sont distinguées : la zone à faible nombre d'onde (structures à grande échelle) et la zone à grand nombre d'onde (petites structures).

L'essentiel de l'énergie cinétique est contenue dans les grosses structures. Ces grosses structures sont caractérisées par un nombre de Reynolds très grand par rapport à l'unité. La viscosité agit très peu.

La viscosité agit à l'échelle des plus petites structures dont le nombre de Reynolds caractéristique est de l'ordre de 1. Le rôle de la viscosité est de dissiper l'énergie cinétique en chaleur. La quantité d'énergie cinétique dissipée par unité de temps est notée ε, appelée brièvement dissipation. Pour respecter les habitudes on conserve la notation ε pour la dissipation, mais il ne s'agit pas d'un petit paramètre.

L'échelle de longueur associée aux grosses structures est ℓ. L'échelle de longueur associée aux petites structures est η appelée échelle de Kolmogorov. Cette échelle est formée à partir de ε et ν (coefficient de viscosité cinématique). Déterminer η.

Donner la forme du spectre dans la zone des grosses structures sachant que l'échelle de longueur est ℓ et que l'échelle de l'énergie cinétique de turbulence est u^2. On montrera simplement que :

$$E = u^2\ell F(\xi\ell).$$

Donner la forme du spectre dans la zone des petites structures sachant que les paramètres inflents sont ν et ε.

Écrire le raccordement entre ces deux zones. En supposant que dans la zone de raccordement le spectre suit une loi en puissance, donner la forme du spectre en fonction de ε et ξ. On notera que dans la zone de raccordement, l'influence de la viscosité doit disparaître puisqu'elle fait partie à la fois de la zone des petites structures et de celle des grosses structures.

Exprimer ε en fonction de $\boldsymbol{u}$ et $\boldsymbol{\ell}$. Quelle conclusion peut-on en tirer ?

12

Conclusion

Ce livre aurait pu être divisé en deux parties distinctes.

La première partie, du Chap. 2 au Chap. 6, contient une approche relativement nouvelle des problèmes de perturbation singulière liés à l'existence d'une ou plusieurs couches limites. D'une certaine façon, un outil est proposé aux enseignants pour exposer de manière rigoureuse et simple le formalisme nécessaire pour aborder ces difficiles problèmes. En même temps, que ce soit pour les enseignants, les étudiants ou les chercheurs, les méthodes liées à l'étude de ces couches limites, dont la plus populaire est la méthode des développements asymptotiques raccordés (MDAR), sont examinées, analysées et approfondies. Le chapitre 5, au cœur de cette analyse, montre qu'en introduisant l'idée, pourtant classique, d'approximation uniformément valable (AUV), on peut non seulement comprendre comment toutes les méthodes habituelles en découlent mais aussi comment de nouvelles méthodes, plus efficientes, peuvent être mises en place. Tout ceci est naturellement lié à ce qu'est un développement asymptotique que l'on qualifie, dans cet ouvrage, de développement asymptotique généralisé pour le distinguer de la définition plus communément utilisée de développement asymptotique régulier ou même, de façon encore plus restreinte, de développement de Poincaré. Cette généralisation permet d'écrire des AUV avec une bien meilleure précision que ce qui serait possible avec des développements réguliers. Du coup, et on peut commencer à le voir avec des applications à des équations différentielles, les calculs montrent une meilleure précision des approximations pour des valeurs modérément petites du petit paramètre. On met aussi en évidence des AUV qui ne peuvent être obtenues par la MDAR ce qui montre définitivement le cadre d'applicabilité plus général de cette méthode qualifiée de méthode des approximations successives complémentaires (MASC).

La seconde partie, qui concerne l'application à des problèmes de couche limite en mécanique des fluides, illustre parfaitement ce propos avec les quelques calculs simples qui y sont menés.

La théorie dite de « triple deck » (triple couche ou triple pont) est rappelée dans le cas incompressible au Chap. 7 ce qui permet d'en apprécier les

limitations un peu plus loin lorsque la formulation de couche limite interactive (CLI) est présentée. D'une certaine façon, les dégénérescences successives des équations de Navier-Stokes sont indiquées et doivent permettre au
lecteur de comprendre pourquoi tel ou tel choix s'impose. Les applications
portant sur l'adjonction d'un effet d'écoulement rotationnel incident ou sur la
couche limite turbulente mettent en lumière l'intérêt de ces méthodes reposant
sur des approximations uniformément valables. L'appel aux développements
asymptotiques généralisés avec la MASC s'avère particulièrement fructueux et
conduit à des résultats de grande qualité même lorsque le nombre de Reynolds
n'est pas extrêmement grand.

Ainsi, la MASC se révèle être non seulement un outil pratique attrayant,
mais elle se présente aussi comme une analyse théorique avantageuse car elle
fournit une base cohérente pour justifier et construire les techniques de CLI
dont certaines ont déjà fait leurs preuves, par exemple en aérodynamique.
Grâce à la MASC, l'analyse asymptotique des problèmes de couche limite est
donc affinée.

D'autres applications en mécanique des fluides peuvent et doivent être
envisagées. Quelques-unes ont été abordées, d'autres simplement signalées.
Les auteurs pensent toutefois que des avancées intéressantes pourraient être
obtenues dans des domaines aussi importants que la stabilité, la transition
et le contrôle des écoulements. Naturellement, si la mécanique des fluides
est au cœur de la rencontre entre les deux auteurs, toute la première partie
est indépendante de cette application naturelle et historique. Cette partie
peut donc concerner tous les domaines de la physique, et ceci, chaque fois
que les modèles mathématiques sont construits autour de petits paramètres
susceptibles de conduire à des perturbations singulières de type couche limite.
Ces modèles exigent une analyse précise de la structure fine des solutions qui,
si elle n'est pas faite, peut être préjudiciable à la simulation numérique.

Nous espérons donc que ce livre, outre le bénéfice que pourront en tirer
enseignants et étudiants, incitera des chercheurs à développer ces méthodes
dans les domaines traditionnels de la mécanique des fluides mais aussi de
trouver des applications dans d'autres domaines pratiques. Dans toutes les
disciplines de la physique concernées, trouver une technique asymptotique
originale et concrètement applicable devient une performance qu'il conviendra
d'apprécier à sa juste valeur.

Annexes

I

Équations de Navier-Stokes

On considère un écoulement incompressible de fluide newtonien dans lequel on néglige les forces de gravité. On suppose donc que les vitesses sont faibles par rapport à la célérité du son de sorte que le nombre de Mach est très petit devant l'unité. On suppose aussi que les variations de température sont très faibles devant la température caractéristique du fluide. Dans ces conditions, l'équation d'état est :

$$\varrho = \text{Cte.} \tag{I.1}$$

La masse volumique est uniforme dans l'espace et ne varie pas dans le temps. Ainsi, pour un écoulement de gaz parfait, l'équation d'état sera bien (I.1) et non pas l'équation d'état des gaz parfaits.

Avec l'hypothèse de fluide newtonien, les tensions visqueuses à l'intérieur de l'écoulement s'expriment par des relations linéaires en fonction des vitesses de déformation. En tenant compte de l'hypothèse d'incompressibilité, on a :

$$\bar{\bar{\tau}} = 2\mu\bar{\bar{S}}, \tag{I.2}$$

où $\bar{\bar{\tau}}$ est le tenseur des tensions visqueuses, $\bar{\bar{S}}$ est le tenseur des vitesses de déformation et μ est le coefficient de viscosité dynamique. On est amené à utiliser aussi le coefficient de viscosité cinématique ν :

$$\nu = \frac{\mu}{\varrho}. \tag{I.3}$$

On suppose que les coefficients de viscosité μ et ν sont uniformes en espace.

Dans un système d'axes orthonormé, l'expression des tensions visqueuses est :

$$\tau_{ij} = \mu\left(\frac{\partial u_i}{\partial x_j} + \frac{\partial u_j}{\partial x_i}\right), \tag{I.4}$$

où u_i représente la composante de vitesse suivant x_i.

Les équations de la mécanique des fluides se composent alors de l'équation de continuité ou équation de la conservation de la masse et de l'équation de quantité de mouvement qui exprime la deuxième loi de Newton [45, 78].

Sous forme tensorielle, les équations de la mécanique des fluides (équations de Navier-Stokes) sont :

$$\mathbf{div}\, \vec{u} = 0, \tag{I.5a}$$

$$\varrho \frac{\mathrm{d}\vec{u}}{\mathrm{d}t} = \mathbf{div}(\bar{\bar{\tau}} - p\bar{\bar{I}}), \tag{I.5b}$$

où $\dfrac{\mathrm{d}}{\mathrm{d}t}$ représente la dérivée particulaire, p la pression et $\bar{\bar{I}}$ le tenseur unité.

Dans un repère orthonormé, ces équations deviennent :

$$\frac{\partial u_i}{\partial x_i} = 0, \tag{I.6a}$$

$$\varrho \frac{\partial u_i}{\partial t} + \varrho u_j \frac{\partial u_i}{\partial x_j} = -\frac{\partial p}{\partial x_i} + \frac{\partial \tau_{ij}}{\partial x_j}. \tag{I.6b}$$

Si l'écoulement est bidimensionnel, stationnaire, les équations sont :

$$\frac{\partial u}{\partial x} + \frac{\partial v}{\partial y} = 0, \tag{I.7a}$$

$$\varrho u \frac{\partial u}{\partial x} + \varrho v \frac{\partial u}{\partial y} = -\frac{\partial p}{\partial x} + \mu \frac{\partial^2 u}{\partial x^2} + \mu \frac{\partial^2 u}{\partial y^2}, \tag{I.7b}$$

$$\varrho u \frac{\partial v}{\partial x} + \varrho v \frac{\partial v}{\partial y} = -\frac{\partial p}{\partial y} + \mu \frac{\partial^2 v}{\partial x^2} + \mu \frac{\partial^2 v}{\partial y^2}, \tag{I.7c}$$

où u et v sont les composantes de la vitesse suivant x et y.

En choisissant une vitesse de référence V_r et une longueur de référence L_r, on pose :

$$X = \frac{x}{L_r}, \quad Y = \frac{y}{L_r}, \quad U = \frac{u}{V_r}, \quad V = \frac{v}{V_r}, \quad P = \frac{p}{\varrho V_r^2},$$

et on définit le nombre de Reynolds $\mathcal{R}$:

$$\mathcal{R} = \frac{\varrho V_r L_r}{\mu}.$$

Sous forme adimensionnée, les équations de Navier-Stokes sont alors :

$$\frac{\partial U}{\partial X} + \frac{\partial V}{\partial Y} = 0, \tag{I.8a}$$

$$U \frac{\partial U}{\partial X} + V \frac{\partial U}{\partial Y} = -\frac{\partial p}{\partial X} + \frac{1}{\mathcal{R}} \frac{\partial^2 U}{\partial X^2} + \frac{1}{\mathcal{R}} \frac{\partial^2 U}{\partial Y^2}, \tag{I.8b}$$

$$U \frac{\partial V}{\partial X} + V \frac{\partial V}{\partial Y} = -\frac{\partial p}{\partial Y} + \frac{1}{\mathcal{R}} \frac{\partial^2 V}{\partial X^2} + \frac{1}{\mathcal{R}} \frac{\partial^2 V}{\partial Y^2}. \tag{I.8c}$$

II

Éléments d'aérodynamique linéarisée en bidimensionnel

Les problèmes traités en aérodynamique linéarisée sont très voisins de ceux posés par la solution des équations du pont supérieur dans la théorie du triple pont. Il est donc utile d'en connaître quelques résultats.

On suppose un écoulement non visqueux, bidimensionnel, incompressible. L'écoulement est irrotationnel. Un profil d'aile produit une *petite perturbation* de l'écoulement uniforme de vitesse $\vec{V}_\infty$ [55].

Le système d'axes cartésien, orthonormé, est choisi de telle sorte que l'axe des x est parallèle à la vitesse à l'infini amont. Les composantes de la vitesse sont :

$$U = ||\vec{V}_\infty|| + u,$$

$$V = v,$$

où u et v sont les perturbations de vitesse produites par le profil d'aile.

Les perturbations de vitesse dérivent d'un potentiel φ :

$$u = \frac{\partial \varphi}{\partial x}, \tag{II.1a}$$

$$v = \frac{\partial \varphi}{\partial y}, \tag{II.1b}$$

qui satisfait l'équation de Laplace :

$$\frac{\partial^2 \varphi}{\partial x^2} + \frac{\partial^2 \varphi}{\partial y^2} = 0.$$

Le coefficient de pression est donné par :

$$C_p = \frac{P - P_\infty}{\frac{1}{2}\varrho V_\infty^2} = -2\frac{u}{V_\infty}.$$

Le caractère linéaire du problème permet de décomposer le profil d'aile en un profil symétrique épais à incidence nulle et un profil squelettique d'épaisseur nulle. Les deux problèmes correspondants sont traités dans les paragraphes suivants.

Le profil est défini dans le domaine $-\dfrac{l}{2} \leq x \leq \dfrac{l}{2}$. Le potentiel de perturbation est :

$$\varphi = \varphi_e + \varphi_s,$$

où l'indice e se réfère au profil symétrique épais et l'indice s au profil squelettique.

Les conditions aux limites sont linéarisées de telle sorte qu'elles sont définies sur le segment $(-\dfrac{l}{2} \leq x \leq \dfrac{l}{2}, y = 0)$. Ce segment porte les singularités qui permettent de satisfaire les conditions aux limites et qui donnent la solution.

II.1 Problème épais (cas non portant)

La répartition de singularités doit conduire à une composante $v = \dfrac{\partial \varphi}{\partial y}$ discontinue à la traversée du segment porteur puisque :

$$\frac{\partial \varphi_e}{\partial y}(x, 0^{\pm}) = \pm V_\infty \delta_e(x) \qquad \text{pour} \qquad -\frac{l}{2} \leq x \leq \frac{l}{2},$$

où $y = 0^+$ désigne l'extrados et $y = 0^-$ l'intrados, δ_e désigne la pente du profil à l'extrados.

Ce problème est modélisé à l'aide de singularités sources d'intensité linéique $\sigma'(x) = 2V_\infty \delta_e(x)$ placées sur le segment porteur.

Le champ de vitesses en tout point $(x_p, 0^{\pm})$ du profil est donné par :

$$\frac{u_e^{\pm}(x_p)}{V_\infty} = \frac{1}{\pi} \fint_{-l/2}^{l/2} \frac{\delta_e(x_0)}{x_p - x_0} \, \mathrm{d}x_0, \tag{II.2a}$$

$$\frac{v_e^{\pm}(x_p)}{V_\infty} = \pm \delta_e(x_p). \tag{II.2b}$$

En un point quelconque, en dehors du profil, le champ de vitesses est donné par :

$$\frac{u_e(x, y)}{V_\infty} = \frac{1}{\pi} \int_{-l/2}^{l/2} \frac{\delta_e(x_0)(x - x_0)}{(x - x_0)^2 + y^2} \, \mathrm{d}x_0, \tag{II.3a}$$

$$\frac{v_e(x, y)}{V_\infty} = \frac{y}{\pi} \int_{-l/2}^{l/2} \frac{\delta_e(x_0)}{(x - x_0)^2 + y^2} \, \mathrm{d}x_0. \tag{II.3b}$$

On note que, naturellement, la vitesse v est nulle sur l'axe $y = 0$ en dehors du segment porteur.

Le coefficient de pression sur un profil épais symétrique est symétrique :

$$C_{p_e}^+(x_p) = C_{p_e}^-(x_p) = -\frac{2}{\pi}\oint_{-l/2}^{l/2} \frac{\delta_e(x_0)}{x_p - x_0}\,\mathrm{d}x_0.$$

II.2 Problème squelettique (cas portant)

La répartition de singularités doit conduire à une composante $v = \dfrac{\partial\varphi}{\partial y}$ continue à la traversée du segment porteur puisque, en notant δ_s la pente du profil :

$$\frac{\partial\varphi_s}{\partial y}(x,0^\pm) = V_\infty\delta_s(x) \qquad \text{pour} \qquad -\frac{l}{2} \le x \le \frac{l}{2}.$$

Ce problème est modélisé à l'aide d'une répartition de singularités tourbillons $\gamma'(x)$ placées sur le segment porteur et telles que :

$$V_\infty\delta_s(x) = \frac{1}{2\pi}\oint_{-l/2}^{l/2} \frac{\gamma'(x_0)}{x - x_0}\,\mathrm{d}x_0.$$

Le champ de vitesses en tout point $(x_p, 0^\pm)$ du profil est donné par :

$$\frac{u_s^\pm(x_p)}{V_\infty} = \mp\frac{\gamma'(x_p)}{2V_\infty}, \tag{II.4a}$$

$$\frac{v_s^\pm(x_p)}{V_\infty} = \frac{1}{2\pi}\oint_{-l/2}^{l/2} \frac{\gamma'(x_0)/V_\infty}{x_p - x_0}\,\mathrm{d}x_0. \tag{II.4b}$$

En un point quelconque, en dehors du profil, le champ de vitesses est donné par :

$$\frac{u_s(x,y)}{V_\infty} = -\frac{y}{2\pi}\int_{-l/2}^{l/2} \frac{\gamma'(x_0)/V_\infty}{(x - x_0)^2 + y^2}\,\mathrm{d}x_0, \tag{II.5a}$$

$$\frac{v_s(x,y)}{V_\infty} = \frac{1}{2\pi}\int_{-l/2}^{l/2} \frac{(x - x_0)\gamma'(x_0)/V_\infty}{(x - x_0)^2 + y^2}\,\mathrm{d}x_0. \tag{II.5b}$$

On note que la vitesse u est nulle sur l'axe $y = 0$ en dehors du segment porteur.

La répartition du coefficient de pression sur un profil squelettique est antisymétrique :

$$C_{p_s}^+(x_p) = -C_{p_s}^-(x_p) = \frac{\gamma'(x_p)}{V_\infty}.$$

Le coefficient de pression sur le profil est relié à la loi de pente du profil par :

$$\delta_s(x_p) = \frac{1}{2\pi}\oint_{-l/2}^{l/2} \frac{C_{p_s}^+(x_0)}{x_p - x_0}\,\mathrm{d}x_0.$$

Remarque 1. Le problème non portant se résout facilement si l'on se donne la forme du profil, c'est-à-dire la distribution de la vitesse $v_e(x_p)$, car on déduit directement la distribution de sources $\sigma'(x_p)$. Ce problème est appelé problème direct épais (non portant). Le long de la ligne $y = 0$, en dehors du profil la valeur de v est nulle.

Dans tout le champ, la pression est telle que :

$$C_p = -2\frac{u}{V_\infty}.$$

Or, on a :

$$u = \frac{\partial \varphi}{\partial x},$$

d'où :

$$\int_{-\infty}^{+\infty} u(\xi, y)\, \mathrm{d}\xi = [\varphi(x,y)]_{x \to -\infty}^{x \to +\infty} = 0,$$

car $\varphi(x, y)$ s'annule quand $x \to \pm\infty$. On a donc :

$$\int_{-\infty}^{+\infty} C_p(\xi, y)\, \mathrm{d}\xi = 0.$$

En particulier, on a :

$$\int_{-\infty}^{+\infty} C_p(\xi, 0)\, \mathrm{d}\xi = 0.$$

Remarque 2. Le problème squelettique se résout facilement si l'on se donne la distribution de la pression $C_p(x_p)$ sur le profil car on en déduit directement la distribution de tourbillons $\gamma'(x_p)$. Ce problème est appelé problème inverse portant. Le long de la ligne $y = 0$, la pression est nulle en dehors du profil. Étant donné que la répartition de pression peut être quelconque sur le profil, en général on a :

$$\int_{-l/2}^{l/2} C_p(\xi, 0)\, \mathrm{d}\xi = \int_{-\infty}^{+\infty} C_p(\xi, 0)\, \mathrm{d}\xi \neq 0.$$

Remarque 3. On pourrait envisager de traiter le problème inverse épais en inversant (II.2a) (voir Ann. III) ce qui permettrait de calculer la distribution de sources en fonction d'une répartition donnée de vitesse u (ou de pression) le long de la ligne $y = 0$. Il faut cependant remarquer que la formule inverse fait intervenir la répartition de vitesse u tout le long de la ligne $y = 0$ et pas seulement sur le segment porteur car la valeur de u est non nulle en dehors du segment porteur. En outre, la distribution de u le long de la ligne $y = 0$ ne peut pas être quelconque car son intégrale par rapport à x doit être nulle. En pratique, il faut donc utiliser (II.2a) pour calculer la distribution de sources à partir d'une répartition donnée de vitesse u (ou de pression) sur le segment porteur [55]. Une solution peut être recherchée en développant la vitesse complexe en série de Laurent à coefficients inconnus, l'allure du développement étant guidée par les résultats issus de la théorie exacte.

Pour résoudre le problème direct portant, on pourrait envisager d'inverser (II.4b) (voir Ann. III) pour calculer la distribution de tourbillons à partir d'une forme donnée du profil. Cependant, la formule inverse fait intervenir la répartition de v tout le long de la ligne $y = 0$ et pas seulement sur le segment porteur car si la répartition de tourbillons est nulle en dehors du segment porteur, la valeur de v est non nulle en dehors du segment porteur. On note aussi que si la distribution de tourbillons est nulle en dehors du segment porteur, la vitesse v le long de la ligne $y = 0$ se comporte en général comme $\dfrac{1}{x}$ quand $x \rightarrow \pm\infty$, dans la mesure où $\displaystyle\int_{-l/2}^{l/2} \gamma'(x)\,\mathrm{d}x \neq 0$. En pratique, il faut donc utiliser (II.4b) pour calculer la distribution de tourbillons à partir d'une forme donnée de profil [55]. Comme pour le problème épais inverse, une solution peut être recherchée en développant la vitesse complexe en série de Laurent à coefficients inconnus.

Solutions du pont supérieur en théorie du triple pont

III.1 Écoulement bidimensionnel

On considère l'écoulement incompressible défini dans le pont supérieur de la théorie du triple pont. Les perturbations de vitesse u et v, la perturbation de pression p, les coordonnées x et y sont rendues sans dimension. Les équations du problème sont :

$$\frac{\partial u}{\partial x} + \frac{\partial v}{\partial y} = 0, \tag{III.1a}$$

$$\frac{\partial u}{\partial x} = -\frac{\partial p}{\partial x}, \tag{III.1b}$$

$$\frac{\partial v}{\partial x} = -\frac{\partial p}{\partial y}. \tag{III.1c}$$

Ces équations sont identiques à celles de l'aérodynamique linéarisée (Ann. II). Ici, elles sont à résoudre dans le demi-plan $y \geq 0$. Le long de la ligne $y = 0$, on peut imposer soit une distribution $v(x,0)$, soit une distribution $u(x,0)$.

À l'infini, on suppose que les perturbations s'annulent :

$$u \to 0, \quad v \to 0, \quad p \to 0 \quad \text{quand} \quad x \to \pm\infty \quad \text{ou} \quad y \to \infty.$$

L'écoulement considéré est irrotationnel car il s'agit de la perturbation d'un écoulement non visqueux uniforme. L'équation de quantité de mouvement suivant x montre que $p + u = F(y)$. Or, quand $x \to -\infty$, on a $p = 0$ et $u = 0$. On en déduit que $F(y) = 0$ et que $p + u = 0$. On obtient alors :

$$\frac{\partial u}{\partial y} = -\frac{\partial p}{\partial y}.$$

L'équation de quantité de mouvement transversale donne :

$$\frac{\partial v}{\partial x} = \frac{\partial u}{\partial y},$$

ce qui montre directement que la perturbation de l'écoulement est irrotationnelle.

Ci-dessous, les résultats sont obtenus par une méthode de transformée de Fourier. On pourrait aussi appliquer ceux rappelés Ann. II.

On définit la transformée de Fourier $\widehat{F}(\alpha, y)$ d'une fonction $f(x, y)$ et la transformée inverse par les formules :

$$\widehat{F}(\alpha, y) = \int_{-\infty}^{+\infty} f(x, y)\, e^{-2i\pi x\alpha}\, dx,$$

$$f(x, y) = \int_{-\infty}^{+\infty} \widehat{F}(\alpha, y)\, e^{2i\pi x\alpha}\, d\alpha.$$

La transformée de Fourier de $\dfrac{\partial f}{\partial x}$ est $2i\pi\alpha\widehat{F}$:

$$\widehat{\frac{\partial f}{\partial x}} = 2i\pi\alpha\widehat{F}.$$

Ces formules supposent évidemment l'existence des différentes fonctions définies : la transformée de Fourier de f, son inverse et la transformée de Fourier de la dérivée $\dfrac{\partial f}{\partial x}$. En particulier, on doit avoir nécessairement $f \to 0$ quand $|x| \to \infty$. Dans la suite, on a besoin de supposer l'existence des transformées de Fourier de f et de $\dfrac{\partial f}{\partial x}$ ($f = u$ ou $f = v$). Ces conditions sont remplies si (condition suffisante) f est continue et si f et $\dfrac{\partial f}{\partial x}$ sont intégrables en valeur absolue.

À partir des équations dans l'espace physique, on obtient les équations suivantes dans l'espace de Fourier :

$$2i\pi\alpha\widehat{u} + \frac{\partial\widehat{v}}{\partial y} = 0,$$

$$\widehat{u} = -\widehat{p},$$

$$2i\pi\alpha\widehat{v} = -\frac{\partial\widehat{p}}{\partial y},$$

d'où l'on déduit l'équation pour $\widehat{v}$:

$$-4\pi^2\alpha^2\widehat{v} + \frac{\partial^2\widehat{v}}{\partial y^2} = 0.$$

La solution est :

$$\widehat{v} = K_1\, e^{2\pi\alpha y} + K_2\, e^{-2\pi\alpha y}.$$

Soit $\widehat{v}_0$ la transformée de Fourier de la vitesse v en $y = 0$:

$$\widehat{v}_0(\alpha) = \widehat{v}(\alpha, 0).$$

Pour que la vitesse v soit nulle quand $y \to \infty$, la solution s'écrit :

$$\alpha \le 0 \quad : \quad \widehat{v} = \widehat{v}_0 \, e^{2\pi\alpha y},$$
$$\alpha \ge 0 \quad : \quad \widehat{v} = \widehat{v}_0 \, e^{-2\pi\alpha y},$$

soit :

$$\widehat{v} = \widehat{v}_0 \, e^{-2\pi|\alpha|y},$$

et l'on en déduit :

$$\widehat{u} = -i \, \mathrm{sgn}(\alpha)\widehat{v}_0 \, e^{-2\pi|\alpha|y} \,.$$

On peut aussi exprimer la solution en fonction de la transformée de Fourier $\widehat{u}_0$ de la vitesse u en $y = 0$:

$$\widehat{u} = \widehat{u}_0 \, e^{-2\pi|\alpha|y},$$
$$\widehat{v} = i \, \mathrm{sgn}(\alpha)\widehat{u}_0 \, e^{-2\pi|\alpha|y} \,.$$

Pour revenir à l'espace physique, on a besoin de connaître les formules suivantes :

$$-i\pi \, \mathrm{sgn}(\alpha) \, e^{-2\pi|\alpha|y} = \int_{-\infty}^{+\infty} \frac{x}{x^2 + y^2} \, e^{-2i\pi\alpha x} \, dx,$$

$$\pi \, e^{-2\pi|\alpha|y} = \int_{-\infty}^{+\infty} \frac{y}{x^2 + y^2} \, e^{-2i\pi\alpha x} \, dx.$$

Pour $y \ne 0$, on déduit :

$$u(x,y) = \frac{1}{\pi} \int_{-\infty}^{+\infty} \frac{v(\xi,0)(x - \xi)}{(x - \xi)^2 + y^2} \, d\xi, \tag{III.2a}$$

$$v(x,y) = \frac{1}{\pi} \int_{-\infty}^{+\infty} \frac{v(\xi,0)y}{(x - \xi)^2 + y^2} \, d\xi, \tag{III.2b}$$

$$u(x,y) = \frac{1}{\pi} \int_{-\infty}^{+\infty} \frac{u(\xi,0)y}{(x - \xi)^2 + y^2} \, d\xi, \tag{III.2c}$$

$$v(x,y) = -\frac{1}{\pi} \int_{-\infty}^{+\infty} \frac{u(\xi,0)(x - \xi)}{(x - \xi)^2 + y^2} \, d\xi. \tag{III.2d}$$

Dans les formules ci-dessus, on peut bien sûr remplacer u par $-p$. En $y = 0$, on obtient les résultats suivants :

$$u(x,0) = -p(x,0) = \frac{1}{\pi}\fint_{-\infty}^{+\infty} \frac{v(\xi,0)}{x - \xi} \, d\xi, \tag{III.3a}$$

$$v(x,0) = -\frac{1}{\pi}\fint_{-\infty}^{+\infty} \frac{u(\xi,0)}{x - \xi} \, d\xi = \frac{1}{\pi}\fint_{-\infty}^{+\infty} \frac{p(\xi,0)}{x - \xi} \, d\xi. \tag{III.3b}$$

Tous ces résultats montrent que si l'on connaît $u(\xi,0)$ (ou $v(\xi,0)$), on peut calculer les champs de u et v. Les données ne peuvent pas être quelconques puisque, au moins, toutes les intégrales doivent avoir un sens.

Remarque 1. Si l'on donne une répartition de vitesse $v(\xi, 0) \neq 0$ sur un intervalle borné, le problème est équivalent à celui du profil épais symétrique traité Ann. II (cas non portant). On a alors :

$$\int_{-\infty}^{+\infty} u \, dx = 0, \qquad \int_{-\infty}^{+\infty} p \, dx = 0.$$

Ce résultat s'obtient aussi en intégrant directement (III.2a).

Si l'on donne une répartition de vitesse $u(\xi, 0) \neq 0$ (ou $p(\xi, 0) \neq 0$) sur un intervalle borné, le problème est analogue à celui du profil squelettique traité Ann. II (cas portant). *En général*, on a alors :

$$\int_{-\infty}^{+\infty} u \, dx \neq 0, \qquad \int_{-\infty}^{+\infty} p \, dx \neq 0.$$

Remarque 2. La solution au problème posé pourrait être recherchée dans le plan complexe en introduisant la vitesse complexe $g = u - i v$. En effet, on a vu que u et $-v$ satisfont les conditions de Cauchy. De plus, dans le demi-plan $y \geq 0$, la fonction g ne peut pas avoir de singularité. La vitesse complexe g est une fonction holomorphe de $z = x + i y$ pour $y \geq 0$. L'application des relations de Kramers-Kronig [3] :

$$\Re g(z) = -\frac{1}{\pi} \oint_{-\infty}^{+\infty} \frac{\Im g(z)}{x - \xi} \, d\xi, \quad \Im g(z) = \frac{1}{\pi} \oint_{-\infty}^{+\infty} \frac{\Re g(z)}{x - \xi} \, d\xi$$

redonne exactement (III.3a–III.3b) reliant u et v en $y = 0$. Ce résultat est valable si l'on admet que l'intégrale $\int \frac{g}{z - x} \, dz$ tend vers zéro sur un demi-cercle dont le rayon tend vers l'infini.

III.2 Écoulement tridimensionnel

Pour les perturbations de vitesse u, v et w, et la perturbation de pression p, les équations du pont supérieur s'écrivent sous la forme :

$$\frac{\partial u}{\partial x} + \frac{\partial v}{\partial y} + \frac{\partial w}{\partial z} = 0, \tag{III.4a}$$

$$\frac{\partial u}{\partial x} = -\frac{\partial p}{\partial x}, \tag{III.4b}$$

$$\frac{\partial v}{\partial x} = -\frac{\partial p}{\partial y}, \tag{III.4c}$$

$$\frac{\partial w}{\partial x} = -\frac{\partial p}{\partial z}. \tag{III.4d}$$

Ces équations sont à résoudre dans le demi-espace $y \geq 0$. Le long de la surface $y = 0$, on impose une distribution $v(x, z, 0)$. Pour les conditions aux limites, deux cas sont étudiés ci-dessous :

1. Les perturbations de vitesse u, v, w et les perturbations de pression p s'annulent à l'infini ($x \to \pm\infty$ ou $y \to \infty$).

2. Les conditions sont identiques au premier cas sauf pour les perturbations de vitesse v et w : à l'infini aval, ces perturbations de vitesse ne sont pas nulles mais on suppose seulement que les dérivées $\dfrac{\partial v}{\partial x}$ et $\dfrac{\partial w}{\partial x}$ s'annulent.

III.2.1 Perturbations nulles à l'infini

On suppose que les transformées de Fourier doubles par rapport à x et z des perturbations de vitesse et de pression existent. On définit la transformée de Fourier $\widehat{f}(\alpha, \gamma, y)$ d'une fonction $f(x, z, y)$ et son inverse par :

$$\widehat{f}(\alpha, \gamma, y) = \int_{-\infty}^{+\infty} \int_{-\infty}^{+\infty} f(x, z, y)\, e^{-2i\pi(\alpha x + \gamma z)} \, dx \, dz,$$

$$f(x, z, y) = \int_{-\infty}^{+\infty} \int_{-\infty}^{+\infty} \widehat{f}(\alpha, \gamma, y)\, e^{2i\pi(\alpha x + \gamma z)} \, d\alpha \, d\gamma.$$

Les transformées de Fourier des dérivées par rapport à x et z sont données par :

$$\widehat{\frac{\partial f}{\partial x}} = 2i\pi\alpha\widehat{f}, \quad \widehat{\frac{\partial f}{\partial z}} = 2i\pi\gamma\widehat{f}.$$

On prend la transformée de Fourier de (III.4a), (III.4b), (III.4c) et (III.4d) :

$$2i\pi\alpha\widehat{u} + \frac{\partial\widehat{v}}{\partial y} + 2i\pi\gamma\widehat{w} = 0,$$

$$2i\pi\alpha\widehat{u} = -2i\pi\alpha\widehat{p},$$

$$2i\pi\alpha\widehat{v} = -\frac{\partial\widehat{p}}{\partial y},$$

$$2i\pi\alpha\widehat{w} = -2i\pi\gamma\widehat{p}.$$

On en déduit une équation pour $\widehat{v}$:

$$\frac{\partial^2\widehat{v}}{\partial y^2} - 4\pi^2(\alpha^2 + \gamma^2)\widehat{v} = 0.$$

Avec les conditions d'annulation des perturbations à l'infini, on obtient :

$$\widehat{v} = \widehat{v}_0\, e^{-2\pi R y} \quad \text{avec} \quad R = \sqrt{\alpha^2 + \gamma^2},$$

où $\widehat{v}_0$ représente la transformée de Fourier de v en $y = 0$.

On obtient alors :

$$\widehat{u} = -i\frac{\alpha}{R}\widehat{v}_0\, e^{-2\pi R y},$$

$$\widehat{w} = -i\frac{\gamma}{R}\widehat{v}_0\, e^{-2\pi R y},$$

$$\widehat{p} = i\frac{\alpha}{R}\widehat{v}_0\, e^{-2\pi R y}.$$

Pour traduire cette solution dans l'espace physique, on utilise les transformées suivantes :

$$-\frac{i\alpha}{\sqrt{\alpha^2+\gamma^2}}\,e^{-2\pi Ry} = \frac{1}{2\pi}\int_{-\infty}^{\infty}\int_{-\infty}^{\infty}\frac{x}{(x^2+z^2+y^2)^{3/2}}\,e^{-2i\pi(\alpha x+\gamma z)}\,\mathrm{d}x\,\mathrm{d}z,$$

$$e^{-2\pi Ry} = \frac{1}{2\pi}\int_{-\infty}^{\infty}\int_{-\infty}^{\infty}\frac{y}{(x^2+z^2+y^2)^{3/2}}\,e^{-2i\pi(\alpha x+\gamma z)}\,\mathrm{d}x\,\mathrm{d}z,$$

$$-\frac{i\gamma}{\sqrt{\alpha^2+\gamma^2}}\,e^{-2\pi Ry} = \frac{1}{2\pi}\int_{-\infty}^{\infty}\int_{-\infty}^{\infty}\frac{z}{(x^2+z^2+y^2)^{3/2}}\,e^{-2i\pi(\alpha x+\gamma z)}\,\mathrm{d}x\,\mathrm{d}z,$$

et l'on obtient, pour $y \neq 0$:

$$u = \frac{1}{2\pi}\int_{-\infty}^{\infty}\int_{-\infty}^{\infty}\frac{[v(\xi,\eta,0)]\,(x-\xi)}{\left((x-\xi)^2+(z-\eta)^2+y^2\right)^{3/2}}\,\mathrm{d}\xi\,\mathrm{d}\eta, \qquad \text{(III.5a)}$$

$$v = \frac{1}{2\pi}\int_{-\infty}^{\infty}\int_{-\infty}^{\infty}\frac{[v(\xi,\eta,0)]\,y}{\left((x-\xi)^2+(z-\eta)^2+y^2\right)^{3/2}}\,\mathrm{d}\xi\,\mathrm{d}\eta, \qquad \text{(III.5b)}$$

$$w = \frac{1}{2\pi}\int_{-\infty}^{\infty}\int_{-\infty}^{\infty}\frac{[v(\xi,\eta,0)]\,(z-\eta)}{\left((x-\xi)^2+(z-\eta)^2+y^2\right)^{3/2}}\,\mathrm{d}\xi\,\mathrm{d}\eta, \qquad \text{(III.5c)}$$

$$p = -\frac{1}{2\pi}\int_{-\infty}^{\infty}\int_{-\infty}^{\infty}\frac{[v(\xi,\eta,0)]\,(x-\xi)}{\left((x-\xi)^2+(z-\eta)^2+y^2\right)^{3/2}}\,\mathrm{d}\xi\,\mathrm{d}\eta. \qquad \text{(III.5d)}$$

En $y = 0$, on a en particulier :

$$p(x,z,0) = -\frac{1}{2\pi}\fint_{-\infty}^{\infty}\fint_{-\infty}^{\infty}\frac{[v(\xi,\eta,0)]\,(x-\xi)}{\left((x-\xi)^2+(z-\eta)^2\right)^{3/2}}\,\mathrm{d}\xi\,\mathrm{d}\eta. \qquad \text{(III.6)}$$

Remarque 3. Le problème traité dans cette section est équivalent à celui d'une aile tridimensionnelle de dimension finie symétrique par rapport à $y = 0$ pour laquelle la portance est nulle. Les vitesses de perturbations dérivent d'un potentiel φ. On a :

$$u = \frac{\partial\varphi}{\partial x},$$

d'où :

$$\int_{-\infty}^{+\infty} u\,\mathrm{d}x = [\varphi]_{-\infty}^{+\infty} = 0,$$

car le potentiel s'annule à l'infini amont et à l'infini aval. De même, on a :

$$\int_{-\infty}^{+\infty} p\,\mathrm{d}x = 0.$$

Ces résultats apparaissent aussi en intégrant directement (III.5a) et (III.5d) par rapport à x.

III.2.2 Perturbations de v et w non nulles à l'infini aval

À l'infini ($x \to \pm\infty$ ou $y \to \infty$), on suppose que les perturbations de vitesse u et de pression p s'annulent. À l'infini aval on suppose seulement que $\dfrac{\partial v}{\partial x}$ et $\dfrac{\partial w}{\partial x}$ s'annulent alors qu'à l'infini amont et aussi pour $y \to \infty$ on suppose que les vitesses v et w s'annulent.

On suppose que les transformées de Fourier suivantes existent :

$$\widehat{u}(\alpha,\gamma,y) = \int_{-\infty}^{+\infty} \int_{-\infty}^{+\infty} u(x,z,y)\, e^{-2i\pi(\alpha x+\gamma z)}\, dx\, dz,$$

$$\widehat{p}(\alpha,\gamma,y) = \int_{-\infty}^{+\infty} \int_{-\infty}^{+\infty} p(x,z,y)\, e^{-2i\pi(\alpha x+\gamma z)}\, dx\, dz,$$

$$\widehat{dv}(\alpha,\gamma,y) = \int_{-\infty}^{+\infty} \int_{-\infty}^{+\infty} \frac{\partial v}{\partial r}\, e^{-2i\pi(\alpha x+\gamma z)}\, dx\, dz,$$

$$\widehat{dw}(\alpha,\gamma,y) = \int_{-\infty}^{+\infty} \int_{-\infty}^{+\infty} \frac{\partial w}{\partial x}\, e^{-2i\pi(\alpha x+\gamma z)}\, dx\, dz.$$

On dérive l'équation de continuité par rapport à x :

$$\frac{\partial^2 u}{\partial x^2} + \frac{\partial}{\partial y}\left(\frac{\partial v}{\partial x}\right) + \frac{\partial}{\partial z}\left(\frac{\partial w}{\partial x}\right) = 0.$$

Ensuite, on prend la transformée de Fourier de cette équation ainsi que de (III.4b), (III.4c) et (III.4d). On obtient le système :

$$-4\pi^2\alpha^2\widehat{u} + \frac{\partial \widehat{dv}}{\partial y} + 2i\pi\gamma\widehat{dw} = 0,$$

$$2i\pi\alpha\widehat{u} = -2i\pi\alpha\widehat{p},$$

$$\widehat{dv} = -\frac{\partial\widehat{p}}{\partial y},$$

$$\widehat{dw} = -2i\pi\gamma\widehat{p}.$$

On en déduit :

$$\frac{\partial^2\widehat{dv}}{\partial y^2} - 4\pi^2(\alpha^2+\gamma^2)\widehat{dv} = 0.$$

On pose :

$$R = \sqrt{\alpha^2+\gamma^2}.$$

Avec la condition $\dfrac{\partial v}{\partial x} \to 0$ quand $y \to \infty$, la solution est :

$$\widehat{dv} = \widehat{dv_0}\, e^{-2\pi R y},$$

où $\widehat{dv_0}$ représente la transformée de Fourier de la dérivée de v par rapport à x en $y = 0$.

Or on a :

$$\widehat{dv} = -\frac{\partial \widehat{p}}{\partial y} = \widehat{dv_0}\, \mathrm{e}^{-2\pi Ry}.$$

Avec la condition d'annulation de la pression pour $y \to \infty$ et en intégrant par rapport à y, on obtient :

$$\widehat{p} = \frac{1}{2\pi R}\widehat{dv_0}\, \mathrm{e}^{-2\pi Ry}.$$

On a aussi :

$$\widehat{u} = -\frac{1}{2\pi R}\widehat{dv_0}\, \mathrm{e}^{-2\pi Ry},$$

$$\widehat{dw} = -\mathrm{i}\frac{\gamma}{R}\widehat{dv_0}\, \mathrm{e}^{-2\pi Ry}.$$

D'autre part, on a les transformées suivantes :

$$\frac{1}{\sqrt{\alpha^2 + \gamma^2}}\,\mathrm{e}^{-2\pi Ry} = \int_{-\infty}^{\infty}\int_{-\infty}^{\infty}\frac{1}{(x^2 + z^2 + y^2)^{1/2}}\,\mathrm{e}^{-2\mathrm{i}\pi(\alpha x + \gamma z)}\,\mathrm{d}x\,\mathrm{d}z,$$

$$\mathrm{e}^{-2\pi Ry} = \frac{1}{2\pi}\int_{-\infty}^{\infty}\int_{-\infty}^{\infty}\frac{y}{(x^2 + z^2 + y^2)^{3/2}}\,\mathrm{e}^{-2\mathrm{i}\pi(\alpha x + \gamma z)}\,\mathrm{d}x\,\mathrm{d}z,$$

$$-\frac{\mathrm{i}\gamma}{\sqrt{\alpha^2 + \gamma^2}}\,\mathrm{e}^{-2\pi Ry} = \frac{1}{2\pi}\int_{-\infty}^{\infty}\int_{-\infty}^{\infty}\frac{z}{(x^2 + z^2 + y^2)^{3/2}}\,\mathrm{e}^{-2\mathrm{i}\pi(\alpha x + \gamma z)}\,\mathrm{d}x\,\mathrm{d}z.$$

La solution dans l'espace physique pour $y \neq 0$ est alors :

$$u = -\frac{1}{2\pi}\int_{-\infty}^{\infty}\int_{-\infty}^{\infty}\frac{\dfrac{\partial v}{\partial \xi}(\xi,\eta,0)}{\sqrt{(x-\xi)^2 + (z-\eta)^2 + y^2}}\,\mathrm{d}\xi\,\mathrm{d}\eta, \qquad \text{(III.7a)}$$

$$\frac{\partial v}{\partial x} = \frac{1}{2\pi}\int_{-\infty}^{\infty}\int_{-\infty}^{\infty}\frac{\left[\dfrac{\partial v}{\partial \xi}(\xi,\eta,0)\right]y}{((x-\xi)^2 + (z-\eta)^2 + y^2)^{3/2}}\,\mathrm{d}\xi\,\mathrm{d}\eta, \qquad \text{(III.7b)}$$

$$\frac{\partial w}{\partial x} = \frac{1}{2\pi}\int_{-\infty}^{\infty}\int_{-\infty}^{\infty}\frac{\left[\dfrac{\partial v}{\partial \xi}(\xi,\eta,0)\right](z-\eta)}{((x-\xi)^2 + (z-\eta)^2 + y^2)^{3/2}}\,\mathrm{d}\xi\,\mathrm{d}\eta, \qquad \text{(III.7c)}$$

$$p = \frac{1}{2\pi}\int_{-\infty}^{\infty}\int_{-\infty}^{\infty}\frac{\dfrac{\partial v}{\partial \xi}(\xi,\eta,0)}{\sqrt{(x-\xi)^2 + (z-\eta)^2 + y^2}}\,\mathrm{d}\xi\,\mathrm{d}\eta. \qquad \text{(III.7d)}$$

En $y = 0$, on a en particulier :

$$p(x, z, 0) = \frac{1}{2\pi} \oint_{-\infty}^{\infty} \oint_{-\infty}^{\infty} \frac{\dfrac{\partial v}{\partial \xi}(\xi, \eta, 0)}{\sqrt{(x - \xi)^2 + (z - \eta)^2}} \, \mathrm{d}\xi \, \mathrm{d}\eta. \qquad \text{(III.8)}$$

Notons bien que les perturbations de vitesse v et w ne sont pas nécessairement nulles à l'infini aval.

Notons aussi que cette solution se ramène à celle développée dans la Sect. III.2.1 lorsque les perturbations de vitesse v et w s'annulent à l'infini aval.

Remarque 4. Le problème traité dans cette section est équivalent à celui d'une aile de dimension finie squelettique pour laquelle la portance est non nulle. Les vitesses de perturbations dérivent d'un potentiel φ. On a :

$$u = \frac{\partial \varphi}{\partial x}.$$

À l'infini amont le potentiel φ s'annule mais à l'infini aval, à cause des vitesses v et w induites par la nappe tourbillonnaire qui s'échappe de l'aile, le potentiel φ ne s'annule pas. On a donc :

$$\int_{-\infty}^{+\infty} u \, \mathrm{d}x \neq 0,$$

et :

$$\int_{-\infty}^{+\infty} p \, \mathrm{d}x \neq 0.$$

IV

Théorie du triple pont au second ordre

IV.1 Résultats principaux

On considère un écoulement stationnaire, bidimensionnel, incompressible, laminaire sur une plaque semi-infinie.

À la distance L du bord d'attaque de la plaque, la couche limite est perturbée, par exemple, par une petite bosse placée sur la paroi. La bosse est susceptible de provoquer le décollement de la couche limite.

Sous certaines conditions, la théorie du triple pont définit un modèle capable d'éviter le comportement singulier de la couche limite mais plus simple que les équations de Navier-Stokes. Il faut bien noter que le modèle décrit les *perturbations* de l'écoulement de base.

Les vitesses, les longueurs et la pression sont d'abord rendues sans dimension à l'aide de grandeurs de référence V, L et ϱV^2. La vitesse de référence est la vitesse à l'infini amont et la longueur de référence est la longueur de développement de la couche limite depuis le bord d'attaque de la plaque jusqu'à la position de la perturbation. (Fig. IV.1).

L'écoulement est décrit par le modèle de Navier-Stokes. Dans un système d'axes cartésien orthonormé lié à l'obstacle ; les équations écrites pour les grandeurs sans dimension sont :

$$\frac{\partial u}{\partial x} + \frac{\partial v}{\partial y} = 0, \tag{IV.1a}$$

$$u\frac{\partial u}{\partial x} + v\frac{\partial u}{\partial y} = -\frac{\partial p}{\partial x} + \varepsilon^2\frac{\partial^2 u}{\partial x^2} + \varepsilon^2\frac{\partial^2 u}{\partial y^2}, \tag{IV.1b}$$

$$u\frac{\partial v}{\partial x} + v\frac{\partial v}{\partial y} = -\frac{\partial p}{\partial y} + \varepsilon^2\frac{\partial^2 v}{\partial x^2} + \varepsilon^2\frac{\partial^2 v}{\partial y^2}, \tag{IV.1c}$$

où u et v sont les composantes de la vitesse suivant les axes x et y ; l'axe y est normal à la paroi ; p est la pression.

Le nombre de Reynolds est défini par :

$$\mathcal{R} = \frac{\varrho V L}{\mu},$$

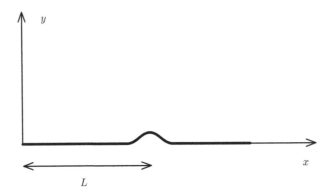

Fig. IV.1. Écoulement sur plaque plane déformée par une bosse

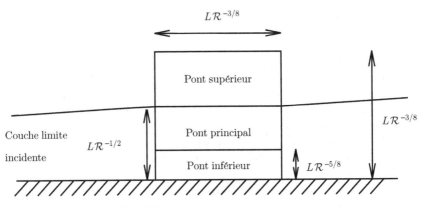

Fig. IV.2. Structure en triple pont

et le petit paramètre ε est :

$$\varepsilon^2 = \frac{1}{\mathcal{R}}.$$

Autour de la bosse, l'écoulement perturbé est structuré en *trois ponts* indiqués Fig. IV.2 : *un pont inférieur, un pont principal et un pont supérieur.*

Les échelles de longueur longitudinale et transversale de la region perturbée sont de l'ordre de $L\mathcal{R}^{-3/8}$. À l'intérieur de la région perturbée, trois ponts sont identifiés. L'épaisseur du pont inférieur est $L\mathcal{R}^{-5/8}$; les effets visqueux y sont importants. Le pont principal est le prolongement de la couche limite incidente. Son épaisseur est $L\mathcal{R}^{-1/2}$ et les effets visqueux y sont négligeables (pour les perturbations). Dans le pont supérieur, les effets visqueux sont négligeables ; son épaisseur est $L\mathcal{R}^{-3/8}$.

La théorie du triple pont décrit par exemple l'écoulement autour d'un obstacle dont la hauteur est de l'ordre de $L\mathcal{R}^{-5/8}$ et la longueur est de l'ordre de $L\mathcal{R}^{-3/8}$. Il est essentiel de bien noter que *les dimensions de l'obstacle varient avec le nombre de Reynolds* et tendent vers zéro quand le nombre de Reynolds tend vers l'infini.

Dans chacun des ponts, les variables suivantes sont utilisées :

$$\text{Pont supérieur : } X = \varepsilon^{-3/4}(x - x_0),\ Y^* = \varepsilon^{-3/4}y, \qquad (\text{IV.2a})$$

$$\text{Pont principal : } X = \varepsilon^{-3/4}(x - x_0),\ Y = \varepsilon^{-1}y, \qquad (\text{IV.2b})$$

$$\text{Pont inférieur : } X = \varepsilon^{-3/4}(x - x_0),\ \widetilde{Y} = \varepsilon^{-5/4}y, \qquad (\text{IV.2c})$$

où $x_0 = 1$ est la position de la perturbation.

L'écoulement non perturbé est donné par la solution de l'équation de Blasius :

$$2f''' + ff'' = 0 \quad \text{avec} \quad U_0(x, Y) = f'(\eta) \quad \text{et} \quad \eta = Yx^{-1/2},$$

et l'on sait que :

$$f \cong \eta - \beta_0 + \text{TEP} \quad \text{quand} \quad Y \to \infty,$$

ou :

$$V_0 \cong \frac{1}{2}\beta_0 x^{-1/2} + \text{TEP} \quad \text{quand} \quad Y \to \infty.$$

On sait aussi que :

$$U_0 \cong \lambda Y + \text{O}(Y^4) \quad \text{quand} \quad Y \to 0 \quad \text{avec} \quad \lambda = \lambda_0 x^{-1/2}.$$

Les développements appropriés dans chaque pont sont :
– Pont supérieur

$$u = 1 + \varepsilon^{1/2}U_1^*(X, Y^*) + \varepsilon^{3/4}U_2^*(X, Y^*) + \cdots,$$

$$v = \varepsilon^{1/2}V_1^*(X, Y^*) + \varepsilon^{3/4}V_2^*(X, Y^*) + \cdots,$$

$$p = \varepsilon^{1/2}P_1^*(X, Y^*) + \varepsilon^{3/4}P_2^*(X, Y^*) + \cdots.$$

– Pont principal

$$u = U_0(Y) + \varepsilon^{1/4}U_1(X, Y) + \varepsilon^{1/2}U_2(X, Y) + \cdots,$$

$$v = \varepsilon^{1/2}V_1(X, Y) + \varepsilon^{3/4}V_2(X, Y) + \cdots,$$

$$p = \varepsilon^{1/2}P_1(X, Y) + \varepsilon^{3/4}P_2(X, Y) + \cdots.$$

– Pont inférieur

$$u = \varepsilon^{1/4}\lambda_0\widetilde{Y} + \varepsilon^{1/4}\widetilde{U}_1(X, \widetilde{Y}) + \varepsilon^{1/2}\widetilde{U}_2(X, \widetilde{Y}) + \cdots,$$

$$v = \varepsilon^{3/4}\widetilde{V}_1(X, \widetilde{Y}) + \varepsilon\widetilde{V}_2(X, \widetilde{Y}) + \cdots,$$

$$p = \varepsilon^{1/2}\widetilde{P}_1(X, \widetilde{Y}) + \varepsilon^{3/4}\widetilde{P}_2(X, \widetilde{Y}) + \cdots.$$

Les équations dans les différents ponts sont :
– Pont supérieur
- Ordre 1

$$\frac{\partial U_1^*}{\partial X} + \frac{\partial V_1^*}{\partial Y^*} = 0,$$

$$\frac{\partial U_1^*}{\partial X} = -\frac{\partial P_1^*}{\partial X},$$

$$\frac{\partial V_1^*}{\partial X} = -\frac{\partial P_1^*}{\partial Y^*}.$$

- Ordre 2

$$\frac{\partial U_2^*}{\partial X} + \frac{\partial V_2^*}{\partial Y^*} = 0,$$

$$\frac{\partial U_2^*}{\partial X} = -\frac{\partial P_2^*}{\partial X},$$

$$\frac{\partial V_2^*}{\partial X} = -\frac{\partial P_2^*}{\partial Y^*}.$$

– Pont principal
- Ordre 1

$$\frac{\partial U_1}{\partial X} + \frac{\partial V_1}{\partial Y} = 0,$$

$$U_0\frac{\partial U_1}{\partial X} + V_1\frac{\partial U_0}{\partial Y} = 0,$$

$$\frac{\partial P_1}{\partial Y} = 0.$$

- Ordre 2

$$\frac{\partial U_2}{\partial X} + \frac{\partial V_2}{\partial Y} = 0,$$

$$U_0\frac{\partial U_2}{\partial X} + V_2\frac{\partial U_0}{\partial Y} = -\frac{\partial P_1}{\partial X} - U_1\frac{\partial U_1}{\partial X} - V_1\frac{\partial U_1}{\partial Y},$$

$$U_0\frac{\partial V_1}{\partial X} = -\frac{\partial P_2}{\partial Y}.$$

– Pont inférieur
- Ordre 1

$$\frac{\partial \widetilde{U}_1}{\partial X} + \frac{\partial \widetilde{V}_1}{\partial \widetilde{Y}} = 0,$$

$$\left(\lambda_0\widetilde{Y} + \widetilde{U}_1\right)\frac{\partial \widetilde{U}_1}{\partial X} + \widetilde{V}_1\left(\lambda_0 + \frac{\partial \widetilde{U}_1}{\partial \widetilde{Y}}\right) = -\frac{\partial \widetilde{P}_1}{\partial X} + \frac{\partial^2 \widetilde{U}_1}{\partial \widetilde{Y}^2},$$

$$\frac{\partial \widetilde{P}_1}{\partial \widetilde{Y}} = 0.$$

- Ordre 2

$$\frac{\partial \widetilde{U}_2}{\partial X} + \frac{\partial \widetilde{V}_2}{\partial \widetilde{Y}} = 0,$$

$$\left(\lambda_0 \widetilde{Y} + \widetilde{U}_1\right) \frac{\partial \widetilde{U}_2}{\partial X} + \widetilde{V}_1 \frac{\partial \widetilde{U}_2}{\partial \widetilde{Y}} + \widetilde{U}_2 \frac{\partial \widetilde{U}_1}{\partial X} + \widetilde{V}_2 \left(\lambda_0 + \frac{\partial \widetilde{U}_1}{\partial \widetilde{Y}}\right) = -\frac{\partial \widetilde{P}_2}{\partial X} + \frac{\partial^2 \widetilde{U}_2}{\partial \widetilde{Y}^2},$$

$$\frac{\partial \widetilde{P}_2}{\partial \widetilde{Y}} = 0.$$

Dans le pont principal, la solution à l'ordre 1 est :

$$U_1 = A_1(X) U_0'(Y) \quad \text{avec} \quad U_0'(Y) = \frac{dU_0}{dY},$$

$$V_1 = -A_1'(X) U_0(Y) \quad \text{avec} \quad A_1'(X) = \frac{dA_1}{dX},$$

où la fonction $A_1(X)$ est une inconnue du problème.
À l'ordre 2, la solution dans le pont principal est :

$$U_2 = -P_1(1 + \Phi') + A_2 U_0' + \frac{A_1^2}{2} \Psi',$$

$$V_2 = \frac{dP_1}{dX}(Y + \Phi) - A_2' U_0 - A_1 A_1' \Psi,$$

$$P_2 = H(X) + A_1'' x^{1/2} (2f'' + ff' - 2\lambda_0),$$

où $A_2(X)$ est la fonction de déplacement de second ordre ; c'est une inconnue du problème. La fonction $H(X)$ est obtenue par le raccordement avec le pont inférieur.
Les fonctions Φ et Ψ sont obtenues comme solutions des équations :

$$U_0 \Phi' - U_0' \Phi = 1 - U_0 + Y U_0',$$

$$U_0 \Psi' - U_0' \Psi = -(U_0')^2 + U_0 U_0'',$$

avec :

$$\Phi' = \frac{d\Phi}{dY}, \quad \Psi' = \frac{d\Psi}{dY}.$$

Les fonctions Φ et Ψ sont :

$$\Phi(\zeta) = U_0 \int_\infty^\zeta \frac{1 - U_0 + Y U_0'}{U_0^2} \, dY,$$

$$\Psi(\zeta) = U_0 \int_\infty^\zeta \frac{U_0 U_0'' - (U_0')^2}{U_0^2} \, dY.$$

D'après les équations pour Φ et Ψ, on obtient :

$$\Phi \cong -\frac{1}{\lambda_0} + o(Y) \quad \text{quand} \quad Y \to 0,$$

$$\Psi \cong \lambda_0 + o(Y) \quad \text{quand} \quad Y \to 0.$$

On a aussi :

$$U_2 \cong -P_1 + \text{TEP} \quad \text{quand} \quad Y \to \infty,$$

$$V_2 \cong (Y\frac{dP_1}{dX} - A_2') + \text{TEP} \quad \text{quand} \quad Y \to \infty,$$

$$P_2 \cong H(X) + A_1''(Y - (\beta_0 + 2\lambda_0)) + \text{TEP} \quad \text{quand} \quad Y \to \infty,$$

$$U_2 \cong \lambda_0 A_2 - P_1 + \cdots \quad \text{quand} \quad Y \to 0,$$

$$V_2 \cong -\frac{1}{\lambda_0}\frac{dP_1}{dX} - \lambda_0 A_1 A_1' + \cdots \quad \text{quand} \quad Y \to 0,$$

$$P_2(X,0) = H(X).$$

Le raccordement entre les différentes ponts donnent les résultats suivants :

$$\lim_{\widetilde{Y} \to \infty} \widetilde{U}_1 = \lambda_0 A_1,$$

$$\lim_{\widetilde{Y} \to \infty} \widetilde{U}_2 = \lambda_0 A_2 - P_1,$$

$$P_1^*(X,0) = P_1(X),$$

$$P_1(X) = \widetilde{P}_1(X),$$

$$P_2(X,0) = \widetilde{P}_2(X),$$

$$P_2^*(X,0) = \widetilde{P}_2(X) - A_1''(X)(\beta_0 + 2\lambda_0),$$

$$V_1^*(X,0) = -A_1'(X),$$

$$V_2^*(X,0) = -A_2'(X).$$

On en déduit que :

$$\frac{dP_1}{dX} = -\frac{\partial U_1^*(X,0)}{\partial X}.$$

La solution du pont supérieur donne notamment :

$$V_1^*(X,Y^*) = \frac{1}{\pi} \int_{-\infty}^{\infty} \frac{(X-\xi)\widetilde{P}_1(\xi)}{(X-\xi)^2 + (Y^*)^2} \, d\xi.$$

Ainsi, la loi d'interaction est :

$$A_1'(X) = -\frac{1}{\pi}\fint_{-\infty}^{\infty} \frac{\widetilde{P}_1(\xi)}{X-\xi} \, d\xi.$$

IV.2 Modèle global pour le pont principal et le pont inférieur

La perturbation de l'écoulement de base désigné par l'indice « 0 » est recherchée sous la forme :

$$u(x, y, \varepsilon) = U_0(x, Y) + \varepsilon^{1/4}\overline{U}(X, Y, \varepsilon),$$

$$v(x, y, \varepsilon) = \varepsilon V_0(x, Y) + \varepsilon^{1/2}\overline{V}(X, Y, \varepsilon),$$

$$p(x, y, \varepsilon) = \varepsilon^2 P_0(x, Y) + \varepsilon^{1/2}\overline{P}(X, Y, \varepsilon).$$

En portant ces développements dans les équations de Navier-Stokes et en tenant compte des équations de la couche limite de Blasius, on obtient :

$$\frac{\partial \overline{U}}{\partial X} + \frac{\partial \overline{V}}{\partial Y} = 0, \tag{IV.3a}$$

$$U_0 \frac{\partial \overline{U}}{\partial X} + \overline{V}\frac{\partial U_0}{\partial Y} + \varepsilon^{1/4}\left(\overline{U}\frac{\partial \overline{U}}{\partial X} + \overline{V}\frac{\partial \overline{U}}{\partial Y}\right) + \varepsilon^{3/4}\left(\overline{U}\frac{\partial U_0}{\partial X} + V_0\frac{\partial \overline{U}}{\partial Y}\right)$$

$$= -\varepsilon^{1/4}\frac{\partial \overline{P}}{\partial X} + \varepsilon^{3/4}\frac{\partial^2 \overline{U}}{\partial Y^2} + \mathrm{O}(\varepsilon^{5/4}), \tag{IV.3b}$$

$$U_0 \frac{\partial \overline{V}}{\partial X} + \varepsilon^{1/4}\left(\overline{U}\frac{\partial \overline{V}}{\partial X} + \overline{V}\frac{\partial \overline{V}}{\partial Y}\right) + \varepsilon^{3/4}\left(\overline{V}\frac{\partial V_0}{\partial Y} + V_0\frac{\partial \overline{V}}{\partial Y}\right)$$

$$= -\varepsilon^{-1/4}\frac{\partial \overline{P}}{\partial Y} + \varepsilon^{3/4}\frac{\partial^2 \overline{V}}{\partial Y^2} + \mathrm{O}(\varepsilon^{5/4}). \tag{IV.3c}$$

Pour le pont principal, le développement régulier est :

$$\overline{U}(X, Y, \varepsilon) = U_1(X, Y) + \varepsilon^{1/4}U_2(X, Y) + \cdots, \tag{IV.4a}$$

$$\overline{V}(X, Y, \varepsilon) = V_1(X, Y) + \varepsilon^{1/4}V_2(X, Y) + \cdots, \tag{IV.4b}$$

$$\overline{P}(X, Y, \varepsilon) = P_1(X, Y) + \varepsilon^{1/4}P_2(X, Y) + \cdots. \tag{IV.4c}$$

Pour le pont inférieur, le développement régulier est :

$$\overline{U}(X, Y, \varepsilon) = \widetilde{U}_1(X, \widetilde{Y}) + \varepsilon^{1/4}\widetilde{U}_2(X, \widetilde{Y}) + \cdots, \tag{IV.5a}$$

$$\overline{V}(X, Y, \varepsilon) = \varepsilon^{1/4}\widetilde{V}_1(X, \widetilde{Y}) + \varepsilon^{1/2}\widetilde{V}_2(X, \widetilde{Y}) + \cdots, \tag{IV.5b}$$

$$\overline{P}(X, Y, \varepsilon) = \widetilde{P}_1(X, \widetilde{Y}) + \varepsilon^{1/4}\widetilde{P}_2(X, \widetilde{Y}) + \cdots. \tag{IV.5c}$$

En portant ces développements dans (IV.3a–IV.3c), on retrouve exactement les résultats de la théorie du triple pont au second ordre dans le pont principal et dans le pont inférieur. Les conditions de raccordement entre le pont principal et le pont supérieur sont également identiques.

En fait, pour retrouver les résultats du triple pont au second ordre dans le pont principal et dans le pont inférieur, on peut utiliser un système plus restreint que (IV.3a–IV.3c) :

$$\frac{\partial \overline{U}}{\partial X} + \frac{\partial \overline{V}}{\partial Y} = 0, \tag{IV.6a}$$

$$U_0 \frac{\partial \overline{U}}{\partial X} + \overline{V}\frac{\mathrm{d}U_0}{\mathrm{d}Y} + \varepsilon^{1/4}\left(\overline{U}\frac{\partial \overline{U}}{\partial X} + \overline{V}\frac{\partial \overline{U}}{\partial Y}\right) = -\varepsilon^{1/4}\frac{\partial \overline{P}}{\partial X} + \varepsilon^{3/4}\frac{\partial^2 \overline{U}}{\partial Y^2}, \tag{IV.6b}$$

$$U_0 \frac{\partial \overline{V}}{\partial X} = -\varepsilon^{-1/4}\frac{\partial \overline{P}}{\partial Y}. \tag{IV.6c}$$

En portant les développements (IV.4a–IV.4c) et (IV.5a–IV.5c) dans ces équations, on retrouve les résultats du pont principal et du pont inférieur au second ordre. Les conditions de raccordement entre le pont principal et le pont supérieur sont également identiques.

Il faut noter aussi que l'on a :

$$\frac{\partial P_1}{\partial Y} = 0,$$

$$\frac{\partial P_1}{\partial X} = -\frac{\partial U_1^*(X,0)}{\partial X},$$

$$\frac{\partial \widetilde{P}_1}{\partial \widetilde{Y}} = 0,$$

$$\frac{\partial \widetilde{P}_2}{\partial \widetilde{Y}} = 0.$$

Pour retrouver les résultats du pont principal et du pont inférieur au premier ordre, le système suivant est suffisant :

$$\frac{\partial \overline{U}}{\partial X} + \frac{\partial \overline{V}}{\partial Y} = 0, \tag{IV.7a}$$

$$U_0 \frac{\partial \overline{U}}{\partial X} + \overline{V}\frac{\mathrm{d}U_0}{\mathrm{d}Y} + \varepsilon^{1/4}\left(\overline{U}\frac{\partial \overline{U}}{\partial X} + \overline{V}\frac{\partial \overline{U}}{\partial Y}\right) = \varepsilon^{1/4}\frac{\partial U_1^*(X,0)}{\partial X}$$

$$+\varepsilon^{3/4}\frac{\partial^2 \overline{U}}{\partial Y^2}, \tag{IV.7b}$$

$$\frac{\partial \overline{P}}{\partial Y} = 0. \tag{IV.7c}$$

V

Étude du comportement d'un développement asymptotique

V.1 Pose du problème

On considère un problème singulier dans lequel deux régions significatives ont été mises en évidence. Le domaine de définition de la fonction étudiée est tel que $x \geq 0$. On suppose que la singularité est située au point $x = 0$. Dans la région extérieure, la variable appropriée est x et dans la région intérieure, la variable appropriée est X :

$$X = \frac{x}{\nu(\varepsilon)} \quad \text{avec} \quad \nu \prec 1.$$

Les développements extérieur et intérieur sont :

$$\Phi_0 = \mathrm{E}_0\, \Phi = \sum_{i=1}^{m} \delta_i\left(\varepsilon\right) \varphi_i\left(x\right), \tag{V.1}$$

$$\Phi_1 = \mathrm{E}_1\, \Phi = \sum_{i=1}^{m} \delta_i\left(\varepsilon\right) \psi_i\left(X\right), \tag{V.2}$$

où, par définition, E_0 et E_1 sont des opérateurs à l'ordre δ_m.

Quand $x \to 0$, chacune des fonctions $\varphi_i\left(x\right)$ se comporte comme :

$$\varphi_i\left(x\right) = \sum_{j=1}^{m_i} a_{ij} \Delta_{ij}\left(x\right) + \mathrm{o}\left[\Delta_{im_i}\left(x\right)\right], \tag{V.3}$$

où a_{ij} est une suite de constantes et, avec p et q réels, Δ_{ij} est une suite de fonctions de jauge telles que :

$$\Delta_{ij}\left(x\right) = x^p \left(\ln \frac{1}{x}\right)^q. \tag{V.4}$$

On souhaite démontrer que :

$$E_0\,E_1\,\Phi_0 = E_1\,E_0\,\Phi_0,$$
$$E_0\,E_1\,\Phi_1 = E_1\,E_0\,\Phi_1.$$

Dans ce qui suit, seule la démonstration de la première égalité est donnée. Une démonstration analogue s'applique à la deuxième.

V.2 Étude des fonctions de jauge

Dans une première étape, on montre que :

$$E_0^*\,E_1^*\,\Delta_{ij}(x) = E_1^*\,E_0^*\,\Delta_{ij}(x), \tag{V.5}$$

où E_0^* et E_1^* sont les opérateurs extérieur et intérieur à l'ordre δ^* tel que $\delta^*(\varepsilon) \preceq 1$.

Démonstration. Pour simplifier l'écriture, on pose :

$$\Delta(x) = \Delta_{ij}(x).$$

Naturellement, on a :

$$E_0^*\,\Delta(x) = \Delta(x), \tag{V.6}$$

et pour déterminer $E_1^*\,\Delta(x)$, on forme d'abord $\Delta(\nu X)$:

$$\Delta(\nu X) = (\nu X)^p \left(\ln \frac{1}{\nu X}\right)^q$$
$$= (\nu X)^p \left(\ln \frac{1}{\nu}\right)^q \left(1 - \frac{\ln X}{\ln \frac{1}{\nu}}\right)^q.$$

On étudie cette fonction pour $\varepsilon \to 0$. En supposant que $\dfrac{\ln X}{\ln \frac{1}{\nu}} < 1$, ce qui est toujours possible si ν est assez petit pour une valeur fixée de X, on peut faire un développement en série de Taylor du dernier terme du membre de droite :

$$\Delta(\nu X) = (\nu X)^p \left(\ln \frac{1}{\nu}\right)^q \left[1 - q\frac{\ln X}{\ln \frac{1}{\nu}} + \cdots + \alpha_n \left(\frac{\ln X}{\ln \frac{1}{\nu}}\right)^n + \cdots\right], \tag{V.7}$$

où α_n est le coefficient non explicité du terme correspondant et n est un entier positif.

Suivant la valeur de p, deux cas se présentent.

Premier cas : $p < 0$. Pour toutes valeurs de q et n, on a :

$$\nu^p \left(\ln \frac{1}{\nu}\right)^{q-n} \to \infty \quad \text{quand} \quad \nu \to 0.$$

Pour calculer $E_1^* \Delta$, il faut donc garder tous les termes de la série apparaissant dans le développement (V.7). On a donc :

$$E_1^* \Delta(\nu X) = \Delta(\nu X),$$

soit, en variable x :

$$E_1^* \Delta(\nu X) = \Delta(x),$$

et bien sûr, on en déduit :

$$E_0^* E_1^* \Delta(x) = \Delta(x).$$

Finalement, on a :

$$E_0^* E_1^* \Delta(x) = E_1^* E_0^* \Delta(x).$$

Deuxième cas : $p \geq 0$. Deux éventualités se présentent suivant l'ordre de grandeur de $\nu^p \left(\ln \dfrac{1}{\nu} \right)^q$ par rapport à celui de δ^*.

Première éventualité _:_ $\nu^p \left(\ln \dfrac{1}{\nu} \right)^q \prec \delta^*$. D'après l'expression (V.7), le terme asymptotiquement le plus grand du développement de $\Delta(\nu X)$ est asymptotiquement plus petit que δ^*. On en déduit :

$$E_1^* \Delta(x) = 0,$$

et donc :

$$E_0^* E_1^* \Delta(x) = 0.$$

On a encore :

$$E_0^* E_1^* \Delta(x) = E_1^* E_0^* \Delta(x).$$

Deuxième éventualité _:_ $\nu^p \left(\ln \dfrac{1}{\nu} \right)^q \succeq \delta^*$. Dans la série de (V.7), on retient les termes dont l'exposant est tel que :

$$\nu^p \left(\ln \dfrac{1}{\nu} \right)^{q-n} \succeq \delta^*.$$

Supposons que ceci soit vérifié pour $n \leq N$. On en déduit :

$$E_1^* \Delta(\nu X) = (\nu X)^p \left(\ln \frac{1}{\nu} \right)^q \left[1 - q \frac{\ln X}{\ln \frac{1}{\nu}} + \cdots + \alpha_N \left(\frac{\ln X}{\ln \frac{1}{\nu}} \right)^N \right].$$

Pour calculer $E_0^* E_1^* \Delta$, on passe en variable x :

$$E_1^* \Delta(\nu X) = (x)^p \left(\ln \frac{1}{\nu} \right)^q \left[1 - q \frac{\ln x + \ln \frac{1}{\nu}}{\ln \frac{1}{\nu}} + \cdots + \alpha_N \left(\frac{\ln x + \ln \frac{1}{\nu}}{\ln \frac{1}{\nu}} \right)^N \right]$$

$$= (x)^p \left(\ln \frac{1}{\nu} \right)^q \left[1 - q \left(1 + \frac{\ln x}{\ln \frac{1}{\nu}} \right) + \cdots + \alpha_N \left(1 + \frac{\ln x}{\ln \frac{1}{\nu}} \right)^N \right].$$

Dans cette expression, le terme asymptotiquement plus petit est d'ordre $\left(\ln \frac{1}{\nu} \right)^{q-N}$. Compte tenu que :

$$\nu^p \left(\ln \frac{1}{\nu} \right)^{q-N} \succeq \delta^*,$$

on déduit que :

$$\left(\ln \frac{1}{\nu} \right)^{q-N} \succeq \delta^*,$$

car $p \geq 0$. On a donc :

$$E_0^* E_1^* \Delta(x) = (x)^p \left(\ln \frac{1}{\nu} \right)^q \left[1 - q \left(1 + \frac{\ln x}{\ln \frac{1}{\nu}} \right) + \cdots + \alpha_N \left(1 + \frac{\ln x}{\ln \frac{1}{\nu}} \right)^N \right].$$

Finalement, on obtient :

$$E_0^* E_1^* \Delta(x) = E_1^* E_0^* \Delta(x). \tag{V.8}$$

Ceci termine la démonstration de l'égalité (V.5).   □

V.3 Étude du développement extérieur

On souhaite maintenant démontrer que :

$$E_1 E_0 \Phi_0 = E_0 E_1 \Phi_0. \tag{V.9}$$

Démonstration. Bien sûr, on a :

$$E_0 \Phi_0 = \Phi_0.$$

On veut calculer $E_1 \Phi_0$ et donc en particulier $E_1 \delta_i(\varepsilon) \varphi_i(x)$. On définit alors un opérateur intérieur $\overline{E}_1$ à l'ordre $\bar{\delta}_i$ tel que :

$$\delta_i \bar{\delta}_i = \delta_m.$$

Comme $\delta_m \preceq \delta_i$, on a :

$$\bar{\delta}_i \preceq 1.$$

On en déduit :

$$\mathrm{E}_1\,\delta_i(\varepsilon)\varphi_i(x) = \delta_i(\varepsilon)\overline{\mathrm{E}}_1\varphi_i(x).$$

D'après le comportement (V.3) de φ_i au voisinage de $x = 0$, on obtient :

$$\overline{\mathrm{E}}_1\varphi_i(x) = \sum_{j=1}^{\overline{m}_i} a_{ij}\overline{\mathrm{E}}_1\varDelta_{ij}(x), \qquad (\mathrm{V}.10)$$

où $\overline{m}_i$ est tel qu'on est sûr de retenir dans $\varDelta_{ij}(\nu(\varepsilon)X)$, pour tout j, tous les termes asymptotiquement plus grands ou égaux à $\bar{\delta}_i$.

Pour calculer $\mathrm{E}_0\,\mathrm{E}_1\,\varPhi_0$, on a besoin de $\mathrm{E}_0\,\mathrm{E}_1\,\delta_i(\varepsilon)\varphi_i(x)$, or :

$$\mathrm{E}_0\,\mathrm{E}_1\,\delta_i(\varepsilon)\varphi_i(x) = \mathrm{E}_0\,\delta_i(\varepsilon)\overline{\mathrm{E}}_1\varphi_i(x).$$

On définit l'opérateur extérieur $\overline{\mathrm{E}}_0$ à l'ordre $\bar{\delta}_i$, d'où :

$$\mathrm{E}_0\,\delta_i(\varepsilon)\overline{\mathrm{E}}_1\varphi_i(x) = \delta_i(\varepsilon)\overline{\mathrm{E}}_0\overline{\mathrm{E}}_1\varphi_i(x)$$
$$= \delta_i(\varepsilon)\sum_{j=1}^{\overline{m}_i} a_{ij}\overline{\mathrm{E}}_0\overline{\mathrm{E}}_1\varDelta_{ij}(x),$$

soit :

$$\mathrm{E}_0\,\mathrm{E}_1\,\delta_i(\varepsilon)\varphi_i(x) = \delta_i(\varepsilon)\sum_{j=1}^{\overline{m}_i} a_{ij}\overline{\mathrm{E}}_0\overline{\mathrm{E}}_1\varDelta_{ij}(x). \qquad (\mathrm{V}.11)$$

D'autre part, calculons $\mathrm{E}_1\,\mathrm{E}_0\,\delta_i(\varepsilon)\varphi_i(x)$. Compte tenu que :

$$\mathrm{E}_0\,\delta_i(\varepsilon)\varphi_i(x) = \delta_i(\varepsilon)\varphi_i(x),$$

on obtient :

$$\mathrm{E}_1\,\mathrm{E}_0\,\delta_i(\varepsilon)\varphi_i(x) = \mathrm{E}_1\,\delta_i(\varepsilon)\varphi_i(x) = \delta_i(\varepsilon)\overline{\mathrm{E}}_1\varphi_i(x),$$

ce qui donne avec (V.10) :

$$\mathrm{E}_1\,\mathrm{E}_0\,\delta_i(\varepsilon)\varphi_i(x) = \delta_i(\varepsilon)\sum_{j=1}^{\overline{m}_i} a_{ij}\overline{\mathrm{E}}_1\varDelta_{ij}(x). \qquad (\mathrm{V}.12)$$

Comme $\bar{\delta}_i \preceq 1$, d'après le résultat (V.8), on peut écrire :

$$\overline{\mathrm{E}}_0\overline{\mathrm{E}}_1\varDelta_{ij}(x) = \overline{\mathrm{E}}_1\overline{\mathrm{E}}_0\varDelta_{ij}(x) = \overline{\mathrm{E}}_1\varDelta_{ij}(x),$$

soit finalement, en comparant (V.11) et (V.12) :

$$\mathrm{E}_0\,\mathrm{E}_1\,\delta_i(\varepsilon)\varphi_i(x) = \mathrm{E}_1\,\mathrm{E}_0\,\delta_i(\varepsilon)\varphi_i(x),$$

et donc :

$$E_0 \, E_1 \, \Phi_0 = E_1 \, E_0 \, \Phi_0. \; \square \qquad (V.13)$$

Un raisonnement analogue à celui mené pour le développement extérieur conduirait au même résultat pour le développement intérieur :

$$E_0 \, E_1 \, \Phi_1 = E_1 \, E_0 \, \Phi_1. \qquad (V.14)$$

Solutions des problèmes

Problèmes du chapitre 2

2.1.

1. Les solutions exactes sont :

$$x = \frac{-\varepsilon \pm \sqrt{\varepsilon^2 + 4}}{2}.$$

On obtient :

$$x^{(1)} = 1 - \frac{\varepsilon}{2} + \frac{\varepsilon^2}{8} + \cdots,$$

$$x^{(2)} = -1 - \frac{\varepsilon}{2} - \frac{\varepsilon^2}{8} + \cdots.$$

2. On examine le processus itératif :

$$x_n = \pm\sqrt{1 - \varepsilon x_{n-1}}.$$

En partant de $x_0 = 1$, on a :

$$x_1 = \sqrt{1 - \varepsilon}.$$

Avec un développement limité, on obtient :

$$x_1 = 1 - \frac{\varepsilon}{2}.$$

L'approximation suivante est :

$$x_2 = \sqrt{1 - \varepsilon\left(1 - \frac{\varepsilon}{2}\right)}.$$

Avec un développement limité, on a :

$$x_2 = 1 + \frac{1}{2}\left(-\varepsilon + \frac{\varepsilon^2}{2}\right) - \frac{1}{8}\left(-\varepsilon + \frac{\varepsilon^2}{2}\right)^2 + \cdots.$$

À l'ordre ε^2, on a :

$$x_2 = 1 - \frac{\varepsilon}{2} + \frac{\varepsilon^2}{8}.$$

De même, en partant de $x_0 = -1$, on obtient :

$$x_0 = -1, \quad x_1 = -1 - \frac{\varepsilon}{2}, \quad x_2 = -1 - \frac{\varepsilon}{2} - \frac{\varepsilon^2}{8}.$$

3. On pose :

$$x = x_0 + \varepsilon x_1 + \varepsilon^2 x_2 + \cdots.$$

et l'on remplace cette expression dans l'équation initiale, en supposant que cette procédure est licite :

$$(x_0 + \varepsilon x_1 + \varepsilon^2 x_2 + \cdots)^2 + \varepsilon(x_0 + \varepsilon x_1 + \varepsilon^2 x_2 + \cdots) - 1 = 0.$$

On développe le carré et l'on identifie les termes de même puissance en ε. On obtient :

$$x_0^2 - 1 = 0,$$
$$2x_0 x_1 + x_0 = 0,$$
$$x_1^2 + 2x_0 x_2 + x_1 = 0.$$

En partant de $x_0 = 1$, on a :

$$x_0 = 1, \quad x_1 = -\frac{1}{2}, \quad x_2 = \frac{1}{8}.$$

En partant de $x_0 = -1$, on a :

$$x_0 = -1, \quad x_1 = -\frac{1}{2}, \quad x_2 = -\frac{1}{8}.$$

4. On pose :

$$x = x_0 + \delta_1(\varepsilon)x_1 + \delta_2(\varepsilon)x_2 + \cdots,$$

et l'on remplace cette expression dans l'équation initiale :

$$(x_0 + \delta_1(\varepsilon)x_1 + \delta_2(\varepsilon)x_2 + \cdots)^2 + \varepsilon(x_0 + \delta_1(\varepsilon)x_1 + \delta_2(\varepsilon)x_2 + \cdots) - 1 = 0.$$

Au premier ordre, on a $x_0^2 - 1 = 0$. L'ordre suivant est ε ou δ_1 suivant l'ordre relatif de l'un par rapport à l'autre. Le choix qui s'impose pour avoir un résultat significatif est $\delta_1 = \varepsilon$ ou, tout au moins δ_1 doit être du même ordre que ε c'est-à-dire avoir le même comportement que ε quand $\varepsilon \to 0$; par souci de simplicité, on prend $\delta_1 = \varepsilon$.

L'ordre suivant est δ_2 ou ε^2. Comme précédemment, un résultat significatif n'est obtenu qu'en prenant $\delta_2 = \varepsilon^2$.

On a donc une méthode constructive pour définir le développement des racines de l'équation.

2.2.

1. La solution exacte est :

$$x = \frac{-1 \pm \sqrt{1 + 4\varepsilon}}{2\varepsilon}.$$

Le développement s'écrit :

$$x^{(1)} = 1 - \varepsilon + 2\varepsilon^2 + \cdots,$$
$$x^{(2)} = -\frac{1}{\varepsilon} - 1 + \varepsilon + \cdots.$$

2. Le premier processus, avec $x_0 = 1$, donne successivement :

$$x_1 = 1 - \varepsilon, \quad x_2 = 1 - \varepsilon + 2\varepsilon^2 + \cdots.$$

Le second, avec $x_0 = -\dfrac{1}{\varepsilon}$, entraîne :

$$x_1 = -\frac{1}{\varepsilon} - 1, \quad x_2 = -\frac{1}{\varepsilon} - 1 + \varepsilon + \cdots.$$

3. On pose :

$$x^{(1)} = x_0^{(1)} + \varepsilon x_1^{(1)} + \varepsilon^2 x_2^{(1)} + \cdots.$$

On reporte cette expression dans l'équation initiale :

$$\varepsilon \left(x_0^{(1)} + \varepsilon x_1^{(1)} + \varepsilon^2 x_2^{(1)} + \cdots \right)^2 + x_0^{(1)} + \varepsilon x_1^{(1)} + \varepsilon^2 x_2^{(1)} + \cdots - 1 = 0.$$

En identifiant les puissances de ε, on obtient :

$$x_0^{(1)} - 1 = 0,$$
$$(x_0^{(1)})^2 + x_1^{(1)} = 0,$$
$$2 x_0^{(1)} x_1^{(1)} + x_2^{(1)} = 0,$$

d'où :

$$x_0^{(1)} = 1, \quad x_1^{(1)} = -1, \quad x_2^{(1)} = 2.$$

Pour l'autre racine, on pose :

$$x^{(2)} = \frac{x_{-1}^{(2)}}{\varepsilon} + x_0^{(2)} + \varepsilon x_1^{(2)} + \cdots.$$

On remplace cette expression dans l'équation initiale :

$$\varepsilon\left(\frac{x_{-1}^{(2)}}{\varepsilon} + x_0^{(2)} + \varepsilon x_1^{(2)} + \cdots\right)^2 + \frac{x_{-1}^{(2)}}{\varepsilon} + x_0^{(2)} + \varepsilon x_1^{(2)} + \cdots - 1 = 0.$$

En identifiant les puissances de ε, on obtient :

$$(x_{-1}^{(2)})^2 + x_{-1}^{(2)} = 0,$$

$$2x_0^{(2)}x_{-1}^{(2)} + x_0^{(2)} - 1 = 0,$$

$$(x_0^{(2)})^2 + 2x_{-1}^{(2)}x_1^{(2)} + x_1^{(2)} = 0,$$

d'où :

$$x_{-1}^{(2)} = -1, \quad x_0^{(2)} = -1, \quad x_1^{(2)} = 1.$$

2.3.

1. La solution exacte (complexe) est :

$$f = \alpha\,\mathrm{e}^{\mathrm{i}\lambda x} + \beta\,\mathrm{e}^{-\mathrm{i}\lambda x}.$$

On impose les conditions aux limites en $x = \varepsilon$ et $x = \pi$. On trouve :

$$\alpha = -\beta\,\mathrm{e}^{-2\mathrm{i}\lambda\varepsilon} \quad \text{et} \quad \lambda = \frac{n\pi}{\pi - \varepsilon},$$

avec n entier, $n \geq 1$ puisque l'on a supposé $\lambda > 0$.

Le développement par rapport à ε fournit, en prenant la solution réelle :

$$f = A\left[\sin nx + \varepsilon\frac{n}{\pi}x\cos nx - \varepsilon n\cos nx\right] + \cdots,$$

et :

$$\lambda = n\left[1 + \frac{\varepsilon}{\pi}\right] + \cdots.$$

2. En portant les développements proposés pour f et λ dans l'équation initiale, on obtient :

$$\frac{\mathrm{d}^2\varphi_0}{\mathrm{d}x^2} + \lambda_0^2\varphi_0 = 0,$$

et :

$$\frac{\mathrm{d}^2\varphi_1}{\mathrm{d}x^2} + \lambda_0^2\varphi_1 = -2\lambda_0\lambda_1\varphi_0,$$

La condition limite en $x = \pi$ donne :

$$\varphi_0(\pi) = 0, \quad \varphi_1(\pi) = 0.$$

La condition limite en $x = \varepsilon$ donne :

$$\varphi_0(0) + \varepsilon \frac{d\varphi_0}{dx}(0) + \varepsilon\varphi_1(0) + \cdots = 0.$$

On obtient donc :

$$\varphi_0(0) = 0, \quad \varphi_1(0) = -\frac{d\varphi_0}{dx}(0).$$

On en déduit que la solution pour φ_0 est :

$$\varphi_0 = A \sin nx, \quad \lambda_0 = n,$$

avec n entier $n \geq 1$; A est l'amplitude arbitraire de la solution pour $\varepsilon = 0$.

Le problème à résoudre pour φ_1 est donc :

$$\frac{d^2\varphi_1}{dx^2} + n^2\varphi_1 = -2n\lambda_1 A \sin nx, \quad \varphi_1(0) = -nA, \quad \varphi_1(\pi) = 0.$$

On trouve :

$$\varphi_1 = K \sin nx - nA \cos nx + \frac{n}{\pi}Ax \cos nx,$$

et :

$$\lambda_1 = \frac{n}{\pi}.$$

Apparemment, rien ne permet de fixer la contante K sauf si l'on admet que l'amplitude du terme en $\sin nx$ doit être indépendante de ε ; alors $K = 0$.

À l'ordre ε, la solution est :

$$\varphi = A \sin nx + \varepsilon \left[-nA \cos nx + \frac{n}{\pi}Ax \cos nx \right] + \cdots,$$

et :

$$\lambda = n + \varepsilon\frac{n}{\pi} + \cdots.$$

On retrouve le développement de la solution exacte.

2.4.

1. En reportant le développement proposé dans l'équation $\triangle \psi = 0$, on obtient les équations pour ψ_0 et ψ_1 :

$$\triangle \psi_0 = 0, \quad \triangle \psi_1 = 0.$$

Loin de l'obstacle, l'écoulement est uniforme ; cet écoulement est caractérisé par $\psi = U_\infty y$. On a donc :

$$r \to \infty \quad : \quad \psi_0 = U_\infty r \sin\theta \quad \text{et} \quad \psi_1 = 0.$$

Le long de l'obstacle, on a $\psi = 0$, ce qui se traduit par :

$$\psi_0 \left[a(1 - \varepsilon sin^2\theta), \theta \right] + \varepsilon\psi_1 \left[a(1 - \varepsilon sin^2\theta), \theta \right] + \cdots = 0.$$

Les fonctions doivent être développées au voisinage de $r = a$. On obtient :

$$\psi_0(a, \theta) + \varepsilon \left[\psi_1(a, \theta) - a \sin^2 \theta \left(\frac{\partial \psi_0}{\partial r} \right)_{r=a} \right] + \cdots = 0.$$

On déduit :

$$\psi_0(a, \theta) = 0 \quad \text{et} \quad \psi_1(a, \theta) = a \sin^2 \theta \left(\frac{\partial \psi_0}{\partial r} \right)_{r=a}.$$

On en déduit que la solution pour ψ_0 est celle de l'écoulement autour d'un cylindre circulaire :

$$\psi_0 = U_\infty \left(r - \frac{a^2}{r} \right) \sin \theta.$$

On obtient alors :

$$\psi_1(a, \theta) = 2 U_\infty a \sin^3 \theta = \frac{1}{2} U_\infty a (3 \sin \theta - \sin 3\theta).$$

2. La solution générale de l'équation $\Delta \psi_1 = 0$ avec la condition $\psi_1 = 0$ quand $r \to \infty$ est $\sum b_n r^{-n} \sin n\theta$ avec n entier, $n > 0$. Pour respecter la condition en $r = a$, on sélectionne $n = 1$ et $n = 3$ avec $b_1 = \frac{3}{2} U_\infty a^2$ et $b_3 = -\frac{1}{2} U_\infty a^4$, d'où :

$$\psi = U_\infty \left(r - \frac{a^2}{r} \right) \sin \theta + \varepsilon \frac{U_\infty a}{2} \left(3 \frac{a}{r} \sin \theta - \frac{a^3}{r^3} \sin 3\theta \right) + \cdots.$$

On a bien :

$$\psi_1(a, \theta) = \frac{1}{2} U_\infty a (3 \sin \theta - \sin 3\theta).$$

3. Le module de la vitesse en un point quelconque du champ est :

$$V = \sqrt{u^2 + v^2} = \sqrt{\left(\frac{\partial \psi}{\partial r} \right)^2 + \frac{1}{r^2} \left(\frac{\partial \psi}{\partial \theta} \right)^2}.$$

Après calcul, en ayant soin de développer les fonctions qui interviennent au voisinage de $r = a$, à la surface de l'obstacle, on obtient à l'ordre ε :

$$V = U_\infty (2 \sin \theta + \varepsilon \sin 3\theta).$$

2.5.

1. Les quantités sans dimension sont :

$$x = \frac{x^*}{a}, \ y = \frac{y^*}{a}, \ r = \frac{r^*}{a}, \ u = \frac{u^*}{U_\infty}, \ v = \frac{v^*}{U_\infty}, \ \psi = \frac{\psi^*}{U_\infty a}, \ \omega = \frac{\omega^* a}{U_\infty}.$$

Le problème devient :

$$\frac{\partial^2 \psi}{\partial x^2} + \frac{\partial^2 \psi}{\partial y^2} = -\omega,$$

avec les conditions aux limites $\psi = 0$ en $r = 1$ et $\psi \to y + \frac{1}{3}\varepsilon y^3$ quand $r \to \infty$.

À l'infini amont, on a $\omega = -\dfrac{\partial U}{\partial y} = -\dfrac{\partial^2 \psi}{\partial y^2} = -2\varepsilon y$, et :

$$y = \psi - \frac{1}{3}\varepsilon y^3.$$

La première approximation, obtenue avec $\varepsilon = 0$, est $y = \psi$. En poursuivant l'itération, on a :

$$y = \psi - \frac{1}{3}\varepsilon \psi^3 + O(\varepsilon^2 \psi^5),$$

et :

$$\omega = -2\varepsilon \psi + \frac{2}{3}\varepsilon^2 \psi^3 + O(\varepsilon^3 \psi^5).$$

2. En portant le développement :

$$\psi = \psi_0 + \varepsilon \psi_1 + \cdots$$

dans l'équation pour ψ on obtient :

$$\triangle \psi_0 = 0 \quad \text{et} \quad \triangle \psi_1 = 2\psi_0.$$

La condition $\psi = 0$ en $r = 1$ donne $\psi_0 = 0$ en $r = 1$ et $\psi_1 = 0$ en $r = 1$. La condition $\psi \to y + \frac{1}{3}\varepsilon y^3$ quand $r \to \infty$ donne :

$$\psi_0 \to y \quad \text{quand} \quad r \to \infty,$$

et :

$$\psi_1 \to \frac{1}{3}y^3 \quad \text{quand} \quad r \to \infty,$$

soit :

$$\psi_0 \to r \sin\theta \quad \text{quand} \quad r \to \infty,$$

et :

$$\psi_1 \to \frac{1}{3}r^3 \sin^3\theta \quad \text{quand} \quad r \to \infty.$$

La solution pour ψ_0 est la solution d'un écoulement uniforme attaquant un cylindre circulaire, c'est-à-dire :

$$\psi_0 = \left(r - \frac{1}{r}\right)\sin\theta.$$

On déduit l'équation pour ψ_1 :

$$\triangle \psi_1 = 2\left(r - \frac{1}{r}\right)\sin\theta.$$

Une solution particulière de l'équation :

$$\triangle \psi_1 = 2r\sin\theta$$

est $\frac{1}{3}r^3\sin^3\theta$. Une solution particulière de l'équation :

$$\triangle \psi_1 = -\frac{2}{r}\sin\theta$$

est $-r\ln r\sin\theta$. La condition $\psi_1 \to \frac{1}{3}r^3\sin^3\theta$ quand $r \to \infty$ est déjà réalisée par la première solution particulière. On ajoute la solution $\sum b_n r^{-n}\sin\theta$ de l'équation sans second membre qui respecte les propriétés de symétrie et qui donne $\psi_1 \to 0$ à l'infini ; dans cette solution, on sélectionne $n = 1$ et $n = 3$ pour assurer la condition de glissement à la paroi ($\psi = 0$). On obtient :

$$\psi_1 = \frac{1}{3}r^3\sin^3\theta - r\ln r\sin\theta - \frac{1}{4}\frac{1}{r}\sin\theta + \frac{1}{12}\frac{1}{r^3}\sin 3\theta,$$

d'où finalement :

$$\psi = \left(r - \frac{1}{r}\right)\sin\theta + \varepsilon\left[\frac{1}{3}r^3\sin^3\theta - r\ln r\sin\theta - \frac{1}{4}\frac{1}{r}\sin\theta + \frac{1}{12}\frac{1}{r^3}\sin 3\theta\right] + \cdots.$$

Quand $r \to \infty$, on observe que ψ_1 introduit un terme parasite en $r\ln r$ qui ne tend pas zéro. Ce terme est petit devant le terme en $r^3\sin^3\theta$ mais il croît plus vite que le terme $r\sin\theta$ issu de ψ_0. En fait, ce terme est à l'origine d'un problème singulier. En poursuivant le développement comme s'il s'agissait d'un problème régulier, à l'ordre suivant, il n'est pas possible de trouver une solution qui se comporte correctement à l'infini.

Problèmes du chapitre 3

3.1.

1. Sur $0 \le x < 1$, $y_0 = \mathrm{e}^x$; sur $1 < x \le 2$, $y_0 = 0$.

2. $x_0 = 1$; $\delta = \sqrt{\varepsilon}$; $Y_0 = B \int_0^X \mathrm{e}^{-t^2}\,\mathrm{d}t + C$.

3. $\mathrm{e} = -B \int_0^\infty \mathrm{e}^{-s^2}\,\mathrm{d}s + C$; $0 = B \int_0^\infty \mathrm{e}^{-s^2}\,\mathrm{d}s + C$; $Y_0 = \mathrm{e}\left(\frac{1}{2} - \frac{1}{\sqrt{\pi}}\int_0^X \mathrm{e}^{-t^2}\,\mathrm{d}t\right)$.

Voir le tracé de la solution sur la Fig. S.1.

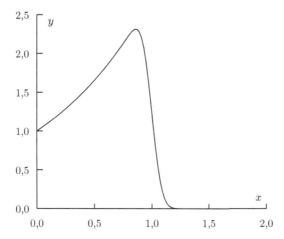

Fig. S.1. Tracé de la solution pour $\varepsilon = 0,01$

4. Sur $0 \leq x \leq 1$, $y_{\text{ap}} = e^x - e\left(\dfrac{1}{2} + \dfrac{1}{\sqrt{\pi}} \displaystyle\int_0^X e^{-t^2}\, dt\right)$.

Sur $1 \leq x \leq 2$, $y_{\text{ap}} = e\left(\dfrac{1}{2} - \dfrac{1}{\sqrt{\pi}} \displaystyle\int_0^X e^{-t^2}\, dt\right)$.

3.2.

1. En dehors de toute couche limite, la solution est :

$$y_0(x) = \frac{C}{1 + \alpha x},$$

solution de l'équation :

$$(1 + \alpha x)\frac{dy_0}{dx} + \alpha y_0 = 0.$$

2. Pour $\alpha > -1$, on a $1 + \alpha x > 0$. Il existe une couche limite en $x = 0$ dont l'épaisseur est ε car $(1 + \alpha x)|_{x=0} > 0$. Si l'on pose $X = \dfrac{x}{\varepsilon}$, l'équation pour Y_0 est :

$$\frac{d^2 Y_0}{dX^2} + \frac{dY_0}{dX} = 0,$$

dont la solution vérifiant la condition $Y_0(0) = 1$ est :

$$Y_0(X) = 1 + A - A\,e^{-X}.$$

Par ailleurs, $y_0(1) = 1$ entraîne $C = 1 + \alpha$. La condition de raccord donne $A = \alpha$.

Finalement, on a :

$$y_0(x) = \frac{1+\alpha}{1+\alpha x},$$

$$Y_0(X) = 1 + \alpha - \alpha\, \mathrm{e}^{-X},$$

$$y_{\mathrm{app}} = \frac{1+\alpha}{1+\alpha x} - \alpha\, \mathrm{e}^{-X}.$$

3. Il existe deux couches limites, l'une en $x = 0$ avec $X = \dfrac{x}{\varepsilon}$ et l'autre en $x = 1$ avec $X^* = \dfrac{1-x}{\varepsilon}$. En effet, pour $x < -\dfrac{1}{\alpha}$, on a $1 + \alpha x > 0$ alors que pour $x > -\dfrac{1}{\alpha}$, on a $1 + \alpha x < 0$. Comme $y_0(x) = 0$ pour $x = -\dfrac{1}{\alpha}$, $y_0(x) = 0$; on a aussi $Y_0(X) = 1 + A - A\, \mathrm{e}^{-X}$ alors que $Y_0^*(X^*) = 1 + B - B\, \mathrm{e}^{(1+\alpha)X^*}$ est solution de :

$$\frac{\mathrm{d}^2 Y_0^*}{\mathrm{d}X^{*2}} - (1+\alpha)\frac{\mathrm{d}Y_0^*}{\mathrm{d}X^*} = 0.$$

Le raccord asymptotique donne $A = -1$ et $B = -1$ d'où :

$$y_{\mathrm{app}} = \mathrm{e}^{-X} + \mathrm{e}^{(1+\alpha)X^*}.$$

3.3. Compte tenu des conditions aux limites, la solution exacte est :

$$y = \mathrm{e}^{X^2}\left\{ 1 + (\mathrm{e}^{-1/(2\varepsilon)} - 1)\frac{\displaystyle\int_0^X \mathrm{e}^{-t^2}\,\mathrm{d}t}{\displaystyle\int_0^{1/\sqrt{2\varepsilon}} \mathrm{e}^{-t^2}\,\mathrm{d}t} \right\}.$$

Le développement pour $\varepsilon \to 0$ à x fixé dans le domaine $0 < x < 1$ donne :

$$y = \frac{2}{\sqrt{\pi}}\frac{\varepsilon^{1/2}}{1-x} + \cdots.$$

Ce développement indique une singularité en $x = 0$ et une autre en $x = 1$ car les conditions aux limites en ces points ne sont pas satisfaites.

Pour établir le changement de variable au voisinage de $x = 0$ d'après l'équation initiale, on pose :

$$X = \frac{x}{\delta(\varepsilon)}.$$

On obtient :

$$\frac{\varepsilon}{\delta^2}\frac{\mathrm{d}^2 y}{\mathrm{d}x^2} + \frac{1 - \delta X}{\delta}\frac{\mathrm{d}y}{\mathrm{d}X} - y = 0.$$

Pour restituer la couche limite, il faut conserver le terme de dérivée seconde. On compare alors ce terme aux deux autres. La solution $\delta = \varepsilon^{1/2}$ ne convient pas car il y aurait un seul terme dominant qui est celui de la dérivée première. On doit prendre $\delta = \varepsilon$.

Pour établir le changement de variable au voisinage de $x = 1$ d'après l'équation initiale, on pose :

$$X = \frac{1 - x}{\delta(\varepsilon)}.$$

On obtient :

$$\frac{\varepsilon}{\delta^2} \frac{\mathrm{d}^2 y}{\mathrm{d}X^2} - X \frac{\mathrm{d}y}{\mathrm{d}X} - y = 0.$$

Le choix $\delta = \varepsilon^{1/2}$ s'impose. On note que l'équation initiale ne se simplifie pas pour l'étude de la couche limite au voisinage de $x = 1$.

Problèmes du chapitre 4

4.1. $1 \succ -\dfrac{1}{\ln \varepsilon} \succ \varepsilon^{\nu} \succ -\varepsilon \ln \varepsilon \succ \varepsilon$.

4.2. 1°) $\varphi = \mathrm{o}(1)$; 2°) $\varphi = \mathrm{O}_S(\varepsilon)$; 3°) $\varphi = \mathrm{o}(1)$.

4.3.

1. $\mathrm{e}^{\varepsilon x} = 1 + \mathrm{O}(\varepsilon)$: cette approximation est uniformément valable dans le domaine $0 \leq x \leq 1$, même pour $x = 0$ car alors $\mathrm{e}^{\varepsilon x} = 1$.

2. $\dfrac{1}{x + \varepsilon} = \mathrm{O}(1)$: cette approximation n'est pas uniformément valable dans le domaine $0 \leq x \leq 1$ car pour $x = 0$, la fonction est $\dfrac{1}{\varepsilon}$ qui n'est pas $\mathrm{O}(1)$.

3. $\mathrm{e}^{-x/\varepsilon} = \mathrm{o}(\varepsilon^n)$ pour tout $n > 0$: cette approximation n'est pas uniformément valable dans le domaine $0 \leq x \leq 1$ car pour $x = 0$ on a $\mathrm{e}^{-x/\varepsilon} = 1$ qui n'est pas $\mathrm{o}(\varepsilon^n)$ pour tout $n > 0$.

4.4. Le développement direct de φ s'écrit :

$$\varphi = 1 - \varepsilon \frac{2x - 1}{1 - x} + \varepsilon^2 \left(\frac{2x - 1}{1 - x} \right)^2 + \cdots.$$

Ce développement n'est pas valable notamment dans le domaine $0 < A_1 \varepsilon \leq 1 - x \leq A_2 \varepsilon$ où A_1 et A_2 sont des constantes indépendantes de ε.

On peut écrire :

$$\varphi = \frac{1}{1 + \frac{\varepsilon}{1-x} - 2\varepsilon} = \frac{1}{1 + \frac{\varepsilon}{1-x}} \frac{1}{1 - \dfrac{2\varepsilon}{1 + \frac{\varepsilon}{1-x}}},$$

d'où le développement :

$$\varphi = \frac{1}{1 + \frac{\varepsilon}{1-x}} \left[1 + \frac{2\varepsilon}{1 + \frac{\varepsilon}{1-x}} + \left(\frac{2\varepsilon}{1 + \frac{\varepsilon}{1-x}} \right)^2 + \cdots \right].$$

Ce développement est valable dans tout le domaine $0 \leq x \leq 1$; c'est un développement généralisé.

4.5. Une première intégration donne :

$$E_1 = \frac{\mathrm{e}^{-x}}{x} - \int_x^\infty \frac{\mathrm{e}^{-t}}{t^2}\,\mathrm{d}t.$$

En répétant les intégrations par parties, on obtient finalement :

$$E_1(x) = \frac{\mathrm{e}^{-x}}{x}\left[1 - \frac{1}{x} + \frac{2}{x^2} + \cdots + (-1)^n\frac{n\,!}{x^n}\right] + (-1)^{n+1}(n+1)\,!\int_x^\infty \frac{\mathrm{e}^{-t}}{t^{n+2}}\,\mathrm{d}t.$$

On a :

$$\int_x^\infty \frac{\mathrm{e}^{-t}}{t^{n+2}}\,\mathrm{d}t < \mathrm{e}^{-x}\int_x^\infty \frac{1}{t^{n+2}}\,\mathrm{d}t,$$

soit :

$$\int_x^\infty \frac{\mathrm{e}^{-t}}{t^{n+2}}\,\mathrm{d}t < \frac{\mathrm{e}^{-x}}{(n+1)x^{n+1}}.$$

On a donc :

$$E_1(x) = \frac{\mathrm{e}^{-x}}{x}\left[1 - \frac{1}{x} + \frac{2}{x^2} + \cdots + (-1)^{n-1}\frac{(n-1)\,!}{x^{n-1}} + \mathrm{O}(\frac{1}{x^n})\right].$$

On a donc bien formé un développement asymptotique pour x grand.

On pose :

$$R_n(x) = (-1)^n n\,!\int_x^\infty \frac{\mathrm{e}^{-t}}{t^{n+1}}\,\mathrm{d}t.$$

L'expression de $R_n(x)$ indique que :

$$|R_n(x)| \to \infty \quad \text{quand } n \to \infty \text{ avec } x \text{ fixé.}$$

D'après les calculs précédents, on a :

$$|R_n(x)| \to 0 \quad \text{quand } x \to \infty \text{ avec } n \text{ fixé.}$$

La série est divergente car le rapport, en valeur absolue, de deux termes successifs est n/x de sorte que le rayon de convergence est :

$$\frac{1}{x} = \lim_{n \to \infty} \frac{1}{n} = 0.$$

Le tableau et la Fig. S.2 donnent l'approximation ainsi obtenue pour $x = 3$ suivant le nombre de termes du développement.

4.6. Le changement de variable $X = x/\delta$ donne l'équation :

$$\varepsilon\delta^2 X^2 + \delta X - 1 = 0.$$

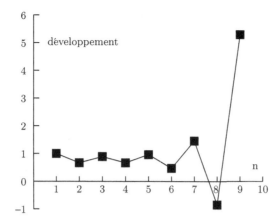

Fig. S.2. Approximation de la fonction $x\,\mathrm{e}^x\,E_1(x)$ pour $x = 3$

Tableau S.1. Approximation de la fonction $x\,\mathrm{e}^x\,E_1(x)$ pour $x = 3$

n	1	2	3	4	5
développement	1.	0,66667	0,88889	0, 66667	0,96296
n	6	7	8	9	10
développement	0,46914	1.4568	-0,84774	5,2977	-13,138

1. $\delta \prec 1$: impossible car le terme -1 reste seul.
2. $\delta = 1$. L'équation devient $X - 1 = 0$. On trouve la racine régulière.
3. $1 \prec \delta \prec \varepsilon^{-1}$. L'équation se réduit à $X = 0$. Cette solution ne convient pas.
4. $\delta \succ \varepsilon^{-1}$. L'équation se réduit à $X^2 = 0$. Cette solution ne convient pas.
5. $\delta = \varepsilon^{-1}$. L'équation devient $X^2 + X = 0$. La racine $X = -1$ est significative.

On choisit le développement sous la forme :

$$x = -\frac{1}{\varepsilon} + x_1 + x_2\varepsilon + \cdots.$$

On reporte ce développement dans l'équation initiale :

$$\varepsilon\left(-\frac{1}{\varepsilon} + x_1 + x_2\varepsilon + \cdots\right)^2 - \frac{1}{\varepsilon} + x_1 + x_2\varepsilon + \cdots - 1 = 0.$$

L'équation à l'ordre 1 s'écrit :

$$-x_1 - 1 = 0.$$

On en déduit $x_1 = -1$. À l'ordre ε, l'équation devient :

$$1 - x_2 = 0.$$

On déduit $x_2 = 1$. Ce résultat peut être vérifié avec la solution exacte.

4.7. On a :

$$f\left[x(\varepsilon)\right] = \exp(\varepsilon^{-2} + 2 + \varepsilon^2),$$

d'où :

$$f\left[x(\varepsilon)\right] = \exp(\varepsilon^{-2})\,\mathrm{e}^2(1 + \varepsilon^2 + \frac{1}{2}\varepsilon^4 + \cdots).$$

Si l'on retient seulement $x = \dfrac{1}{\varepsilon}$, on obtient :

$$f = \exp(\varepsilon^{-2}),$$

ce qui n'est pas le terme dominant du développement de $f\left[x(\varepsilon)\right]$. Il faut donc être très prudent quand on calcule des développements imbriqués les uns dans les autres.

Problèmes du chapitre 5

5.1.

1. Si :

$$y(x, \varepsilon) = y_1(x) + \cdots,$$

on a :

$$y_1(x) = \frac{A}{x}\,\mathrm{e}^{-x},$$

et la solution est singulière à l'origine.

On introduit la variable $X = x/\varepsilon$, ce qui donne l'équation :

$$(1 + X)\frac{\mathrm{d}Y}{\mathrm{d}X} + (1 + \varepsilon)Y + \varepsilon XY = 0,$$

avec :

$$Y(X, \varepsilon) \equiv y(x, \varepsilon).$$

Si :

$$Y(X, \varepsilon) = Y_1(X) + \cdots,$$

avec la condiion limite $Y = 1$ en $X = 0$, on a :

$$Y_1(X) = \frac{1}{1 + X}.$$

Or, à l'ordre 1, on a :

$$E_0 \, E_1 \, Y_1 = 0,$$

alors qu'à l'ordre ε, on a :

$$E_0 \, E_1 \, Y_1 = \frac{\varepsilon}{x}.$$

Ceci laisse supposer que le développement extérieur est tel que :

$$y(x, \varepsilon) = \varepsilon y_2(x) + \cdots.$$

Si l'on pose :

$$Y(X, \varepsilon) = Y_1(X) + \varepsilon Y_2(X) + \cdots,$$

on trouve :

$$Y_2(X) = -\frac{X}{1 + X},$$

où l'on a supposé que $Y_2(0) = 0$.

On a donc finalement, à l'ordre ε :

$$E_0 \, y = \varepsilon \frac{B}{x} \, e^{-x},$$

$$E_1 \, y = \frac{1}{1 + X} - \frac{\varepsilon X}{1 + X}.$$

L'application du PMVD permet de trouver :

$$B = 1,$$

et, à cet ordre, l'AUV s'écrit :

$$y_{\mathrm{a}} = \frac{\varepsilon}{x}(e^{-x} - 1) + \frac{1 + \varepsilon}{1 + X}.$$

2. La MASC conduit à rechercher une première approximation sous la forme :

$$y_{\mathrm{a}1} = \frac{A}{x} \, e^{-x} + Y_1(X, \varepsilon),$$

d'où l'équation :

$$L_\varepsilon \, y_{\mathrm{a}1} = (1 + X)\frac{\mathrm{d}Y_1}{\mathrm{d}X} + (1 + \varepsilon)Y_1 + \varepsilon X Y_1 - \frac{\varepsilon A}{x^2} \, e^{-x}.$$

Le dernier terme étant formellement de l'ordre de ε^{-1} dans la couche limite, il convient de poser $A = \varepsilon A_0$ pour résoudre :

$$(1 + X)\frac{\mathrm{d}Y_1}{\mathrm{d}X} + Y_1 = \frac{A_0}{X^2},$$

avec :

$$\mathrm{L}_\varepsilon\, y_{a1} = \varepsilon(1+X)Y_1 - \frac{A_0}{X^2}(\mathrm{e}^{-\varepsilon X}-1).$$

La solution est donnée par :

$$y_{a1} = \frac{\varepsilon A_0}{x}\left[\mathrm{e}^{-x} - \frac{\varepsilon}{x+\varepsilon}\right] + \frac{C_0}{1+X}.$$

Pour vérifier la condition à l'origine, on est conduit à poser :

$$C_0 - \varepsilon A_0 = 1,$$

ce qui amène clairement à prendre en fait $A = 0$ et à résoudre l'équation complète. Bien entendu, il ne s'agit ici que d'un exemple pédagogique conduisant à la solution exacte :

$$y = \frac{\varepsilon}{x+\varepsilon}\,\mathrm{e}^{-x}.$$

On vérifie bien que :

$$\lim_{\substack{\varepsilon\to 0 \\ x\ \text{fixé}}} \frac{y}{\varepsilon} = \frac{1}{x}\,\mathrm{e}^{-x},$$

alors que :

$$\lim_{\substack{\varepsilon\to 0 \\ X\ \text{fixé}}} y = \frac{1}{1+X}.$$

Remarque 1. Si l'on fait le changement de variable $\bar{x} = \varepsilon x$, l'équation de départ devient :

$$\varepsilon(\bar{x}+\varepsilon^2)\frac{\mathrm{d}y}{\mathrm{d}\bar{x}} + \varepsilon(1+\varepsilon)y + \bar{x}y = 0.$$

Avec la condition limite $y(0) = 1$, la solution est :

$$y = \frac{\varepsilon^2}{\bar{x}+\varepsilon^2}\,\mathrm{e}^{-\bar{x}/\varepsilon}.$$

Avec la MDAR, trois couches apparaissent. Dans la couche extérieure, la variable appropriée est $\bar{x}$; en fait, dans cette zone, la solution est simplement $\bar{y} = 0$ à tout ordre ε^n à cause du terme $\mathrm{e}^{-\bar{x}/\varepsilon}$ qui apparaît dans la solution exacte. Près de l'origine, deux couches limites se forment. Pour l'une d'elles (la couche moyenne), la variable appropriée est $\tilde{x} = \bar{x}/\varepsilon$ et pour l'autre (la couche interne) la variable appropriée est $\hat{x} = \bar{x}/\varepsilon^2$. Dans la zone moyenne, l'équation initiale devient :

$$(\tilde{x}+\varepsilon)\frac{\mathrm{d}\tilde{y}}{\mathrm{d}\tilde{x}} + (1+\varepsilon)\tilde{y} + \tilde{x}\tilde{y} = 0,$$

avec $\tilde{y}(0) = 1$. On se ramène alors au problème traité précédemment et on voit que la MASC permet de réduire l'étude des deux couches limites à une seule.

Bien que l'exemple soit artificiel, il montre quand même l'intérêt de la MASC.

5.2. En variable η, le développement extérieur s'écrit :

$$\Phi = \frac{2-\alpha}{\ln\frac{1}{\varepsilon}} - \frac{1+\ln\eta}{\left(\ln\frac{1}{\varepsilon}\right)^2}.$$

En variable η, le développement intérieur s'écrit :

$$\Phi = \frac{1}{\ln\eta + \alpha\ln\frac{1}{\varepsilon}+1} = \frac{1}{\alpha\ln\frac{1}{\varepsilon}\left(1+\frac{1+\ln\eta}{\alpha\ln\frac{1}{\varepsilon}}\right)} = \frac{1}{\alpha\ln\frac{1}{\varepsilon}}\left[1 - \frac{1+\ln\eta}{\alpha\ln\frac{1}{\varepsilon}} + \cdots\right].$$

La comparaison des deux expressions montrent qu'avec les échelles choisies ε^α il n'est pas possible de vérifier la règle du raccord intermédiaire.

Avec :

$$\eta = x\ln\frac{1}{\varepsilon} = X\varepsilon\ln\frac{1}{\varepsilon},$$

le développement extérieur devient :

$$\Phi = \frac{1}{\ln\frac{1}{\varepsilon}} - \frac{1+\ln\left(\eta/\ln\frac{1}{\varepsilon}\right)}{\left(\ln\frac{1}{\varepsilon}\right)^2} = \frac{1}{\ln\frac{1}{\varepsilon}} - \frac{1+\ln\eta}{\left(\ln\frac{1}{\varepsilon}\right)^2} + \cdots,$$

et le développement intérieur devient :

$$\Phi = \frac{1}{\ln\left[\frac{\eta}{\varepsilon\ln\frac{1}{\varepsilon}}\right]+1} = \frac{1}{\ln\eta + \ln\frac{1}{\varepsilon} - \ln\ln\frac{1}{\varepsilon}+1} = \frac{1}{\ln\frac{1}{\varepsilon}}\left[1 - \frac{1+\ln\eta}{\ln\frac{1}{\varepsilon}}\right] + \cdots.$$

Avec l'échelle $\dfrac{1}{\ln\frac{1}{\varepsilon}}$, la règle du raccord intermédiaire est vérifiée.

5.3.

1. En variable η, le développement extérieur s'écrit :

$$\Phi = 1 + \frac{B_1}{\ln\frac{1}{\varepsilon}}\left[-\ln\eta - (\alpha-1)\ln\frac{1}{\varepsilon} - \gamma\right]$$

$$+ \frac{B_2}{\left(\ln\frac{1}{\varepsilon}\right)^2}\left[-\ln\eta - (\alpha-1)\ln\frac{1}{\varepsilon} - \gamma\right] + \frac{B_1^2}{\left(\ln\frac{1}{\varepsilon}\right)^2}\left[-(\alpha-1)\ln\frac{1}{\varepsilon}\right] + \cdots,$$

soit :

$$\Phi = 1 - (\alpha-1)B_1$$

$$+ \frac{1}{\ln\frac{1}{\varepsilon}}\left[-B_1\ln\eta - \gamma B_1 - (\alpha-1)B_2 - (\alpha-1)B_1^2\right] + \cdots.$$

En variable η, le développement intérieur s'écrit :

$$\Phi = \alpha A_1 + \frac{1}{\ln \frac{1}{\varepsilon}} \left[A_1 \ln \eta + \alpha A_2 \right] + \cdots .$$

La comparaison des deux expressions donne :

$$\alpha A_1 = 1 - (\alpha - 1)B_1,$$
$$A_1 \ln \eta + \alpha A_2 = -B_1 \ln \eta - \gamma B_1 - (\alpha - 1)B_2 - (\alpha - 1)B_1^2.$$

Pour réaliser ces deux égalités pour tout α tel que $0 < \alpha < 1$, on déduit :

$$A_1 = 1, \quad B_1 = -1, \quad A_2 = \gamma, \quad B_2 = -\gamma - 1.$$

2.

$$\mathrm{E}_0^{(1)} \, \mathrm{E}_1^{(1)} \, \Phi = A_1,$$
$$\mathrm{E}_1^{(1)} \, \mathrm{E}_0^{(1)} \, \Phi = 1.$$

La règle est vérifiée car $A_1 = 1$.

$$\mathrm{E}_0^{(2)} \, \mathrm{E}_1^{(1)} \, \Phi = A_1 + A_1 \frac{\ln x}{\ln \frac{1}{\varepsilon}}$$
$$= A_1 \frac{\ln X}{\ln \frac{1}{\varepsilon}},$$
$$\mathrm{E}_1^{(1)} \, \mathrm{E}_0^{(2)} \, \Phi = 1 + B_1 - B_1 \frac{\ln X + \gamma}{\ln \frac{1}{\varepsilon}}.$$

La règle n'est pas vérifiée.

5.4. À l'ordre 1, on a :

$$\mathrm{E}_0 \, y = \mathrm{e}^{1-x},$$
$$\mathrm{E}_1 \, \mathrm{E}_0 \, y = \mathrm{e},$$
$$\mathrm{E}_1 \, y = A_0 (1 - \mathrm{e}^{-X}),$$
$$\mathrm{E}_0 \, \mathrm{E}_1 \, y = A_0.$$

On en déduit $A_0 = \mathrm{e}$.

À l'ordre ε, on a :

$$\mathrm{E}_0 \, y = \mathrm{e}^{1-x} \left[1 + \varepsilon(1 - x) \right],$$
$$\mathrm{E}_0 \, y = \mathrm{e} \, \mathrm{e}^{-\varepsilon X} \left[1 + \varepsilon(1 - \varepsilon X) \right],$$
$$\mathrm{E}_1 \, \mathrm{E}_0 \, y = \mathrm{e}(1 - \varepsilon X + \varepsilon),$$
$$\mathrm{E}_1 \, \mathrm{E}_0 \, y = \mathrm{e}(1 - x + \varepsilon),$$

et :

$$\mathrm{E}_1\, y = \mathrm{e}\left(1 - \mathrm{e}^{-X}\right) + \varepsilon\left[(A_1 - \mathrm{e}\,X) - (A_1 + \mathrm{e}\,X)\,\mathrm{e}^{-X}\right],$$

$$\mathrm{E}_1\, y = \mathrm{e}\left(1 - \mathrm{e}^{-x/\varepsilon}\right) + \varepsilon\left[(A_1 - \mathrm{e}\,\frac{x}{\varepsilon}) - (A_1 + \mathrm{e}\,\frac{x}{\varepsilon})\,\mathrm{e}^{-x/\varepsilon}\right],$$

$$\mathrm{E}_0\,\mathrm{E}_1\, y = \mathrm{e} - \mathrm{e}\,x + \varepsilon A_1.$$

On en déduit $A_1 = \mathrm{e}$.

Les développements extérieur et intérieur s'écrivent donc :

$$y = \mathrm{e}^{1-x}\left[1 + \varepsilon(1 - x)\right] + \mathrm{O}(\varepsilon^2),$$

$$y = \mathrm{e}\left(1 - \mathrm{e}^{-X}\right) + \varepsilon\,\mathrm{e}\left[(1 - X) - (1 + X)\,\mathrm{e}^{-X}\right] + \mathrm{O}(\varepsilon^2).$$

L'approximation uniformément valable est obtenue en formant l'approximation composite :

$$y_\mathrm{a} = \mathrm{E}_0\, y + \mathrm{E}_1\, y - \mathrm{E}_0\,\mathrm{E}_1\, y,$$

$$y_\mathrm{a} = \mathrm{e}^{1-x} - \mathrm{e}^{1-X} + \varepsilon\left[(1 - x)\,\mathrm{e}^{1-x} - (1 + X)\,\mathrm{e}^{1-X}\right].$$

5.5.

1. Si l'on note τ le temps, on a :

$$m\frac{\mathrm{d}^2 r}{\mathrm{d}\tau^2} = F_T + F_L,$$

où m est la masse du vaisseau et l'on a :

$$F_T = -G\frac{mM_T}{r^2}, \quad F_L = G\frac{mM_L}{(d - r)^2}.$$

On déduit :

$$\frac{\mathrm{d}^2 r}{\mathrm{d}\tau^2} = -GM_T\frac{1}{r^2} + GM_L\frac{1}{(d - r)^2}.$$

Avec $t = \tau/T$, on obtient :

$$\frac{\mathrm{d}^2 x}{\mathrm{d}t^2} = -\frac{1 - \varepsilon}{x^2} + \frac{\varepsilon}{(1 - x)^2}.$$

Le rayon de la Terre est pris nul ce qui introduit une apparente singularité en $x = 0$.

2.

$$\frac{\mathrm{d}t}{\mathrm{d}x} = \frac{\sqrt{\frac{x}{2}}}{\sqrt{1 + \varepsilon\frac{2x - 1}{1 - x}}},$$

$$t_0(x) = \frac{\sqrt{2}}{3}x^{3/2},$$

$$t_1(x) = \frac{\sqrt{2}}{3}x^{3/2} + \sqrt{\frac{x}{2}} - \frac{1}{2\sqrt{2}}\ln\frac{1 + \sqrt{x}}{1 - \sqrt{x}}.$$

On a $t_0(0) = 0$, $t_1(0) = 0$.

3.

$$T_0 = A,$$

$$\frac{dT_1}{dX} = -\frac{1}{\sqrt{2}}\sqrt{\frac{X}{1+X}},$$

$$T_1 = -\frac{1}{\sqrt{2}}\sqrt{X(1+X)} + \frac{1}{\sqrt{2}}\ln\left[\sqrt{X}+\sqrt{1+X}\right] + B.$$

En utilisant les opérateurs à l'ordre ε, on a :

$$E_1\,E_0\,t = \frac{\sqrt{2}}{3} + \varepsilon\left(-\frac{X}{\sqrt{2}} + \frac{5}{3\sqrt{2}} - \frac{\ln 2}{\sqrt{2}} + \frac{1}{2\sqrt{2}}\ln\varepsilon + \frac{1}{2\sqrt{2}}\ln X\right),$$

$$E_0\,E_1\,t = A + \varepsilon\left(-\frac{1}{\sqrt{2}}\frac{1-x}{\varepsilon} - \frac{1}{2\sqrt{2}} + \frac{\ln 2}{\sqrt{2}} - \frac{1}{2\sqrt{2}}\ln\varepsilon + \frac{1}{2\sqrt{2}}\ln(1-x) + B\right),$$

$$A = \frac{\sqrt{2}}{3},$$

$$B = \frac{13}{6\sqrt{2}} - \frac{2\ln 2}{\sqrt{2}} + \frac{1}{2\sqrt{2}}\ln\varepsilon,$$

$$t_{\text{app}} = \frac{\sqrt{2}}{3}x^{3/2} + \frac{\varepsilon}{\sqrt{2}}\left\{X - \sqrt{X(1+X)} + \ln\left[\sqrt{X}+\sqrt{1+X}\right]\right.$$

$$\left. + \frac{2}{3}x^{3/2} + \sqrt{x} + \frac{1}{2} - \ln 2 - \ln(1+\sqrt{x}) + \frac{1}{2}\ln\varepsilon\right\}.$$

4. $f_0(x) = \dfrac{\sqrt{2}}{3}x^{3/2}.$

Le reste $L_\varepsilon(t_{a1})$ est $O(\varepsilon)$ quand $0 < A_1 \leq x \leq A_2 < 1$ mais $L_\varepsilon(t_{a1})$ est $O(1)$ quand $0 < B_1 \leq X \leq B_2$.

$$f_1 = \frac{\sqrt{2}}{3}x^{3/2} + \sqrt{\frac{x}{2}} - \frac{1}{2\sqrt{2}}\ln\frac{1+\sqrt{x}}{1-\sqrt{x}},$$

$$F_1 = \frac{X}{\sqrt{2}} - \frac{1}{\sqrt{2}}\sqrt{X(1+X)} + \frac{1}{\sqrt{2}}\ln\left[\sqrt{X}+\sqrt{1+X}\right]$$

$$- \frac{1}{2\sqrt{2}}\ln X + \frac{1}{2\sqrt{2}} - \frac{\ln 2}{\sqrt{2}}.$$

Sous sa forme régulière, la MASC donne une approximation identique à la forme composite déduite de la MDAR.

Le reste $L_\varepsilon(t_{a2})$ est $O(\varepsilon^2)$ quand $0 < A_1 \leq x \leq A_2 < 1$ mais $L_\varepsilon(t_{a2})$ est $O(\varepsilon)$ quand $0 < B_1 \leq X \leq B_2$.

5.

$$\frac{dt}{dx} = \frac{\sqrt{\frac{x}{2}}}{\sqrt{1 - 2\varepsilon + \frac{\varepsilon}{1-x}}},$$

$$\frac{dy_0}{dx} = \sqrt{\frac{x}{2}}\,\frac{(1-x)^{1/2}}{(1-x+\varepsilon)^{1/2}},$$

$$\frac{dy_1}{dx} = \sqrt{\frac{x}{2}}\,\frac{(1-x)^{3/2}}{(1-x+\varepsilon)^{3/2}}.$$

6. On obtient les résultats numériques donnés dans le tableau S.2.

Tableau S.2. Résultats numériques

ε	solution numérique	MDAR	MASC généralisée
0,01	0,4002	0,4606	0,4602
0,1	0,4249	0,4452	0,4209
0,5	0,3927	0,6248	0,3481

5.6.

1. En reportant le développement extérieur dans l'équation initiale, on obtient :

$$\frac{d^2 w_0}{dx^2} = -p(x),$$

d'où la solution :

$$w_0 = B_0 + A_0 x - \int_0^x \left(\int_0^\xi p(\lambda)\,d\lambda \right) d\xi.$$

L'intégrale représente en fait une intégrale double. En intégrant d'abord par rapport à ξ, on a :

$$\int_0^x \left(\int_0^\xi p(\lambda)\,d\lambda \right) d\xi = \int_0^x p(\lambda) \left(\int_\lambda^x d\xi \right) d\lambda = \int_0^x p(\lambda)(x - \lambda)\,d\lambda.$$

Au voisinage de $x = 0$, en utilisant un développement en série de Taylor, on obtient :

$$w_0 = w_0(0) + x w_0'(0) + \frac{x^2}{2} w''(0) + \frac{x^3}{3!} w'''(0) + \mathrm{O}(x^4).$$

On a :

$$w_0(0) = B_0, \quad \frac{dw_0}{dx}(0) = A_0,$$

$$\frac{\mathrm{d}^2 w_0}{\mathrm{d}x^2}(0) = -p(0), \quad \frac{\mathrm{d}^3 w_0}{\mathrm{d}x^3}(0) = -p'(0),$$

d'où :

$$w_0(x) = B_0 + A_0 x - p(0)\frac{x^2}{2} - p'(0)\frac{x^3}{3!} + \mathrm{O}(x^4) \quad \text{quand} \quad x \to 0.$$

De la même façon, quand $x \to 1$, on obtient :

$$w_0(x) = B_0 + A_0 - \int_0^1 p(\lambda)(1-\lambda)\,\mathrm{d}\lambda + \left[A_0 - \int_0^1 p(\lambda)\,\mathrm{d}\lambda\right](x-1)$$

$$-p(1)\frac{(x-1)^2}{2} - p'(1)\frac{(x-1)^3}{3!} + \mathrm{O}\left[(x-1)^4\right].$$

2. En reportant le développement intérieur dans l'équation initiale, on obtient :

$$\frac{\varepsilon\mu_0}{\delta^4}\frac{\mathrm{d}^4 W_0}{\mathrm{d}X^4} + \frac{\varepsilon\mu_1}{\delta^4}\frac{\mathrm{d}^4 W_1}{\mathrm{d}X^4} - \frac{\mu_0}{\delta^2}\frac{\mathrm{d}^2 W_0}{\mathrm{d}X^2} - \frac{\mu_1}{\delta^2}\frac{\mathrm{d}^2 W_1}{\mathrm{d}X^2} = p(0) + X\delta p'(0) + \cdots.$$

Pour conserver le terme de dérivée d'ordre 4, on doit prendre :

$$\delta = \varepsilon^{1/2}.$$

Avec $\mu_0 = \varepsilon^{1/2}$, l'équation pour W_0 est :

$$\frac{\mathrm{d}^4 W_0}{\mathrm{d}X^4} - \frac{\mathrm{d}^2 W_0}{\mathrm{d}X^2} = 0.$$

La solution générale de l'équation s'obtient à partir de :

$$\frac{\mathrm{d}^2 W_0}{\mathrm{d}X^2} - W_0 = -C_0 X + D_0.$$

On obtient :

$$W_0 = C_0\left(X + \frac{\mathrm{e}^{-X}}{2} - \frac{\mathrm{e}^X}{2}\right) + D_0\left(-1 + \frac{\mathrm{e}^{-X}}{2} + \frac{\mathrm{e}^X}{2}\right).$$

La présence d'un terme en e^X rend impossible le raccord avec le développement extérieur. On en déduit $C_0 = D_0$ et la solution pour W_0 devient :

$$W_0 = C_0(X + \mathrm{e}^{-X} - 1).$$

3. Avec les opérateurs d'expansion à l'ordre $\varepsilon^{1/2}$, on a :

$$\mathrm{E}_1\,\mathrm{E}_0\,w = B_0 + A_0\varepsilon^{1/2}X + \varepsilon^{1/2}w_1(0),$$

$$\mathrm{E}_0\,\mathrm{E}_1\,w = C_0\varepsilon^{1/2}X - C_0\varepsilon^{1/2},$$

d'où :

$$B_0 = 0, \quad A_0 = C_0, \quad w_1(0) = -C_0.$$

On a donc :

$$w_0 = C_0 x - \int_0^x p(\lambda)(x - \lambda)\, \mathrm{d}\lambda.$$

Avec $\nu_1 = \varepsilon^{1/2}$, l'équation initiale devient :

$$\varepsilon\left[\frac{\mathrm{d}^4 w_0}{\mathrm{d}x^4} + \varepsilon^{1/2}\frac{\mathrm{d}^4 w_1}{\mathrm{d}x^4}\right] - \left[\frac{\mathrm{d}^2 w_0}{\mathrm{d}x^2} + \varepsilon^{1/2}\frac{\mathrm{d}^2 w_1}{\mathrm{d}x^2}\right] = p(x).$$

On en déduit l'équation pour w_1 :

$$\frac{\mathrm{d}^2 w_1}{\mathrm{d}x^2} = 0.$$

La solution est :

$$w_1 = B_1 + A_1 x.$$

Avec $w_1(0) = -C_0$ on a $B_1 = -C_0$. La solution devient :

$$w_1 = -C_0 + A_1 x.$$

4. La couche limite au voisinage de $x = 1$ est analogue à celle qui se développe au voisinage de $x = 0$. En répétant les mêmes opérations, on trouve que $\delta^+ = \varepsilon^{1/2}$ et :

$$X^+ = \frac{x - 1}{\varepsilon^{1/2}},$$

avec $X^+ \le 0$.

On doit prendre $\mu_0^+ = \varepsilon^{1/2}$ et l'équation pour W_0^+ est :

$$\frac{\mathrm{d}^4 W_0^+}{\mathrm{d}X^{+4}} - \frac{\mathrm{d}^2 W_0^+}{\mathrm{d}X^{+2}} = 0.$$

La solution est de la forme :

$$W_0^+ = C_0^+ \left(X^+ + \frac{\mathrm{e}^{-X^+}}{2} - \frac{\mathrm{e}^{X^+}}{2}\right) + D_0^+ \left(-1 + \frac{\mathrm{e}^{-X^+}}{2} + \frac{\mathrm{e}^{X^+}}{2}\right).$$

Le raccord avec le développement extérieur est impossible avec un terme en e^{-X^+} car $X^+ \le 0$. On doit donc avoir $C_0^+ = -D_0^+$, d'où :

$$W_0^+ = C_0^+ \left(X^+ + 1 - \mathrm{e}^{X^+}\right).$$

En utilisant les opérateurs E_0 et E_1^+ à l'ordre $\varepsilon^{1/2}$, on a :

$$E_1^+ E_0\, w = C_0 - \int_0^1 p(\lambda)(1-\lambda)\,\mathrm{d}\lambda + \left[C_0 - \int_0^1 p(\lambda)\,\mathrm{d}\lambda\right]\varepsilon^{1/2}X^+$$

$$+\varepsilon^{1/2}(A_1 - C_0),$$

$$E_0\, E_1^+\, w = \varepsilon^{1/2}C_0^+ + \varepsilon^{1/2}C_0^+ X^+.$$

On en déduit :

$$C_0 = -M^{(1)}, \quad C_0^+ = -M^{(0)}, \quad A_1 = -M^{(0)} - M^{(1)}.$$

En résumé, on a les approximations suivantes :
– au voisinage de $x = 0$:

$$w = -\varepsilon^{1/2}M^{(1)}\left(X - 1 + \mathrm{e}^{-X}\right) + \mathrm{o}(\varepsilon^{1/2}),$$

– développement extérieur :

$$w = -M^{(1)}x - \int_0^x (x-\lambda)p(\lambda)\,\mathrm{d}\lambda + \varepsilon^{1/2}\left[M^{(1)} - (M^{(0)} + M^{(1)})x\right] + \mathrm{o}(\varepsilon^{1/2}),$$

– au voisinage de $x = 1$:

$$w = -\varepsilon^{1/2}M^{(0)}\left(X^+ + 1 - \mathrm{e}^{X^+}\right) + \mathrm{o}(\varepsilon^{1/2}).$$

Problèmes du chapitre 6

6.1.

1. En reportant le développement extérieur dans l'équation initiale, on obtient les équations pour y_1 et y_2 :

$$\frac{\mathrm{d}y_1}{\mathrm{d}x} + y_1 = 0,$$

$$\frac{\mathrm{d}y_2}{\mathrm{d}x} + y_2 = -\frac{\mathrm{d}^2 y_1}{\mathrm{d}x^2}.$$

À l'aide de la condition limite $y(1) = b$, on déduit les conditions aux limites pour y_1 et y_2 :

$$y_1(1) = b,$$

$$y_2(1) = 0.$$

On obtient ainsi :

$$y_1 = b\,e^{1-x},$$
$$y_2 = b(1-x)\,e^{1-x}.$$

Avec le changement de variable $X = x/\varepsilon$, et en posant $Y(X,\varepsilon) \equiv y(x,\varepsilon)$ l'équation initiale devient :

$$\frac{d^2Y}{dX^2} + \frac{dY}{dX} + \varepsilon Y = 0.$$

En reportant le développement intérieur dans cette équation, on obtient les équations pour Y_1 et Y_2 :

$$\frac{d^2Y_1}{dX^2} + \frac{dY_1}{dX} = 0,$$
$$\frac{d^2Y_2}{dX^2} + \frac{dY_2}{dX} = -Y_1.$$

Le développement intérieur étant réservé à la région intérieure, on ne peut appliquer que la condition limite $y(0) = a$. On en déduit les conditions aux limites pour Y_1 et Y_2 :

$$Y_1(0) = a,$$
$$Y_2(0) = 0,$$

d'où les solutions :

$$Y_1 = a + A(1 - e^{-X}),$$
$$Y_2 = B(1 - e^{-X}) - (a + A)X - AX\,e^{-X}.$$

Les constantes A et B sont obtenues en appliquant le PMVD. À l'ordre 1, on a :

$$E_1\,E_0\,y = b\,e,$$
$$E_0\,E_1\,y = a + A,$$

d'où :

$$A + a = be.$$

À l'ordre ε, on a :

$$E_1\,E_0\,y = b\,e + \varepsilon(-b\,e\,X + b\,e),$$
$$E_0\,E_1\,y = b\,e + \varepsilon(B - b\,e\,X).$$

On en déduit :

$$B = b\,\mathrm{e}\,.$$

Les approximations composites sont formées par :

$$y_\mathrm{a} = \mathrm{E}_0\,y + \mathrm{E}_1\,y - \mathrm{E}_0\,\mathrm{E}_1\,y,$$

soit :

$$y_\mathrm{a1} = b\,\mathrm{e}^{1-x} + (a - b\,\mathrm{e})\,\mathrm{e}^{-X},$$
$$y_\mathrm{a2} = b\,\mathrm{e}^{1-x} + (a - b\,\mathrm{e})\,\mathrm{e}^{-X}$$
$$\qquad + \varepsilon\left[b(1 - x)\,\mathrm{e}^{1-x} - b\,\mathrm{e}\,\mathrm{e}^{-X} + (a - b\,\mathrm{e})X\,\mathrm{e}^{-X}\right].$$

2. On a :

$$\mathrm{L}_\varepsilon\,y_\mathrm{a1} = (a - b\,\mathrm{e})\,\mathrm{e}^{-x/\varepsilon} + \varepsilon b\,\mathrm{e}^{1-x},$$
$$\mathrm{L}_\varepsilon\,y_\mathrm{a2} = (a - b\,\mathrm{e})x\,\mathrm{e}^{-x/\varepsilon} - \varepsilon b\,\mathrm{e}\,\mathrm{e}^{-x/\varepsilon} + (3 - x)\varepsilon^2 b\,\mathrm{e}^{1-x}\,.$$

Dans le domaine $0 \le x \le 1$, on a :

$$\mathrm{L}_\varepsilon\,y_\mathrm{a1} = \mathrm{O}(1),$$
$$\mathrm{L}_\varepsilon\,y_\mathrm{a2} = \mathrm{O}(\varepsilon).$$

alors que dans le domaine $0 < A_0 \le x \le 1$, on a :

$$\mathrm{L}_\varepsilon\,y_\mathrm{a1} = \mathrm{O}(\varepsilon),$$
$$\mathrm{L}_\varepsilon\,y_\mathrm{a2} = \mathrm{O}(\varepsilon^2).$$

Complément. Sur des domaines bornés, on peut montrer que si, sur le domaine de définition D de la fonction y, on a :

$$\mathrm{L}_\varepsilon\,y_\mathrm{a} = \mathrm{O}(\varepsilon),$$

alors :

$$y - y_\mathrm{a} = \mathrm{O}(\varepsilon).$$

Autrement dit, y_a est une approximation de y à l'ordre $\mathrm{O}(\varepsilon)$.

Or, sur le domaine D, on a :

$$\mathrm{L}_\varepsilon\,y_\mathrm{a2} = \mathrm{O}(\varepsilon).$$

On est donc sûr qu'il existe une constante K telle que :

$$|y - y_\mathrm{a2}| < K\varepsilon.$$

D'autre part, on peut écrire :

$$y - y_\mathrm{a1} = y - y_\mathrm{a2} + y_\mathrm{a2} - y_\mathrm{a1}.$$

Comme on a :

$$y_{a2} - y_{a1} = O(\varepsilon),$$

il est clair qu'il existe une constante K_1 telle que :

$$|y - y_{a1}| < K_1 \varepsilon.$$

On a donc démontré que y_{a1} est une approximation à l'ordre $O(\varepsilon)$.

En fait, par des estimations plus sophistiquées, on peut montrer directement que si, dans le domaine $0 < A_0 \le x \le 1$, on a :

$$L_\varepsilon \, y_a = O(\varepsilon),$$

alors :

$$y - y_a = O(\varepsilon).$$

Ceci indique que y_{a1} est une approximation à l'ordre $O(\varepsilon)$ bien que $L_\varepsilon \, y_{a1} = O(1)$ dans le domaine D tout entier. En fait, ici, on dispose de la solution exacte et l'on sait que y_{a1} et y_{a2} sont bien des approximations aux ordres indiqués.

Ceci est un chapitre beaucoup plus complexe de l'analyse asymptotique pour des problèmes de perturbation singulière : la justification du principe de raccordement.

6.2. Le coefficient de $\dfrac{\mathrm{d}y}{\mathrm{d}x}$ étant positif, la couche limite est au voisinage de $x = 0$.

L'équation réduite est :

$$\frac{\mathrm{d}y_0}{\mathrm{d}x} + y_0 = 0.$$

Avec $y_0(1) = 1$, la solution est :

$$y_0 = \mathrm{e}^{1-x}.$$

On cherche une AUV sous la forme :

$$y_{a1} = y_0 + Y_0(X, \varepsilon), \quad X = \frac{x}{\delta}.$$

On est conduit à prendre $\delta = \varepsilon$. L'équation initiale devient :

$$\varepsilon \frac{\mathrm{d}^2 y_0}{\mathrm{d}x^2} + \frac{1}{\varepsilon} \frac{\mathrm{d}^2 Y_0}{\mathrm{d}X^2} + \frac{1}{\varepsilon} \frac{\mathrm{d}Y_0}{\mathrm{d}X} + Y_0 = 0.$$

Le terme $\varepsilon \dfrac{\mathrm{d}^2 y_0}{\mathrm{d}x^2}$ est d'ordre ε quand $0 < A_1 \le X \le A_2$ de sorte que l'équation pour Y_0 est :

$$\frac{\mathrm{d}^2 Y_0}{\mathrm{d}X^2} + \frac{\mathrm{d}Y_0}{\mathrm{d}X} = 0.$$

La solution est :

$$Y_0 = \alpha + \beta \, \mathrm{e}^{-X}.$$

Les conditions aux limites donnent $\alpha = 0$ et $\beta = 0$.

On a donc :

$$y_{a1} = e^{1-x}.$$

L'approximation suivante est :

$$y = y_0 + \nu y_1(x, \varepsilon).$$

L'équation initiale devient :

$$\varepsilon \frac{d^2 y_0}{dx^2} + \varepsilon \nu \frac{d^2 y_1}{dx^2} + \nu \frac{dy_1}{dx} + \nu y_1 = 0.$$

On prend $\nu = \varepsilon$ et l'équation pour y_1 devient :

$$\frac{dy_1}{dx} + y_1 = -\frac{d^2 y_0}{dx^2}.$$

Avec $y_1(1) = 0$, la solution est :

$$y_1 = (1-x) e^{(1-x)}.$$

On cherche une AUV sous la forme :

$$y = y_0(x) + \varepsilon y_1(x) + \varepsilon Y_1(X, \varepsilon).$$

L'équation initiale devient :

$$\varepsilon^2 \frac{d^2 y_1}{dx^2} + \frac{d^2 Y_1}{dX^2} + \frac{dY_1}{dX} + \varepsilon Y_1 = 0.$$

Le terme $\varepsilon^2 \dfrac{d^2 y_1}{dx^2}$ est d'ordre ε^2 quand $0 < A_1 \leq X \leq A_2$. L'équation pour Y_1 est :

$$\frac{d^2 Y_1}{dX^2} + \frac{dY_1}{dX} = 0.$$

La solution est :

$$Y_1 = A + B e^{-X}.$$

Les conditions aux limites sont telles que :

$$x = 0 \quad : \quad y_1 + Y_1 = 0, \quad x = 1 \quad : \quad y_1 + Y_1 = 0.$$

On en déduit :

$$A = \frac{e^{1-1/\varepsilon}}{1 - e^{-1/\varepsilon}}, \quad B = -\frac{e}{1 - e^{-1/\varepsilon}}.$$

La solution est :

$$y = e^{1-x} + \varepsilon \left[(1-x) e^{1-x} + \frac{e^{1-1/\varepsilon} - e^{1-X}}{1 - e^{-1/\varepsilon}} \right].$$

Avec la MASC sous sa forme régulière, la solution est :

$$y = e^{1-x} + \varepsilon \left[(1-x) e^{1-x} - e^{1-X} \right].$$

6.3. Pour déterminer les variables appropriées aux couches limites, on pose $\xi = X/\delta_1(\varepsilon)$ et $\zeta = (1 - x)/\delta_2(\varepsilon)$. Avec ces changements de variables, on compare l'ordre de grandeur des termes de l'équation. On montre aisément que les changements de variables permettant de restituer les couches limites sont :

$$X = \frac{x}{\varepsilon}, \quad \zeta = \frac{1 - x}{\varepsilon^{1/2}}.$$

L'équation réduite est :

$$(1 - x)\frac{\mathrm{d}y_0}{\mathrm{d}x} - y_0 = 0.$$

La solution est :

$$y_0 = \frac{b}{1 - x}.$$

On complète la solution sous la forme :

$$y = y_0(x) + Z_0(\zeta).$$

L'équation initiale devient :

$$\varepsilon\frac{\mathrm{d}^2 y_0}{\mathrm{d}x^2} + \frac{\mathrm{d}^2 Z_0}{\mathrm{d}\zeta^2} - \zeta\frac{\mathrm{d}Z_0}{\mathrm{d}\zeta} - Z_0 = 0.$$

Or, on a :

$$\varepsilon\frac{\mathrm{d}^2 y_0}{\mathrm{d}x^2} = \frac{1}{\varepsilon^{1/2}}\frac{2b}{\zeta^3}.$$

On en déduit que $b = 0$ sinon ce terme d'ordre $\varepsilon^{-1/2}$ reste seul dans l'équation. On obtient donc :

$$\frac{\mathrm{d}^2 Z_0}{\mathrm{d}\zeta^2} - \zeta\frac{\mathrm{d}Z_0}{\mathrm{d}\zeta} - Z_0 = 0.$$

On vérifie que la solution a la forme :

$$Z_0 = \mathrm{e}^{\zeta^2/2}\left[A + B\int_0^{\zeta/\sqrt{2}} \mathrm{e}^{-t^2}\,\mathrm{d}t\right].$$

En $x = 1$, la condition $y = 1$ impose $A = 1$. On recherche une AUV sous la forme :

$$y_{\mathrm{a}} = Z_0(\zeta) + Y_0(\xi).$$

En reportant dans l'équation initiale, on montre que l'équation pour Y_0 est :

$$\frac{\mathrm{d}^2 Y_0}{\mathrm{d}\xi^2} + \frac{\mathrm{d}Y_0}{\mathrm{d}\xi} = 0,$$

d'où la solution :

$$Y_0 = \alpha + \beta\, e^{-\xi}.$$

Cette fonction doit assurer la condition limite en $x = 0$ soit $\xi = 0$. On a donc :

$$\alpha + \beta = 1.$$

La condition $y(0) = 1$ implique que la contribution de Z_0 doit s'annuler en $x = 0$. Cette condition doit être appliquée en $\zeta = 1/\varepsilon^{1/2}$. Sous sa forme régulière, la MASC implique que cette limite est à imposer pour $\zeta \to \infty$. On obtient donc :

$$A + B \int_0^\infty e^{-t^2}\, \mathrm{d}t = 0,$$

soit, avec $A = 1$:

$$B = -\frac{2}{\sqrt{\pi}}.$$

De même, la condition $y(1) = 1$ implique que la contribution de Y_0 doit s'annuler en $x = 1$. Cette condition doit être appliquée en $\xi = 1/\varepsilon$, c'est-à-dire avec la MASC sous sa forme régulière pour $\xi \to \infty$, d'où :

$$\alpha = 0,$$

et, avec $\alpha + \beta = 1$, on en déduit $\beta = 1$.

Finalement, la solution est :

$$y_a = e^{-\xi} + e^{\zeta^2/2} \left[1 - \frac{2}{\sqrt{\pi}} \int_0^{\zeta/\sqrt{2}} e^{-t^2}\, \mathrm{d}t \right].$$

6.4. L'équation pour p_0 est obtenue en faisant $\varepsilon = 0$:

$$\frac{\mathrm{d}(p_0 h)}{\mathrm{d}x} = 0.$$

En tenant compte de la condition en $x = 0$, la solution est :

$$p_0 = \frac{h_0}{h}.$$

Pour déterminer la variable de couche limite, on pose $X = (1-x)/\delta(\varepsilon)$. Avec ce changement de variable, on montre aisément que la couche limite est restituée en prenant $\delta = \varepsilon$. L'équation pour $P_0(X)$ est obtenue en développant $h(x)$ et $p_0(x)$ au voisinage de $x = 1$ de façon à bien avoir $P_0 = P_0(X)$. On a ainsi :

$$h(x) = h(1 - \varepsilon X) = h(1) - \varepsilon X \left(\frac{\mathrm{d}h}{\mathrm{d}x} \right)_{x=1} + \cdots = 1 - \varepsilon X \left(\frac{\mathrm{d}h}{\mathrm{d}x} \right)_{x=1} + \cdots,$$

et :

$$p_0 = \frac{h_0}{h} = h_0 \left[1 + \varepsilon X \left(\frac{\mathrm{d}h}{\mathrm{d}x} \right)_{x=1} + \cdots \right].$$

D'autre part, on a :

$$\frac{\mathrm{d}P_0}{\mathrm{d}x} = -\frac{1}{\varepsilon} \frac{\mathrm{d}P_0}{\mathrm{d}X}.$$

Dans l'équation initiale, on remplace p par $p_0(x) + P_0(X)$. Après avoir examiné l'ordre de grandeur de tous les termes quand $0 < A_1 \leq X \leq A_2$ où A_1 et A_2 sont des constantes indépendantes de ε, on aboutit à :

$$\frac{\mathrm{d}}{\mathrm{d}X} \left[(h_0 + P_0) \frac{\mathrm{d}P_0}{\mathrm{d}X} + P_0 \right] = 0,$$

d'où :

$$-X = (h_0 + C_1) \ln |P_0 - C_1| + P_0 + C_2.$$

On applique les conditions aux limites. Compte tenu de p_0, on doit avoir en $x = 1$ ou $X = 0$:

$$P_0(0) = 1 - h_0.$$

La condition en $x = 0$ devient une condition en $X = 1/\varepsilon$. Si l'on applique la MASC sous sa forme régulière, la condition est à imposer pour $X \to \infty$; on a :

$$X \to \infty \quad : \quad P_0 = 0,$$

ce qui entraîne $C_1 = 0$ et l'on obtient :

$$-X = h_0 \ln \frac{|P_0|}{|1 - h_0|} + P_0 - 1 + h_0.$$

6.5.

1. Les composantes de vitesse sont :

$$u = 1 + \varepsilon \frac{\partial \varphi_1}{\partial x} + \frac{\partial \Phi_1}{\partial S_1} + \frac{\partial \Psi_1}{\partial S_2} + \varepsilon \left[\frac{\partial \Phi_2}{\partial S_1} + \frac{\partial \Psi_2}{\partial S_2} \right],$$

$$v = \varepsilon \frac{\partial \varphi_1}{\partial y} + \frac{\partial \Phi_1}{\partial Y} + \frac{\partial \Psi_1}{\partial Y} + \varepsilon \left[\frac{\partial \Phi_2}{\partial Y} + \frac{\partial \Psi_2}{\partial Y} \right].$$

2. La condition de glissement à la paroi s'écrit :

$$v = \pm \varepsilon T'(x) u,$$

et doit être exprimée en $y = \pm \varepsilon T(x)$. Ainsi, en faisant les développements limités qui conviennent avec $\varepsilon \to 0$, la condition de glissement à l'extrados devient :

$$\frac{\partial \varphi_1}{\partial y}(x, 0+) = T' - f + g,$$

$$\frac{1}{\sqrt{2S_1}}\left[1 + \frac{\partial \Phi_1}{\partial S_1}\left(S_1, \sqrt{2S_1}\right)\right] = \frac{\partial \Phi_1}{\partial Y}\left(S_1, \sqrt{2S_1}\right),$$

$$\frac{1}{\sqrt{2S_1}}\left[\frac{\partial \varphi_1}{\partial x}(-1_+, 0_+) + \frac{\partial \Phi_2}{\partial S_1}\left(S_1, \sqrt{2S_1}\right)\right] = \frac{\partial \Phi_2}{\partial Y}\left(S_1, \sqrt{2S_1}\right),$$

$$-\frac{1}{\sqrt{-2S_2}}\left[1 + \frac{\partial \Psi_1}{\partial S_2}\left(S_2, \sqrt{-2S_2}\right)\right] = \frac{\partial \Psi_1}{\partial Y}\left(S_2, \sqrt{-2S_2}\right),$$

$$-\frac{1}{\sqrt{-2S_2}}\left[\frac{\partial \varphi_1}{\partial x}(1_-, 0_+) + \frac{\partial \Psi_2}{\partial S_2}\left(S_2, \sqrt{-2S_2}\right)\right] = \frac{\partial \Psi_2}{\partial Y}\left(S_2, \sqrt{-2S_2}\right),$$

avec :

$$S_1 > 0, \quad S_2 < 0.$$

La notation $\frac{\partial \varphi_1}{\partial x}(-1_+, 0_+)$ signifie que la dérivée $\frac{\partial \varphi_1}{\partial x}$ doit être évaluée à l'extrados $(y = 0_+)$ lorsque $x \to -1$ avec $x > -1$. De même, la notation $\frac{\partial \varphi_1}{\partial x}(1_-, 0_+)$ signifie que la dérivée $\frac{\partial \varphi_1}{\partial x}$ doit être évaluée à l'extrados $(y = 0_+)$ lorsque $x \to 1$ avec $x < 1$.

3. Chacun des potentiels φ_1, Φ_1, Φ_2, Ψ_1, Ψ_2 répond à l'équation du potentiel :

$$\triangle \varphi_1 = 0, \quad \triangle \Phi_1 = 0, \quad \triangle \Phi_2 = 0, \quad \triangle \Psi_1 = 0, \quad \triangle \Psi_2 = 0.$$

La solution pour le potentiel φ_1 est donnée par la théorie des profils minces, mais ce potentiel ne correpond pas à l'écoulement autour de l'ellipse car les termes $-f$ et g s'ajoutent. Ces termes permettent d'éliminer les singularités introduites par la théorie des profils minces au bord d'attaque et au bord de fuite.

Les quatre dernières relations décrivant la condition de glissement conduisent à l'écoulement autour d'une parabole d'équation $Y = \sqrt{2S_1}$ ou $Y = \sqrt{-2S_2}$.

D'après la relation :

$$\frac{1}{\sqrt{2S_1}}\left[1 + \frac{\partial \Phi_1}{\partial S_1}\left(S_1, \sqrt{2S_1}\right)\right] = \frac{\partial \Phi_1}{\partial Y}\left(S_1, \sqrt{2S_1}\right),$$

le potentiel $\Phi_1 + S_1$ est celui de l'écoulement autour d'une parabole d'équation $Y = \sqrt{2S_1}$.

On en déduit que les composantes u et v de la vitesse sur la parabole $Y = \sqrt{2S_1}$ correspondant au potentiel Φ_1 sont :

$$u = -\frac{\varepsilon^2}{\varepsilon^2 + 2(1 + x)}, \quad v = \varepsilon \frac{\sqrt{2(1 + x)}}{\varepsilon^2 + 2(1 + x)}.$$

Les composantes u et v de la vitesse sur la parabole $Y = \sqrt{-2S_2}$ correspondant au potentiel Ψ_1 sont :

$$u = -\frac{\varepsilon^2}{\varepsilon^2 + 2(1-x)}, \quad v = -\varepsilon\frac{\sqrt{2(1-x)}}{\varepsilon^2 + 2(1-x)}.$$

Dans l'équation :

$$\frac{1}{\sqrt{2S_1}}\left[\frac{\partial\varphi_1}{\partial x}(-1_+, 0_+) + \frac{\partial\Phi_2}{\partial S_1}\left(S_1, \sqrt{2S_1}\right)\right] = \frac{\partial\Phi_2}{\partial Y}\left(S_1, \sqrt{2S_1}\right),$$

compte tenu de la solution pour φ_1, on a $\dfrac{\partial\varphi_1}{\partial x}(-1_+, 0_+) = 1$.

De même, dans l'équation :

$$-\frac{1}{\sqrt{-2S_2}}\left[\frac{\partial\varphi_1}{\partial x}(1_-, 0_+) + \frac{\partial\Psi_2}{\partial S_2}\left(S_2, \sqrt{-2S_2}\right)\right] = \frac{\partial\Psi_2}{\partial Y}\left(S_2, \sqrt{-2S_2}\right),$$

on a $\dfrac{\partial\varphi_1}{\partial x}(1_-, 0_+) = 1$.

La solution pour Φ_2 est donc identique à la solution pour Φ_1. De même, la solution pour Ψ_2 est identique à la solution pour Ψ_1.

Les composantes u et v de la vitesse sur la parabole $Y = \sqrt{2S_1}$ correspondant au potentiel Φ_2 sont :

$$u = -\frac{\varepsilon^2}{\varepsilon^2 + 2(1+x)}, \quad v = \varepsilon\frac{\sqrt{2(1+x)}}{\varepsilon^2 + 2(1+x)}.$$

Les composantes u et v de la vitesse sur la parabole $Y = \sqrt{-2S_2}$ correspondant au potentiel Ψ_2 sont :

$$u = -\frac{\varepsilon^2}{\varepsilon^2 + 2(1-x)}, \quad v = -\varepsilon\frac{\sqrt{2(1-x)}}{\varepsilon^2 + 2(1-x)}.$$

En fin de compte, les composantes de la vitesse sur l'ellipse et la vitesse résultante sont :

$$u = (1+\varepsilon)\left[1 - \frac{\varepsilon^2}{\varepsilon^2 + 2(1+x)} - \frac{\varepsilon^2}{\varepsilon^2 + 2(1-x)}\right],$$

$$v = \varepsilon\left[-\frac{x}{\sqrt{1-x^2}} - \frac{1}{\sqrt{2(x+1)}} + \frac{1}{\sqrt{2(1-x)}}\right]$$

$$+\varepsilon(1+\varepsilon)\left[\frac{\sqrt{2(1+x)}}{\varepsilon^2 + 2(1+x)} - \frac{\sqrt{2(1-x)}}{\varepsilon^2 + 2(1-x)}\right],$$

$$q = \sqrt{u^2 + v^2}.$$

La figure S.3 donne la comparaison de la solution exacte avec l'approximation issue de la MASC sous forme régulière. On notera que l'approximation MASC ne permet pas d'avoir une vitesse strictement nulle au point d'arrêt car les développements utilisés ici sont réguliers et les conditions limites ne sont pas réalisées exactement.

6.6. On a d'abord $\varphi_1 = \bar{\varphi}_1$ et, avec $\varepsilon \to 0$, on a :

$$\bar{\psi}_1 = \psi_1(X) - 1 + \text{TEP},$$

où $\varphi_1(x)$ et $\psi_1(X)$ sont les fonctions apparaissant dans les développements de la MDAR.

D'autre part, en variable X, avec $\varepsilon \to 0$, on a :

$$\varepsilon \frac{\mathrm{d}^2\bar{\varphi}_1}{\mathrm{d}x^2} \cong -\frac{1}{4}X^{-5/4} + \frac{2}{3}\varepsilon^{3/5}X^{-1/2} + \frac{10}{9}\varepsilon^{6/5}X^{1/4} + \cdots.$$

Développement de $\bar{\psi}_2$. Un développement régulier de $\bar{\psi}_2$ à l'ordre $\varepsilon^{2/5}$ est donné par :

$$\bar{\psi}_2 = \bar{F}_1(X) + \varepsilon^{2/5}(\bar{f}_1(x) + \bar{F}_2(X)) + \mathrm{o}(\varepsilon^{2/5}), \qquad (\text{S.1})$$

où $\bar{F}_1$, $\bar{f}_1$ et $\bar{F}_2$ satisfont les équations suivantes :

$$\frac{\mathrm{d}^2\bar{F}_1}{\mathrm{d}X^2} + X^{1/4}\frac{\mathrm{d}\bar{F}_1}{\mathrm{d}X} = \psi_1 - 1 + \frac{1}{4}X^{-5/4},$$

$$x^{1/4}\frac{\mathrm{d}\bar{f}_1}{\mathrm{d}x} = -\frac{\mathrm{d}^2\varphi_1}{\mathrm{d}x^2} - \frac{1}{4}x^{-5/4},$$

$$\frac{\mathrm{d}^2\bar{F}_2}{\mathrm{d}X^2} + X^{1/4}\frac{\mathrm{d}\bar{F}_2}{\mathrm{d}X} = 0.$$

Les conditions aux limites pour $\bar{F}_1$, $\bar{f}_1$ et $\bar{F}_2$ sont obtenues en déterminant les développements extérieur et intérieur de $\bar{\psi}_2$. D'après (S.1), on a :

$$\mathrm{E}_0\,\bar{\psi}_2 = \mathrm{E}_0\,\bar{F}_1 + \varepsilon^{2/5}(\bar{f}_1 + \mathrm{E}_0\,\bar{F}_2).$$

Or, on peut montrer que :

$$\bar{F}_1 \cong C_1 - \frac{1}{2}X^{-1/2} + \cdots \quad \text{quand} \quad X \to \infty,$$

d'où, à l'ordre $\varepsilon^{2/5}$:

$$\mathrm{E}_0\,\bar{F}_1 = C_1 - \frac{1}{2}\varepsilon^{2/5}x^{-1/2}.$$

D'autre part, à l'ordre 1, on a :

$$\mathrm{E}_0\,\bar{F}_2 = C_2.$$

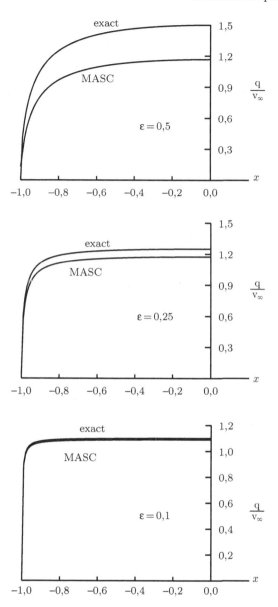

Fig. S.3. Module de la vitesse sur l'ellipse

On obtient :

$$E_0 \, \bar{\psi}_2 = C_1 + \varepsilon^{2/5} \left(\bar{f}_1 - \frac{1}{2} x^{-1/2} + C_2 \right).$$

La fonction $\bar{f}_1$ est connue à une constante additive près et, sans changer le résultat final, on peut prendre $\bar{f}_1(1) = 0$. Alors, pour satisfaire la condition limite $\bar{\psi}_2 = 0$ en $x = 1$ on a :

$$C_1 = 0, \quad C_2 = \frac{1}{2}.$$

Le développement intérieur de $\bar{\psi}_2$ est :

$$E_1 \, \bar{\psi}_2 = \bar{F}_1(X) + \varepsilon^{2/5}(\bar{f}_1(0) + \bar{F}_2(X)),$$

car le comportement de $\bar{f}_1$ quand $x \to 0$ est :

$$\bar{f}_1 = \bar{f}_1(0) - \frac{8}{3} x^{1/4},$$

où la constante $\bar{f}_1(0) = 4,4221$ est obtenue d'après la solution numérique de l'équation pour $\bar{f}_1$. La condition limite $\bar{\psi}_2(0) = 0$ est satisfaite en prenant :

$$\bar{F}_1(0) = 0, \quad \bar{f}_1(0) + \bar{F}_2(0) = 0.$$

Développement de $\bar{\varphi}_3$. Un développement régulier de $\bar{\varphi}_3$ à l'ordre 1 est :

$$\bar{\varphi}_3 = \bar{g}_1(x) + \bar{G}_1(X) + o(1), \tag{S.2}$$

où $\bar{g}_1$ et $\bar{G}_1$ satisfont les équations :

$$x^{1/4} \frac{\mathrm{d}\bar{g}_1}{\mathrm{d}x} - \bar{g}_1 = \bar{f}_1 - \frac{1}{2} x^{-1/2} + \frac{1}{2},$$

$$\frac{\mathrm{d}\bar{G}_1}{\mathrm{d}X} = 0.$$

La fonction $\bar{G}_1$ est une constante :

$$\bar{G}_1 = C_3.$$

Les développements extérieur et intérieur de $\bar{\varphi}_3$ à l'ordre 1 sont :

$$E_0 \, \bar{\varphi}_3 = \bar{g}_1(x) + C_3,$$
$$E_1 \, \bar{\varphi}_3 = \bar{g}_1(0) + C_3.$$

Afin de satisfaire la condition $\bar{\varphi}_3(1) = 0$ et en prenant $\bar{g}_1(1) = 0$, on a :

$$C_3 = 0.$$

Développement de $\bar{\psi}_3$. Un développement régulier de $\bar{\Psi}_3$ à l'ordre 1 est :

$$\bar{\Psi}_3 = \bar{H}_1(X) + o(1), \tag{S.3}$$

où $\bar{H}_1(X)$ satisfait l'équation :

$$\frac{\mathrm{d}^2 \bar{H}_1}{\mathrm{d}X^2} + X^{1/4} \frac{\mathrm{d}\bar{H}_1}{\mathrm{d}X} = 0.$$

La solution est :

$$\bar{H}_1(X) = C_4 G_{5/4}(X) + C_5.$$

Les développements intérieur et extérieur de $\bar{\Psi}_3$ sont :

$$\mathrm{E}_0\, \bar{\Psi}_3 = C_4 G_{5/4}(\infty) + C_5,$$
$$\mathrm{E}_1\, \bar{\Psi}_3 = C_4 G_{5/4}(X) + C_5.$$

Afin de satisfaire les conditions aux limites sur $\bar{\Psi}_3$, on a :

$$C_4 G_{5/4}(\infty) + C_5 = 0,$$
$$C_5 = -\bar{g}_1(0).$$

Les conditions aux limites sur $\bar{H}_1$ sont :

$$\bar{H}_1(0) = -\bar{g}_1(0),$$
$$\bar{H}_1 \to 0 \quad \text{quand} \quad X \to \infty.$$

Identification avec les résultats de la MDAR. Les résultats obtenus plus haut montrent qu'un développement régulier de $\bar{\Phi}_{a3}$, uniformément valable à l'ordre ε est :

$$\bar{\Phi}_{a3} = \varphi_1 + \psi_1 - 1 + \varepsilon^{3/5} \bar{F}_1 + \varepsilon(\bar{f}_1 + \bar{g}_1 + \bar{F}_2 + \bar{H}_1) + o(\varepsilon).$$

On définit les fonctions suivantes :

$$F_2(X) = \bar{F}_1 + \frac{4}{3} X^{3/4},$$
$$f_2(x) = \bar{f}_1 + \bar{g}_1 - \frac{1}{2} x^{-1/2} + \frac{1}{2},$$
$$F_3(X) = \bar{F}_2 + \bar{H}_1 + \bar{f}_1(0) + \bar{g}_1(0).$$

D'après les équations pour $\bar{F}_1$, $\bar{f}_1$, $\bar{g}_1$ et $\bar{H}_1$ on déduit :

$$\frac{\mathrm{d}^2 F_2}{\mathrm{d}X^2} + X^{1/4} \frac{\mathrm{d}F_2}{\mathrm{d}X} = \psi_1,$$
$$x^{1/4} \frac{\mathrm{d}f_2}{\mathrm{d}x} - f_2 = -\frac{\mathrm{d}^2 \varphi_1}{\mathrm{d}x^2},$$
$$\frac{\mathrm{d}^2 F_3}{\mathrm{d}X^2} + X^{1/4} \frac{\mathrm{d}F_3}{\mathrm{d}X} = 0.$$

Les conditions aux limites sont :

$$F_2(0) = 0,$$
$$F_2 \cong \frac{4}{3}X^{3/4} - \frac{1}{2}X^{-1/2} \quad \text{quand} \quad X \to \infty,$$
$$f_2(1) = 0,$$
$$F_3(0) = 0,$$
$$F_3 \to \bar{f}_1(0) + \bar{g}_1(0) + \frac{1}{2} \quad \text{quand} \quad X \to \infty.$$

Alors, on peut faire les identifications :

$$\psi_2 = F_2,$$
$$\varphi_2 = f_2,$$
$$\psi_3 = F_3.$$

Avec l'expression de φ_2, on déduit :

$$\bar{f}_1(0) + \bar{g}_1(0) = 4.$$

Finalement, un développement régulier de Φ, uniformément valable à l'ordre ε est :

$$\Phi = \varphi_1 + \psi_1 - 1 + \varepsilon^{3/5}(\psi_2 - \frac{4}{3}X^{3/4}) + \varepsilon(\varphi_2 + \frac{1}{2}x^{-1/2} - \frac{9}{2} + \psi_3) + o(\varepsilon).$$

Ce résultat est *exactement* le développement composite (6.16) obtenu par la MDAR. On en conclut que *les résultats de la MASC contiennent ceux de la MDAR*.

6.7. On a d'abord $\varphi_1 = \bar{\varphi}_1$ et, avec $\varepsilon \to 0$, on obtient :

$$\bar{\psi}_1 = \psi_1(X) - 1 + \text{TEP},$$

où $\varphi_1(x)$ et $\psi_1(X)$ sont les fonctions apparaissant dans la MDAR.

Développement de $\bar{\psi}_2$. L'équation (6.34) pour $\bar{\psi}_2$ est :

$$\frac{\mathrm{d}^2\bar{\psi}_2}{\mathrm{d}X^2} + X^{1/3}\frac{\mathrm{d}\bar{\psi}_2}{\mathrm{d}X} = -\varepsilon\frac{\mathrm{d}^2\bar{\varphi}_1}{\mathrm{d}x^2} + \bar{\psi}_1,$$

et les conditions aux limites sont :

$$\bar{\psi}_2(0, \varepsilon) = 0, \quad \bar{\psi}_2(\varepsilon^{-3/4}, \varepsilon) = 0.$$

On montre que :

$$\bar{\psi}_2 = \bar{F}_1(X) - \varepsilon^{1/2}\ln\varepsilon\bar{F}_3^*(X) + \varepsilon^{1/2}(\bar{F}_2(X) + \bar{f}_1(x)) + \cdots. \tag{S.4}$$

D'après l'équation pour $\bar{\psi}_2$ on obtient les équations suivantes :

$$\frac{\mathrm{d}^2\bar{F}_1}{\mathrm{d}X^2} + X^{1/3}\frac{\mathrm{d}\bar{F}_1}{\mathrm{d}X} = \frac{1}{3}X^{-4/3} + \psi_1 - 1,$$

$$\frac{\mathrm{d}^2\bar{F}_3^*}{\mathrm{d}X^2} + X^{1/3}\frac{\mathrm{d}\bar{F}_3^*}{\mathrm{d}X} = 0,$$

$$\frac{\mathrm{d}^2\bar{F}_2}{\mathrm{d}X^2} + X^{1/3}\frac{\mathrm{d}\bar{F}_2}{\mathrm{d}X} = -\frac{1}{2}X^{-2/3},$$

$$x^{1/3}\frac{\mathrm{d}\bar{f}_1}{\mathrm{d}x} = -\frac{\mathrm{d}^2\varphi_1}{\mathrm{d}x^2} - \frac{1}{3}x^{-4/3} + \frac{1}{2}x^{-2/3}.$$

Les conditions aux limites sont déduites des conditions aux limites sur $\bar{\psi}_2$ et du calcul de $E_0\,\bar{\psi}_2$ et de $E_1\,\bar{\psi}_2$. On obtient :

$$\bar{F}_1(0) = 0,$$
$$\bar{F}_3^*(0) = 0,$$
$$\bar{F}_2(0) + \bar{f}_1(0) = 0,$$
$$\bar{f}_1(1) = 0.$$

En fait, la condition $\bar{f}_1(1) = 0$ est choisie arbitrairement. Tout autre constante donne le même résultat final. Ici, la condition $\bar{f}_1(1) = 0$ est choisie par commodité.

En formant $E_0\,\bar{\psi}_2$ et en appliquant la condition $\bar{\psi}_2 = 0$ en $x = 1$, on obtient quand $X \to \infty$:

$$\bar{F}_1 \cong -\frac{1}{2}X^{-2/3},$$

$$\bar{F}_2 \cong \frac{1}{2} - \frac{1}{2}\ln X + \frac{3}{8}X^{-4/3},$$

$$\bar{F}_3^* \to \frac{3}{8}.$$

La solution pour $\bar{F}_3^*$ est :

$$\bar{F}_3^* = \frac{3}{8}\frac{G_{4/3}(X)}{G_{4/3}(\infty)}.$$

De plus, on fait l'identification :

$$\psi_2 = \bar{F}_1 + \frac{3}{2}X^{2/3}.$$

En effet, il est facile de vérifier que les fonctions ψ_2 et $\bar{F}_1 + \frac{3}{2}X^{2/3}$ obéissent à la même équation et que les conditions aux limites sont identiques. On note que les conditions aux limites sur ψ_2 résultent des conditions aux limites sur $\bar{\psi}_2$ et non pas de l'utilisation d'un principe de raccordement.

Développement de $\bar{\varphi}_3$. L'équation (6.36) pour $\bar{\varphi}_3$ est :

$$x^{1/3}\frac{\mathrm{d}\bar{\varphi}_3}{\mathrm{d}x} - \bar{\varphi}_3 = \varepsilon^{-1/2}\bar{\psi}_2,$$

avec

$$\bar{\varphi}_3(1,\varepsilon) = 0.$$

On montre que :

$$\bar{\varphi}_3 = -\frac{3}{8}\ln\varepsilon + \bar{G}_1(X) + \bar{g}_1(x) + \cdots. \qquad (S.5)$$

Les équations pour $\bar{G}_1$ et $\bar{g}_1$ sont :

$$X^{1/3}\frac{\mathrm{d}\bar{G}_1}{\mathrm{d}X} = \bar{F}_1,$$

$$x^{1/3}\frac{\mathrm{d}\bar{g}_1}{\mathrm{d}x} - \bar{g}_1 = -\ln x + \frac{1}{2} + \bar{f}_1,$$

où l'équation pour $\bar{g}_1$ est obtenue en considérant $\mathrm{E}_0\,\bar{\psi}_2$.

Les conditions aux limites sont déduites de l'étude du développement extérieur de $\bar{\varphi}_3$. À partir de la condition $\bar{\varphi}_3 = 0$ en $x = 1$, on obtient :

$$\bar{g}_1(1) = 0,$$

et le comportement de $\bar{G}_1$ pour $X \to \infty$ s'écrit :

$$\bar{G}_1 \cong -\frac{1}{2}\ln X.$$

Dans une certaine mesure, les conditions aux limites sont arbitraires. La condition $\bar{g}_1(1) = 0$ a été choisie par commodité mais tout autre constante aurait pu être choisie pour $\bar{g}_1(1)$.

Les équations pour $\bar{f}_1$ et $\bar{g}_1$ se combinent pour donner :

$$x^{1/3}\frac{\mathrm{d}}{\mathrm{d}x}(\bar{f}_1 + \bar{g}_1) - (\bar{f}_1 + \bar{g}_1) = -\frac{\mathrm{d}^2\varphi_1}{\mathrm{d}x^2} - \frac{1}{3}x^{-4/3} + \frac{1}{2}x^{-2/3} - \ln x + \frac{1}{2}.$$

On considère la fonction :

$$f_2 = \bar{f}_1 + \bar{g}_1 - \frac{1}{2}x^{-2/3} - \ln x + \frac{1}{2}.$$

L'équation pour f_2 est :

$$x^{1/3}\frac{\mathrm{d}f_2}{\mathrm{d}x} - f_2 = -\frac{\mathrm{d}^2\varphi_1}{\mathrm{d}x^2},$$

et l'on obtient $f_2(1) = 0$.

Alors, les fonctions φ_2 apparaissant dans l'application de la MDAR et f_2 sont identiques. On a :

$$\bar{f}_1 + \bar{g}_1 = \varphi_2 + \frac{1}{2}x^{-2/3} + \ln x - \frac{1}{2}.$$

Développement de $\bar{\psi}_3$. L'équation (6.37) pour $\bar{\psi}_3$ est :

$$\frac{d^2\bar{\psi}_3}{dX^2} + X^{1/3}\frac{d\bar{\psi}_3}{dX} = -\varepsilon^{3/2}\frac{d^2\bar{\varphi}_3}{dx^2},$$

avec les conditions aux limites :

$$\bar{\psi}_3(0,\varepsilon) = -\bar{\varphi}_3(0,\varepsilon), \quad \bar{\psi}_3(\varepsilon^{-3/4},\varepsilon) = 0.$$

On montre que :

$$\bar{\psi}_3 = \bar{H}_1(X) + \alpha G_{4/3}(X) + \beta + \cdots, \tag{S.6}$$

où $G_{4/3}(X)$ est solution de l'équation :

$$\frac{d^2 G_{4/3}}{dX^2} + X^{1/3}\frac{dG_{4/3}}{dX} = 0.$$

L'équation pour $\bar{H}_1(X)$ est :

$$\frac{d^2\bar{H}_1}{dX^2} + X^{1/3}\frac{d\bar{H}_1}{dX} = -\frac{d^2\bar{G}_1}{dX^2}.$$

Les conditions aux limites sur $\bar{H}_1$ sont déduites des conditions aux limites sur $\bar{\psi}_3$ et de l'étude des développements intérieur et extérieur de $\bar{\psi}_3$. La fonction $\alpha G_{4/3}(X) + \beta$ a été introduite afin que $\bar{H}_1$ soit une fonction de X seulement et ne dépende pas de ε. Une solution possible est :

$$\bar{\psi}_3 = \bar{H}_1(X) - \frac{3}{8}\ln\varepsilon\,\frac{G_{4/3}(X)}{G_{4/3}(\infty)} + \frac{3}{8}\ln\varepsilon,$$

et les conditions aux limites sont telles que :

$$\bar{H}_1(0) + \bar{G}_1(0) + \bar{g}_1(0) = 0,$$
$$\bar{H}_1 \to 0 \quad \text{quand} \quad X \to \infty.$$

Identification avec les résultats de la MDAR. On définit la fonction F_3 par :

$$F_3 = \bar{F}_2 + \bar{G}_1 + \bar{H}_1 + \frac{9}{8}X^{4/3} - \frac{3}{4}.$$

D'après les équations pour $\bar{F}_2$, $\bar{G}_1$ et $\bar{H}_1$, on déduit l'équation pour F_3 :

$$\frac{\mathrm{d}^2 F_3}{\mathrm{d}X^2} + X^{1/3}\frac{\mathrm{d}F_3}{\mathrm{d}X} = \psi_2.$$

Les conditions aux limites sur F_3 sont déduites des conditions aux limites sur $\bar{F}_2$, $\bar{G}_1$ et $\bar{H}_1$; d'après l'expression de φ_2, on a aussi :

$$\bar{f}_1(0) + \bar{g}_1(0) = -\frac{3}{4}.$$

Finalement, on obtient :

$$F_3(0) = 0,$$

$$F_3 \cong \frac{9}{8}X^{4/3} - \ln X - \frac{1}{4} \quad \text{quand} \quad X \to \infty.$$

Il s'ensuit que la fonction ψ_3 apparaissant dans l'application de la MDAR et la fonction F_3 sont identiques. On a :

$$\bar{F}_2 + \bar{G}_1 + \bar{H}_1 = \psi_3 - \frac{9}{8}X^{4/3} + \frac{3}{4}.$$

Le développement régulier MASC à l'ordre ε est donc :

$$\Phi = \varphi_1 + \psi_1 - 1 + \varepsilon^{1/2}\left(\psi_2 - \frac{3}{2}X^{2/3}\right) - \varepsilon \ln \varepsilon \left(\frac{3}{4}\frac{G_{4/3}(X)}{G_{4/3}(\infty)}\right)$$

$$+ \varepsilon\left(\varphi_2 + \frac{1}{2}x^{-2/3} + \ln x + \psi_3 - \frac{9}{8}X^{4/3} + \frac{1}{4}\right),$$

ou :

$$\Phi = \varphi_1 + \psi_1 - 1 + \varepsilon^{1/2}\left(\psi_2 - \frac{3}{2}X^{2/3}\right) - \varepsilon \ln \varepsilon \left(\frac{3}{4}\frac{G_{4/3}(X)}{G_{4/3}(\infty)} - \frac{3}{4}\right)$$

$$+ \varepsilon\left(\varphi_2 + \frac{1}{2}x^{-2/3} + \ln X + \psi_3 - \frac{9}{8}X^{4/3} + \frac{1}{4}\right).$$

Ce développement est identique au développement composite (6.31) de la MDAR.

Problèmes du chapitre 7

7.1. On a $\psi_0 = y$, $\Delta_0 = \varepsilon$, $\phi_0 = \sqrt{2x}f(\eta)$ avec $\eta = \overline{Y}/\sqrt{2x}$ et $\overline{Y} = Y - F(x)$. L'équation que l'on doit résoudre est la même qu'elle soit écrite avec $\overline{Y}$ ou Y. On a :

$$\frac{\partial^4 \phi_0}{\partial Y^4} - \left(\frac{\partial \phi_0}{\partial Y} \frac{\partial}{\partial x} - \frac{\partial \phi_0}{\partial x} \frac{\partial}{\partial Y} \right) \frac{\partial^2 \phi_0}{\partial Y^2} = 0.$$

Ceci conduit à résoudre,

$$f''' + f f'' = 0,$$

avec $f(0) = f'(0) = 0$ et $f'(\infty) = 1$.

Par ailleurs, on a $\delta_1 = \varepsilon$.

Les développements extérieur et intérieur de ψ à l'ordre ε sont :

$$\mathrm{E}\,\psi = y + \varepsilon \psi_1(x, y),$$

$$\mathrm{I}\,\psi = \varepsilon \phi_0(x, Y).$$

Le raccordement à l'ordre ε demande d'évaluer le comportement de $\phi_0(x, Y)$ quand $Y \to \infty$:

$$\phi_0(x, Y) \underset{Y \to \infty}{\cong} \sqrt{2x} \left[\frac{Y}{\sqrt{2x}} - \beta_0 \right],$$

$$\underset{Y \to \infty}{\cong} Y - F(x) - \beta_0 \sqrt{2x},$$

$$\underset{Y \to \infty}{\cong} \frac{y}{\varepsilon} - F(x) - \beta_0 \sqrt{2x}.$$

En appliquant le PMVD, on obtient :

$$y + \varepsilon \psi_1(x, 0) = y - \varepsilon(F(x) + \beta_0 \sqrt{2x}),$$

d'où :

$$\psi_1(x, 0) = -(F(x) + \beta_0 \sqrt{2x}).$$

À l'ordre 1, l'équation de la ligne de courant $\psi = 0$ est :

$$y = 0.$$

À l'ordre ε, l'équation de la ligne de courant $\psi = 0$ est obtenue en faisant un développement limité de ψ_1 autour de $y = 0$:

$$y + \varepsilon \psi_1(x, 0) = 0.$$

Compte tenu des résultats sur le raccordement, on obtient l'équation de la ligne de courant $\psi = 0$:

$$y = \varepsilon \left(F(x) + \beta_0 \sqrt{2x} \right).$$

Cette équation tient compte de la déformation de la paroi et aussi de l'influence de la couche limite (effet de déplacement).

7.2. Les équations réduites sont les équations d'Euler :

$$\frac{\partial u_\theta}{\partial \theta} + \frac{\partial}{\partial r}(r u_r) = 0,$$

$$\frac{u_\theta}{r}\frac{\partial u_\theta}{\partial \theta} + u_r \frac{\partial u_\theta}{\partial r} + \frac{u_\theta u_r}{r} = -\frac{1}{r}\frac{\partial p}{\partial \theta},$$

$$\frac{u_\theta}{r}\frac{\partial u_r}{\partial \theta} + u_r \frac{\partial u_r}{\partial r} - \frac{u_\theta^2}{r} = -\frac{\partial p}{\partial r}.$$

Ces équations sont vérifiées par :

$$u_{\theta 1} = \sin\theta\left(1 + \frac{1}{r^2}\right),$$

$$u_{r1} = \cos\theta\left(-1 + \frac{1}{r^2}\right),$$

$$p_1 = p_\infty + \frac{1}{2}\left[1 - (u_{\theta 1}^2 + u_{r1}^2)\right].$$

avec les conditions aux limites :

$$u_{r1}(\theta, r = 1) = 0, \quad u_{\theta 1} \underset{r\to\infty}{\longrightarrow} \sin\theta, \quad u_{r1} \underset{r\to\infty}{\longrightarrow} -\cos\theta.$$

La première condition traduit la condition de glissement à la paroi ; les deux autres conditions traduisent la condition de vitesse uniforme à l'infini.

Quand $\theta \to 0$ et $r \to 1$, on a :

$$u_{\theta 1} = 2\theta + \cdots,$$

$$u_{r1} = -2(r - 1) + \cdots,$$

$$p_1 = p_\infty + \frac{1}{2}\left[1 - 4(\theta^2 + (r - 1)^2)\right] + \cdots.$$

soit, avec les variables intérieures :

$$u_{\theta 1} = 2\varepsilon\Theta + \cdots,$$

$$u_{r1} = -2\varepsilon R + \cdots,$$

$$p_1 = p_\infty + \frac{1}{2} - 2\varepsilon^2(\Theta^2 + R^2) + \cdots.$$

Le développement intérieur est écrit sous la forme :

$$u_\theta = \varepsilon U_{\theta 1}(\Theta, R) + \cdots,$$

$$u_r = \varepsilon U_{r1}(\Theta, R) + \cdots,$$

$$p = P_0 + \varepsilon^2 P_1(\Theta, R) + \cdots.$$

Les conditions de raccordement sont :

$$\lim_{\substack{\Theta \to \infty \\ R \to \infty}} \frac{U_{\theta 1}}{\Theta} = 2,$$

$$\lim_{\substack{\Theta \to \infty \\ R \to \infty}} \frac{U_{r1}}{R} = -2,$$

$$P_0 = p_\infty + \frac{1}{2},$$

$$\lim_{\substack{\Theta \to \infty \\ R \to \infty}} \frac{P_1}{\Theta^2 + R^2} = -2.$$

Les équations pour $U_{\theta 1}$, U_{r1}, P_1 sont :

$$\frac{\partial U_{\theta 1}}{\partial \Theta} + \frac{\partial U_{r1}}{\partial R} = 0,$$

$$U_{\theta 1}\frac{\partial U_{\theta 1}}{\partial \Theta} + U_{r1}\frac{\partial U_{\theta 1}}{\partial R} - = -\frac{\partial P_1}{\partial \Theta} + \frac{\partial^2 U_{\theta 1}}{\partial \Theta^2} + \frac{\partial^2 U_{\theta 1}}{\partial R^2},$$

$$U_{\theta 1}\frac{\partial U_{r1}}{\partial \Theta} + U_{r1}\frac{\partial U_{r1}}{\partial R} = -\frac{\partial P_1}{\partial R} + \frac{\partial^2 U_{r1}}{\partial \Theta^2} + \frac{\partial^2 U_{r1}}{\partial R^2}.$$

À la paroi, on a les conditions de non-glissement :

$$R = 0 \quad : \quad U_{\theta 1} = 0, \quad U_{r1} = 0.$$

On constate que les équations ont la même forme que les équations de Navier-Stokes en coordonnées cartésiennes. La résolution des équations ainsi obtenues constitue le problème de Hiemenz. Dans le cas de l'écoulement face à une paroi plane, on obtient une solution exacte des équations de Navier-Stokes. Ici, il s'agit seulement d'une approximation puisque les équations résultent de la recherche d'une solution approchée aux équations de Navier-Stokes.

On cherche la solution sous la forme :

$$U_{\theta 1} = \Theta \varphi'(R), \quad U_{r1} = -\varphi(R), \quad P_1 = -2(\Theta^2 + \Phi(R)).$$

Les équations sont :

$$\varphi'^2 - \varphi\varphi'' = 4 + \varphi''',$$
$$\varphi\varphi' = 2\Phi' - \varphi''.$$

La première équation s'écrit aussi :

$$\varphi''' + \varphi\varphi'' - \varphi'^2 + 4 = 0,$$

avec les conditions aux limites :

$$R = 0 \quad : \quad \varphi = 0, \quad \varphi' = 0, \quad R \to \infty \quad : \quad \varphi' \to 2.$$

Il s'agit d'un problème classique en couche limite qui fait partie de la classe générale du problème de Falkner-Skan.

La fonction Φ se déduit de l'intégration de l'équation suivant R :

$$\Phi - \Phi(0) = \frac{\varphi^2}{4} + \frac{\varphi'}{2}.$$

La pression d'arrêt dans la couche limite est :

$$p_i = P_0 + \varepsilon^2 P_1 + \frac{\varepsilon^2}{2}\left[U_{\theta 1}^2 + U_{r1}^2\right],$$

avec :

$$P_0 = p_\infty + \frac{1}{2}.$$

On obtient :

$$p_i = P_0 + \varepsilon^2 \left[-2\Theta^2 - \varphi' - 2\Phi(0) + \frac{\Theta^2}{2}\varphi'^2\right],$$

d'où :

$$p_i(0,0) = P_0 + \varepsilon^2(-2\Phi(0)),$$
$$p_i(\Theta, R \to \infty) = P_0 + \varepsilon^2(-2 - 2\Phi(0)).$$

Ainsi, la différence de pression d'arrêt entre le point d'arrêt et la frontière de couche limite est :

$$p_i(\Theta, R \to \infty) - p_i(0,0) = -2\varepsilon^2.$$

Une sonde de pression d'arrêt ne mesure donc pas exactement la pression d'arrêt de l'écoulement dans laquelle elle est plongée. Ce phénomène est connu sous le nom d'effet Barker.

La détermination de la constante $\Phi(0)$ demande une discussion détaillée. Si l'on admet que la pression d'arrêt dans la couche limite doit se raccorder à la pression d'arrêt dans le fluide parfait ($p_i(\Theta, R \to \infty) = P_0$), on obtient $\Phi(0) = -1$.

7.3. On a $\delta_1 = H(x)\theta$, d'où :

$$\frac{d\delta_1}{dx} = \frac{dH}{dx}\theta + H\frac{d\theta}{dx}.$$

Les équations de couche limite sont :

$$(H_{32} - HH_{32}')\frac{d\theta}{dx} + H_{32}'\frac{d\delta_1}{dx} + 3\frac{\delta_3}{u_e}\frac{du_e}{dx} = 2C_D, \quad H_{32}' = \frac{dH_{32}}{dH},$$
$$\frac{d\theta}{dx} + \theta\frac{H+2}{u_e}\frac{du_e}{dx} = \frac{C_f}{2}.$$

Elles deviennent :

$$(H_{32} - HH'_{32})\frac{\mathrm{d}\theta}{\mathrm{d}x} + H'_{32}\left(\frac{\mathrm{d}H}{\mathrm{d}x}\theta + H\frac{\mathrm{d}\theta}{\mathrm{d}x}\right) + 3\frac{\delta_3}{u_e}\frac{\mathrm{d}u_e}{\mathrm{d}x} = 2C_D,$$

$$\frac{\mathrm{d}\theta}{\mathrm{d}x} + \theta\frac{H+2}{u_e}\frac{\mathrm{d}u_e}{\mathrm{d}x} = \frac{C_f}{2}.$$

Ces équations peuvent encore s'écrire :

$$H_{32}\frac{\mathrm{d}\theta}{\mathrm{d}x} + 3\frac{\delta_3}{u_e}\frac{\mathrm{d}u_e}{\mathrm{d}x} = 2C_D - H'_{32}\frac{\mathrm{d}H}{\mathrm{d}x}\theta,$$

$$\frac{\mathrm{d}\theta}{\mathrm{d}x} + \theta\frac{H+2}{u_e}\frac{\mathrm{d}u_e}{\mathrm{d}x} = \frac{C_f}{2}.$$

Le déterminant est :

$$\Delta = H_{32}\theta\frac{H+2}{u_e} - 3\frac{\delta_3}{u_e} = \frac{\delta_3}{u_e}(H-1).$$

Ce déterminant ne s'annule pas dans le domaine $H > 1$. Le calcul est toujours possible.

7.4. Pour une couche limite laminaire, bidimensionnelle, les équations de continuité et de quantité de mouvement, sous forme dimensionnée, sont :

$$\frac{\partial u^*}{\partial x^*} + \frac{\partial v^*}{\partial y^*} = 0,$$

$$u^*\frac{\partial u^*}{\partial x^*} + v^*\frac{\partial u^*}{\partial y^*} = -\frac{1}{\varrho^*}\frac{\mathrm{d}p^*}{\mathrm{d}x^*} + \nu^*\frac{\partial^2 u^*}{\partial y^{*2}}.$$

Les grandeurs sans dimension sont définies par :

$$x = \frac{x^*}{l}, \quad y = \frac{y^*}{l}R^{1/2}, \quad u = \frac{u^*}{u_0}, \quad v = \frac{v^*}{u_0}R^{1/2}, \quad p = \frac{p^*}{\varrho u_0^2}.$$

1. Sous forme adimensionnée, les équations de couche limite sont :

$$\frac{\partial u}{\partial x} + \frac{\partial v}{\partial y} = 0,$$

$$u\frac{\partial u}{\partial x} + v\frac{\partial u}{\partial y} = -\frac{\mathrm{d}p}{\mathrm{d}x} + \frac{\partial^2 u}{\partial y^2}.$$

2. Au voisinage du point x_0, on suppose que le gradient de pression est donné sous la forme :

$$-\frac{\mathrm{d}p}{\mathrm{d}x} = p_0 + p_1(x - x_0) + p_2(x - x_0)^2 + \cdots,$$

où p_0, p_1, ... sont des constantes.

Le profil de vitesses au point x_0 est :

$$u = a_1 y + a_2 y^2 + a_3 y^3 + \cdots,$$

où a_1, a_2, ... sont fonction de x. La composante v de la vitesse est obtenue d'après l'équation de continuité en tenant compte de la condition à la paroi $v(0) = 0$:

$$v = -\frac{da_1}{dx}\frac{y^2}{2} - \frac{da_2}{dx}\frac{y^3}{3} - \frac{da_3}{dx}\frac{y^4}{4} - \cdots.$$

Les expressions de p, u et v sont portées dans l'équation de quantité de mouvement. Par identification des puissances de y, au point x_0 on obtient :

$$2a_2 + p_0 = 0,$$
$$a_3 = 0,$$
$$a_1\frac{da_1}{dx} - 24a_4 = 0,$$
$$\frac{2}{3}a_1\frac{da_2}{dx} - 20a_5 = 0.$$

3. On dérive l'équation de quantité de mouvement par rapport à x :

$$\left(\frac{\partial u}{\partial x}\right)^2 + u\frac{\partial^2 u}{\partial x^2} + \frac{\partial v}{\partial x}\frac{\partial u}{\partial y} + v\frac{\partial^2 u}{\partial x\partial y} = -\frac{d^2 p}{dx^2} + \frac{\partial^3 u}{\partial x\partial y^2}.$$

On porte les expressions de u, v, p et on identifie les puissances successives de y :

$$2\frac{da_2}{dx} + p_1 = 0,$$
$$\frac{da_3}{dx} = 0.$$

4. On déduit les relations suivantes :

$$2a_2 + p_0 = 0,$$
$$a_3 = 0,$$
$$a_1\frac{da_1}{dx} - 24a_4 = 0,$$
$$5!a_5 + 2a_1 p_1 = 0.$$

Dans ces équations, p_0, p_1, ... sont des coefficients imposés. Ainsi, les coefficients a_2, a_3, ... ne sont pas libres puisqu'ils sont déterminés en fonction de p_0, p_1. Si ces conditions de compatibilité ne sont pas satisfaites, des singularités apparaissent dans la résolution des équations de couche limite pour $x > x_0$.

Examinons le cas $a_1 = 0$ correspondant au décollement de la couche limite. En portant les développements de u, v et p dans l'équation de quantité de mouvement, on obtient :

$$2a_2 + p_0 = 0,$$
$$a_3 = 0,$$
$$a_4 = 0,$$
$$a_5 = 0,$$
$$6!a_6 = 2p_0 p_1,$$
$$a_7 = 0.$$

On suppose que seule la condition $2a_2 + p_0 = 0$ est satisfaite. On a :

$$a_1 \frac{\mathrm{d}a_1}{\mathrm{d}x} - 24a_4 = 0.$$

Supposons que $a_4 \neq 0$ au point $x = x_0$. Autour du point $x = x_0$ on obtient :

$$a_1^2 = 48a_4(x - x_0).$$

Si une solution existe pour $x < x_0$, on doit avoir $a_4 < 0$ et la solution n'existe pas pour $x > x_0$.

7.5. Avec les variables extérieures, on a :

$$\left. \frac{\partial}{\partial x} \right|_{y=\text{cst}} = \frac{1}{n} \xi^{1-n} \left. \frac{\partial}{\partial \xi} \right|_{y=\text{cst}}.$$

En utilisant l'équation de continuité, avec $v(0) = 0$, on obtient :

$$v = -\frac{1}{n} \xi^{1-n} (F_1 + 2\xi F_2 + \cdots),$$

avec :

$$F_1(y) = \int_0^y F_1'(z)\,\mathrm{d}z, \quad F_2(y) = \int_0^y F_2'(z)\,\mathrm{d}z.$$

On a $F_1(0) = 0$, $F_2(0) = 0$.

On reporte les expressions de u et v dans l'équation de quantité de mouvement :

$$(F_0' + \xi F_1' + \xi^2 F_2' + \cdots) \frac{1}{n} \xi^{1-n} (F_1' + 2\xi F_2' + \cdots)$$

$$-\frac{1}{n} \xi^{1-n} (F_1 + 2\xi F_2 + \cdots)(F_0'' + \xi F_1'' + \xi^2 F_2'' + \cdots)$$

$$= p_0 + p_1 \xi^n + p_2 \xi^{2n} + \cdots + F_0''' + \xi F_1''' + \xi^2 F_2''' + \cdots.$$

Avec $n > 1$, on obtient l'équation pour F_1 :

$$F_0' F_1' - F_1 F_0'' = 0.$$

La solution est :

$$F_1 = k F_0',$$

où k est une constante encore indéterminée. Cette solution permet d'assurer la condition $F_1(0) = 0$ ($v = 0$) en $y = 0$ mais pas $\dfrac{\partial u}{\partial y} = 0$ en $y = 0$. Il faut donc une couche intérieure.

Avec les variables intérieures, les règles de dérivation donnent :

$$\left.\frac{\partial}{\partial x}\right|_{y=\text{cst}} = \frac{1}{n}\xi^{1-n}\left.\frac{\partial}{\partial \xi}\right|_{\eta=\text{cst}} - \frac{1}{n}\frac{\eta}{\xi^n}\left.\frac{\partial}{\partial \eta}\right|_{\xi=\text{cst}},$$

$$\left.\frac{\partial}{\partial y}\right|_{x=\text{cst}} = \frac{1}{n\xi}\left.\frac{\partial}{\partial \eta}\right|_{\xi=\text{cst}}.$$

D'après l'équation de continuité, écrite en variables (ξ, η), on obtient l'expression de v dans la couche intérieure en tenant compte de la condition $v(0) = 0$:

$$v = \xi^{1-n}(\eta f_0' - f_0) + \xi^{2-n}(\eta f_1' - 2f_1) + \xi^{3-n}(\eta f_2' - 3f_2) + \cdots.$$

L'équation de quantité de mouvement devient :

$$(f_0' + \xi f_1' + \xi^2 f_2' + \cdots)$$
$$\times \frac{1}{n}\left[-\eta\xi^{-n}f_0'' + \xi^{1-n}(f_1' - \eta f_1'') + \xi^{2-n}(2f_2' - \eta f_2'') + \cdots\right]$$
$$+ \left[\xi^{1-n}(\eta f_0' - f_0) + \xi^{2-n}(\eta f_1' - 2f_1) + \xi^{3-n}(\eta f_2' - 3f_2) + \cdots\right]$$
$$\times \frac{1}{n\xi}(f_0'' + \xi f_1'' + \xi^2 f_2'' + \cdots)$$
$$= p_0 + p_1\xi^n + p_2\xi^{2n} + \cdots + \frac{1}{n^2\xi^2}(f_0''' + \xi f_1''' + \xi^2 f_2''' + \cdots).$$

On pourrait choisir $n = 2$, ce qui permet de conserver le terme visqueux. L'équation pour f_0 est :

$$f_0''' + 2f_0 f_0'' = 0.$$

Cependant les conditions de raccord avec la couche extérieure donnent $f_0 = 0$. On prend alors $n = 3$. L'équation pour f_1 est :

$$\frac{1}{3}f_1''' + 2f_1 f_1'' - f_1'^2 = 0.$$

La solution doit être telle que $f_1(0) = 0$ et $f''(0) = 0$. Au voisinage de $\eta = 0$, la solution est de la forme :

$$f_1 = \beta\eta + \frac{\beta^2}{2}\eta^3 - \frac{3}{20}\beta^3\eta^5 + \cdots.$$

Le coefficient β doit être tel que le raccord avec la solution extérieure soit réalisé.

Exprimons ce raccord à l'ordre ξ. La solution extérieure est :

$$\mathrm{E}_0\, u = F_0' + \xi F_1' = a_1 y + a_2 y^2 + \cdots + \xi k(a_1 + 2a_2 y + \cdots),$$

soit, avec la variable η :

$$\mathrm{E}_0\, u = 3a_1\eta\xi + a_2(3\eta\xi)^2 + \cdots + \xi k(a_1 + 6a_2\eta\xi + \cdots).$$

On obtient donc :

$$\mathrm{E}_1\, \mathrm{E}_0\, u = 3a_1\eta\xi + a_1 k\xi.$$

D'autre part, on a :

$$\mathrm{E}_1\, u = \xi f_1'(\eta).$$

Pour obtenir $\mathrm{E}_0\, \mathrm{E}_1\, u$, il faut connaître le comportement de f_1' quand $\eta \to \infty$. D'après l'équation pour f_1, on a :

$$f_1 \underset{\eta\to\infty}{\cong} \alpha\eta^2 + \mathrm{TEP},$$

et :

$$f_1' \underset{\eta\to\infty}{\cong} 2\alpha\eta + \mathrm{TEP}.$$

On en déduit :

$$\alpha = \frac{3}{2}a_1, \quad k = 0.$$

La première condition détermine complètement la fonction f_1 ; la seconde condition donne $F_1 = 0$.

7.6. Avec les variables extérieures, on a :

$$\frac{\partial}{\partial x}\bigg|_{y=\mathrm{cst}} = \frac{1}{n}\xi^{1-n}\frac{\partial}{\partial\xi}\bigg|_{y=\mathrm{cst}}.$$

En utilisant l'équation de continuité, avec $v(0) = 0$, on obtient :

$$v = -\frac{1}{n}\xi^{1-n}(F_1 + 2\xi F_2 + \cdots),$$

avec :

$$F_1(y) = \int_0^y F_1'(z)\,\mathrm{d}z, \quad F_2(y) = \int_0^y F_2'(z)\,\mathrm{d}z.$$

On a $F_1(0) = 0$, $F_2(0) = 0$.

On reporte les expressions de u et v dans l'équation de quantité de mouvement :

$$(F_0' + \xi F_1' + \xi^2 F_2' + \cdots)\frac{1}{n}\xi^{1-n}(F_1' + 2\xi F_2' + \cdots)$$

$$-\frac{1}{n}\xi^{1-n}(F_1 + 2\xi F_2 + \cdots)(F_0'' + \xi F_1'' + \xi^2 F_2'' + \cdots)$$

$$= p_0 + p_1\xi^n + p_2\xi^{2n} + \cdots + F_0''' + \xi F_1''' + \xi^2 F_2''' + \cdots.$$

Avec $n > 1$, on obtient l'équation pour F_1 :

$$F_0' F_1' - F_1 F_0'' = 0.$$

La solution est :

$$F_1 = k F_0',$$

où k est une constante encore indéterminée. Cette solution ne permet pas d'assurer notamment la condition de paroi $F_1(0) = 0$ ($v = 0$) si $k \neq 0$ car $a_0 \neq 0$. Il faut donc une couche intérieure.

Avec les variables intérieures, les règles de dérivation donnent :

$$\left. \frac{\partial}{\partial x} \right|_{y=\mathrm{cst}} = \frac{1}{n} \xi^{1-n} \left. \frac{\partial}{\partial \xi} \right|_{\eta=\mathrm{cst}} - \frac{1}{n} \frac{\eta}{\xi^n} \left. \frac{\partial}{\partial \eta} \right|_{\xi=\mathrm{cst}},$$

$$\left. \frac{\partial}{\partial y} \right|_{x=\mathrm{cst}} = \frac{1}{n\xi} \left. \frac{\partial}{\partial \eta} \right|_{\xi=\mathrm{cst}}.$$

D'après l'équation de continuité, écrite en variables ξ, η, on obtient l'expression de v dans la couche intérieure en tenant compte de la condition $v(0) = 0$:

$$v = \xi^{1-n}(\eta f_0' - f_0) + \xi^{2-n}(\eta f_1' - 2f_1) + \xi^{3-n}(\eta f_2' - 3f_2) + \cdots.$$

L'équation de quantité de mouvement devient :

$$
\begin{aligned}
&(f_0' + \xi f_1' + \xi^2 f_2' + \cdots) \\
&\quad \times \frac{1}{n} \left[-\eta \xi^{-n} f_0'' + \xi^{1-n}(f_1' - \eta f_1'') + \xi^{2-n}(2f_2' - \eta f_2'') + \cdots \right] \\
&\quad + \left[\xi^{1-n}(\eta f_0' - f_0) + \xi^{2-n}(\eta f_1' - 2f_1) + \xi^{3-n}(\eta f_2' - 3f_2) + \cdots \right] \\
&\quad \times \frac{1}{n\xi}(f_0'' + \xi f_1'' + \xi^2 f_2'' + \cdots) \\
&= p_0 + p_1 \xi^n + p_2 \xi^{2n} + \cdots + \frac{1}{n^2 \xi^2}(f_0''' + \xi f_1''' + \xi^2 f_2''' + \cdots).
\end{aligned}
$$

On choisit $n = 2$, ce qui permet de conserver le terme visqueux. L'équation pour f_0 est :

$$f_0''' + 2f_0 f_0'' = 0.$$

Examinons le raccordement sur u entre la couche extérieure et la couche intérieure. À l'ordre ξ^0, on a :

$$E_0 u = F_0' = a_0 + a_1 y + a_2 y^2 + \cdots.$$

Exprimée en variable η, cette expression est :

$$E_0 u = a_0 + 2a_1 \eta \xi + a_2 (2\eta \xi)^2 + \cdots.$$

On obtient donc :

$$E_1\,E_0\,u = a_0.$$

D'autre part, on a :

$$E_1\,u = f_0'(\eta),$$

et donc :

$$E_0\,E_1\,u = \lim_{\eta \to \infty} f_0'(\eta).$$

Le raccordement exprime donc que :

$$\lim_{\eta \to \infty} f_0'(\eta) = a_0.$$

L'équation pour f_1 est :

$$f_1''' + 2f_0 f_1'' - 2f_0' f_1' + 4f_0'' f_1 = 0,$$

On exprime le raccord sur u entre la couche extérieure et la couche intérieure à l'ordre ξ. On a :

$$E_0\,u = F_0'(y) + \xi F_1'(y) = a_0 + a_1 y + a_2 y^2 + \cdots + \xi k(a_1 + 2a_2 y + \cdots),$$

soit, en variable η :

$$E_0\,u = a_0 + 2a_1 \eta \xi + a_2(2\eta \xi)^2 + \cdots + \xi k(a_1 + 4a_2 \eta \xi + \cdots),$$

d'où :

$$E_1\,E_0\,u = a_0 + 2a_1 \eta \xi + ka_1 \xi.$$

D'autre part, on a :

$$E_1\,u = f_0'(\eta) + \xi f_1'(\eta).$$

Pour obtenir $E_0\,E_1\,u$ il faut connaître le comportement de f_1' quand $\eta \to \infty$. On sait que :

$$f_0' \underset{\eta \to \infty}{\cong} a_0 + \text{TEP}.$$

On en déduit que l'on doit avoir :

$$f_1' \underset{\eta \to \infty}{\cong} 2a_1 \eta + ka_1 + \cdots.$$

On a les comportements suivants :

$$f_0 \underset{\eta \to \infty}{\cong} A_0 \eta + B_0 + \text{TEP},$$
$$f_1 \underset{\eta \to \infty}{\cong} A_1 \eta^2 + B_1 \eta + C_1 + \cdots.$$

On a déjà vu que $A_0 = a_0$. En utilisant les comportements de f_0 et f_1 dans l'équation pour f_1, on obtient :

$$B_1 = 2\frac{a_1}{a_0}B_0.$$

Compte tenu que l'on doit avoir :

$$f_1' \underset{\eta \to \infty}{\cong} 2a_1\eta + ka_1 + \cdots,$$

on déduit :

$$A_1 = a_1, \quad k = 2\frac{B_0}{a_0} = -1,72a_0^{-1/2}.$$

7.7. On considère par exemple les opérateurs E_0 et E_1 à l'ordre ξ^2. On a :

$$E_1\,u = 2\left[f_0'(\eta) + \xi f_1'(\eta) + \xi^2 f_2'(\eta)\right],$$
$$E_0\,u = \chi_0'(y) + \xi\chi_1'(y) + \xi^2\chi_2'(y),$$

avec :

$$\chi_0' = a_0 + a_1 y + a_2 y^2 + \cdots.$$

En admettant que χ_i' est développable en série de Taylor au voisinage de $y = 0$, on a :

$$E_0\,u = a_0 + a_1 y + a_2 y^2 + \cdots$$
$$+\xi\left[\chi_1'(0) + y\chi_1''(0) + \cdots\right] + \xi^2\left[\chi_2'(0) + y\chi_2''(0) + \cdots\right].$$

Avec $y = 2^{1/2}\xi\eta$, on en déduit :

$$E_1\,E_0\,u = a_0 + \xi\left[a_1 2^{1/2}\eta + \chi_1'(0)\right] + \xi^2\left[a_2(2^{1/2}\eta)^2 + 2^{1/2}\eta\chi_1''(0) + \chi_2'(0)\right].$$

Avec :

$$E_1\,u = 2\left[f_0'(\eta) + \xi f_1'(\eta) + \xi^2 f_2'(\eta)\right],$$

le raccordement s'exprime par :

$$\lim_{\eta \to \infty} \frac{f_r'}{\eta^r} = \frac{a_r}{2}2^{r/2}.$$

Avec les variables intérieures, les règles de dérivation donnent :

$$\left.\frac{\partial}{\partial x}\right|_{y=\text{cst}} = \frac{1}{n}\xi^{1-n}\left.\frac{\partial}{\partial \xi}\right|_{\eta=\text{cst}} - \frac{1}{n}\frac{\eta}{\xi^n}\left.\frac{\partial}{\partial \eta}\right|_{\xi=\text{cst}},$$

$$\left.\frac{\partial}{\partial y}\right|_{x=\text{cst}} = \frac{1}{2^{1/2}\xi}\left.\frac{\partial}{\partial \eta}\right|_{\xi=\text{cst}}.$$

L'équation de quantité de mouvement s'écrit :

$$-2(f_0' + \xi f_1' + \xi^2 f_2' + \xi^3 f_3' + \xi^4 f_4' + \cdots)$$

$$\times 2\frac{\xi^{-n}}{n} \left[-\eta f_0'' + \xi(f_1' - \eta f_1'') + \xi^2(2f_2' - \eta f_2'') \right.$$

$$\left. + \xi^3(3f_3' - \eta f_3'') + \xi^4(4f_4' - \eta f_4'') + \cdots \right]$$

$$+ \frac{2^{3/2}}{n} \xi^{1-n} \left[f_0 - \eta f_0' + \xi(2f_1 - \eta f_1') + \xi^2(3f_2 - \eta f_2') \right.$$

$$\left. + \xi^3(4f_3 - \eta f_3') + \xi^4(5f_4 - \eta f_4') + \cdots \right]$$

$$\times 2^{1/2} \xi^{-1}(f_0'' + \xi f_1'' + \xi^2 f_2'' + \xi^3 f_3'' + \xi^4 f_4'' + \cdots)$$

$$= -(1 + p_1\xi^n + p_2\xi^{2n}) + \xi^{-2}(f_0''' + \xi f_1''' + \xi^2 f_2''' + \xi^3 f_3''' + \xi^4 f_4''' + \cdots).$$

Comme $a_0 = 0$ et $a_1 = 0$, on a :

$$\lim_{\eta \to \infty} f_0' = 0, \quad \lim_{\eta \to \infty} f_1' = 0.$$

On obtient alors $f_0 = 0$ et $f_1 = 0$; de plus, on est conduit à prendre $n = 4$. Les équations pour f_2, f_3 et f_4 sont :

$$f_2''' - 3f_2 f_2'' + 2f_2'^2 = 1,$$

$$f_3''' - 3f_2 f_3'' + 5f_2' f_3' - 4f_2'' f_3 = 0,$$

$$f_4''' - 3f_2 f_4'' + 6f_2' f_4' - 5f_2'' f_4 = 4f_3 f_3'' - 3f_3'^2.$$

La condition d'adhérence à la paroi ($u = 0$, $v = 0$) se traduit par :

$$f_2(0) = f_3(0) = f_4(0) = 0, \quad f_2'(0) = f_3'(0) = f_4'(0) = 0.$$

Les solutions sont :

$$f_2 = \frac{\eta^3}{6},$$

$$f_3 = \alpha_1 \eta^2,$$

$$f_4 = \alpha_2 \eta^2 - \frac{\alpha_1^2}{15} \eta^5.$$

Les conditions :

$$\lim_{\eta \to \infty} \frac{f_r'}{\eta^r} = \frac{a_r}{2} 2^{r/2}$$

donnent :

$$a_2 = \frac{1}{2}, \quad a_3 = 0, \quad a_4 = -\frac{\alpha_1^2}{6}.$$

On doit donc avoir $a_4 \leq 0$ pour que la solution existe à l'amont du point de décollement.

Avec les variables extérieures, on a :

$$\left.\frac{\partial}{\partial x}\right|_{y=\text{cst}} = \frac{1}{4}\xi^{-3}\left.\frac{\partial}{\partial \xi}\right|_{y=\text{cst}}.$$

L'équation de quantité de mouvement s'écrit :

$$-(\chi_0' + \xi\chi_1' + \xi^2\chi_2' + \xi^3\chi_3' + \cdots)\frac{1}{4}\xi^{-3}(\chi_1' + 2\xi\chi_2' + 3\xi^2\chi_3' + \cdots)$$

$$+\frac{1}{4}\xi^{-3}(\chi_1 + 2\xi\chi_2 + 3\xi^2\chi_3 + \cdots)(\chi_0'' + \xi\chi_1'' + \xi^2\chi_2'' + \xi^3\chi_3'' + \cdots)$$

$$= -(1 + p_1\xi^4 + p_2\xi^8 + \cdots) + \chi_0''' + \xi\chi_1''' + \xi^2\chi_2''' + \xi^3\chi_3''' + \cdots.$$

Les équations pour χ_1, χ_2, χ_3 sont :

$$\chi_0''\chi_1 - \chi_1'\chi_0' = 0,$$
$$\chi_0''\chi_2 - \chi_2'\chi_0' = 0,$$
$$\chi_0''\chi_3 - \chi_3'\chi_0' = 0.$$

Les solutions sont :

$$\chi_1 = k_1\chi_0', \quad \chi_2 = k_2\chi_0', \quad \chi_3 = k_3\chi_0',$$

et l'on a :

$$\chi_0' = \frac{1}{2}y^2 - \frac{\alpha_1^2}{6}y^4 + \cdots.$$

Les conditions de raccordement déjà examinées donnent :

$$2f_2' \underset{\eta\to\infty}{\cong} a_2(2^{1/2}\eta)^2 + 2^{1/2}\eta\chi_1''(0) + \chi_2'(0),$$

$$2f_3' \underset{\eta\to\infty}{\cong} a_3(2^{1/2}\eta)^3 + \frac{1}{2}(2^{1/2}\eta)^2\chi_1'''(0) + 2^{1/2}\eta\chi_2''(0) + \chi_3'(0),$$

$$2f_4' \underset{\eta\to\infty}{\cong} a_4(2^{1/2}\eta)^4 + \frac{1}{3!}(2^{1/2}\eta)^3\chi_1''''(0) + \frac{1}{2}(2^{1/2}\eta)^2\chi_2'''(0)$$

$$+2^{1/2}\eta\chi_3''(0) + \chi_4'(0).$$

Avec :

$$a_2 = \frac{1}{2}, \quad a_3 = 0, \quad a_4 = -\frac{\alpha_1^2}{6},$$

on obtient :

$$k_1 = 0, \quad k_2 = 2^{3/2}\alpha_1, \quad k_3 = 2^{3/2}\alpha_2.$$

D'après le développement intérieur, on calcule :

$$\left(\frac{\partial u}{\partial y}\right)_0 = 2^{1/2}\xi f_2''(0) + 2^{1/2}\xi^2 f_3''(0) + \cdots$$

$$= 2^{3/2}x^{1/2}\alpha_1 + \cdots$$

$$= \sqrt{-48a_4}\,x^{1/2} + \cdots.$$

Le frottement pariétal s'annule en ayant un comportement en racine carrée de la distance au point de décollement.

D'après le développement extérieur, on a :

$$\frac{\partial u}{\partial x} = \frac{1}{2}\xi^{-2}\chi_2' + \cdots$$
$$= \xi^{-2}2^{1/2}\alpha_1\chi_0'' + \cdots$$
$$= \frac{2^{1/2}}{x^{1/2}}\alpha_1(y - \frac{2}{3}\alpha_1^2 y^3 + \cdots) + \cdots,$$

et :

$$v = \frac{1}{2}\xi^{-2}\chi_2 + \cdots$$
$$= \frac{2^{1/2}}{x^{1/2}}\alpha_1\left(\frac{y^2}{2} - \frac{\alpha_1^2}{6}y^4 + \cdots\right) + \cdots.$$

Ainsi, $\dfrac{\partial u}{\partial x}$ et v tendent vers l'infini quand $x \to 0$. Ce comportement est contraire aux hypothèses de couche limite. Cependant, il ne faut pas en déduire que les équations de couche limite ne sont pas valables pour décrire le décollement. En effet, c'est la façon de résoudre les équations de couche limite qui est en cause. Les méthodes inverses, par exemple, sont capables de décrire le décollement avec un comportement parfaitement régulier. Dans les méthodes de couplage fort, même en utilisant les équations classiques de couche limite, le décollement est décrit sans aucun signe de singularité.

Problèmes du chapitre 8

8.1.

1. Les grandeurs sans dimension sont :

$$\mathcal{U} = \frac{u}{V_\infty}, \quad \mathcal{V} = \frac{v}{V_\infty}, \quad \mathcal{P} = \frac{p}{\varrho V_\infty^2}, \quad x = \frac{x^*}{L}, \quad y = \frac{y^*}{L}.$$

Les équations de Navier-Stokes s'écrivent :

$$\frac{\partial \mathcal{U}}{\partial x} + \frac{\partial \mathcal{V}}{\partial y} = 0,$$
$$\mathcal{U}\frac{\partial \mathcal{U}}{\partial x} + \mathcal{V}\frac{\partial \mathcal{U}}{\partial y} = -\frac{\partial \mathcal{P}}{\partial x} + \varepsilon^2\left(\frac{\partial^2 \mathcal{U}}{\partial x^2} + \frac{\partial^2 \mathcal{U}}{\partial y^2}\right),$$
$$\mathcal{U}\frac{\partial \mathcal{V}}{\partial x} + \mathcal{V}\frac{\partial \mathcal{V}}{\partial y} = -\frac{\partial \mathcal{P}}{\partial y} + \varepsilon^2\left(\frac{\partial^2 \mathcal{V}}{\partial x^2} + \frac{\partial^2 \mathcal{V}}{\partial y^2}\right).$$

2. Les équations réduites donnent les équations pour u_1, v_1, p_1 qui sont les équations d'Euler :

$$\frac{\partial u_1}{\partial x} + \frac{\partial v_1}{\partial y} = 0,$$

$$u_1\frac{\partial u_1}{\partial x} + v_1\frac{\partial u_1}{\partial y} = -\frac{\partial p_1}{\partial x},$$

$$u_1\frac{\partial v_1}{\partial x} + v_1\frac{\partial v_1}{\partial y} = -\frac{\partial p_1}{\partial y}.$$

3. Pour écrire les équations pour U_1, V_1, P_1 on doit développer u_1, v_1, p_1 au voisinage de $y = 0$ car $y = \varepsilon Y$, donc $y \ll 1$, et l'on cherche un développement régulier :

$$u_1 = u_{10} + yu_{1y0} + \cdots$$
$$= u_{10} + \varepsilon Y u_{1y0} + \cdots,$$
$$v_1 = v_{10} + yv_{1y0} + \cdots$$
$$= v_{10} - \varepsilon Y u_{1x0} + \cdots.$$

On verra que $v_{10} = 0$. En faisant dès à présent cette hypothèse, les équations de Navier-Stokes deviennent :

$$\frac{\partial U_1}{\partial x} + \frac{\partial V_1}{\partial Y} = 0,$$

$$U_1 u_{1x0} + U_1\frac{\partial U_1}{\partial x} + u_{10}\frac{\partial U_1}{\partial x} + V_1\frac{\partial U_1}{\partial Y} - Y u_{1x0}\frac{\partial U_1}{\partial Y} = \frac{\partial^2 U_1}{\partial Y^2} + \cdots,$$

$$-\varepsilon U_1 Y u_{1xx0} + \varepsilon U_1\frac{\partial V_1}{\partial x} + \varepsilon u_{10}\frac{\partial V_1}{\partial x} + \varepsilon V_1\frac{\partial V_1}{\partial Y} - \varepsilon Y u_{1x0}\frac{\partial V_1}{\partial Y}$$

$$= -\frac{\Delta}{\varepsilon}\frac{\partial P_1}{\partial Y} + \varepsilon\frac{\partial^2 V_1}{\partial Y^2} + \cdots.$$

Puisque l'on applique la MASC sous forme régulière, on doit imposer les conditions aux limites ordre par ordre. On a :

$$\mathcal{U} = u_1(x,y) + U_1(x,Y) + \cdots,$$
$$\mathcal{V} = v_1(x,y) + \varepsilon V_1(x,Y) + \cdots.$$

On déduit :

$$y = 0 \quad : \quad u_1 + U_1 = 0, \quad v_1 = 0, \quad V_1 = 0.$$

Pour $y \to \infty$ on a :

$$u_1 \to 1, \quad v_1 \to 0.$$

On a aussi :

$$Y \to \infty, \quad U_1 \to 0.$$

La solution pour l'écoulement extérieur est simplement $u_1 = 1$ et $v_1 = 0$. On en déduit les équations pour U_1 et V_1 :

$$\frac{\partial U_1}{\partial x} + \frac{\partial V_1}{\partial Y} = 0,$$

$$U_1 \frac{\partial U_1}{\partial x} + \frac{\partial U_1}{\partial x} + V_1 \frac{\partial U_1}{\partial Y} = \frac{\partial^2 U_1}{\partial Y^2},$$

et l'équation de quantité de mouvement suivant la normale à la paroi est :

$$(1 + U_1)\frac{\partial V_1}{\partial x} + V_1 \frac{\partial V_1}{\partial Y} = -\frac{\partial P_1}{\partial Y} + \frac{\partial^2 V_1}{\partial Y^2}.$$

4. On pose :

$$U - 1 + U_1,$$

$$V = \varepsilon V_1,$$

et l'on obtient :

$$\frac{\partial U}{\partial x} + \frac{\partial V}{\partial y} = 0,$$

$$U \frac{\partial U}{\partial x} + V \frac{\partial U}{\partial y} = \varepsilon^2 \frac{\partial^2 U}{\partial y^2},$$

avec les conditions aux limites :

$$y = 0 \quad : \quad U = 0, \quad V = 0,$$

et :

$$y \to \infty \quad : \quad U \to 1.$$

On retrouve exactement le modèle de Prandtl.

Avec la solution de Blasius, on obtient :

$$V_1 \underset{Y \to \infty}{\longrightarrow} = \frac{\beta_0}{\sqrt{2x}}.$$

L'équation de quantité de mouvement transversale est :

$$(1 + U_1)\frac{\partial V_1}{\partial x} + V_1 \frac{\partial V_1}{\partial Y} = -\frac{\partial P_1}{\partial Y} + \frac{\partial^2 V_1}{\partial Y^2}.$$

On déduit le comportement de P_1 quand $Y \to \infty$:

$$-\frac{\partial P_1}{\partial Y} = \frac{\partial V_1}{\partial x} = -\frac{\beta_0}{2\sqrt{2}}x^{-3/2},$$

d'où :

$$P_1 \underset{Y \to \infty}{\cong} \frac{\beta_0}{2\sqrt{2}} x^{-3/2} Y,$$

ou :

$$P_1 \underset{Y \to \infty}{\cong} \frac{\beta_0}{2\sqrt{2}} x^{-3/2} \frac{y}{\varepsilon},$$

ou encore :

$$\varepsilon P_1 \underset{Y \to \infty}{\cong} \frac{\beta_0}{2\sqrt{2}} x^{-3/2} y.$$

5. Les équations pour u_2, v_2, p_2 sont :

$$\frac{\partial u_2}{\partial x} + \frac{\partial v_2}{\partial y} = 0,$$

$$\frac{\partial u_2}{\partial x} = -\frac{\partial}{\partial x}(p_2 + \varepsilon P_1),$$

$$\frac{\partial}{\partial x}(v_2 + V_1) = -\frac{\partial}{\partial y}(p_2 + \varepsilon P_1).$$

Dans les équations de quantité de mouvement, la quantité P_1 doit être entendue comme le comportement de P_1 quand $Y \to \infty$; de même, la quantité V_1 doit être entendue comme le comportement de V_1 quand $Y \to \infty$.

Les conditions aux limites à prendre en compte sont :

$$y \to \infty : u_2 = 0,$$

$$y \to \infty : v_2 \to -\frac{\beta_0}{\sqrt{2x}},$$

$$y = 0 : v_2 = 0.$$

La dernière condition permet d'assurer qu'à la paroi la vitesse normale à la paroi est nulle. La condition d'adhérence à la paroi sur u_2 doit être abandonnée.

Compte tenu du comportement de V_1 et P_1 lorsque $Y \to \infty$, on effectue le changement de fonctions suivant :

$$u_2^* = u_2,$$

$$v_2^* = v_2 + \frac{\beta_0}{\sqrt{2x}},$$

$$p_2^* = p_2 + \frac{\beta_0}{2\sqrt{2}} x^{-3/2} y.$$

Les équations deviennent :

$$\frac{\partial u_2^*}{\partial x} + \frac{\partial v_2^*}{\partial y} = 0,$$

$$\frac{\partial u_2^*}{\partial x} = -\frac{\partial p_2^*}{\partial x},$$

$$\frac{\partial v_2^*}{\partial x} = -\frac{\partial p_2^*}{\partial y},$$

avec les conditions aux limites :

$$y \to \infty : u_2^* = 0,$$
$$y \to \infty : v_2^* = 0,$$
$$y = 0 : v_2^* = \frac{\beta_0}{\sqrt{2x}}.$$

La solution est alors :

$$u_2^* = -\frac{\beta_0}{2} \frac{y}{\sqrt{x^2+y^2}\sqrt{x+\sqrt{x^2+y^2}}},$$

$$v_2^* = \frac{\beta_0}{2} \frac{\sqrt{x+\sqrt{x^2+y^2}}}{\sqrt{x^2+y^2}}.$$

Problèmes du chapitre 0

9.1.

1. En substituant le développement extérieur dans les équations de Navier-Stokes, il vient pour le deuxième ordre :

$$\frac{\partial u_1}{\partial x} + \frac{\partial v_1}{\partial y} = 0,$$

$$(1+ay)\frac{\partial u_1}{\partial x} + av_1 = -\frac{\partial p_1}{\partial x},$$

$$(1+ay)\frac{\partial v_1}{\partial x} = -\frac{\partial p_1}{\partial y}.$$

2. Les équations de couche limite au premier ordre sont :

$$\frac{\partial U_1}{\partial x} + \frac{\partial V_1}{\partial Y} = 0,$$

$$U_1\frac{\partial U_1}{\partial x} + V_1\frac{\partial U_1}{\partial Y} = \frac{\partial^2 U_1}{\partial Y^2}.$$

Les équations de couche limite au second ordre sont :

$$\frac{\partial U_2}{\partial x} + \frac{\partial V_2}{\partial Y} = 0,$$

$$\Delta_2 \left(U_1\frac{\partial U_2}{\partial x} + V_1\frac{\partial U_2}{\partial Y} + U_2\frac{\partial U_1}{\partial x} + V_2\frac{\partial U_1}{\partial Y} \right)$$

$$= -\Delta_2^*\frac{\partial P_2}{\partial x} + \varepsilon^2\frac{\partial^2 U_1}{\partial x^2} + \Delta_2\frac{\partial^2 U_2}{\partial Y^2} + \cdots,$$

$$\varepsilon \left(U_1\frac{\partial V_1}{\partial x} + V_1\frac{\partial V_1}{\partial Y} \right) = -\frac{\Delta_2^*}{\varepsilon}\frac{\partial P_2}{\partial Y} + \varepsilon\frac{\partial^2 V_1}{\partial Y^2}.$$

Les équations de couche limite sont résolues en supposant que $U_1 = f'(\eta)$ avec $\eta = \dfrac{Y}{\sqrt{2x}}$. On a :

$$V_1 = \frac{1}{\sqrt{2x}} \left[\eta f' - f \right],$$
$$f''' + f f'' = 0,$$

avec $f(0) = 0$, $f'(0) = 0$, $f'(\infty) = 1$. D'autre part, le comportement de f quand $\eta \to \infty$ est :

$$f(\eta) \underset{\eta \to \infty}{\cong} \eta - \beta_0 + \mathrm{TEP},$$

avec $\beta_0 = 1,21678$.

On remarque que la solution de couche limite au premier ordre est indépendante de a.

3. Le raccord sur $\mathcal{V}$ impose $\delta_1 = \varepsilon$. En effet, à l'ordre ε, on a :

$$\mathrm{E}_1 \, \mathcal{V} = \varepsilon V_1,$$
$$\mathrm{E}_0 \, \mathrm{E}_1 \, \mathcal{V} = \varepsilon \frac{1}{\sqrt{2x}} \left[\frac{Y}{\sqrt{2x}} - \frac{Y}{\sqrt{2x}} + \beta_0 \right]$$
$$= \varepsilon \frac{\beta_0}{\sqrt{2x}},$$
$$\mathrm{E}_1 \, \mathrm{E}_0 \, \mathcal{V} = \varepsilon v_1(x, 0).$$

On en déduit :

$$v_1(x, 0) = \frac{\beta_0}{\sqrt{2x}}.$$

4. En reportant les comportements de u_1, v_1, p_1 dans les équations extérieures, on obtient :
$b_0 = 2^{-1/2} \beta_0 x^{-1/2}$, $c_0 = -2^{1/2} a \beta_0 x^{1/2}$, $c_1 = 2^{-3/2} \beta_0 x^{-3/2}$, $b_2 = -3 \times 2^{-7/2} \beta_0 x^{-5/2}$, $c_2 = 2^{-5/2} a \beta_0 x^{-3/2}$, $a_1 = -2^{-3/2} \beta_0 x^{-3/2}$.

5. Le raccord sur la pression donne $\Delta_2^* = \varepsilon$. En effet, à l'ordre ε, on a :

$$\mathrm{E}_1 \, \mathrm{E}_0 \, \mathcal{P} = -2^{1/2} \varepsilon a \beta_0 x^{1/2},$$
$$\mathrm{E}_0 \, \mathrm{E}_1 \, \mathcal{P} = \mathrm{E}_0 \left[\varepsilon P_2(x, Y) \right].$$

On en déduit :

$$\lim_{Y \to \infty} P_2(x, Y) = -2^{1/2} a \beta_0 x^{1/2}.$$

6. Le raccord sur la vitesse $\mathcal{U}$ donne $\Delta_2 = \varepsilon$. En effet, à l'ordre ε, on a :

$$\mathrm{E}_1 \, \mathrm{E}_0 \, \mathcal{U} = 1 + \varepsilon a Y,$$
$$\mathrm{E}_0 \, \mathrm{E}_1 \, \mathcal{U} = \mathrm{E}_0 \left[U_1 + \varepsilon U_2 \right].$$

On a :

$$\lim_{Y \to \infty} U_1 = 1,$$

et :

$$U_2 \underset{Y \to \infty}{\cong} aY.$$

7. On a :

$$\frac{\partial P_2}{\partial Y} = 0,$$

et :

$$P_2 = -2^{1/2} a\beta_0 x^{1/2},$$

d'où :

$$\frac{\partial P_2}{\partial x} = -2^{-1/2} a\beta_0 x^{-1/2}.$$

Les équations de couche limite au second ordre sont :

$$\frac{\partial U_2}{\partial x} + \frac{\partial V_2}{\partial Y} = 0,$$

$$U_1 \frac{\partial U_2}{\partial x} + V_1 \frac{\partial U_2}{\partial Y} + U_2 \frac{\partial U_1}{\partial x} + V_2 \frac{\partial U_1}{\partial Y} = 2^{-1/2} a\beta_0 x^{-1/2} + \frac{\partial^2 U_2}{\partial Y^2}.$$

Problèmes du chapitre 10

10.1.

1. L'équation réduite est :

$$\frac{\mathrm{d}y_0}{\mathrm{d}x} + y_0 = 0.$$

Avec la condition $y(1) = \beta$, la solution est :

$$y_0 = \beta\, \mathrm{e}^{1-x}.$$

On fait le changement de variable $\bar{x} = x/\delta(\varepsilon)$. L'équation initiale devient :

$$\frac{\varepsilon^3}{\delta^2} \frac{\mathrm{d}^2 y}{\mathrm{d}\bar{x}^2} + \delta^2 \bar{x}^3 \frac{\mathrm{d}y}{\mathrm{d}\bar{x}} + (\delta^3 \bar{x}^3 - \varepsilon)y = 0.$$

Pour restituer la couche limite en $x = 0$ il faut garder le terme contenant la dérivée seconde. La comparaison de l'ordre de grandeur de ce terme avec celui des autres termes montre qu'il faut prendre $\delta = \varepsilon$. L'équation réduite restante est :

$$\frac{\mathrm{d}^2 \bar{y}_0}{\mathrm{d}\bar{x}^2} - \bar{y}_0 = 0,$$

d'où :

$$\bar{y}_0 = A\,\mathrm{e}^{-\bar{x}} + B\,\mathrm{e}^{\bar{x}}.$$

La condition $y(0) = \alpha$ implique :

$$A + B = \alpha.$$

À l'ordre 1, on a :

$$\bar{\mathrm{E}}\,\mathrm{E}\,y = \beta\,\mathrm{e},$$

où $\bar{\mathrm{E}}$ et E sont respectivement les opérateurs d'expansion correspondant à la couche inférieure et à la couche supérieure. On a aussi :

$$\bar{\mathrm{E}}y = A\,\mathrm{e}^{-\bar{x}} + B\,\mathrm{e}^{\bar{x}} = A\,\mathrm{e}^{-x/\varepsilon} + B\,\mathrm{e}^{x/\varepsilon},$$

et :

$$\mathrm{E}\,\bar{\mathrm{E}}y = \lim_{\varepsilon \to 0,\, x \text{ fixé}} \left[A\,\mathrm{e}^{-x/\varepsilon} + B\,\mathrm{e}^{x/\varepsilon} \right].$$

On en déduit que $B = 0$ pour que le raccord soit possible, d'où $A = \alpha$. Alors $\mathrm{E}\,\bar{\mathrm{E}}y = 0$ et le raccord est impossible puisque $\bar{\mathrm{E}}\,\mathrm{E}\,y \neq \mathrm{E}\,\bar{\mathrm{E}}y$.

On introduit une couche intermédiaire d'épaisseur $\nu(\varepsilon)$. Avec le changement de variable $\tilde{x} = x/\nu$, l'équation initiale devient :

$$\frac{\varepsilon^3}{\nu^2}\frac{\mathrm{d}^2 y}{\mathrm{d}\tilde{x}^2} + \nu^2\tilde{x}^3\frac{\mathrm{d}y}{\mathrm{d}\tilde{x}} + (\nu^3\tilde{x}^3 - \varepsilon)y = 0$$

La comparaison des ordres de grandeur des différents termes deux à deux montre qu'une limite significative est obtenue en prenant $\nu = \varepsilon^{1/2}$. L'épaisseur de la couche correspondante est intermédiaire entre celle de la couche supérieure et celle de la couche inférieure. L'équation initiale se réduit à :

$$\tilde{x}^3\frac{\mathrm{d}\tilde{y}_0}{\mathrm{d}\tilde{x}} - \tilde{y} = 0.$$

La solution est :

$$\tilde{y}_0 = C\,\mathrm{e}^{-1/(2\tilde{x}^2)}.$$

Le raccord entre la couche supérieure et la couche intermédiaire à l'ordre 1 donne :

$$\tilde{\mathrm{E}}\,\mathrm{E}\,y = \beta\,\mathrm{e},$$

et :

$$\mathrm{E}\,\tilde{\mathrm{E}}y = C.$$

d'où $C = \beta\,\mathrm{e}$.

Le raccord entre la couche intermédiaire et la couche inférieure à l'ordre 1 donne :

$$\bar{\mathrm{E}}\tilde{\mathrm{E}}y = 0.$$

On a donc nécessairement $B = 0$ et, avec la condition $A + B = \alpha$, on a $A = \alpha$.

La solution composite est donc :

$$y_{\mathrm{c}} = \beta\,\mathrm{e}^{1-x} + \beta\,\mathrm{e}\,\mathrm{e}^{-1/(2\tilde{x}^2)} + \alpha\,\mathrm{e}^{-\bar{x}} - \beta\,\mathrm{e}.$$

2. Pour simplifier, on suppose connue la structure en triple couche mais on pourrait la retrouver avec la MASC.

L'approximation extérieure est la même qu'avec la MDAR :

$$Y_0 = \beta \, e^{1-x} \,.$$

On complète l'approximation de la façon suivante :

$$y = Y_0(x) + \widetilde{Y}_0(\tilde{x}, \varepsilon).$$

L'équation initiale devient :

$$\varepsilon^2 \frac{d^2 \widetilde{Y}_0}{d\tilde{x}^2} + \varepsilon^3 \frac{d^2 Y_0}{dx^2} + \varepsilon \tilde{x}^3 \frac{d\widetilde{Y}_0}{d\tilde{x}} - \varepsilon Y_0 + \varepsilon^{3/2} \tilde{x}^3 \widetilde{Y}_0 - \varepsilon \widetilde{Y}_0 = 0.$$

Dans cette équation, $\varepsilon^3 \dfrac{d^2 Y_0}{dx^2}$ est d'ordre ε^3 quand $\tilde{x} = O_S(1)$ et Y_0 s'écrit :

$$Y_0 = \beta \, e^{1-x} = \beta \, e^{1-\varepsilon^{1/2}\tilde{x}} = \beta \, e(1 + \cdots).$$

On en déduit l'équation pour $\widetilde{Y}_0$:

$$\tilde{x}^3 \frac{d\widetilde{Y}_0}{d\tilde{x}} - \widetilde{Y}_0 = \beta \, e \,.$$

La solution est :

$$\widetilde{Y}_0 = -\beta \, e + C \, e^{-1/(2\tilde{x}^2)}.$$

La condition $y(1) = \beta$ déjà satisfaite par $Y_0(1) = \beta$ donne :

$$\tilde{x} = \frac{1}{\varepsilon^{1/2}} \quad : \quad \widetilde{Y}_0 = 0,$$

d'où :

$$C = \beta \, e^{1+\varepsilon/2}.$$

On cherche une AUV sous la forme :

$$y_a = Y_0(x) + \widetilde{Y}_0(\tilde{x}, \varepsilon) + \overline{Y}_0(\bar{x}, \varepsilon).$$

L'équation pour $\overline{Y}_0$ est :

$$\frac{d^2 \overline{Y}_0}{d\bar{x}^2} - \overline{Y}_0 = 0.$$

La solution est :

$$\overline{Y}_0 = A \, e^{-\bar{x}} + B \, e^{\bar{x}}.$$

Les conditions aux limites sont :

$$\bar{x} = 0 \quad : \quad Y_0 + \widetilde{Y}_0 + \overline{Y}_0 = \alpha, \quad \bar{x} = \frac{1}{\varepsilon} \quad : \quad Y_0 + \widetilde{Y}_0 + \overline{Y}_0 = \beta,$$

d'où :

$$A = \frac{\alpha}{1 - e^{-2/\varepsilon}}, \quad B = -\frac{\alpha\,e^{-2/\varepsilon}}{1 - e^{-2/\varepsilon}},$$

et l'AUV est :

$$y_a = \beta\,e^{1-x} - \beta\,e + \beta\,e^{1+\varepsilon/2}\,e^{-1/(2\tilde{x}^2)} + \frac{\alpha}{1 - e^{-2/\varepsilon}}\,e^{-\tilde{x}} - \frac{\alpha\,e^{-2/\varepsilon}}{1 - e^{-2/\varepsilon}}\,e^{\tilde{x}}.$$

Sous sa forme régulière, la MASC donne :

$$y_a = \beta\,e^{1-x} - \beta\,e + \beta\,e\,e^{-1/(2\tilde{x}^2)} + \alpha\,e^{-\tilde{x}}.$$

3. L'approximation extérieure est toujours la même :

$$f_0 = \beta\,e^{1-x}.$$

On cherche une AUV de la forme :

$$y_a = f_0 + \bar{f}_0(\bar{x}, \varepsilon) \text{ avec } \bar{x} = \frac{x}{\varepsilon}.$$

L'équation initiale devient :

$$\varepsilon^3 \frac{d^2 f_0}{dx^2} + \varepsilon \frac{d^2 \bar{f}_0}{d\bar{x}^2} + \varepsilon^2 \bar{x}^3 \frac{d\bar{f}_0}{d\bar{x}} - \varepsilon f_0 + \varepsilon^3 \bar{x}^3 \bar{f}_0 - \varepsilon \bar{f}_0 = 0.$$

Pour regrouper la couche intermédiaire et la couche inférieure en une seule approximation, on néglige les termes $O(\varepsilon^3)$:

$$\frac{d^2 \bar{f}_0}{d\bar{x}^2} + \varepsilon \bar{x}^3 \frac{d\bar{f}_0}{d\bar{x}} - \bar{f}_0 = f_0.$$

Éventuellement, on peut écire f_0 sous la forme :

$$f_0 = \beta\,e^{1-x} = \beta\,e^{1-\varepsilon\bar{x}} = \beta\,e(1 - \varepsilon\bar{x} + \cdots).$$

Les conditions aux limites pour $\bar{f}_0$ sont :

$$\bar{x} = 0 \quad : \quad f_0 + \bar{f}_0 = \alpha, \quad \bar{x} = \frac{1}{\varepsilon} \quad : \quad f_0 + \bar{f}_0 = \beta.$$

10.2. Les équations du pont principal sont :

$$\frac{\partial \overline{U}_2}{\partial X} + \frac{\partial \overline{V}_2}{\partial \overline{Y}} = 0,$$

$$U_0 \frac{\partial \overline{U}_2}{\partial X} + \overline{V}_2 \frac{dU_0}{d\overline{Y}} + f \frac{df}{dX} \left[\left(\frac{dU_0}{d\overline{Y}}\right)^2 - U_0 \frac{d^2 U_0}{d\overline{Y}^2} \right] = -\frac{\partial P_2}{\partial X},$$

$$U_0 \frac{\partial \overline{V}_2}{\partial X} + \frac{d}{dX}\left(f \frac{df}{dX}\right) U_0 \frac{dU_0}{d\overline{Y}} = -\frac{\partial P_2}{\partial \overline{Y}}.$$

Les équations du pont inférieur sont :

$$\frac{\partial \widetilde{U}_1}{\partial X} + \frac{\partial \widetilde{V}_1}{\partial \widetilde{Y}} = 0,$$

$$(\lambda \widetilde{Y} + \widetilde{U}_1)\frac{\partial \widetilde{U}_1}{\partial X} + \widetilde{V}_1\left(\lambda + \frac{\partial \widetilde{U}_1}{\partial \widetilde{Y}}\right) = -\frac{\partial \widetilde{P}_1}{\partial X} + \frac{\partial^2 \widetilde{U}_1}{\partial \widetilde{Y}^2},$$

$$\frac{\partial \widetilde{P}_1}{\partial \widetilde{Y}} = 0.$$

Les conditions aux limites à l'infini sont :

$$\overline{Y} \to \infty \quad : \quad \overline{U}_2 = 0, \quad \overline{V}_2 = 0.$$

Les conditions à la paroi sont :

$$\widetilde{Y} = 0 \quad : \quad \widetilde{U}_1 = 0, \quad \widetilde{V}_1 = 0.$$

Le raccord sur les vitesses entre les deux ponts donne :

$$\lim_{\widetilde{Y} \to \infty} \widetilde{U}_1 = \lambda f(X), \quad \overline{V}_2(X,0) = \lim_{\widetilde{Y} \to \infty}\left(\widetilde{V}_1 + \lambda \widetilde{Y}\frac{\mathrm{d}f}{\mathrm{d}X}\right).$$

En outre, dans le pont inférieur, la pression est constante suivant une normale à la paroi :

$$\widetilde{P}_1 = \overline{P}_1(X,0).$$

Si l'on connaît la forme de la bosse, c'est-à-dire la fonction $f(X)$, il n'est pas possible de déterminer directement la solution dans le pont principal ou dans le pont inférieur. Les problèmes sont couplés. Il n'y a pas de hiérarchie entre les ponts. On dit que l'interaction est forte.

10.3.

Zone 1. Pour le pont supérieur, les conditions aux limites sont :

$$Y^* \to \infty \quad : \quad U_1^* = 0, \quad V_1^* = 0.$$

En outre, le raccord entre le pont supérieur et le pont principal donne :

$$V_1^*(X,0) = 0,$$

car $\beta - \alpha < \beta - \dfrac{7\alpha}{3} + \dfrac{m}{2}$ vu que $\alpha < \dfrac{3m}{8}$ dans la zone 1. Alors, dans le pont supérieur la solution est (voir Ann. III) :

$$U_1^* = 0, \quad V_1^* = 0, \quad P_1^* = 0.$$

Les conditions de raccord sur la pression entre les différents ponts donnent :

$$P_1^*(X,0) = \overline{P}_1(X,\overline{Y}) = \widetilde{P}_1(X,\widetilde{Y}) = 0.$$

La solution du pont principal est :

$$\overline{U}_1 = A(X)\frac{\mathrm{d}U_0}{\mathrm{d}\overline{Y}}, \quad \overline{V}_1 = -\frac{\mathrm{d}A}{\mathrm{d}X}U_0.$$

Le raccord entre le pont principal et le pont inférieur donne aussi :

$$\lim_{\widetilde{Y}\to\infty} \widetilde{U}_1 = \overline{U}_1(X,0) = \lambda A.$$

Les équations du pont inférieur sont :

$$\frac{\partial \widetilde{U}_1}{\partial X} + \frac{\partial \widetilde{V}_1}{\partial \widetilde{Y}} = 0,$$

$$\lambda\widetilde{Y}\frac{\partial \widetilde{U}_1}{\partial X} + \lambda\widetilde{V}_1 = \frac{\partial^2 \widetilde{U}_1}{\partial \widetilde{Y}^2}.$$

Les conditions de paroi sont :

$$\widetilde{Y} = 0 \quad : \quad \widetilde{U}_1 = 0, \quad \widetilde{V}_1 = V_p(X).$$

À la frontière de la couche limite, on a :

$$\widetilde{Y} \to \infty \quad : \quad \frac{\partial \widetilde{U}_1}{\partial \widetilde{Y}} = 0.$$

Avec ces conditions, on peut déterminer la solution du pont inférieur et alors calculer A d'après :

$$\lim_{\widetilde{Y}\to\infty} \widetilde{U}_1 = \lambda A.$$

Zone 2. Dans le pont principal, la solution est :

$$\overline{U}_2 = A(X)\frac{\mathrm{d}U_0}{\mathrm{d}\overline{Y}}, \quad \overline{V}_2 = -\frac{\mathrm{d}A}{\mathrm{d}X}U_0.$$

Le raccord entre le pont supérieur et le pont principal donne :

$$V_2^*(X,0) = \lim_{\overline{Y}\to\infty} \overline{V}_2 = -\frac{\mathrm{d}A}{\mathrm{d}X}.$$

On résout le problème en se donnant la fonction $A(X)$. On calcule alors la solution dans le pont supérieur avec :

$$V_2^*(X,0) = -\frac{\mathrm{d}A}{\mathrm{d}X}.$$

On en déduit la valeur de $P_2^*(X,0)$ et donc $\widetilde{P}_1$ puisque le raccord sur la pression entre les différents ponts donne :

$$P_2^*(X,0) = \overline{P}_2(X,\overline{Y}) = \widetilde{P}_1(X,\widetilde{Y}).$$

Dans le pont inférieur les équations à résoudre sont :

$$\frac{\partial \widetilde{U}_1}{\partial X} + \frac{\partial \widetilde{V}_1}{\partial \widetilde{Y}} = 0,$$

$$\lambda \widetilde{Y} \frac{\partial \widetilde{U}_1}{\partial X} + \lambda \widetilde{V}_1 = -\frac{\partial \widetilde{P}_1}{\partial X} + \frac{\partial^2 \widetilde{U}_1}{\partial \widetilde{Y}^2}.$$

Le raccord entre le pont principal et le pont inférieur donne notamment :

$$\lim_{\widetilde{Y} \to \infty} \widetilde{U}_1 = 0,$$

car $\beta - \dfrac{m}{2} < \beta + \dfrac{4\alpha}{3} - m$ vu que $\alpha > \dfrac{3m}{8}$.

À la frontière du pont inférieur, l'équation de quantité de mouvement donne alors :

$$\lambda \widetilde{V}_{1e} = -\frac{\partial \widetilde{P}_1}{\partial X},$$

avec :

$$\widetilde{V}_{1e} = \lim_{\widetilde{Y} \to \infty} \widetilde{V}_1.$$

À la paroi, on a :

$$\widetilde{Y} = 0 \quad : \quad \widetilde{U}_1 = 0.$$

Une solution possible du pont inférieur, satisfaisant les conditions aux limites, est :

$$\widetilde{U}_1 = 0, \quad \widetilde{V}_1 = \widetilde{V}_{1e},$$

et l'on en déduit la valeur de V_p :

$$V_p = \widetilde{V}_{1e} = -\frac{1}{\lambda} \frac{\partial \widetilde{P}_1}{\partial X}.$$

Zone 3. Les conditions de raccord entre le pont supérieur et le pont principal donnent notamment :

$$V_1^*(X,0) = 0,$$

car $\beta - \alpha < \dfrac{\beta - 3\alpha + m}{2}$. Or, les conditions aux limites à l'infini sont :

$$Y^* \to \infty \quad : \quad V_1^* = 0, \quad U_1^* = 0.$$

On en déduit que la solution du pont supérieur est identiquement nulle :

$$U_1^* = 0, \quad V_1^* = 0, \quad P_1^* = 0.$$

Les conditions de raccord entre le pont supérieur et le pont principal donnent :

$$\lim_{\overline{Y} \to \infty} \overline{U}_1 = 0,$$

car $\dfrac{\beta - \alpha}{2} < \beta - \alpha.$

Le raccord entre le pont principal et le pont inférieur donne :

$$\overline{V}_1(X, 0) = 0,$$

car $\dfrac{\beta - 3\alpha + m}{2} < \dfrac{\beta - 3\alpha + 2m}{4}.$

La solution dans le pont principal est :

$$\overline{U}_1 = A(X) \frac{\mathrm{d}U_0}{\mathrm{d}\overline{Y}}, \quad \overline{V}_1 = -\frac{\mathrm{d}A}{\mathrm{d}X} U_0.$$

Le raccord entre le pont principal et le pont inférieur donne :

$$\lim_{\widetilde{Y} \to \infty} \widetilde{U}_1 = \lambda A, \quad \widetilde{V}_1 \underset{\widetilde{Y} \to \infty}{\cong} -\lambda \frac{\mathrm{d}A}{\mathrm{d}X} \widetilde{Y}.$$

D'autre part, le raccord sur la pression entre les différents ponts conduit à :

$$\widetilde{P}_1 = \overline{P}_1 = P_1^*(X, 0) = 0.$$

Les équations du pont inférieur sont donc :

$$\frac{\partial \widetilde{U}_1}{\partial X} + \frac{\partial \widetilde{V}_1}{\partial \widetilde{Y}} = 0,$$

$$\widetilde{U}_1 \frac{\partial \widetilde{U}_1}{\partial X} + \widetilde{V}_1 \frac{\partial \widetilde{U}_1}{\partial \widetilde{Y}} = \frac{\partial^2 \widetilde{U}_1}{\partial \widetilde{Y}^2},$$

avec les conditions aux limites à la paroi :

$$\widetilde{Y} = 0 \quad : \quad \widetilde{U}_1 = 0, \quad \widetilde{V}_1 = V_p(X).$$

Avec la condition :

$$\lim_{\widetilde{Y} \to \infty} \widetilde{U}_1 = \lambda A,$$

l'équation de quantité de mouvement, lorsque $\widetilde{Y} \to \infty$, donne :

$$A \frac{\mathrm{d}A}{\mathrm{d}X} = 0.$$

Avec $A \to 0$ quand $X \to -\infty$, on obtient $A(X) = 0$ d'où :

$$\lim_{\widetilde{Y} \to \infty} \widetilde{U}_1 = 0.$$

La solution du pont inférieur est alors :

$$\widetilde{U}_1 = 0, \quad \widetilde{V}_1 = V_p(X).$$

À l'ordre étudié, l'effet de soufflage est limité au pont inférieur dans lequel la composante de vitesse normale à la paroi n'est pas modifiée.

Zone 4. Les équations du pont inférieur sont :

$$\frac{\partial \widetilde{U}_1}{\partial X} + \frac{\partial \widetilde{V}_1}{\partial \widetilde{Y}} = 0,$$

$$\widetilde{U}_1 \frac{\partial \widetilde{U}_1}{\partial X} + \widetilde{V}_1 \frac{\partial \widetilde{U}_1}{\partial \widetilde{Y}} = -\frac{\partial \widetilde{P}_1}{\partial X} + \frac{\partial^2 \widetilde{U}_1}{\partial \widetilde{Y}^2},$$

$$\frac{\partial \widetilde{P}_1}{\partial \widetilde{Y}} = 0.$$

Or, le raccord entre le pont inférieur et le pont principal donne :

$$\lim_{\widetilde{Y} \to \infty} \widetilde{U}_1 = 0,$$

car $0 < \beta - \dfrac{m}{2} < 2\beta + \alpha - \dfrac{3m}{2}$. Quand $\widetilde{Y} \to \infty$, l'équation de quantité de mouvement suivant X donne alors :

$$\frac{\partial \widetilde{P}_1}{\partial X} = 0.$$

Comme $\dfrac{\partial \widetilde{P}_1}{\partial \widetilde{Y}} = 0$, en utilisant la condition $\widetilde{P}_1 \to 0$ quand $X \to -\infty$, on en déduit que $\widetilde{P}_1 = 0$.

En outre, à la paroi, on doit avoir :

$$\widetilde{Y} = 0 \quad : \quad \widetilde{U}_1 = 0, \quad \widetilde{V}_1 = V_p(X).$$

Une solution acceptable du pont inférieur est :

$$\widetilde{U}_1 = 0, \quad \widetilde{V}_1 = V_p(X).$$

Le raccord sur la pression entre les différents ponts fournit :

$$P_2^*(X, 0) = \overline{P}_2 = \widetilde{P}_1 = 0.$$

Compte tenu des conditions :

$$Y^* \to \infty : U_2^* = 0, \quad V_2^* = 0,$$

la solution du pont supérieur est identiquement nulle :

$$U_2^* = 0, \quad V_2^* = 0, \quad P_2^* = 0.$$

La solution du pont principal est de la forme :

$$\overline{U}_2 = A(X)\frac{\mathrm{d}U_0}{\mathrm{d}\overline{Y}}, \quad \overline{V}_2 = -\frac{\mathrm{d}A}{\mathrm{d}X}U_0.$$

Le raccord entre le pont principal et le pont supérieur donne :

$$\lim_{\overline{Y}\to\infty} \overline{V}_2 = V_2^*(X,0) = 0.$$

Avec $A \to 0$ quand $X \to -\infty$, on en déduit $A(X) = 0$.

Problèmes du chapitre 11

11.1.

1. L'équation pour f_0 est :

$$\frac{\mathrm{d}^2 f_0}{\mathrm{d}y^2} + \frac{1}{y}\frac{\mathrm{d}f_0}{\mathrm{d}y} + f_0\frac{\mathrm{d}f_0}{\mathrm{d}y} = 0,$$

avec :

$$\lim_{y\to\infty} f_0 = 1.$$

La solution de cette équation non linéaire est $f_0 = 1$. L'équation pour f_1 est alors :

$$\frac{\mathrm{d}^2 f_1}{\mathrm{d}y^2} + \frac{1}{y}\frac{\mathrm{d}f_1}{\mathrm{d}y} + \frac{\mathrm{d}f_1}{\mathrm{d}y} = 0,$$

avec :

$$\lim_{y\to\infty} f_1 = 0.$$

L'équation linéaire pour f_1 admet la solution :

$$f_1 = A \int_y^\infty \frac{\mathrm{e}^{-t}}{t}\,\mathrm{d}t$$

qui satisfait la condition à l'infini.

2. L'équation pour $\bar{f}_0$ est :

$$\frac{\mathrm{d}^2 \bar{f}_0}{\mathrm{d}\bar{y}^2} + \frac{1}{\bar{y}+1} \frac{\mathrm{d}\bar{f}_0}{\mathrm{d}\bar{y}} = 0,$$

avec $\bar{f}_0(0) = 0$. La solution est :

$$\bar{f}_0 = K \ln(\bar{y} + 1).$$

3. On a :

$$E_1 E_0 u = 1 + \delta_1 A(-\ln \varepsilon \bar{y} - \gamma),$$
$$E_0 E_1 u = \bar{\delta}_1 K \ln \bar{y},$$

d'où :

$$\delta_1 A = \frac{1}{\gamma + \ln \varepsilon}, \quad \bar{\delta}_1 K = -\delta_1 A.$$

La solution composite est :

$$u = 1 + \frac{1}{\gamma + \ln \varepsilon} \int_y^\infty \frac{\mathrm{e}^{-t}}{t}\, \mathrm{d}t - \frac{1}{\gamma + \ln \varepsilon} \ln(\bar{y}+1) + \frac{1}{\gamma + \ln \varepsilon} \ln \bar{y},$$

ou :

$$u = 1 + \frac{1}{\gamma + \ln \varepsilon} \left[\int_y^\infty \frac{\mathrm{e}^{-t}}{t}\, \mathrm{d}t + \ln \frac{\bar{y}}{\bar{y}+1} \right].$$

11.2.

1. Avec $y' = y + \varepsilon$, l'équation initiale devient :

$$\frac{\mathrm{d}^2 u}{\mathrm{d}y'^2} + \frac{1}{y'} \frac{\mathrm{d}u}{\mathrm{d}y'} + u \frac{\mathrm{d}u}{\mathrm{d}y'} = 0,$$

avec les conditions aux limites :

$$u(\varepsilon) = 0, \quad \lim_{y \to \infty} u = 1.$$

On obtient exactement le modèle de Stokes-Oseen proposé par Lagerstrom.

2. L'équation pour F_1 est :

$$\frac{\mathrm{d}^2 F_1}{\mathrm{d}y^2} + \frac{1}{y} \frac{\mathrm{d}F_1}{\mathrm{d}y} + \frac{\mathrm{d}F_1}{\mathrm{d}y} = 0.$$

Avec la condition $F_1(\infty) = 0$ qui satisfait la condition à l'infini pour u, la solution est :

$$F_1 = A \int_y^\infty \frac{\mathrm{e}^{-t}}{t}\, \mathrm{d}t,$$

mais la condition en $y = 0$ ne peut pas être satisfaite puisque F_1 devient infini quand $y \to 0$. L'équation pour $\overline{F}_1$ est :

$$\frac{\mathrm{d}^2 \overline{F}_1}{\mathrm{d}\bar{y}^2} + \frac{1}{\bar{y}+1}\frac{\mathrm{d}\overline{F}_1}{\mathrm{d}\bar{y}} = \frac{1}{\bar{y}(\bar{y}+1)}\varepsilon\frac{\mathrm{d}F_1}{\mathrm{d}y}.$$

Le terme $\varepsilon\dfrac{\mathrm{d}F_1}{\mathrm{d}y}$ doit être simplifié pour que $\overline{F}_1$ soit une fonction de $\bar{y}$ seulement. On a :

$$\frac{\mathrm{d}F_1}{\mathrm{d}y} = -A\frac{\mathrm{e}^{-y}}{y} = -\frac{A}{\varepsilon}\frac{\mathrm{e}^{-\varepsilon\bar{y}}}{\bar{y}} = -\frac{A}{\varepsilon}\frac{1}{\bar{y}} + \cdots.$$

L'équation pour $\overline{F}_1$ devient :

$$\frac{\mathrm{d}^2 \overline{F}_1}{\mathrm{d}\bar{y}^2} + \frac{1}{\bar{y}+1}\frac{\mathrm{d}\overline{F}_1}{\mathrm{d}\bar{y}} = -\frac{A}{\bar{y}^2(\bar{y}+1)}.$$

Après mulitiplication par $\bar{y}+1$, l'équation s'intègre facilement. On a :

$$\overline{F}_1 = A\ln\bar{y} - A\ln(\bar{y}+1) + B\ln(\bar{y}+1) + C,$$

d'où :

$$u = 1 + \delta_1 A \int_y^\infty \frac{\mathrm{e}^{-t}}{t}\,\mathrm{d}t + \delta_1 A \ln\bar{y} - \delta_1 A \ln(\bar{y}+1) + \delta_1 B \ln(\bar{y}+1) + \delta_1 C.$$

La condition $u = 1$ quand $y \to \infty$ implique $B = 0$ et $C = 0$. Après avoir développé $\displaystyle\int_y^\infty \frac{\mathrm{e}^{-t}}{t}\,\mathrm{d}t$ quand $y \to 0$, la condition en $y = 0$ donne :

$$1 - \delta_1 A\gamma - \delta_1 A \ln\varepsilon = 0,$$

soit :

$$\delta_1 A = \frac{1}{\gamma + \ln\varepsilon}.$$

Finalement, la solution est :

$$u = 1 + \frac{1}{\gamma + \ln\varepsilon}\left[\int_y^\infty \frac{\mathrm{e}^{-t}}{t}\,\mathrm{d}t + \ln\frac{\bar{y}}{\bar{y}+1}\right].$$

On retrouve exactement la solution donnée par la MDAR (problème 11.1).

3. L'équation pour $\bar{f}_1$ est :

$$\frac{\mathrm{d}^2 \bar{f}_1}{\mathrm{d}\bar{y}^2} + \frac{1}{\bar{y}+1}\frac{\mathrm{d}\bar{f}_1}{\mathrm{d}\bar{y}} = \frac{1}{\bar{y}(\bar{y}+1)}\varepsilon\frac{\mathrm{d}f_1}{\mathrm{d}y}.$$

Avec l'équation pour f_1 :

$$\frac{\mathrm{d}^2 f_1}{\mathrm{d}y^2} + \frac{1}{y}\frac{\mathrm{d}f_1}{\mathrm{d}y} + \frac{\mathrm{d}f_1}{\mathrm{d}y} = 0,$$

on forme l'équation pour $g = f_1 + \bar{f}_1$:

$$\frac{\mathrm{d}^2 g}{\mathrm{d}y^2} + \frac{1}{y+\varepsilon}\frac{\mathrm{d}g}{\mathrm{d}y} = -\frac{\mathrm{d}f_1}{\mathrm{d}y}.$$

Avec $f_1 = A \displaystyle\int_y^\infty \frac{\mathrm{e}^{-t}}{t}\,\mathrm{d}t$, on obtient :

$$\frac{\mathrm{d}^2 g}{\mathrm{d}y^2} + \frac{1}{y+\varepsilon}\frac{\mathrm{d}g}{\mathrm{d}y} = A\frac{\mathrm{e}^{-y}}{y}.$$

Cette équation s'intègre après avoir multiplié par $y + \varepsilon$:

$$g = A\int_y^\infty \frac{\mathrm{e}^{-t}}{t+\varepsilon}\,\mathrm{d}t + Ac\int_y^\infty\left[\frac{1}{\xi+\varepsilon}\int_\xi^\infty \frac{\mathrm{e}^{-t}}{t}\,\mathrm{d}t\right]\mathrm{d}\xi + \alpha\ln(y+\varepsilon) + \beta.$$

La condition $u = 1$ quand $y \to \infty$ implique $\alpha = 0$ et $\beta = 0$. La condition en $y = 0$ donne :

$$\delta_1 A\left\{\int_0^\infty \frac{\mathrm{e}^{-t}}{t+\varepsilon}\,\mathrm{d}t + \varepsilon\int_0^\infty\left[\frac{1}{\xi+\varepsilon}\int_\xi^\infty \frac{\mathrm{e}^{-t}}{t}\,\mathrm{d}t\right]\mathrm{d}\xi\right\} = -1.$$

Remarque 2. En notant qu'au voisinage de $y = 0$, il n'est peut-être pas opportun d'approcher $y + \varepsilon$ par y, on aurait pu prendre pour f_1 l'équation suivante :

$$\frac{\mathrm{d}^2 f_1}{\mathrm{d}y^2} + \frac{1}{y+\varepsilon}\frac{\mathrm{d}f_1}{\mathrm{d}y} + \frac{\mathrm{d}f_1}{\mathrm{d}y} = 0.$$

Alors, la solution vérifiant $f_1(\infty) = 0$ est :

$$f_1 = A\int_{y+\varepsilon}^\infty \frac{\mathrm{e}^{-t}}{t}\,\mathrm{d}t.$$

La condition $u(0) = 0$ peut être satisfaite en prenant :

$$\delta_1 A = -\frac{1}{\displaystyle\int_\varepsilon^\infty \frac{\mathrm{e}^{-t}}{t}\,\mathrm{d}t}.$$

On remarque que $f_1 = f_1(x, \varepsilon)$, ce qui est autorisé avec la MASC généralisée. En outre, on montre facilement que $\bar{f}_1 = 0$. La solution :

$$u = 1 - \frac{\displaystyle\int_{y+\varepsilon}^\infty \frac{\mathrm{e}^{-t}}{t}\,\mathrm{d}t}{\displaystyle\int_\varepsilon^\infty \frac{\mathrm{e}^{-t}}{t}\,\mathrm{d}t}$$

est une excellente approximation de la solution exacte.

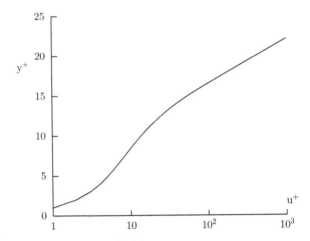

Fig. S.4. Profil de vitesse en coordonnées semi-logarithmiques dans la région interne

11.3.

En variables de paroi, l'équation de la région interne s'écrit :

$$\frac{\mathrm{d}u^+}{\mathrm{d}y^+} + F^2 \ell^{+2} \left(\frac{\mathrm{d}u^+}{\mathrm{d}y^+}\right)^2 = 1.$$

En $y^+ = 0$, on a $u^+ = 0$. Pour $y^+ \gg 1$, cette équation devient :

$$\chi y^+ \frac{\mathrm{d}u^+}{\mathrm{d}y^+} = 1,$$

soit :

$$u^+ = \frac{1}{\chi} \ln y^+ + C.$$

Le tracé de la loi de paroi, Fig. S.4, fait apparaître une zone logarithmique pour des valeurs de y^+ supérieures à 75. La constante C de la loi logarithmique vaut environ $C = 5,28$.

Au voisinage immédiat de la paroi, le profil de vitesse est linéaire $u^+ = y^+$ mais la région où cette loi est vérifiée est très limitée ($y^+ < 3$). Entre cette région et la loi logarithmique, il existe une région « tampon » (buffer layer).

11.4. On exprime le raccord à l'ordre $\dfrac{u_\tau}{u_e}$. On a :

$$E_0 \frac{u}{u_e} = 1 + \frac{u_\tau}{u_e} \left[\frac{1}{\chi} \ln \eta - \frac{B}{\chi} \{2 - \omega(\eta)\}\right],$$

et :

$$E_1 E_0 \frac{u}{u_e} = 1 + \frac{u_\tau}{u_e} \left[\frac{1}{\chi} \ln y^+ + \frac{\nu}{\delta u_\tau} - \frac{2B}{\chi}\right],$$

où, dans cette dernière expression, la quantité entre crochets doit être comprise comme étant le comportement de la fonction à y^+ fixé lorsque $\dfrac{u_\tau}{u_e} \to 0$, c'est-à-dire lorsque $\dfrac{u_e\delta}{\nu} \to \infty$; on a donc $\eta = y^+ \dfrac{\nu}{u_\tau\delta} \to 0$.

D'autre part, on a :

$$\mathrm{E}_1 \frac{u}{u_e} = \frac{u_\tau}{u_e} f(y^+) = \frac{u_\tau}{u_e} f\!\left(\frac{y}{\delta}\frac{\delta u_\tau}{\nu}\right).$$

Le comportement de f quand $\dfrac{u_\tau\delta}{\nu} \to \infty$ à $\dfrac{y}{\delta}$ fixé est donné par le comportement de f quand $y^+ \to \infty$, d'où :

$$\mathrm{E}_0\,\mathrm{E}_1 \frac{u}{u_e} = \frac{u_\tau}{u_e}\frac{1}{\chi}\ln\frac{y}{\delta}\frac{\delta u_\tau}{\nu} + C\frac{u_\tau}{u_e}.$$

Le raccordement $\mathrm{E}_0\,\mathrm{E}_1\,\dfrac{u}{u_e} = \mathrm{E}_1\,\mathrm{E}_0\,\dfrac{u}{u_e}$ donne donc :

$$1 + \frac{u_\tau}{u_e}\left[\frac{1}{\chi}\ln y^+ + \frac{\nu}{\delta u_\tau} - \frac{2B}{\chi}\right] = \frac{u_\tau}{u_e}\frac{1}{\chi}\ln\frac{y}{\delta}\frac{\delta u_\tau}{\nu} + C\frac{u_\tau}{u_e},$$

soit :

$$1 - \frac{u_\tau}{u_e}\frac{1}{\chi}\ln\frac{u_\tau\delta}{\nu} - \frac{2B}{\chi}\frac{u_\tau}{u_e} = C\frac{u_\tau}{u_e}.$$

On en déduit :

$$\frac{u_e}{u_\tau} = \frac{1}{\chi}\ln\left(\frac{u_\tau}{u_e}\frac{u_e\delta}{\nu}\right) + \frac{2B}{\chi} + C,$$

et l'on a :

$$\frac{u_\tau}{u_e} = \sqrt{\frac{C_f}{2}}.$$

La loi de frottement indique donc que $\dfrac{u_\tau}{u_e} \to 0$ quand $\dfrac{u_e\delta}{\nu} \to \infty$; on a aussi $\dfrac{u_\tau\delta}{\nu} \to \infty$.

Un développement composite donne une approximation uniformément valable de la vitesse dans toute la couche limite :

$$\frac{u}{u_e} = \mathrm{E}_0\frac{u}{u_e} + \mathrm{E}_1\frac{u}{u_e} - \mathrm{E}_1\,\mathrm{E}_0\frac{u}{u_e},$$

d'où :

$$\frac{u}{u_e} = \frac{u_\tau}{u_e}\left[f(y^+) + \frac{B}{\chi}\omega(\eta)\right],$$

ou :

$$\frac{u}{u_e} = 1 + \frac{u_\tau}{u_e}\left[f(y^+) - \frac{1}{\chi}\ln\frac{\delta u_\tau}{\nu} - C - \frac{B}{\chi}\{2 - \omega(\eta)\}\right].$$

11.5. Dans la zone de recouvrement, on a simultanément :

$$\frac{u_e - u}{u_\tau} = -\frac{1}{\chi}\ln\eta + D \quad \text{quand} \quad \eta \to 0,$$

$$\frac{u}{u_\tau} = \frac{1}{\chi}\ln y^+ + C \quad \text{quand} \quad y^+ \to \infty.$$

En ajoutant membre à membre, on élimine u et y :

$$\frac{u_e}{u_\tau} = \frac{1}{\chi}\ln\frac{u_\tau\delta}{\nu} + C + D,$$

$$= \frac{1}{\chi}\ln\frac{u_\tau}{u_e} + \frac{1}{\chi}\ln\frac{u_e\delta}{\nu} + C + D.$$

Les propriétés de la fonction logarithme impliquent :

$$\frac{u_\tau}{u_e} \to 0 \quad \text{quand} \quad R_\delta \to \infty.$$

On fait le changement de variables :

$$(x, y) \longmapsto (X = x, \eta = \frac{y}{\delta}).$$

Les règles de dérivation donnent :

$$\frac{\partial}{\partial x} = \frac{\partial}{\partial X} - \eta\frac{\delta'}{\delta}\frac{\partial}{\partial\eta},$$

$$\frac{\partial}{\partial y} = \frac{1}{\delta}\frac{\partial}{\partial\eta}.$$

L'intégration de l'équation de continuité fournit :

$$v = -\gamma u_e\delta'(\eta F' - F) - \delta u_e'(\eta - \gamma F) + \delta u_e\gamma' F.$$

L'équation de quantité de mouvement devient :

$$\frac{\partial}{\partial\eta}\left(\frac{\tau}{\tau_p}\right) = 2\beta F' - \beta\gamma F'^2 + \beta\frac{u_e}{u_e'}\frac{\gamma'}{\gamma}(F' - \gamma F'^2 + \gamma FF'')$$

$$-\beta\left(1 + \frac{u_e}{u_e'}\frac{\delta'}{\delta}\right)(\eta F'' - \gamma FF'').$$

La loi de frottement est :

$$\frac{1}{\gamma} = \frac{1}{\chi}\ln\gamma\frac{u_e\delta}{\nu} + C + D.$$

Elle montre que $\gamma \to 0$ quand $R_\delta \to \infty$. En dérivant par rapport à x, on obtient :

$$-\beta \frac{\gamma'}{\gamma} \frac{u_e}{u_e'} = \frac{\gamma/\chi}{1 + \gamma/\chi} \left(\beta - \frac{\delta'}{\gamma} \right).$$

On peut donc dire que $\beta \dfrac{\gamma'}{\gamma} \dfrac{u_e}{u_e'}$ tend vers zéro comme γ.

L'équation de quantité de mouvement se réduit à :

$$\frac{\partial}{\partial \eta} \left(\frac{\tau}{\tau_p} \right) = 2\beta F' - \beta \left(1 + \frac{u_e}{u_e'} \frac{\delta'}{\delta} \right) \eta F''.$$

On intègre par rapport à η à partir de $\eta = 0$ où l'on a $\tau/\tau_p = 1$ et $F = 0$:

$$\frac{\tau}{\tau_\eta} - 1 = 2\beta F - \beta \left(1 + \frac{u_e}{u_\delta'} \frac{\delta'}{\delta} \right) (\eta F' - F).$$

En $\eta = 1$ on a $\tau = 0$, $F' = 0$ et $F = F_1$ d'où :

$$-1 = 2\beta F_1 + \beta \left(1 + \frac{u_e}{u_e'} \frac{\delta'}{\delta} \right) F_1,$$

et :

$$-\beta \left(1 + \frac{u_e}{u_e'} \frac{\delta'}{\delta} \right) = \frac{1}{F_1} + 2\beta.$$

L'équation de quantité de mouvement s'écrit :

$$\frac{\tau}{\tau_p} = 1 - \frac{F}{F_1} + \left(\frac{1}{F_1} + 2\beta \right) \eta F'.$$

11.6. Les échelles de vitesse, longueur et temps des petites structures sont respectivement v, η, τ. Entre ces échelles on a les relations :

$$\varepsilon = \frac{v^2}{\tau}, \quad \frac{v\eta}{\nu} = 1, \quad \tau = \frac{\eta}{v}.$$

La première relation est issue de la définition de la dissipation (quantité d'énergie transformée en chaleur par unité de temps) ; la deuxième relation provient de l'hypothèse que le nombre de Reynolds caractéristique des structures dissipatives est de l'ordre de l'unité ; la troisième relation relie simplement les échelles de vitesse, longueur et temps. On en déduit en particulier :

$$\eta = \frac{\nu^{3/4}}{\varepsilon^{1/4}}.$$

Des arguments dimensionnels donnent la forme du spectre dans la zone des grosses structures et dans celle des petites structures :

$$E = \boldsymbol{u}^2 \boldsymbol{\ell} F(\xi \boldsymbol{\ell}),$$

$$E = \nu^{5/4} \varepsilon^{1/4} f(\xi \frac{\nu^{3/4}}{\varepsilon^{1/4}}).$$

On suppose que le spectre suit une loi en puissance ξ^α dans la zone de recouvrement. On a :

$$\nu^{5/4} \varepsilon^{1/4} \xi^\alpha \frac{\nu^{3\alpha/4}}{\varepsilon^{\alpha/4}} = \boldsymbol{u}^2 \boldsymbol{\ell} \xi^\alpha \boldsymbol{\ell}^\alpha.$$

La viscosité devant disparaître, on a :

$$\alpha = -\frac{5}{3},$$

et l'on en déduit :

$$\varepsilon = \frac{\boldsymbol{u}^3}{\boldsymbol{\ell}}.$$

On constate donc que la valeur de la dissipation est indépendante de la viscosité, mais le mécanisme de base reste une transformation d'énergie cinétique de turbulence en chaleur à cause de la puissance de déformation des efforts visqueux à l'intérieur de l'écoulement. Le mécanisme physique de dissipation est donc étroitement lié à la viscosité mais la quantité d'énergie dissipée n'est dépend pas.

Références

[1] Computation of viscous-inviscid interactions. AGARD CP 291, 1981. [187]

[2] Numerical and physical aspects of aerodynamic flows IV, edited by Tuncer Cebeci. Springer, Berlin Heidelberg New York, 1990. [187]

[3] W. Appel. *Mathématiques pour la physique et les physiciens*. H&K Éditions, Paris, 2002. [55, 280]

[4] B. Aupoix, J.Ph. Brazier, et J. Cousteix. Asymptotic Defect Boundary-Layer Theory Applied to Hypersonic Flows. *AIAA Journal*, 30(5): 1252–1259, May 1992. [82, 197]

[5] J.Ph. Brazier. *Étude asymptotique des équations de couche limite en formulation déficitaire*. Thèse de Doctorat, École Nationale Supérieure de l'Aéronautique et de l'Espace, Toulouse, 1990. [82, 197, 198]

[6] J.Ph. Brazier, B. Aupoix, et J. Cousteix. Étude asymptotique de la couche limite en formulation déficitaire. *Comptes Rendus de l'Académie des Sciences*, t. 310 Série II: 1583–1588, 1990. [82, 197]

[7] J.E. Carter. A new boundary layer inviscid iteration technique for separated flow. Dans *AIAA Paper 79-1450*. 4th Computational fluid dynamics conf., Williamsburg, 1979. [136, 158, 172, 177, 187]

[8] J.E. Carter et S.F. Wornom. Solutions for incompressible separated boundary-layers including viscous-inviscid interaction. Aerodynamic analysis requiring advanced computers, 1975. NASA SP-347 125–150. [136, 158, 187]

[9] G. Casalis. Méthodes mathématiques en mécanique des fluides. Cours SUPAERO, 2000. [65]

[10] D. Catherall et W. Mangler. The integration of a two-dimensional laminar boundary-layer past the point of vanishing skin friction. *J. Fluid. Mech.*, 26(1): 163–182, 1966. [136, 154, 170]

[11] T. Cebeci. *An Engineering Approach to the Calculation of Aerodynamic Flows*. Horizons Publishing Inc, Long Beach, California - Springer, Berlin Heidelberg New York, 1999. [136, 159, 172, 177, 187, 189]

[12] T. Cebeci et J. Cousteix. *Modeling and Computation of Boundary-Layer Flows*. Horizons Publishing Inc, Long Beach, California - Springer, Berlin Heidelberg New York, 1998. [188, 234]

[13] L.Y. Chen, N. Goldenfeld, et Y. Oono. Renormalization group and singular perturbations: Multiple scales, boundary layers, and reductive perturbation theory. *Phys. Rev. E*, 54(1): 376–394, July 1996. [25, 121]

[14] F.H. Clauser. The turbulent boundary layer. *Advances Appl. Mech.*, 4: 1–51, 1956. [253]

[15] J.D. Cole. *Perturbation methods in applied mathematics*. Pure and applied mathematics. Blaisdell Publishing Company, Waltham, MA, 1968. [17, 65, 98, 101, 104]

[16] D. Coles. The law of the wake in the turbulent boundary layer. *J. Fluid Mech.*, 1: 191, 1956. [253]

[17] D. Coles. Remarks on the equilibrium turbulent boundary layer. *J. Aero. Sci.*, 24, 1957. [253]

[18] J. Cousteix. *Couche limite laminaire*. Cepadues, Toulouse, 1988. [150, 151, 190]

[19] J. Cousteix. *Turbulence et Couche Limite*. Cepadues, Toulouse, 1989. [234, 236]

[20] J. Cousteix, J.Ph. Brazier, et J. Mauss. Perturbation tridimensionnelle d'une couche limite de Blasius. *C. R. Acad. Sci. Paris*, t. 329, Série II b: 213–219, 2001. [144, 157, 226]

[21] J. Cousteix et R. Houdeville. Singularities in three-dimensional turbulent boundary layer calculations and separation phenomena. *AIAA Journal*, 19(8), August 1981. [137]

[22] J. Cousteix, J.C. Le Balleur, et R. Houdeville. Calcul des couches limites turbulentes instationnaires en mode direct ou inverse, écoulements de retour inclus. *La Recherche Aérospatiale*, 3: 147–157, Mai–Juin 1980. [137]

[23] J. Cousteix et J. Mauss. Approximations of the Navier-Stokes equations for high Reynolds number flows past a solid wall. *Jour. Comp. and Appl. Math.*, 166(1): 101–122, 2004. [174]

[24] E.M. de Jager et Jiang Furu. *The theory of singular perturbations*, volume 42 de *North-Holland Series in Applied Mathematics and Mechanics*. Elsevier, Amsterdam, 1996. [20, 57, 85, 104]

[25] F.R. DeJarnette et R.A. Radcliffe. Matching Inviscid/Boundary-Layer Flowfields. *AIAA Journal*, 34(1): 35–42, January 1996. [178, 194]

[26] M. Drela et M.B. Giles. Ises: a two-dimensional viscous aerodynamic design and analysis code. AIAA Paper 87-1118, 1987. [187]

[27] H. Dumitrescu et V. Cardoş. Improved formulation of boundary-layer-type flows. *AIAA Journal*, 40(4): 794–796, 2002. [178]

[28] W. Eckhaus. *Matched asymptotic expansions and singular perturbations.* North Holland, Amsterdam and London; American Elsevier, New York, 1973. [17, 45, 51, 62, 67, 82, 92]

[29] W. Eckhaus. *Asymptotic analysis of singular perturbations.* Studies in Mathematics and its Applications, 9. North-Holland, 1979. [17, 79]

[30] L.E. Fraenkel. On the matched asymptotic expansions. *Proc. Camb. Phil. Soc.*, 65(Part I, II and III): 209–284, 1969. [82]

[31] C. François. Les méthodes de perturbation en mécanique. Cours de l'École Nationale Supérieure de Techniques Avancées, 1981. [17]

[32] K.O. Friedrichs. *Fluid Dynamics.* Brown University, 1942. [15]

[33] F. Gaible, J. Cousteix, et J. Mauss. Analyse asymptotique de l'écoulement au voisinage d'un point d'arrêt. *C.R. Acad. Sci., Paris*, t. 313, Série II: 145–150, 1991. [161]

[34] P. Germain. Méthodes asymptotiques en mécanique des fluides. Dans R. Balian et J.L. Peube, éditeur, *Fluid Dynamics.* Gordon and Breach Publishers, 1973. École d'été de Physique Théorique, Les Houches. [17, 93]

[35] S. Goldstein. Concerning some Solutions of the Boundary Layer Equations in Hydrodynamics. *Proc. Camb. Phil. Soc.*, XXVI(Part I): 1–30, 1930. [135, 162, 164, 166]

[36] S. Goldstein. On laminar boundary-layer flow near a position of separation. *Quarterly J. Mech. and Appl. Math.*, 1: 43–69, 1948. [135, 141, 154, 168]

[37] J.P. Guiraud. Going on with asymptotics. Dans R. Gatignol P.A. Bois, E. Dériat et A. Rigolot, éditeurs, *Asymptotic Modelling in Fluid Mechanics*, numéro 442 dans Lectures Notes in Physics, pages 257–307. Springer, Berlin Heidelberg New York, 1995. Proceedings of a symposium in honour of Professor Jean-Pierre Guiraud held at the Université Pierre et Marie Curie, Paris, France, 20–22 April 1994. [93, 136]

[38] E.J. Hinch. *Perturbation methods.* Applied mathematics. Cambridge University Press, 1991. [17, 55, 65, 83, 84, 94, 101, 122, 123]

[39] S. Kaplun. *Fluid mechanics and singular perturbations.* Academic Press, New York, 1967. [17, 65, 69]

[40] S. Kaplun et P.A. Lagerstrom. Asymptotic expansions of Navier-Stokes solutions for small Reynolds numbers. *J. Math. Mech.*, 6: 585–93, 1957. [69]

[41] P.A. Lagerstrom. Méthodes asymptotiques pour l'étude des équations de Navier-Stokes. Lecture Notes, translated by T.J. Tyson, California Institute of Technology, Pasdena, CA, 1965. [17, 135]

384   Références

[42] P.A. Lagerstrom. *Matched asymptotic expansions, ideas and techniques.*
Applied mathematical sciences, 76. Springer Berlin New York, 1988. [17,
65, 81, 88, 92, 101, 120, 122, 123]

[43] P.Y. Lagrée, E. Berger, M. Deverge, C. Vilain, et A. Hirschberg. Cha-
racterization of the pressure drop in a 2d symmetrical pipe: some
asymptotical, numerical and experimental comparisons. *ZAMM Z.
Ange. Math. Mech.*, 85(1): 1–6, 2005. [187]

[44] P.Y. Lagrée et S. Lorthois. The RNS/Prandtl equations and their link
with other asymptotic descriptions: Application to the wall shear stress
in a constricted pipe. *International Journal of Engineering Science*, 43:
352–378, 2005. [187]

[45] L. Landau et E. Lifschitz. *Mécanique des fluides.* Ellipses, 1994. 3ᵉ
édition en français, titre original :Téorétitcheskaïa fizika v 10 tomakh
Tom VI Guidrodinamika, traduit du russe par S. Medvédev,. [135, 141,
269]

[46] M. Lazareff et J.C. Le Balleur. Méthode de couplage fluide parfait
fluide visqueux en tridimensionnel avec calcul de la couche limite par
méthode multi-zones. Dans *T.P. ONERA no 1986-134.* 28ᵉ réunion
ss grpe AAAS, groupe sectoriel Franco-Soviétique Aéronautique, 24–29
Août Moscou 1986. [187]

[47] J.C. Le Balleur. Couplage visqueux-non visqueux: analyse du problème
incluant décollements et ondes de choc. *La Recherche Aérospatiale*, 6:
349–358, Novembre–Décembre 1977. [136, 137, 158, 172, 177, 187]

[48] J.C. Le Balleur. Couplage visqueux-non visqueux: méthode numérique
et applications aux écoulements bidimensionnels transsoniques et super-
soniques. *La Recherche Aérospatiale*, 1978(2): 65–76, Mars–Avril 1978.
[136, 158, 187]

[49] J.C. Le Balleur. Calcul par couplage fort des écoulements visqueux
transsoniques incluant sillages et décollements. Profils d'ailes portants.
La Recherche Aérospatiale, 3: 161–185, Mai–Juin 1981. [82, 187]

[50] J.C. Le Balleur et P. Girodroux-Lavigne. Calculation of fully
three-dimensional separated flows with an unsteady viscous-inviscid
interaction method. Dans *T.P. ONERA no 1992-1*, California State
University, Long Beach CA (USA), January 13–15 1992. 5th Int. Symp.
on numerical and physical aspects of aerodynamical flows. [136, 158, 187]

[51] J.C. Le Balleur et M. Lazareff. A multi-zonal marching integral method
for 3D boundary-layer with viscous-inviscid interaction. Dans *T.P.
ONERA no 1984-67.* 9ᵉ Congrès International des Méthodes Numériques en Mécanique des Fluides, Saclay 25–29 Juin 1984. [187]

[52] M.J. Lighthill. On boundary-layer and upstream influence: II.
Supersonic flows without separation. *Proc. R. Soc.*, Ser. A 217: 478–507,
1953. [136, 142, 149]

[53] M.J. Lighthill. On displacement thickness. *J. Fluid Mech.*, 4: 383–392, 1958. [140]

[54] R.C. Lock. A review of methods for predicting viscous effects on aerofoils and wings at transonic speed. Dans AGARD Conference Proceedings No. 291, éditeur, *Computation of viscous-inviscid interactions.* North Atlantic Treaty Organization, 1981. [136]

[55] J. Luneau et A. Bonnet. *Théories de la dynamique des fluides.* Cepadues, Toulouse, 1989. [271, 274, 275]

[56] J.J. Mahony. An expansion method for singular perturbation problems. *J. Austral. Math. Soc.*, 2: 440–463, 1962. [22, 84]

[57] J. Mauss. Un théorème d'estimation pour un problème de perturbation singulière lié à une équation différentielle du second ordre. *C.R. Acad. Sci., Paris*, t. 278, Série A: 1177–1180, 1974. [104, 106]

[58] J. Mauss. Asymptotic modelling for separating boundary layers. Dans R. Gatignol P.A. Bois, E. Dériat et A. Rigolot, éditeurs, *Asymptotio Modelling in Fluid Mechanics*, numéro 442 dans Lectures Notes in Physics, pages 239–254. Springer, Berlin Heidelberg New York, 1995. Proceedings of a symposium in honour of Professor Jean-Pierre Guiraud held at the Université Pierre et Marie Curie, Paris, France, 20–22 April 1994. [74, 145, 225]

[59] J. Mauss, A. Achiq, et S. Saintlos. Sur l'analyse conduisant à la théorie de la triple couche. *C.R. Acad. Sci., Paris*, t. 315, Série II: 1611–1614, 1992. [145, 225]

[60] J. Mauss et J. Cousteix. Uniformly valid approximation for singular perturbation problems and matching principle. *C. R. Mécanique*, 330, issue 10: 697–702, 2002. [84]

[61] G.L. Mellor. The large Reynolds number asymptotic theory of turbulent boundary layers. *Int. J. Eng. Sci.*, 10: 851–873, 1972. [234]

[62] G.L. Mellor et D.M. Gibson. Equilibrium turbulent boundary layer. FLD No 13, Princeton University, 1963. [253]

[63] A.F. Messiter. Boundary-layer flow near the trailing edge of a flat plate. *SIAM J. Appl. Math.*, 18: 241–257, 1970. [136, 171]

[64] R. Michel, C. Quémard, et R. Durant. Application d'un schéma de longueur de mélange à l'étude des couches limites turbulentes d'équilibre. N.T. 154, ONERA, 1969. [251, 253, 254]

[65] F.A. Muñoz. *A contribution to the calculation of separated flows with an updated interactive boundary layer method.* Thèse de Doctorat, Academia Politécnica Aeronáutica, Santiago, Chili, Novembre 2003. [189]

[66] A.H. Nayfeh. *Perturbation methods.* Pure and applied mathematics. John Wiley & sons, 1973. [17, 101]

[67] A.H. Nayfeh. Triple-deck structure. *Computers and Fluids*, 20(3): 269–292, 1991. [145, 225]

386   Références

[68] V.Ya. Neyland. Theory of laminar boundary-layer separation in super-
     sonic flow. *Izv. Akad. Nauk SSSR Mekh. Zhidk. Gaza.*, 4: 53–57, 1969.
     Engli. transl. Fluid Dyn. 4 (4), pp 33–35. [136, 171]

[69] R.E. O'Malley, Jr. *Introduction to singular perturbations*, volume 14
     de *Applied Mathematics and Mechanics*. Academic Press, New York,
     London, 1974. [20, 84, 85, 104]

[70] R.L. Panton. Review of Wall Turbulence as Described by Com-
     posite Expansions. Applied Mechanics Reviews, 58 (1), pp. 1–36,
     2005. [257]

[71] L. Prandtl. Über Flüßigkeitsbewegung bei sehr kleiner Reibung. Pro-
     ceedings 3rd Intern. Math. Congr., Heidelberg, pp. 484–491, 1904.
     [15, 135]

[72] C. Roget. *Structures asymptotiques et calculs d'écoulements sur des
     obstacles bi et tridimensionnels.* Thèse de Doctorat, Université Paul
     Sabatier, Toulouse, 1996. [144, 188, 226]

[73] C. Roget, J.Ph. Brazier, J. Mauss, et J. Cousteix. A contribution to
     the physical analysis of separated flows past three-dimensional humps.
     Eur. J. Mech. B/Fluids, 3: 307–329, 1998. [144, 148, 157, 226]

[74] A.P. Rothmayer et F.T. Smith. *The handbook of Fluid Dynamics,
     R.W. Johnson ed.*, chapitre 25, Numerical Solution of Two-Dimensional,
     Steady Triple-Deck Problems. CRC Press, Boca Raton, FL, USA and
     Springer, Berlin Heidelberg New York, 1998. [136, 187]

[75] A.P. Rothmayer et F.T. Smith. *The handbook of Fluid Dynamics, R.W.
     Johnson ed.*, chapitre 23, Incompressible Triple-Deck Theory. CRC
     Press, Boca Raton, FL, USA and Springer, Berlin Heidelberg New York,
     1998. [137, 144]

[76] A.P. Rothmayer et F.T. Smith. *The handbook of Fluid Dynamics, R.W.
     Johnson ed.*, chapitre 24, Free Interactions and Breakaway Separation.
     CRC Press, Boca Raton, FL, USA and Springer, Berlin Heidelberg
     New York, 1998. [137]

[77] J.C. Rotta. *Turbulent boundary layers in incompressible flows*, volume 2
     de *Progress in Aeronautical Sciences*. Pergamon Press, 1962. [253]

[78] H. Schlichting et K. Gersten. *Boundary Layer Theory*. Springer, Berlin
     Heidelberg New York, 8ᵉ édition, 2000. [136, 137, 144, 191, 204, 269]

[79] F.T. Smith. On the high reynolds number theory of laminar flows. *IMA
     Journal of Applied Mathematics*, 28: 207–281, 1982. [137]

[80] F.T. Smith, P.W.M. Brighton, P.S. Jackson, et J.C.R. Hunt. On
     boundary-layer flow past two-dimensional obstacles. *J. Fluid Mech.*,
     113: 123–152, 1981. [225]

[81] I.J. Sobey. *Introduction to interactive boundary layer theory.* Oxford
     Applied and Engineering Mathematics. Oxford University Press,
     Oxford, 2000. [204]

[82] K. Stewartson. On the flow near the trailing edge of a flat plate II. *Mathematika*, 16: 106–121, 1969. [136]

[83] K. Stewartson. Is the singularity at separation removable? *J. Fluid Mech.*, 44(2): 347–364, 1970. [157]

[84] K. Stewartson. Multistructured boundary-layers of flat plates and related bodies. *Adv. Appl. Mech.*, 14: 145–239, 1974. [136]

[85] K. Stewartson. D'Alembert's Paradox. *SIAM Review*, 23(3): 308–343, 1981. [137, 149]

[86] K. Stewartson, F.T. Smith, et K. Kaups. Marginal separation. *Studies in Applied Mathematics*, 67: 45–61, 1982. [191]

[87] K. Stewartson et P.G. Williams. Self induced separation. *Proc. Roy. Soc.*, A 312: 181–206, 1969. [136, 171]

[88] V.V. Sychev. Concerning laminar separation. *Izv. Akad. Nauk. SSSR Mekh. Zhidk. Gaza*, 3: 47–59, 1972. [136, 149]

[89] V.V. Sychev, A.I. Ruban, Vic V. Sychov, et G.L. Korolev. *Asymptotic theory of separated flows*. Cambridge University Press, Cambridge, U.K., 1998. [149, 158, 172]

[90] J.P.K. Tillett. On the laminar flow in a free jet of liquid at high Reynolds numbers. *J. Fluid Mech.*, 32(part 2): 273–292, 1968. [204, 205]

[91] M. Van Dyke. Higher approximations in boundary-layer theory. Part 1. General analysis. *J. of Fluid Mech.*, 14: 161–177, 1962. [135, 171, 187, 193, 213]

[92] M. Van Dyke. Higher approximations in boundary-layer theory. Part 2. Application to leading edges. *J. of Fluid Mech.*, 14: 481–495, 1962. [198, 208]

[93] M. Van Dyke. *Perturbation methods in fluid mechanics*. Academic Press, New York, 1964. [17, 65, 74, 83, 135, 140, 171]

[94] M. Van Dyke. *Perturbation methods in fluid mechanics*. Parabolic Press, Stanford, CA, 1975. [17, 29, 30, 57, 74, 82, 93, 131]

[95] A.E.P. Veldman. New, quasi-simultaneous method to calculate interacting boundary layers. *AIAA Journal*, 19(1): 79–85, January 1981. [136, 158, 159, 172, 177, 187, 188]

[96] A.E.P. Veldman. Matched asymptotic expansions and the numerical treatment of viscous-inviscid interaction. *Journal of Engineering Mathematics*, 39: 189–206, 2001. [136, 187]

[97] A.E.P. Veldman. Viscous-Inviscid Interaction: Prandtl's Boundary Layer challenged by Goldstein's Singularity. Dans J. Cousteix et J. Mauss, éditeurs, *Proc. BAIL2004 Conf. on Boundary and Interior Layers*, 2004. [172, 177]

[98] M.I. Višik et L.A. Lyusternik. Regular degeneration and boundary layer for linear differential equations with a small parameter. *Uspekki Mat.*

Nauk 12, 1957. Amer. Math. Soc. Transl. Serv. 2, 20, pages 239–364, 1962. [42]

[99] D.C. Wilcox. *Perturbation methods in the computer age.* DCW Industries, Inc., La Cañada, CA, 1995. [57]

[100] K.S. Yajnik. Asymptotic theory of turbulent shear flows. *J. Fluid Mech.*, 42, Part 2: 411–427, 1970. [234]

[101] R.Kh. Zeytounian. *Asymptotic modelling of fluid flow phenomena.* Kluwer Academic Publishers, Dordrecht, The Netherlands, 2002. [93, 136]

Index par auteurs

Index par sujets

Déjà parus dans la même collection

1. T. CAZENAVE, A. HARAUX
   Introduction aux problèmes d'évolution
   semi-linéaires. 1990

2. P. JOLY
   Mise en œuvre de la méthode des
   éléments finis. 1990

3/4. E. GODLEWSKI, P.-A. RAVIART
   Hyperbolic systems of conservation
   laws. 1991

5/6. PH. DESTUYNDER
   Modélisation mécanique des milieux
   continus. 1991

7 J. C. NEDELEC
   Notions sur les techniques d'éléments
   finis. 1992

8. G. ROBIN
   Algorithmique et cryptographie. 1992

9. D. LAMBERTON, B. LAPEYRE
   Introduction au calcul stochastique
   appliqué. 1992

10. C. BERNARDI, Y. MADAY
   Approximations spectrales de problèmes
   aux limites elliptiques. 1992

11. V. GENON-CATALOT, D. PICARD
   Eléments de statistique asymptotique.
   1993

12. P. DEHORNOY
   Complexité et décidabilité. 1993

13. O. KAVIAN
   Introduction à la théorie des points
   critiques. 1994

14. A. BOSSAVIT
   Électromagnétisme, en vue de la
   modélisation. 1994

15. R. KH. ZEYTOUNIAN
   Modélisation asymptotique en
   mécanique des fluides Newtoniens. 1994

16. D. BOUCHE, F. MOLINET
   Méthodes asymptotiques en
   électromagnétisme. 1994

17. G. BARLES
   Solutions de viscosité des équations
   de Hamilton-Jacobi. 1994

18. Q. S. NGUYEN
   Stabilité des structures élastiques. 1995

19. F. ROBERT
   Les systèmes dynamiques discrets. 1995

20. O. PAPINI, J. WOLFMANN
   Algèbre discrète et codes correcteurs.
   1995

21. D. COLLOMBIER
   Plans d'expérience factoriels. 1996

22. G. GAGNEUX, M. MADAUNE-TORT
   Analyse mathématique de modèles non
   linéaires de l'ingénierie pétrolière. 1996

23. M. DUFLO
   Algorithmes stochastiques. 1996

24. P. DESTUYNDER, M. SALAUN
   Mathematical Analysis of Thin Plate
   Models. 1996

25. P. ROUGEE
   Mécanique des grandes transformations.
   1997

26. L. HÖRMANDER
   Lectures on Nonlinear Hyperbolic
   Differential Equations. 1997

27. J. F. BONNANS, J. C. GILBERT,
   C. LEMARÉCHAL, C. SAGASTIZÁBAL
   Optimisation numérique. 1997

28. C. COCOZZA-THIVENT
   Processus stochastiques et fiabilité des
   systèmes. 1997

29. B. LAPEYRE, É. PARDOUX, R. SENTIS
   Méthodes de Monte-Carlo pour les
   équations de transport et de diffusion.
   1998

30. P. SAGAUT
   Introduction à la simulation des grandes
   échelles pour les écoulements de fluide
   incompressible. 1998